Mathematik für Wirtschaftswissenschaftler und Finanzmathematik

von

Dr. Günter Hettich
Verwaltungs- und Wirtschaftsakademie
Baden-Württemberg

Prof. Dr. Helmut Jüttler
Technische Universität Dresden

Prof. Dr. Bernd Luderer
Technische Universität Chemnitz

11., korrigierte Auflage

Oldenbourg Verlag München

Bibliografische Information der Deutschen Nationalbibliothek

Die Deutsche Nationalbibliothek verzeichnet diese Publikation in der Deutschen Nationalbibliografie; detaillierte bibliografische Daten sind im Internet über http://dnb.d-nb.de abrufbar.

Rosenheimer Straße 145, D-81671 München
Telefon: (089) 45051-0
www.oldenbourg-verlag.de

Lektorat: Dr. Stefan Giesen
Herstellung: Constanze Müller
Titelbild: thinkstockphotos.de
Einbandgestaltung: hauser lacour
Gesamtherstellung: Grafik & Druck GmbH, München

Dieses Papier ist alterungsbeständig nach DIN/ISO 9706.

ISBN 978-3-486-71545-3
eISBN 978-3-486-71670-2

Inhaltsverzeichnis

Vorwort zur 11. Auflage

Die zehnte Auflage erfreute sich wiederum einer regen Nachfrage. Im Hinblick auf die sehr bewährte Konzeption erschienen uns für die elfte Auflage keine größeren Änderungen erforderlich.

Für von Leserinnen und Lesern erhaltene konstruktive Hinweise bedanken wir uns. Über weitere Anregungen freuen wir uns.

Günter Hettich, Helmut Jüttler, Bernd Luderer

Aus dem Vorwort zur 1. Auflage

Das vorliegende Buch wendet sich sowohl an Studierende als auch an Praktiker, die in ihrer täglichen Arbeit mit mathematischen Problemen konfrontiert werden.

Stoffauswahl und -darstellung wurden einmal unter dem Aspekt getroffen, Lehrveranstaltungen an Universitäten, Fachhochschulen sowie an Einrichtungen der beruflichen Weiter- und Fortbildung zu unterstützen und zu begleiten, wobei eigene Erfahrungen aus zahlreichen Lehr- und Weiterbildungsveranstaltungen eingeflossen sind. Zum anderen ist es das Ziel dieser Abhandlung, durch eine geeignete Darstellung ein Selbststudium von wirtschafts- und finanzmathematischen Grundlagen und Anwendungen zu ermöglichen und zu gewährleisten. Besonders diesem Zweck dienen die ausführliche Darstellung auch einfacherer Sachverhalte, zahlreiche Beispiele und Abbildungen sowie eine Vielzahl von Übungsaufgaben mit Lösungen zur Vertiefung und auch Erweiterung der behandelten Themengebiete.

Beim Schreiben des Buches haben wir uns von dem Gedanken leiten lassen, weniger eine umfassende Darstellung anzustreben, als vielmehr die Ausführungen auf grundlegende stoffliche Schwerpunkte zu konzentrieren und diese eingehend zu erörtern. Dabei wurde Wert auf eine eingehende und exakte Darlegung ohne überzogene Betonung der Theorie gelegt. Die vielfältige Anwendbarkeit der behandelten mathematischen Gebiete für die

Darstellung, Analyse und Lösung finanzieller und wirtschaftlicher Zusammenhänge und Probleme wird sowohl in den einzelnen Kapiteln als auch in den zu jedem Kapitel gestellten Fragen (mit ausführlichen Lösungen) aufgezeigt.

Die Mathematik als Grundlage von Planungs- und Entscheidungsprozessen in Wissenschaft, Wirtschaft und Verwaltung besitzt zahlreiche und vielfältige Anwendungsgebiete. Entsprechend ihrer Bedeutung werden in der vorliegenden Abhandlung die für wirtschaftswissenschaftliche Anwendungen wichtigen mathematischen Teilgebiete Finanzmathematik, Gleichungen und Ungleichungen, Matrizenrechnung, Funktionen, Differentialrechnung sowie Lineare Optimierung in fünf Kapiteln behandelt, denen ein einführendes Kapitel mit einer Darstellung mathematischen Grundwissens vorangestellt ist.

Bei der Lösung der behandelten wirtschafts- und finanzmathematischen Fragen wurde bewußt auf das Medium EDV allgemein und die Welt der Personalcomputer (PC) speziell nicht eingegangen. Besonders der PC-Bereich bietet sowohl mit Standard-Software als auch mit eigenen Programmen die Möglichkeit, Fragestellungen rasch und fehlerfrei rechnerisch zu lösen. Ein Eingehen auf Software-Anwendungen wie auch auf Programmierungen wirtschafts- und finanzmathematischer Problemstellungen würde jedoch den Rahmen dieses Buches sprengen. Die Heranziehung eines PCs setzen wir nicht voraus: Alle Beispiele und Übungsaufgaben sind so gestaltet, daß sie manuell mit Verwendung eines Taschenrechners gelöst werden können.

An der Herstellung des Buches waren Catrin Schönyan, Dr. Uwe Würker und Peter Espenhain aus Chemnitz beteiligt. Für ihre überaus sorgfältige Arbeit gebührt ihnen unser Dank. Ferner gilt unser Dank dem Oldenbourg Verlag für die Aufnahme des Buches in sein Verlagsprogramm.

Wir wünschen jeder Leserin und jedem Leser viel Erfolg beim Studium unseres Buches. Für Anregungen und kritische Hinweise zu dessen Verbesserung sind wir dankbar.

1 Grundkenntnisse

In diesem Kapitel werden die für das Weitere wesentlichen Begriffe und Rechenregeln dargestellt, wobei eine Anzahl gelöster Lehrbeispiele das Verständnis fördern soll. Anhand von Übungsaufgaben kann der Leser überprüfen, ob er die behandelten Teilgebiete der Mathematik ausreichend beherrscht. Bei entsprechenden Vorkenntnissen kann das Kapitel auch übergangen werden.

1.1 Zahlenbereiche, Intervalle

Ein wichtiges mathematisches Objekt ist die *Zahl*. Zahlen können zu verschiedenen *Zahlenbereichen* gehören; in wachsender Allgemeinheit sind dies:

- **N** – Bereich der *natürlichen* Zahlen: $1,2,3,\ldots$; mitunter wird auch die Zahl 0 als zu **N** gehörig betrachtet.
- **Z** – Bereich der *ganzen* Zahlen: $\ldots,-2,-1,0,1,2,\ldots$
- **Q** – Bereich der *rationalen* Zahlen: alle Zahlen, die sich in der Form $z=\frac{p}{q}$ mit p und q aus **Z** darstellen lassen, z. B. $\frac{3}{4}$, $-\frac{5}{6}$, $\frac{1}{1000}$. In der Dezimaldarstellung besitzen rationale Zahlen endlich viele Stellen nach dem Komma oder sind – von einer gewissen Stelle an – periodisch (wie z. B. $\frac{1}{11}=0,090909\ldots$, $\frac{83}{150}=0,55333\ldots$).
- **R** – Bereich der *reellen* Zahlen: alle Zahlen, die entweder rational oder *irrational* sind.

Irrationale Zahlen sind solche, die sich nicht in der Form $z=\frac{p}{q}$ mit p und q aus **Z** darstellen lassen. Als Beispiel kann etwa $\sqrt{2}=1,41421\ldots$ dienen. Im Gegensatz zu rationalen Zahlen weisen irrationale Zahlen eine unendliche, sich nicht wiederholende Ziffernfolge auf. Die reellen Zahlen lassen sich mit Hilfe der Zahlengeraden sehr gut veranschaulichen (vgl. S. 13). Bei praktischen Rechnungen, insbesondere auch mit dem Taschenrechner oder Computer, arbeitet man stets mit rationalen Zahlen, d. h. mit Brüchen oder – in der Dezimaldarstellung – mit endlich vielen Nachkommastellen. In diesem Zusammenhang sei ergänzend auf die *Exponentialdarstellung* einer Zahl verwiesen (vgl. dazu auch Punkt 1.6):

$$1234,56 = 1.23456 \cdot 10^3 = 1.23456\text{E}3,$$
$$0,000123 = 1.23 \cdot 10^{-4} = 1.23\text{E–}4$$

(E4 und E–4 stehen dabei für 10^4 bzw. 10^{-4}).

- **C** – Bereich der *komplexen* Zahlen: Zahlen der Form $z = a + b\mathrm{i}$, wobei $\mathrm{i} = \sqrt{-1}$ die so genannte *imaginäre Einheit* ist (für die also $\mathrm{i}^2 = -1$ gilt) und a, b reelle Zahlen sind.

Im Bereich der komplexen Zahlen ist es möglich, auch aus negativen Zahlen Wurzeln zu ziehen. Die komplexen Zahlen bilden ein wichtiges Hilfsmittel zur vollständigen Beschreibung der Lösungsmengen von Polynomgleichungen, Differentialgleichungen usw. Im Rahmen dieses Buches werden wir mit natürlichen, ganzen, rationalen bzw. reellen Zahlen arbeiten.

Für den Sachverhalt „a gehört zur Menge der natürlichen (reellen, ...) Zahlen“ wird meist kurz geschrieben $a \in \mathbf{N}$ ($a \in \mathbf{R}$). Ferner wird eine *Menge* zusammengehöriger Objekte (*Elemente*) durch Aufzählung derselben bzw. in der Form $\{x \mid E(x)\}$ (sprich: Menge aller x, die die Eigenschaft $E(x)$ besitzen) dargestellt.

Beispiele:

1) $\{2, 4, 6, 8, 10\}$,

2) $\{1, 2, 3, \dots\} = \mathbf{N}$,

3) $\{z \mid z = 2k,\ k \in \mathbf{N}\} = \{2, 4, 6, \dots\}$ – Menge der geraden Zahlen

4) $\{x \in \mathbf{R} \mid 1 \leq x \leq 3\}$ – Menge reeller Zahlen zwischen 1 und 3

Die oben verwendeten Bezeichnungen (Buchstaben) $a, b, p, q, z, \dots$ stellen stets Zahlen dar, deren konkrete Werte zunächst nicht festgelegt bzw. vorerst unbekannt sind.

Da für zwei reelle Zahlen $a, b \in \mathbf{R}$ immer eine der Beziehungen

$$\boxed{a = b, \quad a < b \quad \text{oder} \quad a > b}$$

gilt, ist es möglich, die Menge der reellen Zahlen zu *ordnen*.

Es ist üblich, Abschnitte auf der Zahlengeraden, d. h. Mengen geordneter reeller Zahlen, in der folgenden Intervallschreibweise darzustellen:

- (a, b) – *offenes Intervall*; Menge aller reellen Zahlen x, für die die Beziehung $a < x < b$ gilt (die Randpunkte sind nicht eingeschlossen), d. h. $(a, b) = \{x \in \mathbf{R} \mid a < x < b\}$,
- $[a, b]$ – *abgeschlossenes Intervall*; Menge aller reellen Zahlen x mit $a \leq x \leq b$ (Randpunkte enthalten), d. h. $[a, b] = \{x \in \mathbf{R} \mid a \leq x \leq b\}$,

- $(a,b], [a,b)$ – *halboffene Intervalle*; Menge der reellen Zahlen x, für die die Ungleichungen $a < x \leq b$ bzw. $a \leq x < b$ gelten (linker bzw. rechter Randpunkt nicht dazugehörig).

Eine anschauliche Darstellung von Zahlen ist mit Hilfe der *Zahlengeraden* möglich, indem jeder (reellen) Zahl ein Punkt zugeordnet wird. Dazu ist es nötig, einen *Nullpunkt* sowie einen *Maßstab* festzulegen. Die Ungleichung $a < b$ bedeutet dann, dass der Punkt a links von b liegt. In der Abbildung sind die Zahlen (Punkte) -2 und 1,5 sowie das Intervall $(3,4)$ dargestellt:

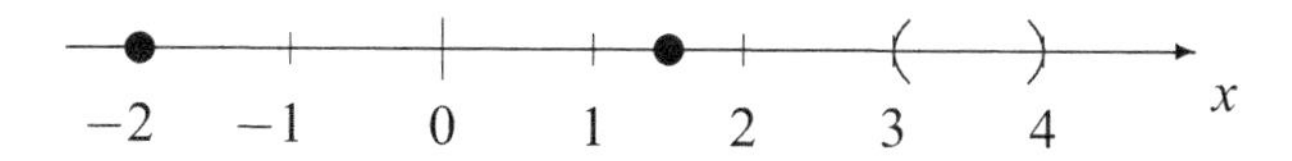

Gleichheitszeichen können verschiedene Bedeutungen besitzen:

- $a = b$: Aussage (drückt die Tatsache aus, dass $a = b$ ist; äquivalent hierzu ist die Aussage $b = a$, d. h., die beiden Seiten einer Gleichung können vertauscht werden),
- $f(x) \stackrel{!}{=} 0$: Bestimmungsgleichung (stellt eine Aufgabe dar: setze die Funktion $f(x)$ gleich null und bestimme die Lösung oder Lösungen der entstandenen Gleichung),
- $a \stackrel{\text{def}}{=} b + c$: Definitionsgleichung ($a$ ist per Definition gleich $b + c$).

Um im Weiteren bestimmte Sachverhalte mathematisch kurz und präzise beschreiben zu können, benötigen wir noch die folgenden, der Logik entstammenden Symbole:

$\forall$	Allquantor; für alle; für beliebige
$\exists$	Existenzquantor; es existiert; es gibt ein
$\Longrightarrow$	aus ... folgt ...
$\Longleftrightarrow$	genau dann, wenn ...; dann und nur dann, wenn ...

Beispiele:

1) $x^2 \geq 0 \quad \forall x \in \mathbf{R}$ (lies: für alle reellen Zahlen x gilt $x^2 \geq 0$)

2) $\exists a \in \mathbf{N} : a$ ist gerade (lies: es gibt mindestens eine natürliche Zahl a, die gerade ist, z. B. $a = 4$)

3) $x \in \mathbf{Q} \Longrightarrow 5x \in \mathbf{Q}$ (lies: wenn x eine rationale Zahl ist, so ist $5x$ ebenfalls eine rationale Zahl)

4) $x + a = x - a \Longleftrightarrow a = 0$ (lies: die Gleichung $x + a = x - a$ ist genau dann richtig, wenn $a = 0$ gilt)

1.2 Rechtwinklige Koordinatensysteme

Genauso, wie im vorangegangenen Abschnitt Zahlen als Punkte der Zahlengeraden dargestellt wurden, lassen sich *Zahlenpaare* als Punkte der Ebene interpretieren. Diese Zuordnung von Zahlenpaaren und Punkten ist vielfach nützlich, um mathematische Objekte wie Funktionen (s. Kapitel 4), Lösungsmengen von Gleichungs- oder Ungleichungssystemen (s. Abschnitt 3.3) usw. grafisch darzustellen und damit anschaulich zu machen. Dazu verwendet man zweckmäßigerweise *Koordinatensysteme*. Am verbreitetsten, weil zumeist auch am einfachsten, sind *rechtwinklige* (oder – nach dem französischen Mathematiker René Descartes (1596–1650) benannte – *kartesische*) Koordinatensysteme, bei denen zwei Koordinatenachsen senkrecht aufeinander stehen:

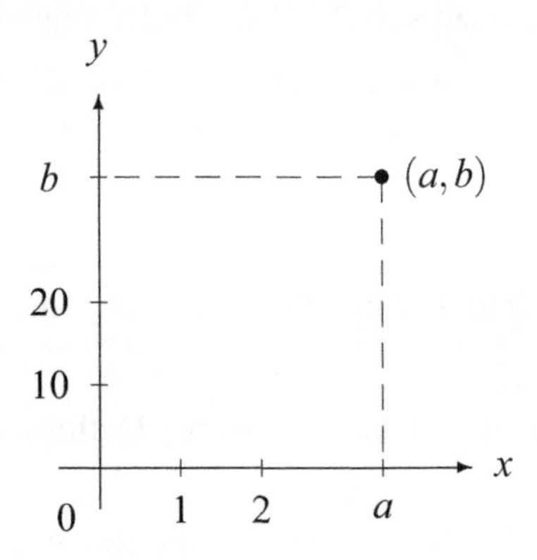

Die waagerechte Achse (*Abszissenachse*) trägt häufig die Bezeichnung x-Achse, während die senkrechte Achse (*Ordinatenachse*) in der Regel y-Achse genannt wird. Die Bezeichnungen der Achsen sind jedoch willkürlich und der jeweiligen Problemstellung anzupassen. So sind x_1,x_2-Koordinatensysteme ebenso gebräuchlich wie x,y-Koordinatensysteme, und ein K,t-System eignet sich, Kosten K in Abhängigkeit von der Zeit t darzustellen.

Der Schnittpunkt der beiden Achsen wird meist als *Koordinatenursprung* oder *Nullpunkt* bezeichnet. Ein Punkt (a,b) der Ebene ist durch seine *x-Koordinate* (erster Wert) und *y-Koordinate* (zweiter Wert) eindeutig bestimmt. Die Reihenfolge der beiden Koordinatenwerte ist wichtig und darf nicht verwechselt werden! So haben z. B. alle Punkte auf der x-Achse den y-Wert null. Umgekehrt, alle Punkte, deren erste Koordinate (x-Wert) gleich null ist, sind auf der y-Achse gelegen. Der Punkt (a,b) ist Schnittpunkt der durch a verlaufenden Parallelen zur y- und der durch b verlaufenden Parallelen zur x-Achse.

In der nachstehenden linken Abbildung sind exemplarisch einige Punkte in ein Koordinatensystem eingezeichnet.

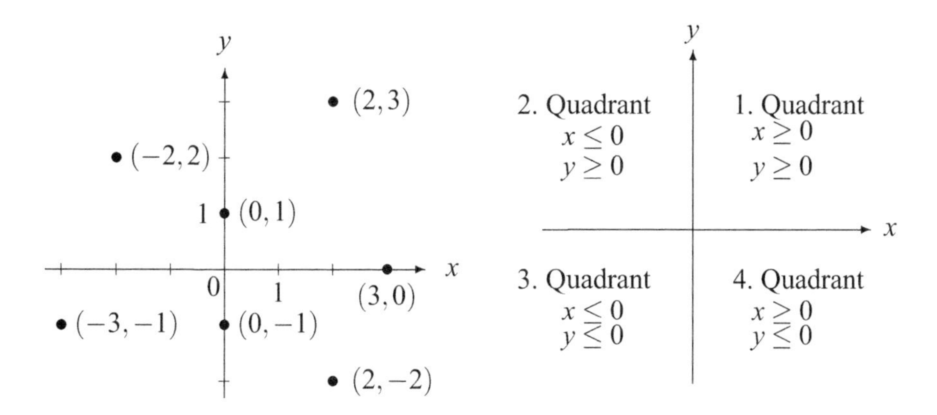

Wichtig ist die Wahl eines geeigneten *Maßstabes*, der auf beiden Achsen verschieden sein kann und es erlaubt, den darzustellenden Sachverhalt gut sichtbar zu machen. Wählt man die Maßstabseinheit zu klein, „sieht man nichts" (d. h., von dem darzustellenden Objekt sind keine Details zu erkennen), wählt man sie zu groß, „sieht man zu wenig" (d. h. nur einen kleinen Ausschnitt des entsprechenden mathematischen Objekts).

Durch die beiden Koordinatenachsen wird die Ebene in vier Teile geteilt, die *Quadranten* genannt werden. Der 1. Quadrant entspricht demjenigen Teil, in dem beide Koordinaten positiv sind; die weitere Nummerierung erfolgt in mathematisch positivem Umlaufsinn, d. h. entgegensetzt zur Uhrzeigerrichtung (s. rechte Abbildung), so dass der 2. Quadrant links oben, der 3. Quadrant darunter und schließlich der 4. Quadrant rechts unten liegt. In letzterem gilt $x \geq 0, y \leq 0$.

Während sich *Zahlentripel* in entsprechenden dreidimensionalen Koordinatensystemen darstellen lassen, ist eine Veranschaulichung von mehr als dreidimensionalen Objekten im Anschauungsraum nicht mehr möglich, während ihre mathematische Behandlung durchaus sinnvoll ist.

1.3 Vorzeichenregeln

Die beiden reellen Zahlen a und b seien positiv. Dann gelten u. a. die folgenden Rechenregeln:

- Addition:

$$a+(+b)=a+b, \qquad a+(-b)=a-b,$$
$$(-a)+b=-a+b=b-a, \qquad a+0=0+a=a.$$

- Subtraktion:

$$a-(-b)=a+b, \qquad a-0=a,$$
$$a-(+b)=a-b=-b+a, \qquad 0-a=-a.$$

- Multiplikation:

$(+a)\cdot(+b)=a\cdot b$	(Plus mal Plus ist Plus!)
$a\cdot(-b)=-ab,\ (-a)\cdot b=-ab$	(Plus mal Minus ist Minus!)
$(-a)\cdot(-b)=+ab$	(Minus mal Minus ist Plus!)
$a\cdot 0=0\cdot a=0$	(Eine Zahl mal Null ist Null!)

Also: Bei übereinstimmenden Vorzeichen der Faktoren ist das Produkt positiv, bei entgegengesetzten Vorzeichen negativ.

- Division:

$(+a):(+b)=\frac{a}{b}$	(Plus durch Plus ist Plus!)
$(-a):b=a:(-b)=-\frac{a}{b}$	(Plus durch Minus ist Minus!)
$(-a):(-b)=\frac{a}{b}$	(Minus durch Minus ist Plus!)
$\frac{0}{b}=0\ \ (b\neq 0)$	(Null durch eine Zahl ist Null!)

Der Ausdruck $\frac{a}{0}$ ist undefiniert (Division durch null ist nicht erlaubt!); das Vorzeichen $+$ und der Malpunkt $\cdot$ werden meist weggelassen.

Für Addition und Multiplikation gelten das *Kommutativgesetz*

$$a+b=b+a, \qquad a\cdot b=b\cdot a$$

(d. h., Summanden bzw. Faktoren können ohne Einfluss auf das Ergebnis vertauscht werden) sowie das *Assoziativgesetz*

$$(a+b)+c=a+(b+c), \qquad (a\cdot b)\cdot c=a\cdot(b\cdot c)$$

(d. h., die Reihenfolge der Ausführung der Operationen ist ohne Bedeutung für das Ergebnis).

Beispiele:

1) $5+(-6)=5-6=-1$
2) $(-3)+7=7-3=4$
3) $3\cdot(-4)=-12$
4) $(-5)\cdot 3,5=-17,5$
5) $(-0,2)\cdot(-0,3)=0,06$
6) $(-7):(-2)=7:2=3,5$

Wichtig ist folgende Tatsache: Ist das Produkt zweier Zahlen a und b gleich null, so muss **wenigstens** eine der beiden Zahlen null sein:

$$\boxed{a\cdot b=0 \quad\Longrightarrow\quad a=0 \;\text{ oder }\; b=0 \;\text{ oder }\; a=b=0\,.}$$

1.4 Klammerrechnung, Summenzeichen

Sind in einem Ausdruck mehrere Operationszeichen enthalten, so müssen zur eindeutigen Kenntlichmachung der Reihenfolge von Rechenoperationen Klammern gesetzt werden. Durch Beachtung der generellen Vereinbarung „Punktrechnung (Multiplikation, Division) geht vor Strichrechnung (Addition, Subtraktion)“ sowie Anwendung untenstehender Regeln der Klammerrechnung kann man die Anzahl notwendiger Klammern auf das unbedingt notwendige Maß reduzieren.

Beispiele:

1) $2+3\cdot 4=2+12=14$
2) $(2+3)\cdot 4=5\cdot 4=20$

Soll zunächst die Addition ausgeführt werden und erst danach die Multiplikation, so **müssen** Klammern gesetzt werden. Hingegen gilt $2+(3\cdot 4)=2+3\cdot 4=14$ (überflüssige Klammern beeinflussen das Ergebnis also nicht).

Addition und Subtraktion von Klammern

- Steht vor einem Klammerausdruck ein Pluszeichen, kann die Klammer einfach weggelassen werden.

Beispiele:

1) $5+(3-2)=5+3-2=6$
2) $a+(b-c)=a+b-c$
3) $3+5x+(7x-3y+2)=3+5x+7x-3y+2=5+12x-3y$

• Steht ein Minuszeichen vor einer Klammer, so wird diese beseitigt, indem alle in der Klammer stehenden Glieder entgegengesetztes Vorzeichen erhalten (Änderung von Plus in Minus bzw. umgekehrt).

Beispiele:

1) $5-(3a-4)=5-3a+4=9-3a$

2) $2y-(7x-3y)=2y-7x+3y=5y-7x$

Multiplikation einer Klammer mit einer Zahl

• Ein in Klammern stehender Ausdruck wird mit einer Zahl multipliziert, indem jedes in der Klammer stehende Glied (unter Beachtung der Vorzeichenregeln) mit der Zahl multipliziert wird. Die Zahl kann dabei vor oder nach der Klammer stehen (Kommutativgesetz).

Beispiele:

1) $2(3a+4b)=(3a+4b)\cdot 2=2\cdot 3a+2\cdot 4b=6a+8b$

2) $(-3)(x-y)=-3x+3y$

• Die Umkehrung dieser Operation nennt man *Ausklammern*, d. h., ein in jedem Glied vorkommender gemeinsamer Faktor kann ausgeklammert (vor die Klammer geschrieben) werden. Dabei ist jedes Glied durch die Zahl (unter Beachtung der Vorzeichenregeln) zu dividieren.

Beispiele:

1) $5r+10s-15t=5\left(\frac{5r}{5}+\frac{10s}{5}-\frac{15t}{5}\right)=5(r+2s-3t)$

2) $-24u-30v=(-6)\left(\frac{-24u}{-6}+\frac{-30v}{-6}\right)=-6(4u+5v)$

3) $36+15a-27b=3\cdot\left(\frac{36}{3}+\frac{15a}{3}-\frac{27b}{3}\right)=12+5a-9b$

Auflösen mehrerer Klammern

• Kommen in einem Ausdruck mehrere ineinander geschachtelte Klammern vor, werden diese von innen nach außen entsprechend den obigen Regeln aufgelöst.

Beispiele:

1) $2[a-(x+y)+3(x-a)]=2[a-x-y+3x-3a]$
$=2[-2a+2x-y]=-4a+4x-2y$

$$\begin{aligned} 2)\quad & -3\{2[s+2t-3(u-s)]-[(2a-t)-6(u-t)]\} \\ & = -3\{2[s+2t-3u+3s]-[2a-t-6u+6t]\} \\ & = -3\{2[4s+2t-3u]-[2a+5t-6u]\} \\ & = -3\{8s+4t-6u-2a-5t+6u\} \\ & = -3\{8s-t-2a\} = -24s+3t+6a \end{aligned}$$

In beiden Beispielen wurden zunächst die runden, danach die eckigen bzw. geschweiften Klammern aufgelöst.

Multiplikation zweier Klammerausdrücke

• Zwei Klammerausdrücke werden multipliziert, indem jedes Glied in der ersten Klammer mit jedem Glied der zweiten Klammer (unter Beachtung der Vorzeichenregeln) multipliziert wird.

Beispiele:

1) $(3a+4)(5b-6) = 15ab-18a+20b-24$

2) $(a+b)(2a-3b) = 2a^2-3ab+2ba-3b^2 = 2a^2-ab-3b^2$

3) $(a-b)(a+b+2) = a^2+ab+2a-ab-b^2-2b = a^2+2a-b^2-2b$

Die Verallgemeinerung auf mehr als zwei Faktoren erfolgt in entsprechender Weise (vgl. auch Abschnitt 1.6 zur Potenzrechnung).

In diesem Zusammenhang sei auf die so genannten *binomischen Formeln* hingewiesen, die ein wichtige Rolle bei vielen Umformungen spielen. Das Wort *Binom* steht hierbei für „zweigliedriger Ausdruck“:

$$\begin{aligned} (a+b)^2 &= (a+b)(a+b) = a^2+ab+ba+b^2 = a^2+2ab+b^2 \\ (a-b)^2 &= (a-b)(a-b) = a^2-2ab+b^2 \\ (a+b)(a-b) &= a^2+ab-ab-b^2 = a^2-b^2 \end{aligned}$$

Hierbei spricht man von der *ersten*, *zweiten* bzw. *dritten* binomischen Formel. Analoge Formeln lassen sich für höhere Potenzen entwickeln. Exemplarisch geben wir Formeln für die dritte und vierte Potenz an:

$$\begin{aligned} (a+b)^3 &= (a+b)^2(a+b) = (a^2+2ab+b^2)(a+b) \\ &= a^3+a^2b+2a^2b+2ab^2+b^2a+b^3 \\ &= a^3+3a^2b+3ab^2+b^3 \end{aligned}$$

$$(a+b)^4 = a^4+4a^3b+6a^2b^2+4ab^3+b^4$$

Die Koeffizienten der die Größen a und b enthaltenden Polynome (Polynom = mehrgliedriger Ausdruck) ergeben sich aus dem *Pascalschen Zahlendreieck*, genannt nach Blaise Pascal (1623–1662):

$$
\begin{array}{ccccccccccc}
 & & & & & 1 & & & & & \\
 & & & & 1 & & 1 & & & & \\
 & & & 1 & & 2 & & 1 & & & \\
 & & 1 & & 3 & & 3 & & 1 & & \\
 & 1 & & 4 & & 6 & & 4 & & 1 & \\
1 & & 5 & & 10 & & 10 & & 5 & & 1 \\
\multicolumn{11}{c}{\dots\dots\dots\dots\dots\dots\dots\dots}
\end{array}
$$

In diesem Schema berechnen sich die Zahlen in einer Zeile jeweils aus der Summe der beiden (schräg) darüberstehenden Zahlen, und die Zeilen entsprechen der Reihe nach den Koeffizienten der Summanden in den Ausdrücken $(a+b)^0$, $(a+b)^1$, $(a+b)^2$ usw. (vgl. Abschnitt 1.6 zu Potenzen).

Summenzeichen

Um größere Summen übersichtlich darzustellen, bedient man sich häufig des Summenzeichens:

$$\sum_{i=1}^{n} a_i = a_1 + a_2 + \ldots + a_n$$

(lies: Summe der Glieder a_i für i von 1 bis n). Hierbei ist i der *Summationsindex*, wobei die Größe i durch jeden anderen Buchstaben ersetzt werden kann. Es ist leicht zu sehen, dass folgende Rechenregeln gelten:

$$\sum_{i=1}^{n}(a_i + b_i) = \sum_{i=1}^{n} a_i + \sum_{i=1}^{n} b_i, \qquad \sum_{i=1}^{n} c \cdot a_i = c \cdot \sum_{i=1}^{n} a_i$$

Die Glieder a_i können auch von i unabhängig und somit konstant sein. Unter Verwendung des Summenzeichens ergibt sich in diesem Fall

$$\sum_{i=1}^{n} a = n \cdot a$$

Auch doppelt oder mehrfach indizierte Glieder lassen sich mit Hilfe von Summenzeichen übersichtlich darstellen (wobei man von *Doppelsummen* oder *Mehrfachsummen* spricht):

$$\sum_{i=1}^{m}\sum_{j=1}^{n} a_{ij} = a_{11}+a_{12}+\ldots+a_{1n}+a_{21}+a_{22}+\ldots+a_{2n} \\ +\ldots+a_{m1}+\ldots+a_{mn}$$

Ordnet man die Glieder um, erkennt man, dass gilt

$$\sum_{i=1}^{m}\sum_{j=1}^{n} a_{ij} = \sum_{j=1}^{n}\sum_{i=1}^{m} a_{ij}$$

Beispiele:

1) $\sum\limits_{i=1}^{5} i = 1+2+3+4+5 = 15$

2) $\sum\limits_{k=1}^{4} k^2 = 1^2+2^2+3^2+4^2 = 1+4+9+16 = 30$

3) $\sum\limits_{i=1}^{10} 1 = 1+1+\ldots+1 = 10\cdot 1 = 10$

4) $\sum\limits_{i=1}^{2}\sum\limits_{j=1}^{3}(b_{ij}+i\cdot j) = (b_{11}+1)+(b_{12}+2)+(b_{13}+3)+(b_{21}+2)$
$$+(b_{22}+4)+(b_{23}+6) = \left(\sum_{i=1}^{2}\sum_{j=1}^{3} b_{ij}\right)+18$$

1.5 Bruchrechnung

Eine Zahl, die als Quotient zweier ganzer Zahlen darstellbar ist, wird als *rational* bezeichnet; weit verbreitet ist auch die Bezeichnung *Bruch*. In der *Bruchrechnung* sind die Regeln zusammengefasst, die bei der Ausführung von Rechenoperationen mit Brüchen zu beachten sind. Gerade gegen diese Regeln wird häufig verstoßen!

$a,b,c,\ldots$ sollen beliebige ganze Zahlen bedeuten. In einem Bruch $\frac{a}{b}$ mit $a,b \in \mathbf{Z}$ wird a als *Zähler*, b als *Nenner* bezeichnet. Ein Bruch hat nur Sinn, solange der Nenner ungleich null ist. Division durch null ist verboten! Die Schreibweise $\frac{a}{b}$ ist der alternativen Darstellung a/b vorzuziehen, da die letztere mitunter eine Fehlerquelle sein kann: Ist mit $1/3\cdot a$ der Ausdruck $\frac{1}{3}a$ oder $\frac{1}{3a}$ gemeint? Merke: Der Bruchstrich ersetzt eine Klammer.

Es versteht sich von selbst, dass die beschriebenen Vorzeichenregeln und Regeln der Klammerrechnung auch im Folgenden stets anzuwenden sind, obwohl nicht jedes Mal ausdrücklich darauf verwiesen wird.

Beispiele:

1) $\frac{a+b}{3} = (a+b)/3 = (a+b) : 3$

2) $\frac{a+b}{c+d} = (a+b) : (c+d)$

3) $\frac{4}{a-b} + c = 4 : (a-b) + c$

Erweitern und Kürzen eines Bruchs

• Ein Bruch ändert seinen Wert nicht, wenn man Zähler und Nenner mit derselben Zahl (ungleich null) multipliziert:

$$\frac{a}{b} = \frac{a \cdot c}{b \cdot c}, \quad a, b \in \mathbf{Z}, \quad c \neq 0$$

Man sagt, der Bruch werde mit *c erweitert*. Die Umkehrung dieser Operation nennt man *Kürzen* eines Bruchs:

$$\frac{a \cdot c}{b \cdot c} = \frac{a}{b}$$

• Ein Bruch ändert seinen Wert nicht, wenn man Zähler und Nenner durch dieselbe Zahl (ungleich null) dividiert:

$$\frac{a \cdot c}{b \cdot c} = \frac{(a \cdot c) : c}{(b \cdot c) : c} = \frac{a}{b}, \quad a, b \in \mathbf{Z}, \quad c \neq 0$$

Kürzen bedeutet, gemeinsame Faktoren in Zähler und Nenner zu finden (was nicht immer einfach ist) und durch diese (unter Beachtung der Vorzeichenregeln) zu dividieren.

Beispiele:

1) $\frac{5}{6} = \frac{10}{12} = \frac{25}{30} = \frac{500}{600}$

2) $\frac{-5}{6} = \frac{(-5)(-1)}{6(-1)} = \frac{5}{-6} = -\frac{5}{6}$

3) $\frac{52}{39} = \frac{13 \cdot 4}{13 \cdot 3} = \frac{4}{3}$

4) $\frac{1517}{1443} = \frac{37 \cdot 41}{37 \cdot 39} = \frac{41}{39}$

5) $\frac{q^2-1}{q-1} = \frac{(-1)(q^2-1)}{(-1)(q-1)} = \frac{1-q^2}{1-q} = \frac{(1+q)(1-q)}{1-q} = 1+q$

Multiplikation von Brüchen

• Zwei Brüche werden miteinander multipliziert, indem die Zähler und die Nenner miteinander multipliziert werden:

$$\boxed{\frac{a}{b} \cdot \frac{c}{d} = \frac{a \cdot c}{b \cdot d}}$$

Beispiele:

1) $\frac{2}{5} \cdot \frac{3}{7} = \frac{2 \cdot 3}{5 \cdot 7} = \frac{6}{35}$

2) $-\frac{5}{6} \cdot 7 = \frac{-5}{6} \cdot \frac{7}{1} = \frac{-35}{6}$

3) $\frac{7}{2} \cdot \frac{2}{7} = \frac{7 \cdot 2}{2 \cdot 7} = 1$

Division von Brüchen

• Zwei Brüche werden dividiert, indem der im Zähler stehende Bruch mit dem reziproken Bruch (Kehrwert) des Nenners multipliziert wird:

$$\boxed{\frac{a}{b} : \frac{c}{d} = \frac{a : b}{c : d} = \frac{\frac{a}{b}}{\frac{c}{d}} = \frac{a}{b} \cdot \frac{d}{c} = \frac{a \cdot d}{b \cdot c}}$$

Beispiele:

1) $\frac{4}{9} : \frac{2}{3} = \frac{4}{9} \cdot \frac{3}{2} = \frac{4 \cdot 3}{9 \cdot 2} = \frac{2}{3}$

2) $\frac{2}{3} : \frac{5}{4} = \frac{2 \cdot 4}{3 \cdot 5} = \frac{8}{15}$,

3) $1 : \frac{1}{10} = 1 \cdot \frac{10}{1} = 10$

Addition und Subtraktion von Brüchen

• Besitzen zwei Brüche den *gleichen Nenner*, so werden sie addiert (subtrahiert), indem die Zähler addiert (subtrahiert) werden (bei unverändertem Nenner):

$$\boxed{\frac{a}{c} + \frac{b}{c} = \frac{a+b}{c}, \qquad \frac{a}{c} - \frac{b}{c} = \frac{a-b}{c}}$$

• Weisen zwei Brüche unterschiedliche Nenner auf, werden sie zunächst durch Erweiterung auf einen „gemeinsamen Nenner“ gebracht, der *Hauptnenner* genannt wird; danach wird wie oben verfahren.

Es ist günstig, aber nicht unbedingt erforderlich, als Hauptnenner das *kleinste gemeinsame Vielfache* aller eingehenden Nenner (das ist der kleinstmögliche gemeinsame Nenner) zu wählen.
Das kleinste gemeinsame Vielfache mehrerer natürlicher Zahlen wird ermittelt, indem jede Zahl als das Produkt der in ihr enthaltenen *Primzahlen* bzw. deren Potenzen dargestellt wird. Primzahlen sind solche natürlichen Zahlen p ($p \neq 1, p \neq 0$), die nur durch 1 und sich selbst teilbar sind. Jede natürliche Zahl ist entweder selbst eine Primzahl oder lässt sich als Produkt von Primzahlen schreiben. Die beschriebene Produktdarstellung nennt man Zerlegung in *Primfaktoren*. Das Produkt der jeweils höchsten Potenzen aller auftretenden Primfaktoren ergibt das kleinste gemeinsame Vielfache der betrachteten natürlichen Zahlen, wie an nachstehendem Beispiel erläutert wird.

Beispiel:

Das kleinste gemeinsame Vielfache von 24, 36 und 60 ist 360, denn:

$$\begin{array}{rcccccccccccc} 24 & = & 2 & \cdot & 2 & \cdot & 2 & \cdot & 3 & & & & \\ 36 & = & 2 & \cdot & 2 & & & \cdot & 3 & \cdot & 3 & & \\ 60 & = & 2 & \cdot & 2 & & & \cdot & 3 & & & \cdot & 5 \\ \hline 360 & = & 2 & \cdot & 2 & \cdot & 2 & \cdot & 3 & \cdot & 3 & \cdot & 5 \end{array}$$

Mitunter ist es leichter, einfach das Produkt aller beteiligten Nenner als Hauptnenner zu nehmen (hier: $24 \cdot 36 \cdot 60 = 51840$). Gemäß den Regeln zur Erweiterung eines Bruchs ergibt sich dabei der gleiche Wert. Damit gilt für die Addition und Subtraktion ungleichnamiger Brüche:

$$\boxed{\begin{array}{l} \frac{a}{b} + \frac{c}{d} = \frac{a \cdot d}{b \cdot d} + \frac{c \cdot b}{d \cdot b} = \frac{ad + bc}{bd} \\ \frac{a}{b} - \frac{c}{d} = \frac{a \cdot d}{b \cdot d} - \frac{c \cdot b}{d \cdot b} = \frac{ad - bc}{bd} \end{array}}$$

Beispiele:

1) $\frac{2}{7} + \frac{4}{7} = \frac{2+4}{7} = \frac{6}{7}$

2) $\frac{5}{3} - \frac{10}{3} + \frac{11}{3} = \frac{5-10+11}{3} = \frac{6}{3} = 2$

3) $\frac{3}{2} + \frac{7}{3} = \frac{9}{6} + \frac{14}{6} = \frac{23}{6}$

4) $\frac{1}{6} + \frac{1}{3} + \frac{1}{2} = \frac{1}{6} + \frac{2}{6} + \frac{3}{6} = \frac{6}{6} = 1$

5) $5 + \frac{7}{6} = \frac{30}{6} + \frac{7}{6} = \frac{37}{6}$

6) $\frac{2}{5} + \frac{3}{7} = \frac{14}{35} + \frac{15}{35} = \frac{29}{35}$

7) $\frac{7}{9} - \frac{5}{12} = \frac{7 \cdot 12 - 5 \cdot 9}{9 \cdot 12} = \frac{3(7 \cdot 4 - 5 \cdot 3)}{9 \cdot 3 \cdot 4} = \frac{28-15}{36} = \frac{13}{36}$

1.6 Potenzrechnung

Wird ein und dieselbe Zahl oder Variable mehrfach mit sich selbst multipliziert, kann man zur kürzeren und übersichtlicheren Darstellung die Potenzschreibweise nutzen. So schreibt man etwa 2^3 anstelle von $2 \cdot 2 \cdot 2$ oder x^2 anstelle von $x \cdot x$. Allgemein definiert man für $a \in \mathbf{R}$

$$a^n = \underbrace{a \cdot a \cdot \ldots \cdot a}_{n-\text{mal}} \qquad (\text{gesprochen}: a \text{ hoch } n),$$

wobei a als *Basis* (*Grundzahl*), n als *Exponent* (*Hochzahl*) und a^n als *Potenzwert* bezeichnet werden. Die Zahl n, die die Anzahl der Faktoren angibt, ist zunächst sinnvollerweise eine natürliche Zahl. Ist der Exponent 2, so sagt man für „a hoch 2“ auch „a Quadrat“ oder „a in der zweiten Potenz“.

Zur Berechnung allgemeiner Potenzwerte mit Hilfe des Taschenrechners benötigt man die Funktionstaste y^x. Insbesondere im Kapitel Finanzmathematik werden solche Berechnungen ständig vorkommen.

Beispiele:

1) $2^6 = 2 \cdot 2 \cdot 2 \cdot 2 \cdot 2 \cdot 2 = 64$

2) $3 \cdot 7 \cdot 7 \cdot 7 = 3 \cdot 7^3 = 1\,029$

3) $3 \cdot 3 \cdot 3 \cdot 5 \cdot 5 \cdot 5 \cdot 5 = 3^3 \cdot 5^4 = 27 \cdot 625 = 16\,875$

4) $(3 \cdot 7)^2 = 21^2 = 3 \cdot 3 \cdot 7 \cdot 7 = 3^2 \cdot 7^2 = 9 \cdot 49 = 441$

Die Schreibweise in Beispiel 3 ist so zu verstehen, dass zunächst die Potenz berechnet, danach erst die Multiplikation ausgeführt wird. Sollen die Operationen in abweichender Reihenfolge ausgeführt werden, müssen Klammern gesetzt werden (Beispiel 4). Für beliebiges $a \neq 0$ setzt man

$$a^0 \stackrel{\text{def}}{=} 1.$$

Dass dies zweckmäßig ist, zeigen die nachstehenden *Potenzgesetze*. Dagegen ist 0^0 nicht definiert oder, wie man sagt, ein *unbestimmter Ausdruck*. Es gelten die folgenden Rechenregeln (wobei $a \in \mathbf{R}$, $m, n \in \mathbf{N}$ vorausgesetzt sei):

- Zwei Potenzen mit gleicher Basis werden multipliziert (dividiert), indem ihre Exponenten addiert (subtrahiert) werden:

$$a^m \cdot a^n = a^{m+n}, \qquad a^m : a^n = a^{m-n}$$

• Speziell gilt $\boxed{a^{-n} = \frac{1}{a^n}}$, denn $1 : a^n = a^0 : a^n = a^{0-n} = a^{-n}$.

Für den Fall gleicher Exponenten, aber unterschiedlicher Basis ($a, b \in \mathbf{R}$, $b \neq 0$, $m, n \in \mathbf{N}$) gilt dagegen:

• Zwei Potenzen mit gleichem Exponenten werden multipliziert (dividiert), indem ihre Basen multipliziert (dividiert) werden:

$$\boxed{a^n \cdot b^n = (a \cdot b)^n, \qquad \frac{a^n}{b^n} = \left(\frac{a}{b}\right)^n}$$

• Potenzen werden potenziert, d. h. mit sich selbst multipliziert, indem ihre Exponenten multipliziert werden:

$$\boxed{(a^m)^n = a^{m \cdot n} = \underbrace{a^m \cdot a^m \cdot \ldots \cdot a^m}_{n-\text{mal}}}$$

Die angeführten Rechengesetze werden nun anhand einer Reihe von Beispielen verdeutlicht:

Beispiele:

1) $2^3 \cdot 2^4 = 2^7 = 128$

2) $3^5 \cdot 3^{-4} = 3^{5-4} = 3^1 = 3$

3) $7^6 \cdot 7^{-6} = 7^0 = 1$

4) $5^{-3} = \frac{1}{5^3} = \frac{1}{125}$

5) $(-1,5)^3 = (-1,5) \cdot (-1,5) \cdot (-1,5) = -3,375$

6) $a^5 \cdot a^{-7} \cdot a^6 : a^3 = a^{5-7+6-3} = a^1 = a$

7) $\frac{5a^7}{a^6} = 5a^7 \cdot a^{-6} = 5a^{7-6} = 5a$

8) $2^3 \cdot 5^3 = (2 \cdot 5)^3 = 10^3 = 1000$

9) $(x^2 \cdot y^3)^4 = x^8 \cdot y^{12}$

10) $\left(\frac{a}{b}\right)^{-2} = \frac{a^{-2}}{b^{-2}} = \frac{b^2}{a^2} = \left(\frac{b}{a}\right)^2$

11) $(-1)^2 = 1,\ (-1)^3 = -1,\ (-1)^n = \begin{cases} 1, & n \text{ gerade} \\ -1, & n \text{ ungerade} \end{cases}$

Fehlen Klammern, so wird als erstes die Potenz im Exponenten berechnet:

$$2^{3^4} = 2^{3 \cdot 3 \cdot 3 \cdot 3} = 2^{81}, \quad \text{aber} \quad (2^3)^4 = 8^4 = 2^{12}.$$

Stimmen weder Basis noch Exponent überein, lassen sich multiplikativ verknüpfte Ausdrücke nicht weiter zusammenfassen. Der Ausdruck $3^4 \cdot 5^3$ z. B. ist nicht mehr vereinfachbar; im Gegensatz hierzu ist dies bei additiv verknüpften Potenzen ggf. möglich, wie am folgenden Beispiel gezeigt wird.

Beispiel: $a^5 + 2b^2 - 2a^4 + 3a^5 - 6b^5 + 7a^4 - b^2 = 4a^5 + 5a^4 - 6b^5 + b^2$

Zusammenfassend kann man unter Ausnutzung aller bisher betrachteten Regeln die nachstehende Reihenfolge bei der Vereinfachung komplizierter Ausdrücke aufstellen:

- Auflösung der Klammern von innen nach außen,
- Potenzieren,
- Multiplikation bzw. Division,
- Addition bzw. Subtraktion.

Beispiele:

1) $((-1)^3 + 2)^4 \cdot (-1) + (7 \cdot (-1)^4 - 2)^2 \cdot 3$
$= (-1+2)^4 \cdot (-1) + (7 \cdot 1 - 2)^2 \cdot 3$
$= 1^4(-1) + 5^2 \cdot 3 = -1 + 25 \cdot 3 = 74$

2) $[(a-b)(a+b) + b^2]^2 \cdot 3 + [(a-b)^2 + 2ab]^2$
$= [a^2 - b^2 + b^2]^2 \cdot 3 + [a^2 - 2ab + b^2 + 2ab]^2$
$= 3 \cdot [a^2]^2 + [a^2 + b^2]^2 = 3a^4 + a^4 + 2a^2b^2 + b^4 = 4a^4 + 2a^2b^2 + b^4$

1.7 Wurzelrechnung

Im vorangehenden Abschnitt wurden Potenzen mit ausschließlich ganzzahligen Exponenten betrachtet. Ist auch das Rechnen mit rationalen (oder gar reellen) Exponenten sinnvoll und interpretierbar? Die Antwort auf diese Frage gibt der Begriff der *Wurzel*, den wir nachstehend einführen. Man beachte, dass das *Wurzelziehen* (oder *Radizieren*) eine Umkehroperation zum Potenzieren darstellt. Hierbei sind der *Potenzwert* b und der *Exponent* n gegeben, während die *Basis* a gesucht ist. Zunächst gelte $a, b \geq 0$, $n \in \mathbf{N}$. Dann ist die *n-te Wurzel* (Bezeichnung: $\sqrt[n]{b}$) folgendermaßen definiert:

$$a = \sqrt[n]{b} \quad \Longleftrightarrow \quad a^n = b\,.$$

Das bedeutet, es wird diejenige Zahl a gesucht, die – in die n-te Potenz erhoben – gerade b ergibt. Im Zusammenhang mit der Operation Wurzelziehen werden b als *Radikand* und n als *Wurzelexponent* bezeichnet. Die zweite Wurzel heißt auch *Quadratwurzel* oder einfach *Wurzel* ($\sqrt[2]{b} = \sqrt{b}$).

Beispiele:

1) $4 = \sqrt{16}$, denn $4^2 = 16$

2) $3 = \sqrt[3]{27}$, denn $3^3 = 27$

Wir werden nur positive (exakter: nichtnegative) Radikanden zulassen und unter der Wurzel (Hauptwurzel) jeweils den *positiven* (nichtnegativen) Wert a verstehen, für den $a^n = b$ gilt, obwohl für gerades n auch $a = -\sqrt[n]{b}$ Lösung der Gleichung $a^n = b$ ist. Ist $b < 0$ und n ungerade, bestimmt sich die eindeutige Lösung der Gleichung $a^n = b$ aus der Beziehung $a = -\sqrt[n]{-b}$. Wegen $0^n = 0$ für beliebiges $n \in \mathbf{N}$ $(n \neq 0)$, gilt stets $\sqrt[n]{0} = 0$.

Beispiele:

1) $\sqrt[4]{16} = 2$, obwohl $a^4 = 16$ die beiden Lösungen $a = \pm 2$ hat

2) $\sqrt[3]{-27} = -\sqrt[3]{27} = -3$, denn $(-3)^3 = -27$.

3) $\sqrt{-9}$ ist nicht definiert im Bereich der reellen Zahlen, denn $a^2 = -9$ besitzt keine reelle Lösung (allerdings erfüllen die beiden komplexen Zahlen $a = 3\,\mathrm{i}$ und $a = -3\,\mathrm{i}$ die Beziehung $a^2 = -9$).

4) $\sqrt[n]{1} = 1 \ \forall\, n \in \mathbf{N}$, denn $1^n = 1$

Die Berechnung von Wurzelwerten erfolgt heutzutage in der Regel mit einem Taschenrechner, während die Nutzung von Zahlentafeln, Logarithmenrechnung oder Näherungsverfahren keine zeitgemäßen Berechnungsmethoden mehr darstellen.

Unmittelbar aus der oben angegebenen Definition folgen die nachstehenden Regeln:

- $\boxed{\left(\sqrt[n]{b}\right)^n = b}$ (denn für $a = \sqrt[n]{b}$ gilt $a^n = b$), d. h., Wurzelziehen und anschließendes Potenzieren mit demselben Exponenten heben sich (als Umkehroperationen) auf,

- $\boxed{\sqrt[n]{b^n} = b}$ (da mit $a = \sqrt[n]{b^n}$ offenbar $a^n = b^n$ gilt), d. h., die n-te Wurzel aus einer n-ten Potenz ist gleich der Basis.

Unter Beachtung dieser Gesetze ist es sinnvoll,

$$\sqrt[n]{b} = b^{1/n} \qquad \text{bzw.} \qquad \sqrt[n]{b^m} = b^{m/n}$$

zu setzen und damit Wurzeln als Potenzen mit rationalen Exponenten zu schreiben. Für diese gelten die gleichen Rechenregeln wie für Potenzen mit natürlichen Zahlen als Exponenten. Aus den Potenzgesetzen ergeben sich dann die nachstehenden Regeln:

- Die Wurzel aus einem Produkt ist gleich dem Produkt der Wurzeln aus jedem Faktor:

$$\sqrt[n]{a \cdot b} = \sqrt[n]{a} \cdot \sqrt[n]{b}$$

- Die Wurzel aus einem Quotienten ist gleich dem Quotienten aus der Wurzel des Zählers und der Wurzel des Nenners:

$$\sqrt[n]{\frac{a}{b}} = \frac{\sqrt[n]{a}}{\sqrt[n]{b}}$$

- Potenzen werden radiziert, indem die Wurzel aus der Basis mit dem entsprechenden Exponenten potenziert wird:

$$\sqrt[n]{a^k} = \left(\sqrt[n]{a}\right)^k$$

Beispiele:

1) $8^{2/3} = \sqrt[3]{64} = \sqrt[3]{4^3} = \left(\sqrt[3]{8}\right)^2 = 2^2 = 4$

2) $x^{-3/4} = \frac{1}{x^{3/4}} = \frac{1}{\sqrt[4]{x^3}}$

3) $3^{7/3} = 3^{2+\frac{1}{3}} = 3^2 \cdot 3^{\frac{1}{3}} = 9 \cdot \sqrt[3]{3} = 12{,}98$

4) $\sqrt{24} \cdot \sqrt{6} = \sqrt{144} = 12$

5) $\sqrt[3]{\frac{216}{a^6}} = \frac{\sqrt[3]{216}}{\sqrt[3]{a^6}} = \frac{6}{a^2} = 6 \cdot a^{-2}$

Die obigen Rechenregeln für Wurzelausdrücke kann man direkt anwenden; man kann jedoch auch stets Wurzelausdrücke in Potenzen umformen und dann die Potenzgesetze anwenden. Schließlich sei noch bemerkt, dass man mittels Grenzwertbetrachtungen von Potenzen mit rationalen zu solchen mit beliebigen reellen Exponenten übergehen kann (vgl. den nächsten Abschnitt über Logarithmen sowie den Begriff der Exponentialfunktion in Punkt 4.6.5).

1.8 Logarithmenrechnung

Eine weitere Umkehroperation zum Potenzieren ist das *Logarithmieren.* In diesem Fall sind der Potenzwert b sowie die Basis a gegeben und der (reelle, nicht notwendig natürliche) Exponent x gesucht. Man definiert

$$\boxed{x = \log_a b \iff a^x = b}$$

(gesprochen: x ist gleich Logarithmus von b zur Basis a), wobei a und b als positiv und $a \neq 1$ vorausgesetzt werden. Somit ist der Logarithmus von b (in diesem Zusammenhang *Numerus* genannt) zur Basis a derjenige Exponent x, mit dem a potenziert werden muss, um b zu erhalten. Direkt aus der Definition folgen die Beziehungen

- $\log_a a = 1 \quad (\text{denn } a^1 = a)$
- $\log_a 1 = 0 \quad (\text{denn } a^0 = 1)$
- $\log_a (a^n) = n \quad (\text{denn } a^n = a^n)$.

Weitere Rechenregeln sind:

- Ein Produkt wird logarithmiert, indem die Logarithmen der Faktoren addiert werden:

$$\boxed{\log_a(c \cdot d) = \log_a c + \log_a d}$$

(diese Regel bildet die Grundlage für das Rechnen mit dem Rechenstab, der früher Verwendung fand; dabei wird die Multiplikation von Zahlen auf die Addition von Längen zurückgeführt).

- Der Logarithmus eines Quotienten ist gleich der Differenz aus Logarithmus des Zählers und Logarithmus des Nenners:

$$\boxed{\log_a \frac{c}{d} = \log_a c - \log_a d}$$

- Eine Potenz wird logarithmiert, indem der Logarithmus der Basis mit dem Exponenten multipliziert wird:

$$\boxed{\log_a (b^n) = n \cdot \log_a b}$$

Logarithmen mit gleicher Basis bilden ein Logarithmensystem, von denen die beiden gebräuchlichsten die dekadischen und die natürlichen Logarithmen sind. Bei den dekadischen Logarithmen lautet die Basis $a = 10$ (Bezeichnung $\log_{10} b \stackrel{\text{def}}{=} \lg b$, seltener $\log b$), während die natürlichen Logarithmen die so genannte Eulersche Zahl $a = \mathrm{e} = \lim\limits_{n\to\infty} \left(1 + \frac{1}{n}\right) = 2,71828\ldots$ zur Basis haben (Bezeichnung $\log_e b \stackrel{\text{def}}{=} \ln b$).

Beispiele:

1) $\lg 10 = \log_{10} 10 = 1$

2) $\lg 1000 = \lg 10^3 = 3 \cdot \lg 10 = 3$

3) $\lg 200 = \lg(2 \cdot 100) = \lg 2 + \lg 100 = 0,30103 + 2 = 2,30103$

4) $\ln \mathrm{e}^2 = 2 \ln \mathrm{e} = 2$

5) $\ln 80 = 4,38203$

6) $\ln 0,5 = \ln \frac{1}{2} = \ln 1 - \ln 2 = 0 - 0,69315 = -0,69315$

Da die Logarithmenrechnung früher ein wichtiges Rechenhilfsmittel bildete, es andererseits aber keine einfache Methode gibt, Logarithmen zu berechnen (einzige Ausnahme: Potenzen der jeweiligen Basis, deren Logarithmen dann gerade die Exponenten sind), wurden sie in sog. Logarithmentafeln tabelliert. Heutzutage haben Tabellen ihre Bedeutung verloren, da Taschenrechner deren Funktion übernommen haben; aus dem gleichen Grund spielt die Logarithmenrechnung auch als Rechenhilfsmittel keine Rolle mehr. Nach wie vor wird sie aber zur exakten Darstellung der Lösungen von Exponentialgleichungen benötigt. Das nachfolgende Beispiel soll dies verdeutlichen:
In der Finanzmathematik spielt das so genannte *Verdoppelungsproblem* eine wichtige Rolle, d. h. die Frage, in welcher Zeit sich ein Kapital bei gegebenem Zinssatz verdoppelt. Dies führt (vgl. Abschnitt 2.2) auf die Gleichung

$$2K = K \cdot q^n \qquad \Longrightarrow \qquad q^n = 2$$

(K – Kapital, n – Laufzeit, $q = 1 + \frac{p}{100}$ – Aufzinsungsfaktor, p – Zinssatz). Ihre exakte Lösung lässt sich unter Nutzung der Logarithmenrechnung gewinnen:

$$\log q^n = \log 2 \quad \Longrightarrow \quad n \cdot \log q = \log 2 \quad \Longrightarrow \quad n = \frac{\log 2}{\log q}.$$

So ergibt sich etwa für $q = 1,06$ (was einer jährlichen Verzinsung mit 6 % entspricht) als Laufzeit $n = \frac{\ln 2}{\ln 1,06} = \frac{0,693147}{0,058269} = 11,896$ (hier wurde als Basis die Zahl e gewählt, d. h. mit natürlichen Logarithmen gerechnet). Bei 6%iger Verzinsung verdoppelt sich also ein Kapital innerhalb von ca. zwölf Jahren. Will man die Anwendung der Logarithmenrechnung vermeiden, muss man sich mit der näherungsweisen Lösung der obigen Gleichung begnügen. Möglichkeiten der approximativen Lösung von Gleichungen werden in Abschnitt 4.7 behandelt.

1.9 Winkelbeziehungen

Zur Beschreibung verschiedener mathematischer Sachverhalte benötigt man Ausdrücke, die mit der Größe eines Winkels im Zusammenhang stehen. Dazu werden in erster Linie die Seitenverhältnisse im rechtwinkligen Dreieck genutzt. Ausgangspunkt ist das in nachstehender Abbildung dargestellte Dreieck ABC, das einen rechten Winkel bei C besitzt.

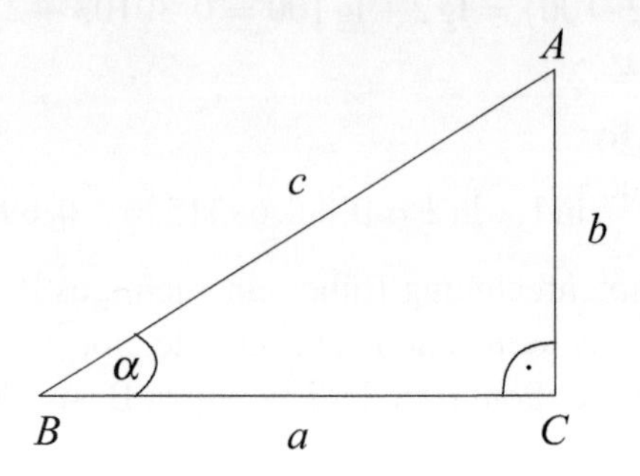

Bezogen auf den Winkel $\alpha = \sphericalangle ABC$ definiert man:

$$\sin\alpha = \frac{b}{c} = \frac{\text{Gegenkathete}}{\text{Hypotenuse}} \qquad \text{(Sinus von } \alpha\text{)}$$

$$\cos\alpha = \frac{a}{c} = \frac{\text{Ankathete}}{\text{Hypotenuse}} \qquad \text{(Kosinus von } \alpha\text{)}$$

$$\tan\alpha = \frac{b}{a} = \frac{\text{Gegenkathete}}{\text{Ankathete}} \qquad \text{(Tangens von } \alpha\text{)}$$

$$\cot\alpha = \frac{a}{b} = \frac{\text{Ankathete}}{\text{Gegenkathete}} \qquad \text{(Kotangens von } \alpha\text{)}$$

Diesen vier Größen entsprechen zunächst konkrete Seitenverhältnisse am rechtwinkligen Dreieck; folglich sind sie nur für α-Werte zwischen 0 und $90^\circ \widehat{=} \pi/2$ definiert (bekanntlich hat der Vollkreis 360° und besitzt – bei einem Radius von eins – einen Umfang der Länge 2π). Fasst man jedoch den bisher fixierten Winkel α als Variable auf, kommt man zu den *Winkelfunktionen* oder *trigonometrischen* Funktionen (vgl. Punkt 4.6.7), die sich – unter Einbeziehung negativer Strecken – für beliebige Winkel definieren lassen. Bei der Berechnung von Werten der Winkelfunktionen mit dem Taschenrechner hat man darauf zu achten, ob der Winkel im *Gradmaß* (Schalter DEG) oder im *Bogenmaß* (Schalter RAD) gegeben ist. Bezüglich weiterer Fakten und Formeln sei auf einschlägige Formelsammlungen verwiesen.

Aufgaben

Aufgaben zu Abschnitt 1.1

1. Geben Sie die Menge aller positiven ungeraden Zahlen in allgemeiner Mengenschreibweise an (bei Einbeziehung der Zahl 0 in die Menge der natürlichen Zahlen).
2. Stellen Sie die folgenden Zahlenmengen in allgemeiner Mengenschreibweise dar: a) $\{3, 6, 9, \ldots\}$, b) $\{1, 10, 100, \ldots\}$, c) $\{1, \frac{1}{2}, \frac{1}{3}, \ldots\}$.
3. Geben Sie für die folgenden Beispiele an, welchem Zahlenbereich die Zahlen zuzuordnen sind:

   a) produzierte Stückzahlen in den zurückliegenden vier Quartalen: 1 520, 1 070, 1 210, 1 890,

   b) Umsätze in den letzten drei Monaten: $1\,760\,000{,}00$ €; $1\,030\,500{,}85$ € bzw. $1\,509\,872{,}30$ €,

   c) erwirtschaftete Deckungsbeiträge der letzten drei Monate: $52\,851$ €; $-20\,638$ €; $15\,460$ €.

Aufgaben zu Abschnitt 1.2

1. Geben Sie die Koordinaten der im nachstehenden Koordinatensystem eingetragenen Punkte an:

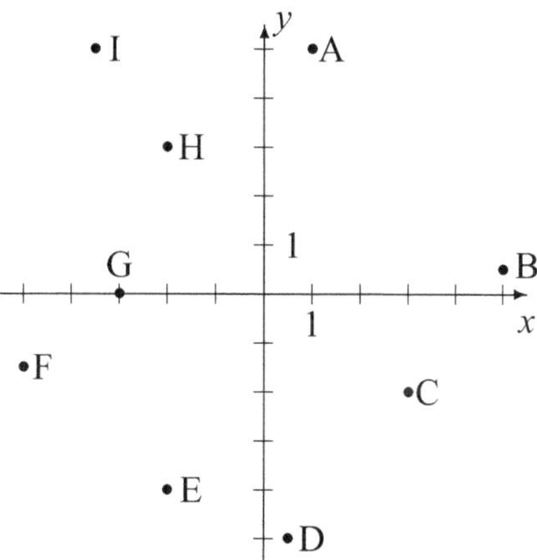

2. Stellen Sie die folgenden Punkte in einem rechtwinkligen Koordinatensystem dar: A(5;2), B(−1;4), C(0;−8), D(2;−4), E(−6;−3).

Aufgaben zu Abschnitt 1.3

1. Führen Sie die folgenden Rechenaufgaben aus:
   a) $225+(-171)+(+49)+(-36)$, b) $(-4,5)\cdot(-1,8)\cdot(-2,3)$
   c) $+(-15)+37,8-(-10,2)-(+23)$, d) $8\cdot(-3,25)$
   e) $(-196):(-14)$, f) $(-39,17)\cdot 0$
2. Die variablen Stückkosten für ein Produkt belaufen sich auf 17,20 €. Wie hoch sind die gesamten variablen Kosten bei einer Produktionsmenge von 28 130 Stück?
3. Aus dem Verkauf von drei Produkten wurden im Juli folgende Deckungsbeiträge erzielt: Produkt 1: 83 761 €; Produkt 2: −19 256 €; Produkt 3: 7 304 €. Bestimmen Sie den im Juli erwirtschafteten Gesamtdeckungsbeitrag.

Aufgaben zu Abschnitt 1.4

1. Führen Sie die folgenden Klammerrechnungen durch:
   a) $42+(18a-3b)-(25+11a-4b)$
   b) $4\cdot(7a+5b)$
   c) $750x-(120+80x)+410+(90-430x)$
   d) $9(x-2y)+(5x+3y)2-7(3x-5y)$
   e) $15-(13x-(22x-(4x-3))-6)$
   f) $16y-(5-2(3y-1))\cdot 3$
   g) $(7-2a)(3+4a)$
   h) $(s+5)^2-(s+3)^2$
2. Klammern Sie aus:
   a) $12x+18-6y$, b) $16a-8+15b-35$,
   c) $K_1=K_0+\dfrac{K_0\cdot p}{100}$, d) $45ax-9ab+18abx+72a$.
3. Berechnen Sie die folgenden Summen:
   a) $\sum_{i=1}^{8} i$, b) $\sum_{i=1}^{5} i^3$, c) $\sum_{k=2}^{4}(2k+1)$, d) $\sum_{s=3}^{7} s^2$.
4. In jedem Monat eines Jahres fallen fixe Kosten K_f in Höhe von 225 000 € an. Stellen Sie mit Hilfe der Summenformel die Berechnung der in einem Jahr entstehenden Fixkosten dar und bestimmen Sie den Wert. (Hinweis: Hier hängen die Summanden nicht vom Summationsindex ab, sondern sind konstant.)

Aufgaben zu Abschnitt 1.5

1. Vereinfachen Sie den Bruch $\frac{9t}{6t-3t^2}$.
2. Zeigen Sie, dass die Summe von sieben aufeinander folgenden natürlichen Zahlen durch 7 teilbar ist.
3. Erweitern Sie den Nenner der folgenden Brüche so, dass diese den Term a^2-9 enthalten:

   a) $\frac{1}{2a+6}$, b) $\frac{a}{0,3a-0,9}$.
4. Erweitern Sie die folgenden Brüche so, dass Zähler und Nenner ganzzahlig werden und kürzen Sie dann:

   a) $\frac{25t}{0,5}$, b) $\frac{21a}{3,5x} \cdot \frac{1,5bx}{0,3y}$.
5. Lösen Sie die folgenden Bruchrechnungsaufgaben und vereinfachen Sie gegebenenfalls durch Kürzen:

   a) $\frac{16a+1}{3a^2} - \frac{2-15a}{3a^2}$, b) $\frac{t}{3-t} + \frac{2t}{3-t}$,

   c) $\frac{2(x-4)}{9} - \frac{5(x+1)}{6}$, d) $\frac{x^{2m}+14x^m+49}{x^{2m}-49}$,

   e) $\frac{8s-12}{4s^2-4s} - \frac{s-3}{s^2-1} - \frac{2s-2}{2s^2+2s}$, f) $\frac{1}{1-4a^2} - \frac{1}{1+2a} - \frac{1}{2a-8a^3}$.

Aufgaben zu Abschnitt 1.6

1. Berechnen Sie folgende Potenzwerte:

   a) 4^5, b) 5^4, c) 8^6, d) 11^7.
2. Stellen Sie folgende Produkte in Potenzschreibweise dar und bestimmen Sie das Ergebnis:

   a) $3 \cdot 3 \cdot 3 \cdot 5 \cdot 5 \cdot 5$, b) $4 \cdot 4 \cdot 4 \cdot 4 \cdot 7 \cdot 7 \cdot 7 \cdot 7$,

   c) $9 \cdot 8 \cdot 8 \cdot 8$, d) $13 \cdot 13 \cdot 13 \cdot 13 \cdot 13 \cdot 17 \cdot 17$.
3. Führen Sie folgende Potenzrechnungen aus:

   a) $3^5 \cdot 3^4$, b) 3^{-5}, c) $5^6 \cdot 3^6$, d) $10^{19} \cdot 10^{-17}$.

Aufgaben zu Abschnitt 1.7

1. Bestimmen Sie für folgende Wurzeln den jeweiligen Wert:

   a) $\sqrt{25}$, b) $\sqrt{158}$, c) $\sqrt[3]{64}$, d) $343^{\frac{2}{3}}$, e) $\sqrt[10]{2}$.

2. Geben Sie folgende Ausdrücke in Wurzelschreibweise an:

   a) $9^{\frac{3}{5}}$, b) $10^{\frac{7}{8}}$, c) $n^{\frac{-3}{4}}$, d) $4^{\frac{7}{5}}$.

3. Führen Sie folgende Wurzelrechnungen durch:

   a) $\sqrt{14} \cdot \sqrt{4}$, b) $\sqrt{18} \cdot \sqrt{36}$, c) $\sqrt{ab^2} \cdot \sqrt{a^3b^4}$.

Aufgaben zu Abschnitt 1.8

1. Bestimmen Sie folgende Zehner-Logarithmen:

   a) $\lg 100$, b) $\lg 800$, c) $\lg 1\,000$, d) $\lg 8\,000$.

2. Für die grafische Darstellung der Umsatzentwicklung eines Produktes wird ein logarithmischer Maßstab verwendet. Bestimmen Sie für die folgenden Absatzmengen und Umsatzbeträge den jeweiligen Logarithmus:

Jahr	2000	2001	2002	2003
Absatzmenge (in Stück)	750	4 120	10 660	27 440
Umsatz (in €)	6 375	37 080	100 737	273 028

3. Bestimmen Sie die folgenden natürlichen Logarithmen:

   a) $\ln 5$, b) $\ln 100$, c) $\ln 800$, d) $\ln 1\,000$, e) $\ln 8\,000$.

4. Formen Sie um:

   a) $\ln \mathrm{e}^4$, b) $\lg 100\,000$, c) $\ln x^5$.

5. Berechnen Sie folgende Logarithmen:

   a) $\ln \frac{1}{2}$, b) $\ln(7 \cdot 3)$, c) $\lg \frac{70}{4}$, d) $\lg(8 \cdot 5)$.

Aufgaben zu Abschnitt 1.9

1. In einem rechtwinkligen Dreieck besitzt die dem Winkel α gegenüberliegende Kathete a die Länge 8 cm und die Seite b die Länge 5 cm. Berechnen Sie den Tangens und den Kotangens des Winkels α.

2. In einem rechtwinkligen Dreieck hat die dem Winkel α gegenüberliegende Seite eine Länge von 6 m. Die beiden anderen Seiten weisen eine Länge von 8 m bzw. 10 m auf. Welche Werte ergeben sich bei diesem Dreieck für die vier Winkelbeziehungen?

2 Finanzmathematik

In diesem Kapitel geht es um solche betriebs- und volkswirtschaftlich wichtigen Fragen wie: Zinsen als Äquivalent für das Überlassen eines Kapitals, Wert von Zahlungen zu unterschiedlichen Zeitpunkten, Tilgung und Verzinsung von Krediten, Ermittlung von Kapitalwerten als Bewertungsgrundlage von Investitionen u. a. Die mathematische Basis bilden relativ einfache Hilfsmittel: *arithmetische* und *geometrische Zahlenfolgen* und *-reihen.*

2.1 Zahlenfolgen und Zahlenreihen

2.1.1 Grundbegriffe

Eine *Zahlenfolge* ist eine Abbildung, die jeder natürlichen Zahl $n \in \mathbf{N}$ eine reelle Zahl $a_n \in \mathbf{R}$ zuordnet. Die Zahl a_n heißt dabei *n-tes Glied* der Folge. Die einzelnen Glieder einer Zahlenfolge lassen sich also durchnummerieren, und die Zahl n stellt den laufenden Zähler (Zählindex) dar, d. h., sie beschreibt, um das wievielte Glied der Folge es sich handelt ($n = 1$: erstes Glied a_1, $n = 2$: zweites Glied $a_2, \ldots$).
Abweichend von der natürlichen Nummerierung $a_1, a_2, a_3, \ldots$ kann bei einer Zahlenfolge die Nummerierung der Glieder auch mit 0 oder 2 oder einer anderen Zahl beginnen, d. h. $a_0, a_1, a_2, \ldots$ oder $a_2, a_3, a_4, \ldots$ usw.; wichtig ist allein der Wert der Glieder.

Beispiele:

1) $1, 3, 5, 7, 9$ (Folge der ungeraden Zahlen von 1 bis 9); das erste Glied lautet $a_1 = 1$, das vierte Glied hat den Wert $a_4 = 7$.

2) $2, 4, 6, 8, 10, \ldots$ (Folge aller positiven geraden Zahlen); das zweite Glied ist die Zahl $a_2 = 4$, allgemein lautet das n-te Glied $a_n = 2n$.

Die beiden Beispiele zeigen bereits mögliche Erscheinungsformen von Zahlenfolgen, die auf unterschiedlichen Eigenschaften beruhen. Unterscheidet man Folgen nach der Anzahl ihrer Glieder, so heißt eine Folge

- *endlich*, wenn die Anzahl der Glieder der Zahlenfolge begrenzt ist, die Folge also nach einem bestimmten Glied abbricht (s. Beispiel 1)
- *unendlich*, wenn die Anzahl der Glieder unbeschränkt ist; man schreibt dann $a_1, a_2, \ldots$, wobei die Punkte am Ende andeuten, dass die Folge nicht abbricht (s. Beispiel 2).

Unterscheidet man Folgen danach, wie sie gebildet werden, so nennt man eine Folge

- *gesetzmäßig gebildet*, wenn sich ihre Glieder nach einem bestimmten Bildungsgesetz ermitteln lassen (in Beispiel 1 ist die Berechnungsvorschrift für das n-te Glied $a_n = 2n-1$, $n = 1, \ldots, 5$; in Beispiel 2 lautet das Bildungsgesetz $a_n = 2n$, $n \in \mathbf{N}$)
- *zufällig*, wenn die Werte der Glieder zufallsabhängig entstehen (wie etwa die Augenzahl beim Würfeln oder Temperaturmesswerte).

Alle Erscheinungsformen sind miteinander kombinierbar. Die den Beispielen 1 und 2 zugrunde liegenden Bildungsgesetze sind *expliziter* Natur, d. h., es ist möglich, eine nur vom Zählindex n abhängige Formel zur Bildung des n-ten Gliedes anzugeben. Im Gegensatz dazu erfolgt bei einer *rekursiven* Beschreibung von Zahlenfolgen die Berechnung eines Gliedes unter Zuhilfenahme der Werte vorangehender Glieder.

Beispiele:

1) $a_n = \frac{1}{n}$ ist eine explizite Bildungsvorschrift, die die Folge $1, \frac{1}{2}, \frac{1}{3}, \frac{1}{4}, \ldots$ erzeugt.

2) $a_{n+2} = a_{n+1} + a_n$ ist eine rekursive Darstellung; sind die beiden Anfangsglieder a_1 und a_2 vorgegeben, lassen sich alle weiteren Glieder auf eindeutige Weise daraus berechnen. Gilt z. B. $a_1 = 1$, $a_2 = 2$, so ergeben sich nacheinander (für $n = 1, n = 2, \ldots$)

$$a_3 = a_2 + a_1 = 2 + 1 = 3$$
$$a_4 = a_3 + a_2 = 3 + 2 = 5$$
$$a_5 = a_4 + a_3 = 5 + 3 = 8 \qquad \text{usw.}$$

Es ist im Allgemeinen wünschenswert, über ein explizites Bildungsgesetz zu verfügen. Während man daraus oftmals eine rekursive Darstellung gewinnen kann (so führt beispielsweise das Bildungsgesetz $a_n = 2n$, $n = 1, 2, \ldots$ auf die Vorschrift $a_{n+1} = a_n + 2$, $n = 1, 2, \ldots$), ist der umgekehrte Weg nicht immer gangbar.
In der Finanzmathematik spielen endliche, nach einer expliziten Vorschrift gebildete Zahlenfolgen die wichtigste Rolle.

Beispiel: Eine Person schließt mit ihrer Bank einen Sparplan ab, bei dem sie regelmäßig zu Monatsbeginn 100 € spart (jährliche Verzinsung mit 5 %; die monatlichen Einzahlungen werden anteilig verzinst). Da sie großes Interesse für Zahlenfolgen besitzt, stellt sie gleich drei solcher Folgen auf:

Folge der Einzahlungen: $a_1 = 100,\ a_2 = 100,\ a_3 = 100,\ \ldots$

Folge der Kontostände jeweils am Monatsanfang: $a_1 = 100,\ a_2 = 200,\ a_3 = 300,\ \ldots,\ a_{12} = 1200$

Folge der Kontostände am Ende der Jahre 1, 2, ...: $a_1 = 1232,50;\ a_2 = 2526,63;\ a_3 = 3885,46;\ \ldots$

Bestimmte Fragestellungen im Mathematikunterricht in der Schule oder auch Knobelaufgaben bestehen darin, aus einer gewissen Anzahl von Gliedern einer Folge auf deren allgemeines Bildungsgesetz zu schließen. Das kann eine sehr verzwickte Angelegenheit sein, ist aber – streng mathematisch gesehen – niemals eindeutig lösbar. So ist es möglich, die Folge der Zahlen $1,2,4,\ldots$ auf vielerlei Art fortzusetzen:

$$\begin{array}{ll} 1,2,4,8,16,32,\ldots & \text{(allgemeines Glied: } a_n = 2^{n-1}\text{)} \\ 1,2,4,7,11,16,\ldots & \text{(allgemeines Glied: } a_n = 1 + \frac{n(n-1)}{2}\text{)} \\ 1,2,4,67,275,\ldots & \text{(allgemeines Glied: } a_n = n^4 - \frac{49}{2}n^2 + \frac{119}{2}n - 35\text{)}\,. \end{array}$$

Bildet man die Summe aus den jeweils ersten n Gliedern einer Folge (so genannte *Teil-* oder *Partialsummen*), entsteht die neue Zahlenfolge $s_1, s_2, s_3, \ldots$:

$$\begin{aligned} s_1 &= a_1 \\ s_2 &= a_1 + a_2 \\ s_3 &= a_1 + a_2 + a_3 \\ &\ldots\ldots\ldots\ldots\ldots\ldots \\ s_n &= a_1 + a_2 + \ldots + a_n = \sum_{i=1}^{n} a_i \\ &\ldots\ldots\ldots\ldots\ldots\ldots \end{aligned}$$

Die Folge der Partialsummen wird als *Reihe* bezeichnet.

Beispiele:

1) Aus $a_1 = 1, a_2 = 3, a_3 = 5, a_4 = 7, \ldots$ entsteht die Folge $s_1 = 1$, $s_2 = 4$, $s_3 = 9$, $s_4 = 16, \ldots$ (hier ist die bemerkenswerte Tatsache festzustellen, dass die zur Folge der ungeraden Zahlen gehörende Reihe gerade die Folge der Quadratzahlen bildet).
2) $a_1 = 1, a_2 = 1, a_3 = 1, \ldots$ führt auf $s_1 = 1, s_2 = 2, s_3 = 3, \ldots$

3) $a_1 = 1, a_2 = 2, a_3 = 4, a_4 = 8, a_5 = 16, \ldots$ liefert $s_1 = 1, s_2 = 3, s_3 = 7, s_4 = 15, s_5 = 31, \ldots$

4) Die Folge der Kontostände in obigem Beispiel stellt die zur Folge der Einzahlungen gehörige Reihe dar.

Von besonderem Interesse für finanzmathematische Problemstellungen sind spezielle Zahlenfolgen und Zahlenreihen, deren charakteristische Eigenschaften (konstante Differenzen bzw. Quotienten aufeinander folgender Glieder) in grundlegenden Anwendungsgebieten der Finanzmathematik wie einfache Zinsrechnung bzw. Zinseszinsrechnung zum Tragen kommen.

2.1.2 Arithmetische Folgen und Reihen

Eine Zahlenfolge wird *arithmetisch* genannt, wenn die Differenz d aufeinander folgender Glieder konstant ist:

$$\boxed{a_{n+1} - a_n = d = \text{const}, \quad n = 1, 2, \ldots}$$

bzw.

$$\boxed{a_{n+1} = a_n + d, \quad n = 1, 2, \ldots}$$

Ist das Anfangsglied der Folge a_1 gegeben, so erhält man durch wiederholtes Anwenden dieser (rekursiven) Vorschrift die Beziehungen

$$\begin{aligned} a_2 &= a_1 + d \\ a_3 &= a_2 + d = a_1 + 2d \\ a_4 &= a_3 + d = a_2 + 2d = a_1 + 3d \\ &\ldots\ldots\ldots\ldots\ldots\ldots\ldots\ldots \end{aligned}$$

Hieraus gewinnt man die (explizite) Bildungsvorschrift für das n-te Glied:

$$\boxed{a_n = a_1 + (n-1) \cdot d} \tag{2.1}$$

In Worten: Das n-te Glied einer arithmetischen Folge ergibt sich als Summe von Anfangsglied und $(n-1)$facher Differenz aufeinander folgender Glieder. Fragt man nach einer Formel für die n-te Teilsumme und damit dem Wert der arithmetischen Reihe, kommt man durch folgende Rechnung schnell zum Ziel: Man schreibt die Summanden – einmal von vorn und einmal von hinten beginnend – auf und addiert beide Zeilen:

$$\begin{array}{rcccccc} s_n &=& a_1 &+& \ldots &+& (a_1 + (n-1)d) \\ s_n &=& (a_1 + (n-1)d) &+& \ldots &+& a_1 \\ \hline 2s_n &=& (2a_1 + (n-1)d) &+& \ldots &+& (2a_1 + (n-1)d) \end{array}$$

Da jeder Summand in der unteren Zeile $2a_1 + (n-1)d = a_1 + a_n$ beträgt und es insgesamt n Summanden gibt, erhält man $2s_n = n(a_1 + a_n)$ und somit

$$s_n = n \cdot \frac{a_1 + a_n}{2} = \frac{n}{2} \cdot (a_1 + a_n) \tag{2.2}$$

In Worten: Die n-te Teilsumme einer arithmetischen Folge ist gleich dem Produkt aus der Anzahl der Glieder und dem arithmetischen Mittel aus Anfangs- und Endglied.

Zusammenfassung: Für eine endliche arithmetische Folge mit dem Anfangsglied a_1 und der konstanten Differenz d gilt:

$$a_n = a_1 + (n-1) \cdot d, \qquad s_n = \frac{n}{2} \cdot (a_1 + a_n)$$

Berechnungsbeispiele für arithmetische Folgen und Reihen:

1) $1, \frac{3}{2}, 2, \frac{5}{2}, 3, \ldots$ $\qquad (a_n = 1 + \frac{n-1}{2} = \frac{n+1}{2},\ s_n = \frac{n}{2}(1 + \frac{n+1}{2}) = \frac{n^2+3n}{4})$

2) $100, 98, 96, \ldots$ $\qquad (a_n = 100 - 2(n-1) = 102 - 2n,\ s_n = n(101 - n))$

3) Für $a_1 = 1,\ d = 3$ und $n = 10$ erhält man die Werte $a_{10} = a_1 + 9 \cdot d = 1 + 9 \cdot 3 = 28$ und $s_{10} = \frac{10}{2} \cdot (1 + 28) = 145$.

4) Aus $a_1 = 10$ und $a_{21} = 110$ lässt sich d ermitteln: $a_{21} = a_1 + 20 \cdot d$, d. h. $110 = 10 + 20d$, also $100 = 20d$ und somit $d = 5$.

2.1.3 Geometrische Folgen und Reihen

Eine Zahlenfolge heißt *geometrisch*, wenn der Quotient q aufeinander folgender Glieder konstant ist:

$$\frac{a_{n+1}}{a_n} = q = \text{const}, \quad n = 1, 2, \ldots \tag{2.3}$$

Beziehung (2.3) ist gleichbedeutend mit

$$a_{n+1} = q \cdot a_n, \quad n = 1, 2, \ldots \tag{2.4}$$

Ist das Anfangsglied a_1 gegeben, so erhält man durch wiederholte Anwendung von (2.4) die Beziehungen

$$\begin{aligned} a_2 &= q \cdot a_1 \\ a_3 &= q \cdot a_2 = q^2 \cdot a_1 \\ a_4 &= q \cdot a_3 = q^2 \cdot a_2 = q^3 \cdot a_1 \\ &\ldots\ldots\ldots\ldots\ldots\ldots \end{aligned}$$

und allgemein

$$\boxed{a_n = a_1 \cdot q^{n-1}} \tag{2.5}$$

als Bildungsgesetz für das n-te Glied.

Für die Ermittlung der n-ten Partialsumme ist wieder eine entsprechende Umformung vorzunehmen: Der Ausdruck für s_n wird einmal hingeschrieben und einmal mit q multipliziert. Anschließend wird die Differenz beider Ausdrücke gebildet, wobei sich auf der rechten Seite alle mittleren Glieder aufheben:

$$\begin{aligned} s_n &= a_1 + a_1q + a_1q^2 + \ldots + a_1q^{n-1} \\ q \cdot s_n &= a_1q + a_1q^2 + \ldots + a_1q^{n-1} + a_1q^n \\ \hline s_n - q \cdot s_n &= a_1 - a_1q^n \\ (1-q) \cdot s_n &= a_1 \cdot (1-q^n) \end{aligned}$$

Nach Division durch $1-q$ (Achtung: Es muss $1-q \neq 0$, also $q \neq 1$ gelten, Division durch null ist nicht definiert!) erhält man

$$\boxed{s_n = a_1 \cdot \frac{1-q^n}{1-q}} \tag{2.6}$$

Ist $q > 1$ (der für die Finanzmathematik typische Fall), so sind sowohl Zähler als auch Nenner negativ. In diesem Fall ist es günstiger, den Bruch mit -1 zu erweitern. Man erhält dann als äquivalenten Ausdruck zu (2.6) die Beziehung

$$\boxed{s_n = a_1 \cdot \frac{q^n-1}{q-1}} \tag{2.7}$$

Der Fall $q = 1$ ist noch offen. Hierbei gilt $a_n = a_{n-1} = \ldots = a_1$ und somit

$$s_n = n \cdot a_1 \,.$$

Aus Sicht der Finanzmathematik ist dieser Fall relativ uninteressant, da er – wie wir später sehen werden – dem „Sparen im Sparstrumpf" (also ohne Verzinsung) entspricht.

Zusammenfassung: Für eine endliche geometrische Folge mit dem Anfangsglied a_1 und dem konstanten Quotienten q gilt:

$$a_n = a_1 \cdot q^{n-1}, \qquad s_n = a_1 \cdot \frac{1-q^n}{1-q} = a_1 \cdot \frac{q^n - 1}{q-1}$$

Berechnungsbeispiele für geometrische Folgen und Reihen:

1) $1, 2, 4, 8, 16, \ldots$ $\quad (a_n = 2^{n-1},\ s_n = 2^n - 1)$

2) $4, -2, 1, -\frac{1}{2}, \frac{1}{4}, \ldots$ $\quad (a_n = 4 \cdot (-\frac{1}{2})^{n-1},\ s_n = \frac{8}{3} \cdot [1 - (-\frac{1}{2})^n])$

3) Ein Roulettespieler verdoppelt bei jedem Spiel seinen Einsatz (bis er einmal gewinnt). Wenn er mit 3 € beginnt, wie viel muss er dann beim siebenten Mal setzen? Hier gilt $a_1 = 3$, $q = 2$, woraus sich $a_7 = a_1 q^6 = 3 \cdot 2^6 = 192$ (€) ergibt.

Im Zusammenhang mit Zahlenfolgen und -reihen spielt der Begriff des *Grenzwertes* eine große Rolle. Das ist – sofern er existiert – derjenige Wert, dem sich die Glieder einer Zahlenfolge immer mehr annähern, wenn der laufende Zähler (Zählindex) n ständig größer wird:

$$a = \lim_{n \to \infty} a_n$$

(in Worten: Limes von a_n für n gegen unendlich, d. h. für immer größer werdendes n). Das Berechnen des Grenzwertes einer allgemeinen Zahlenfolge kann sehr kompliziert sein, weswegen wir uns hier mit vier Illustrationsbeispielen begnügen wollen.

Beispiele für allgemeine Zahlenfolgen:

1) Betrachtet man die Zahlenfolge $\{a_n\}$ mit den Gliedern $a_n = \frac{1}{n}$, $n = 1, 2, \ldots$, so gilt

$$\lim_{n \to \infty} a_n = \lim_{n \to \infty} \frac{1}{n} = 0,$$

da für wachsendes n die Glieder $\frac{1}{n}$ immer kleiner werden. Sie kommen der Zahl 0 also beliebig nahe, wenn nur n genügend groß ist. In diesem Fall spricht man von einer *Nullfolge*.

2) Für die Folge der Partialsummen einer geometrischen Zahlenfolge gilt unter der Annahme $0 < q < 1$ entsprechend Beziehung (2.6)

$$\lim_{n \to \infty} s_n = \lim_{n \to \infty} a_1 \cdot \frac{1-q^n}{1-q} = a_1 \cdot \frac{1}{1-q},$$

da die Folge $\{q^n\}$ für $0 < q < 1$ eine Nullfolge ist (man verdeutliche sich dies etwa am Beispiel $q = \frac{1}{2}$).

Zahlenfolgen müssen im Allgemeinen keinen (endlichen) Grenzwert besitzen, wie die weiteren beiden Beispiele 3 und 4 belegen.

3) $\{a_n\} = \{(-1)^n\}$; hier ergibt sich die Zahlenfolge $-1, 1, -1, 1, \ldots$, eine so genannte *alternierende* Folge, und es gibt keine Zahl, der sich **alle** Glieder a_n der Folge für großes n nähern.
4) $\{a_n\} = \{n^2\}$; in diesem Fall erhält man $1, 4, 9, 16, 25, \ldots$, die Folge der Quadratzahlen, die mit wachsendem n ebenfalls immer größer wird, also gegen den „Grenzwert" unendlich strebt. Man spricht in diesem Fall vom *uneigentlichen* Grenzwert $+\infty$.

2.2 Zins- und Zinseszinsrechnung

In diesem Abschnitt befassen wir uns mit der Anwendung der eben erhaltenen Ergebnisse auf die einfache Zinsrechnung und die Zinseszinsrechnung.
Zinsen sind die Vergütung für das Überlassen eines Kapitals in einer bestimmten Zeit (Anlage- oder Überlassungsdauer). Sie kann eine oder mehrere Zinsperioden umfassen. Eine *Zinsperiode* ist der Zeitraum, für den eine Zinsfälligkeit gegeben ist. In der Regel beträgt die Zinsperiode ein Jahr (dies wird unsere generelle Annahme sein), üblich sind aber durchaus auch andere Perioden der Verzinsung wie $\frac{1}{2}$ Jahr, $\frac{1}{4}$ Jahr, 1 Monat usw.
Die Höhe der Zinsen hängt von drei Einflussgrößen ab:

- *Kapital* (Geldbetrag)
- *Laufzeit* (Dauer der Überlassung)
- *Zinssatz, Zinsfuß* (Betrag an Zinsen, der für ein Kapital von 100 € in einem Jahr zu zahlen ist).

Ferner sind die Dauer einer Zinsperiode sowie die Wiederanlage bzw. Nicht-Wiederanlage der Zinsen von Bedeutung.
Je nachdem, ob man Zinsen (für ein Guthaben) erhält oder (für ein Darlehen) bezahlen muss, handelt es sich um *Habenzinsen* oder *Sollzinsen*. In aller Regel erfolgen Zinszahlungen *nachschüssig*, d. h. am Ende der Zinsperiode, mitunter werden aber auch *vorschüssige* (*antizipative*) Zinsen vereinbart, die am Anfang einer Zinsperiode anfallen.
Einfache Verzinsung bedeutet, dass die Zinsen am Jahresende nicht dem Kapital zugeschlagen, sondern ausbezahlt oder einem anderen Konto gutgeschrieben werden. Einfache Zinsrechnung ist vor allem dann von Bedeutung, wenn der betrachtete Zeitraum kürzer als ein Jahr ist. Bei der Wiederanlage von Zinsen ergeben sich durch deren Verzinsung in den nachfolgenden Zinsperioden Zinsen von Zinsen, der *Zinseszins*.

2.2.1 Einfache (lineare) Verzinsung

Wir verwenden folgende Bezeichnungen:

K	–	Kapital
T	–	Anzahl der Zinstage
t	–	Teil (Vielfaches) der Zinsperiode
Z_T, Z_t	–	Zinsen für die Zeit T bzw. t
K_T, K_t	–	Kapital nach T Tagen bzw. zum Zeitpunkt t
p	–	Zinssatz (in %)
$i = \frac{p}{100}$	–	Zinsrate
R	–	Endsumme nach einem Jahr (Jahresersatzrate)

Da nach der so genannten deutschen Methode, die den weiteren Ausführungen zugrunde liegt, ein Jahr zu 360 Tagen und jeder Monat zu 30 Zinstagen gerechnet wird, gilt $t = \frac{T}{360}$, wobei $0 < t < 1$, $t = 1$ oder $t > 1$ sein kann. Mit diesen Bezeichnungen gilt für die in T Tagen anfallenden Zinsen

$$Z_T = K \cdot \frac{p}{100} \cdot \frac{T}{360} = K \cdot i \cdot \frac{T}{360} \tag{2.8}$$

bzw.

$$Z_t = K \cdot \frac{p}{100} \cdot t = K \cdot i \cdot t \tag{2.9}$$

Beispiel: Ein am 15. März eines Jahres eingezahlter Betrag von 3000 € wird am 20. August desselben Jahres wieder abgehoben. Wie viel Zinsen erbringt er bei einer jährlichen Verzinsung von 5 %? Aus (2.8) ergibt sich ein Zinsbetrag von $Z_{155} = 3000 \cdot \frac{5}{100} \cdot \frac{155}{360} = 64,58$ (€).

Wird ein zu Beginn eines Jahres überlassenes Kapital K_0 am Ende eines Jahres mit p % verzinst, dann wächst das Anfangskapital K_0 bei einfacher Verzinsung in der Zeit t (bzw. in T Tagen) auf den Wert

$$K_t = K_0 \left(1 + \frac{p}{100} \cdot t\right) = K_0(1 + i \cdot t) \tag{2.10}$$

bzw.

$$K_T = K_0 \left(1 + \frac{p}{100} \cdot \frac{T}{360}\right) = K_0 \left(1 + i \cdot \frac{T}{360}\right) \tag{2.11}$$

an. Jeweils anfallende Zinsen werden nicht verzinst.

Die Berechnungsformeln (2.8)–(2.9) der einfachen Zinsrechnung enthalten die Größen Z_t (bzw. Z_T), K, t (bzw. T) und p (bzw. i); analog für (2.10)–(2.11). Aus je drei vorgegebenen Ausgangsgrößen kann die jeweils vierte Bestimmungsgröße durch entsprechende Umformungen berechnet werden.

Beispiele:

1) Man berechne die für 90 Tage bei 6 % anfallenden Zinsen für ein Kapital von $K = 3\,000$ (€). Aus (2.8) ergibt sich unmittelbar die Lösung $Z_{90} = 3000 \cdot \frac{6}{100} \cdot \frac{90}{360} = 45$ (€).
2) Man bestimme den Zinssatz bei bekanntem Kapitalbetrag $K = 12\,000$ (€), Zinsen $Z_t = 750$ (€) und Zeitraum $t = 1$ (Jahr). Aus (2.9) ergibt sich $p = \frac{Z_t \cdot 100}{K \cdot t} = \frac{750 \cdot 100}{12\,000 \cdot 1} = 6,25\,(\%)$.

Wir wollen uns nun mit folgender Frage befassen: Im Verlauf eines Jahres soll regelmäßig zu Monatsbeginn eine Rate der Höhe r gespart werden. Der vereinbarte Zinssatz betrage p. Welche Endsumme R an Sparbeträgen und Zinsen ergibt sich am Jahresende?

Die Januareinzahlung wird ein ganzes Jahr lang verzinst und wächst deshalb auf $r(1+i) = r\left(1 + \frac{12}{12}i\right)$ mit $i = \frac{p}{100}$ an. Entsprechend Formel (2.8) wächst die Februareinzahlung auf $r\left(1 + \frac{11}{12}i\right)$ am Jahresende an usw. Die Dezemberzahlung liefert schließlich einen Endbetrag von $r\left(1 + \frac{1}{12}i\right)$. Damit beträgt die Gesamtsumme R am Jahresende (Jahresersatzrate)

$$\begin{aligned} R &= r\left[1 + \frac{12}{12}i + 1 + \frac{11}{12}i + \ldots + 1 + \frac{1}{12}i\right] \\ &= r\left[12 + \frac{i}{12}(12 + 11 + \ldots + 1)\right] \\ &= r\left[12 + \frac{i}{12} \cdot \frac{13 \cdot 12}{2}\right], \end{aligned}$$

also

$$\boxed{R = r \cdot (12 + 6,5 \cdot i)} \qquad (2.12)$$

Beispiel: Ein Bürger spart regelmäßig zu Monatsbeginn 100 €. Über welche Summe kann er am Jahresende verfügen, wenn die Verzinsung 6 % p. a. beträgt?

Aus Formel (2.12) ergibt sich für die konkreten Werte $r = 100$ und $p = 6$ unmittelbar $R = 100\left(12 + 6,5 \cdot \frac{6}{100}\right) = 1\,239$. Der Bürger kann also am Jahresende über 1239 € verfügen.

Erfolgen die monatlichen Zahlungen jeweils am Monatsende, so kann man in Analogie zu Formel (2.12) die Endsumme gemäß

$$\boxed{R = r\cdot(12+5,5\cdot i)} \tag{2.13}$$

bestimmen. Schließlich lässt sich das Problem regelmäßiger monatlicher Einzahlungen verallgemeinern, indem man annimmt, es erfolgen jährlich m Zahlungen (im Abstand von $\frac{1}{m}$ Jahr) der Höhe r. Der bei vorschüssiger Zahlungsweise entstehende Endbetrag R^{vor} am Jahresende beläuft sich dann auf

$$\boxed{R^{\text{vor}} = r\cdot\left(m+\frac{m+1}{2}\cdot\frac{p}{100}\right)} \tag{2.14}$$

während der Endbetrag R^{nach} bei nachschüssiger Zahlungsweise

$$\boxed{R^{\text{nach}} = r\cdot\left(m+\frac{m-1}{2}\cdot\frac{p}{100}\right)} \tag{2.15}$$

beträgt. Die Formeln (2.12)–(2.15) stellen z. B. in der Renten- und Tilgungsrechnung ein wichtiges Hilfsmittel dar, um jährliche Verzinsung und monatliche Ratenzahlungen einander „anzupassen“ (siehe auch die Punkte 2.3.5 und 2.4.3).

2.2.2 Zinseszinsrechnung (geometrische Verzinsung)

Wird ein Kapital über mehrere Zinsperioden (Jahre) hinweg angelegt und werden dabei die jeweils am Periodenende (Jahresende) fälligen Zinsen angesammelt und somit in den nachfolgenden Jahren mitverzinst, entstehen *Zinseszinsen*. Wie oben bei der einfachen Verzinsung unterstellen wir auch hier eine *einmalige* Zahlung (Kapitalüberlassung), während im nachfolgenden Abschnitt 2.3 zur Rentenrechnung mehrfache regelmäßige Zahlungen betrachtet werden. Im Weiteren bedeuten:

n	–	Anzahl der Jahre (Zinsperioden)
K_0	–	Anfangskapital
K_n	–	Kapital am Ende des n-ten Jahres (Endkapital)
p	–	Zinssatz
$i=\frac{p}{100}$	–	Zinsrate
$q=1+i$	–	Aufzinsungsfaktor

Da die drei Größen p, i und q eng zusammenhängen, reicht es, wenn eine von ihnen bekannt ist. Die übrigen lassen sich dann leicht ermitteln. Nachstehend sind einige Beispiele für einander entsprechende Größen p, i, q angegeben:

p	2	5	10	11,25
i	0,02	0,05	0,10	0,1125
q	1,02	1,05	1,10	1,1125

Wir notieren jetzt das am Ende jeden Jahres verfügbare Kapital, wenn das Kapital am Anfang des 1. Jahres K_0 beträgt. Die jährlichen Zinsen werden jeweils entsprechend Formel (2.8) mit $T = 360$ berechnet, so dass gilt

$$Z = K \cdot \frac{p}{100} = K \cdot i. \tag{2.16}$$

Im Weiteren sollen mit Z_j und K_j, $j = 1, \dots, n$, die Zinsen im j-ten Jahr und das Kapital am Ende desselben Jahres bezeichnet werden, wodurch Formel (2.16) eine etwas andere Form annimmt: $Z_j = K_{j-1} \cdot i, \ \ j = 1, \dots, n$. Es ist klar, dass das Kapital am Ende eines Jahres gleich dem Anfangskapital im nächsten Jahr ist. Damit ergibt sich:

Kapital am Ende des 1. Jahres:

$$K_1 = K_0 + Z_1 = K_0 + K_0 i = K_0(1+i) = K_0 q;$$

Kapital am Ende des 2. Jahres:

$$K_2 = K_1 + Z_2 = K_1 + K_1 i = K_1(1+i) = K_1 q = K_0 q \cdot q = K_0 q^2;$$

Kapital am Ende des 3. Jahres:

$$K_3 = K_2 + Z_2 = K_2 + K_2 i = K_2 q = K_0 q^3;$$

$$\vdots$$

Kapital am Ende des n-ten Jahres:

$$\boxed{K_n = K_0 q^n = K_0(1+i)^n = K_0 \left(1 + \frac{p}{100}\right)^n} \tag{2.17}$$

In Formel (2.17), der so genannten *Leibnizschen Zinseszinsformel*, sind auch folgende Bezeichnungen üblich:

K_0	–	Barwert
K_n	–	Endwert (Zeitwert nach n Jahren)
q^n	–	Aufzinsungsfaktor für n Jahre

Der *Aufzinsungsfaktor* q^n gibt an, auf welchen Betrag ein Kapital von 1 Geldeinheit (GE) bei einem Zinssatz p und Wiederanlage der Zinsen nach n Jahren anwächst. Mit Hilfe eines Taschenrechners kann er problemlos berechnet werden; eine andere Möglichkeit stellt die vor allem früher übliche Verwendung von Tabellen dar (vgl. Tab. 1 auf S. 328). Umgekehrt versteht man unter dem *Barwert* denjenigen Wert, den man heute (zum Zeitpunkt 0) einmalig anlegen müsste, um bei einem Zinssatz p nach n Jahren das Endkapital K_n zu erreichen.

Vergleicht man die Zinseszinsformel (2.17) mit der Formel (2.5) für das n-te Glied einer geometrischen Zahlenfolge, so erkennt man, dass die Entwicklung eines Kapitals bei Zinseszins eine geometrische Folge mit $q = 1 + i$, $a_1 = K_0(1 + i)$ bzw. $a_0 = K_0$ und $n + 1$ Gliedern darstellt.

Von den vier in Beziehung (2.17) vorkommenden Größen K_0, K_n, p und n müssen jeweils drei gegeben sein, um die vierte berechnen zu können. Damit ergeben sich die nachstehenden Grundaufgaben der Zinseszinsrechnung.

Formel (2.17) selbst entspricht der *ersten Grundaufgabe der Zinseszinsrechnung*, nämlich der Berechnung des Endkapitals bei gegebenem Zinssatz p, gegebener Laufzeit n und gegebenem Anfangskapital K_0.

Beispiel: Ein Kapital von 2 000 € wird bei einem Zinssatz von 6 % für drei Jahre angelegt. Über welche Summe kann man nach Ablauf dieser Zeit verfügen? Hier gilt $K_0 = 2\,000$, $p = 6$, $n = 3$, so dass $K_n = K_0 \left(1 + \frac{p}{100}\right)^n = 2\,000 \cdot \left(1 + \frac{6}{100}\right)^3 = 2\,382{,}03$ ist. Nach drei Jahren ergibt sich also ein Wert von 2 382,03 €.

Die *zweite Grundaufgabe der Zinseszinsrechnung* besteht im Finden des Anfangskapitals K_0, wenn alle anderen Größen (K_n, p und n) bekannt sind. Ihre Lösung ergibt sich unmittelbar aus (2.17), indem durch den Faktor $(1 + i)^n$ dividiert wird:

$$\boxed{K_0 = \frac{K_n}{(1+i)^n} = \frac{K_n}{q^n} = \frac{K_n}{\left(1 + \frac{p}{100}\right)^n} = K_n \cdot q^{-n}} \tag{2.18}$$

Beziehung (2.18) wird auch als *Barwertformel* der Zinseszinsrechnung bezeichnet. Die Größe $v^n = q^{-n} = \frac{1}{q^n}$ heißt *Abzinsungsfaktor für n Jahre*; sie gibt an, welchen Wert ein nach n Jahren erreichtes Endkapital von 1 Geldeinheit zum Zeitpunkt 0 besitzt. Die Berechnung des Barwertes wird *Abzinsen* oder *Diskontieren* genannt. Sie erfolgt in der Regel mittels Taschenrechner, jedoch gibt es auch Tabellen von Abzinsungsfaktoren. In Tab. 2 auf S. 329

sind für ausgewählte Zinssätze und Laufzeiten die zugehörigen Abzinsungsfaktoren angegeben. Bei Verwendung von Abzinsungsfaktoren wird die Division durch q^n auf die Multiplikation mit v^n zurückgeführt. Dies erleichterte in früheren Zeiten die Berechnungen; andererseits ergeben sich übersichtlichere Formeln.

Beispiel: Ein Unternehmen beabsichtigt, anlässlich seines Jubiläums in 5 Jahren einem gemeinnützigen Verein 40 000 € zur Verfügung zu stellen. Welchen Betrag hat es jetzt bei einem Geldinstitut anzulegen, wenn dieses eine Verzinsung von $6,5\,\%$ bietet?

Hier sind die Größen $n = 5$, $K_n = 40\,000$ und $p = 6,5$ (bzw. $q = 1,065$) gegeben, während K_0 gesucht ist. Entsprechend Formel (2.18) gilt die Beziehung $K_0 = \frac{K_n}{q^n} = \frac{40\,000}{1,065^5} = 29\,195,23$, d. h., das Unternehmen muss 29 195,23 € anlegen.

In der *dritten Grundaufgabe* wird nach dem Zinssatz gefragt, bei dem für gegebenen Barwert K_0 in der Laufzeit n der Endwert K_n entsteht. Die Lösung erhält man aus (2.17) durch Umformen und Wurzelziehen:

$$(1+i)^n = \frac{K_n}{K_0} \quad \Longrightarrow \quad 1+i = \sqrt[n]{\frac{K_n}{K_0}} \quad \Longrightarrow \quad i = \sqrt[n]{\frac{K_n}{K_0}} - 1\,.$$

Hieraus ergibt sich wegen $i = \frac{p}{100}$ die Beziehung

$$\boxed{p = 100\left(\sqrt[n]{\frac{K_n}{K_0}} - 1\right)} \tag{2.19}$$

Beispiel: Ein Student kauft abgezinste Sparkassenbriefe mit einer Laufzeit von fünf Jahren im Nennwert von 1 000 €, wofür er 745 € bezahlen muss. Welche Rendite erzielt er mit den Sparkassenbriefen, d. h., zu welchem Zinssatz erfolgt die Verzinsung?

Der Student muss also heute 745 € anlegen, um in 5 Jahren 1 000 € zurückzuerhalten. Dies bedeutet $K_0 = 745$, $K_n = 1000$, $n = 5$, und die vorliegende Situation entspricht der dritten Grundaufgabe der Zinseszinsrechnung. Nach Formel (2.19) ergibt sich $p = 100\left(\sqrt[5]{\frac{K_n}{K_0}} - 1\right) = 100\left(\sqrt[5]{\frac{1000}{745}} - 1\right) = 6,06\ (\%)$.

Schließlich kann man noch in der *vierten Grundaufgabe* nach der Laufzeit fragen, in der ein Anfangskapital K_0 bei einer Verzinsung von $p\,\%$ (bzw. Zinsrate i) auf ein Endkapital K_n anwächst (hier ergibt sich im Gegensatz zu den bisherigen Betrachtungen in der Regel keine ganze Zahl n von Jahren). Zur Lösung dieses Problems muss auf die Logarithmenrechnung (s. Abschnitt 1.8) zurückgegriffen werden, wobei der Bestimmtheit halber die natürlichen Logarithmen verwendet werden sollen:

$$(1+i)^n = \frac{K_n}{K_0} \quad \Longrightarrow \quad n \cdot \ln(1+i) = \ln \frac{K_n}{K_0},$$

d. h.

$$\boxed{n = \frac{\ln K_n - \ln K_0}{\ln(1+i)}} \tag{2.20}$$

Diese Formel liefert die korrekte Laufzeit; die Größe n stellt dabei – wie bereits erwähnt – in der Regel eine gebrochene Zahl dar.

Beispiel: Ein junger Mann spart für ein Auto, das seiner Vorstellung nach 20 000 € kosten soll. Er verfügt über 12 000 € und kann das Geld zu 5,75 % anlegen. Wie lange muss er sparen?

Diese Fragestellung entspricht der vierten Grundaufgabe der Zinseszinsrechnung, in der bei gegebenen Größen $K_0 = 12\,000$, $K_n = 20\,000$ und $p = 5,75$ nach der Laufzeit n gefragt wird. In Übereinstimmung mit Formel (2.20) erhält man $n = \frac{1}{\ln q} \cdot \ln \frac{K_n}{K_0} = \frac{1}{\ln 1,0575} \cdot \ln \frac{20\,000}{12\,000} = 9,137$, d. h., der junge Mann muss etwas mehr als 9 Jahre sparen.

Möchte man die Lösung auf den Tag genau ermitteln, hat man zunächst den Endwert nach 9 Jahren zu berechnen und danach die einfache Verzinsung anzuwenden:

$$K_9 = K_0 q^9 = 12\,000 \cdot 1,0575^9 = 19\,847,45\,.$$

Er benötigt also im 10. Jahr noch 152,55 € an Zinsen bei einem Anfangskapital von 19847,45 €. Aus der Formel (2.8) der einfachen Verzinsung berechnet man die restlichen Tage T:

$$Z_T = K \cdot \frac{p}{100} \cdot \frac{T}{360} \quad \Longrightarrow$$

$$T = \frac{Z_T \cdot 100 \cdot 360}{K \cdot p} = \frac{152,55 \cdot 100 \cdot 360}{19847,45 \cdot 5,75} = 48,12.$$

Der junge Mann muss insgesamt 9 Jahre, 1 Monat und rund 18 Tage sparen.

Es sei übrigens noch bemerkt, dass sich die Grundaufgaben 3 und 4 auch ohne die Wurzel- und Logarithmenrechnung nur unter Verwendung eines Taschenrechners und mit ein bisschen Geduld näherungsweise lösen lassen (vgl. Abschnitt 4.7), indem man numerische Näherungsverfahren (systematische „Probierverfahren") anwendet.
Zum Abschluss der Darlegungen zur Zinseszinsrechnung werden mit der gemischten und der unterjährigen bzw. stetigen Verzinsung noch zwei weitere Fragestellungen behandelt.

2.2.3 Gemischte Verzinsung

In praktischen Situationen der Zinsberechnung tritt der Fall ganzzahliger Zinsperioden nur äußerst selten auf. Realistischer ist der in der Abbildung dargestellte Sachverhalt.

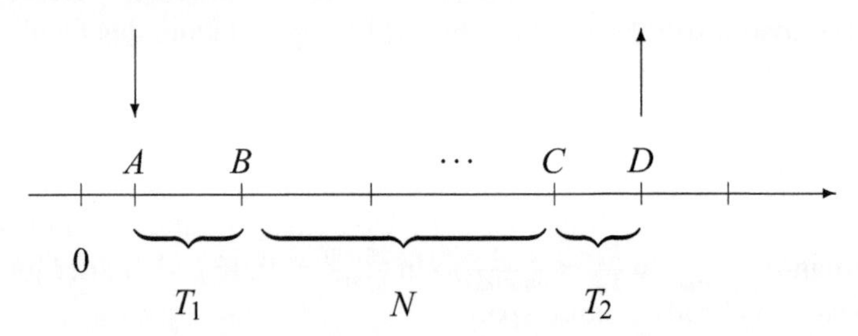

Hierbei wird ein Kapital im Laufe eines Jahres eingezahlt und nach mehreren Jahren wieder zu einem Zeitpunkt mitten im Jahr abgehoben. Dabei soll angenommen werden, dass zwischen A und B genau T_1 Tage und zwischen C und D ein Zeitabschnitt von T_2 Tagen liegen. Die Dauer zwischen den Zeitpunkten B und C möge N Jahre betragen. Zur korrekten Zinsberechnung ist im ersten und dritten Zeitabschnitt die einfache Verzinsung, im zweiten Abschnitt die geometrische Verzinsung (Zinseszinsrechnung) anzuwenden. Dies führt auf die – etwas kompliziert aussehende – Formel

$$\boxed{K_n = K_0 \left(1 + i \cdot \frac{T_1}{360}\right)(1+i)^N \left(1 + i \cdot \tfrac{T_2}{360}\right)} \tag{2.21}$$

die sich durch kombinierte Anwendung von (2.8) und (2.17) ergibt. Die Beziehung (2.21) bildet die Grundlage für taggenaue Zinsberechnungen, die im Zeitalter der Computer eine Selbstverständlichkeit sind. Einen Näherungswert für das Endkapital erhält man durch Anwendung der Formel (2.17) für gebrochene Werte von n. In vielen Fällen genügt ein solcher Näherungswert, weshalb man in der Finanzmathematik meist mit letzterem arbeitet.

Beispiel: Auf welchen Betrag wächst ein Kapital von 2 000 € an, das bei 6%iger Verzinsung vom 10.3.2003 bis 19.7.2007 angelegt wird?

a) Exakte Berechnung mittels Formel (2.21) der gemischten Verzinsung: Es gilt $K_0 = 2\,000$ (€), $i = \frac{6}{100} = 0,06$, $T_1 = 290$ (Tage), $N = 3$ (Jahre), $T_2 = 199$ (Tage), woraus sich der Endwert

$$K_n = 2000 \cdot \left(1 + 0,06 \cdot \tfrac{290}{360}\right)(1+0,06)^3 \left(1 + 0,06 \cdot \tfrac{199}{360}\right) = 2579,99$$

ergibt, was bedeutet, dass man einschließlich der angefallenen Zinsen am 19.7.2007 über 2 579,99 € verfügen kann.

b) Näherungsweise Berechnung mittels Formel (2.17): Hierbei wird das Kapital über vier volle Jahre vom 10.3.2003 bis 10.3.2006, danach 129 Tage $= \frac{129}{360}$ Jahre bis zum 19.7.2007 (geometrisch) verzinst, d. h., es gilt $n = 4 + \frac{129}{360} = 4,3583$. Setzt man diese gebrochene Zahl in (2.17) ein, so erhält man einen approximativen Endwert von $K_n = 2000 \cdot 1,06^{4,3583} = 2578,23$. Die Abweichung des Näherungswertes vom exakten Endwert beträgt in diesem Beispiel 1,76 € und somit 0,3 % des Zinsbetrages.

2.2.4 Unterjährige und stetige Verzinsung

Es ist vielfach üblich, die Zinszahlungen nicht jährlich, sondern in kürzeren, gleich langen Zeitabschnitten (halbjährlich, vierteljährlich, monatlich) zu vereinbaren.

Ist m die Anzahl unterjähriger Zinsperioden der Länge $\frac{1}{m}$ Jahre, d. h. die Anzahl, wie oft während eines Jahres verzinst wird, so entsprechen diesem kürzeren Zeitraum anteilige Zinsen in Höhe von

$$Z = K \cdot \frac{i}{m},$$

was als Verzinsung mit der *unterjährigen Zinsrate* $i_m = \frac{i}{m}$ aufgefasst werden kann; $\frac{p}{m}$ wird dabei als so genannter *relativer* Zinssatz des *nominellen* Jahreszinssatzes p bezeichnet. Da im Laufe eines Jahres m-mal verzinst wird, ergibt sich nach einem Jahr ein Endwert von

$$K_{1,m} = K_0(1+i_m)^m = K_0\left(1 + \frac{i}{m}\right)^m$$

und analog nach n Jahren

$$\boxed{K_{n,m} = K_0\left(1 + \frac{i}{m}\right)^{m \cdot n}} \qquad (2.22)$$

Der bei unterjähriger Verzinsung mit der Zinsrate $\frac{i}{m}$ auftretende Endwert $K_{n,m}$ ist größer als der bei jährlicher Verzinsung entstehende Endwert K_n. Die Begründung liegt darin, dass im Falle unterjähriger Verzinsung die Zinsen wieder mitverzinst werden (Zinseszinseffekt). Damit ergibt sich, auf das Jahr bezogen, ein höherer Effektivzinssatz als der nominal ausgewiesene.

Beispiel: Ein Kapital von 10 000 € wird über 3 Jahre bei 6 % Verzinsung p. a. angelegt. Dann ergibt sich:

a) jährliche Verzinsung:

$$m = 1, K_3 = 10000 \cdot 1{,}06^3 = \qquad 11910{,}16\,€,$$

b) halbjährliche Verzinsung:

$$m = 2, K_{3,2} = 10000 \cdot \left(1 + \tfrac{0{,}06}{2}\right)^{3\cdot 2} = \qquad 11940{,}52\,€,$$

c) vierteljährliche Verzinsung:

$$m = 4, K_{3,4} = 10000 \cdot (1 + 0{,}015)^{3\cdot 4} = \qquad 11956{,}18\,€,$$

d) monatliche Verzinsung:

$$m = 12, K_{3,12} = 10000 \cdot (1 + 0{,}005)^{3\cdot 12} = \qquad 11966{,}80\,€.$$

Der Jahreszinssatz, der bei einmaliger jährlicher Verzinsung den gleichen Endkapitalbetrag ergibt wie die m-malige unterjährige Verzinsung mit dem relativen Zinssatz $\frac{p}{m}$ wird *effektiver* Jahreszinssatz p_{eff} genannt. Er lässt sich wie folgt berechnen (vgl. die Zinseszinsformel (2.17)):

$$K_1 = K_0\left(1 + \frac{i}{m}\right)^m = K_0\left(1 + \frac{p_{\text{eff}}}{100}\right) \Longrightarrow \left(1 + \frac{i}{m}\right)^m = 1 + \frac{p_{\text{eff}}}{100}$$

$$\boxed{p_{\text{eff}} = 100\left[\left(1 + \frac{i}{m}\right)^m - 1\right]} \tag{2.23}$$

Für das obige Beispiel mit einer jährlichen Verzinsung von 6 % ergeben sich die folgenden Effektivzinssätze:

m	1	2	4	12
p_{eff}	6,00	6,09	6,14	6,17

Ist umgekehrt der effektive Jahreszinssatz gegeben, so kann die zur unterjährigen Zinsperiode der Länge $\frac{1}{m}$ gehörige *konforme* Zinsrate i_m aus dem Ansatz $p_{\text{eff}} = 100 \cdot [(1 + i_m)^m - 1]$ ermittelt werden, was auf

$$\boxed{i_m = \left(1 + \frac{p_{\text{eff}}}{100}\right)^{1/m} - 1} \tag{2.24}$$

führt. Mit $p = 100 \cdot m \cdot i_m$ berechnet man hieraus den Nominalzinssatz.

Die Frage, ob die Endkapitalien einem und, wenn ja, welchem Grenzwert bei immer kürzer werdenden Zeiträumen (d. h. bei $\frac{1}{m} \to 0$ bzw. $m \to \infty$) zustreben, führt auf die Frage der *stetigen Verzinsung*.

Zunächst lässt sich nachweisen, dass

$$\lim_{m \to \infty} \left(1 + \frac{i}{m}\right)^m = e^i \tag{2.25}$$

gilt; hierbei ist e die so genannte *Eulersche Zahl*; siehe S. 180. Unter Beachtung von (2.25) ergibt sich für das Endkapital nach n Jahren bei stetiger Verzinsung die Berechnungsvorschrift

$$\boxed{K_n = K_0 \cdot e^{in}} \tag{2.26}$$

Das Modell der stetigen Verzinsung ist zwar weniger von praktischer Bedeutung, stellt aber eine nützliche theoretische Konstruktion dar. Die Größe $i = \frac{p}{100}$ heißt in diesem Zusammenhang *Zinsintensität*.

Beispiel: Auf welchen Betrag wächst ein Kapital von 50 000 € bei stetiger Verzinsung mit 6 % innerhalb von 10 Jahren an? Es ergibt sich ein Endbetrag von $K_{10} = 50000 \cdot e^{0,06 \cdot 10} = 91\,105,90$.

Fragt man nach derjenigen von i verschiedenen Zinsintensität i^*, die (für beliebiges Kapital K_0) bei stetiger Verzinsung nach einem Jahr auf denselben Endwert führt wie die jährliche Verzinsung mit dem Zinssatz p (bzw. der Zinsrate i), so hat man die Gleichung

$$K_0 \left(1 + \frac{p}{100}\right) = K_0 \cdot e^{i^*}$$

nach i^* aufzulösen; dies liefert

$$\boxed{i^* = \ln\left(1 + \frac{p}{100}\right) = \ln(1 + i)}$$

2.3 Rentenrechnung

Die *Rentenrechnung* befasst sich mit der Fragestellung, mehrere regelmäßige Zahlungen zu einem Wert zusammenzufassen bzw. mit dem umgekehrten Problem, einen gegebenen Wert unter Beachtung anfallender Zinsen in eine bestimmte Anzahl von (Renten-)Zahlungen aufzuteilen *(Verrentung eines Kapitals)*.

2.3.1 Grundbegriffe der Rentenrechnung

Eine in gleichen Zeitabständen erfolgende Zahlung bestimmter Höhe r nennt man *Rente*. Man unterscheidet

- *Zeitrenten* (von begrenzter Dauer)
- *ewige Renten* (von unbegrenzter Dauer).

Zeitrenten bilden das Kernstück der Finanzmathematik, während ewige Renten eine mehr oder weniger theoretische Konstruktion darstellen. Der Begriff der ewigen Rente darf nicht mit dem Begriff der *Leibrente* verwechselt werden, der in der Versicherungsmathematik eine wichtige Rolle spielt und von stochastischen (d. h. zufälligen) Einflüssen abhängig ist, insbesondere vom Lebensalter des Versicherungsnehmers.

Nach dem Zeitpunkt, an dem die Rentenzahlungen erfolgen, differenziert man zwischen Renten, die

- *vorschüssig* (praenumerando; jeweils zu Periodenbeginn) oder
- *nachschüssig* (postnumerando; jeweils zu Periodenende)

gezahlt werden.

Vorschüssige Renten treten z. B. im Zusammenhang mit regelmäßigem Sparen (Sparpläne, Bausparen, ...) oder Mietzahlungen auf, nachschüssige hingegen bei der Rückzahlung von Krediten und Darlehen. Die nachfolgende Abbildung veranschaulicht die Zahlungszeitpunkte bei vorschüssiger und bei nachschüssiger Zahlungsweise:

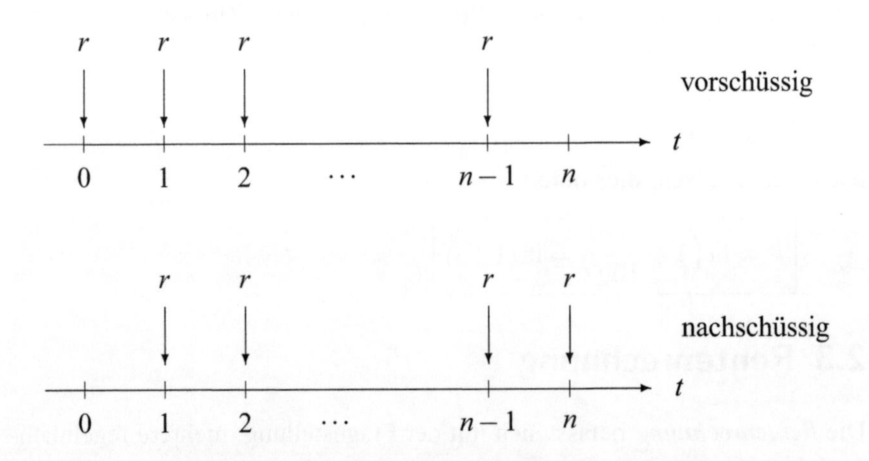

Nach der *Rentenhöhe* unterscheidet man weiterhin

- *konstante* (gleich bleibende) Renten und

- *dynamische* (veränderliche, meist wachsende) Renten.

Im Rahmen dieses Buches werden vor allem Zeitrenten konstanter Höhe betrachtet. Wichtige Größen in der Rentenrechnung sind:

- Gesamtwert einer Rente (zu einem bestimmten Zeitpunkt); bedeutsam sind vor allem der *Barwert* und der *Endwert* aller Rentenzahlungen
- r – Höhe der Rentenzahlung, Rate
- n – Dauer, Anzahl der Rentenzahlungen.

Zur Vereinfachung der weiteren Darlegungen sei zunächst vereinbart, dass die **Rentenperiode gleich der Zinsperiode (gleich einem Jahr)** ist.

2.3.2 Vorschüssige konstante Zeitrenten mit jährlicher Rentenzahlung

Werden die Renten jeweils zu Periodenbeginn gezahlt, so spricht man von *vorschüssiger* Rente. Zunächst soll der *Rentenendwert* E_n^{vor} berechnet werden, das ist derjenige Betrag, der – zum Zeitpunkt n – ein Äquivalent für die n zu zahlenden Raten darstellt. Er ist damit gleich der Summe aller aufgezinsten Rentenbeträge, was auf eine geometrische Reihe führt, wie wir unten sehen werden.

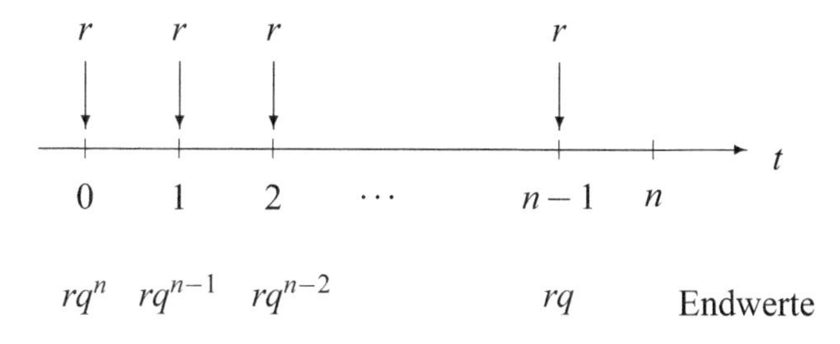

Zur Berechnung von E_n^{vor} bestimmen wir gemäß der Zinseszinsformel (2.17) mit $K_0 = r$ die Endwerte der einzelnen Zahlungen (s. Abbildung) und summieren diese auf, wobei wir die Formel (2.7) für die Partialsummen s_n einer geometrischen Folge mit $a_1 = rq$ benutzen:

$$\begin{aligned} E_n^{\text{vor}} &= rq + rq^2 + \ldots + rq^{n-1} + rq^n \\ &= rq(1 + q + \ldots + q^{n-2} + q^{n-1}) = rq \cdot s_n \,. \end{aligned}$$

Hieraus folgt die Beziehung

$$\boxed{E_n^{\text{vor}} = rq \cdot \frac{q^n - 1}{q - 1}} \tag{2.27}$$

Der in (2.27) vorkommende Ausdruck $q \cdot \frac{q^n-1}{q-1}$ wird *Rentenendwertfaktor* (der vorschüssigen Rente; REF^{vor} oder kurz REF) genannt; er gibt an, wie groß der Endwert einer n-mal vorschüssig gezahlten Rente von 1 GE ist (bei einem Zinssatz p und Zinseszins). Die Größe REF kann mit dem Taschenrechner ermittelt oder aus Tabellen (vgl. Tab. 3 auf S. 330) abgelesen werden. Zur Ermittlung des *Rentenbarwertes* könnte man die Barwerte aller Einzelzahlungen (also die Zeitwerte für den Zeitpunkt 0) berechnen und addieren. Einfacher ist es jedoch, das oben erzielte Resultat zu nutzen und den Barwert dadurch zu berechnen, dass der Ausdruck (2.27) um n Perioden abgezinst wird (vgl. Formel (2.18)):

$$\boxed{B_n^{\text{vor}} = \frac{1}{q^n} \cdot E_n^{\text{vor}} = r \cdot \frac{q^n - 1}{q^{n-1}(q-1)}} \tag{2.28}$$

Der Rentenbarwert entspricht hierbei einem auf Zinseszins angelegten Kapitalbetrag oder -stock, der eine n-malige vorschüssige Rentenzahlung in Höhe von r bis zur Aufzehrung des Kapitals ermöglicht.

Beispiel: Eine 30-jährige Person hat eine Lebensversicherung abgeschlossen. Es ist vorschüssige Prämienzahlung vereinbart. Welchem Endwert und welchem Barwert entsprechen diese Versicherungsleistungen (unter Zugrundelegung von 5,5% Zinsen), wenn die Versicherung auf das Endalter 63 Jahre abgeschlossen worden ist und die jährliche Versicherungsprämie 2400 € beträgt? Mit den Größen $n = 33$, $q = 1{,}055$ und $r = 2400$ ergeben sich entsprechend der Formel (2.27) der Rentenendwert $E_n^{\text{vor}} = rq \cdot \frac{q^n-1}{q-1} = 2400 \cdot 1{,}055 \cdot \frac{1.055^{33}-1}{0{,}055} = 223\,385{,}10$ sowie gemäß (2.28) der Rentenbarwert $B_n^{\text{vor}} = \frac{r}{q^{n-1}} \cdot \frac{q^n-1}{q-1} = \frac{2400 \cdot (1{,}055^{33}-1)}{1{,}055^{32} \cdot 0{,}055} = 38\,170{,}08$.

Nach m (mit $m < n$) vorschüssigen Rentenzahlungen der Höhe r beläuft sich das noch nicht aufgezehrte (auch als *Kontostand* bezeichnete) Kapital K_m^{vor} auf

$$\boxed{K_m^{\text{vor}} = B_n^{\text{vor}} \cdot q^m - r \cdot q \cdot \frac{q^m - 1}{q - 1} = r \cdot \frac{q^{n-m} - 1}{q^{n-m-1} \cdot (q-1)}} \tag{2.29}$$

Für $m = n$ ist $K_m^{\text{vor}} = 0$, d. h., nach Erbringung von n Rentenleistungen ist das Kapital vollständig aufgezehrt. Zur Begründung von Formel (2.29) überlege man sich, dass der erste Summand $B_n^{\text{vor}} \cdot q^m$ dem über m Jahre aufgezinsten Rentenbarwert entspricht. Von diesem ist der Endwert aller bis zum Zeitpunkt m geleisteten Rentenzahlungen abzuziehen; entsprechend Formel (2.27) beträgt dieser $r \cdot q \cdot \frac{q^m-1}{q-1}$.

2.3.3 Nachschüssige konstante Zeitrenten mit jährlicher Rentenzahlung

Hierbei erfolgen die Rentenzahlungen jeweils am Jahresende, wie in der nachstehenden Abbildung dargestellt ist.

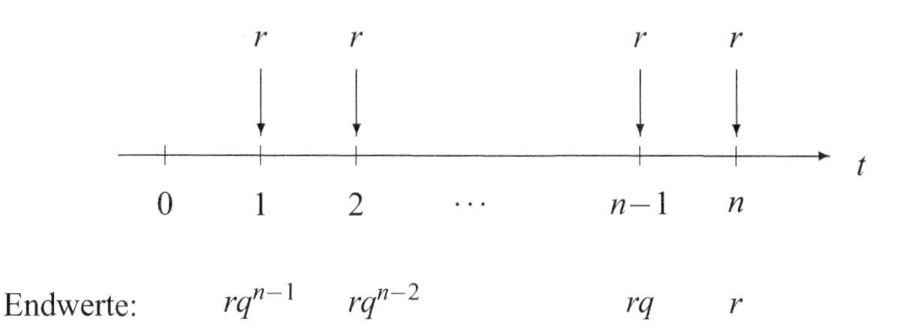

Durch Addition der n einzelnen Endwerte ergibt sich der *Rentenendwert der nachschüssigen Rente* (geometrische Reihe mit dem Anfangswert r, dem konstanten Quotienten $q = 1 + i = 1 + \frac{p}{100}$ und der Gliederzahl n):

$$
\begin{aligned}
E_n^{\text{nach}} &= r + rq + \ldots + rq^{n-1} \\
&= r \cdot (1 + q + \ldots + q^{n-1}) = r \cdot s_n ,
\end{aligned}
$$

d. h.

$$
\boxed{E_n^{\text{nach}} = r \cdot \frac{q^n - 1}{q - 1}} \tag{2.30}
$$

Vergleicht man die Ausdrücke (2.27) und (2.30) miteinander, so stellt man fest, dass in (2.30) der Faktor q fehlt. Das erklärt sich daraus, dass jede Zahlung um eine Periode später erfolgt und damit einmal weniger aufgezinst wird.

Schließlich ergibt sich der *Rentenbarwert der nachschüssigen Rente* durch Abzinsen des Rentenendwertes E_n^{nach} aus (2.30) über n Jahre:

$$
\boxed{B_n^{\text{nach}} = \frac{1}{q^n} \cdot E_n^{\text{nach}} = r \cdot \frac{q^n - 1}{q^n(q - 1)}} \tag{2.31}
$$

Der in Formel (2.31) nach der Rate r stehende Faktor $\text{RBF}^{\text{nach}} = \frac{q^n - 1}{q^n(q-1)}$ wird *Rentenbarwertfaktor* (der nachschüssigen Rente; kurz RBF) genannt. Er gibt an, wie groß der Gegenwartswert einer n-mal nachschüssig gezahlten Rente von 1 GE bei einem Zinssatz von p ist, und kann problemlos mit Hilfe eines Taschenrechners berechnet werden. Zur einfacheren Ausführung von Rechnungen ist der Faktor RBF in Tab. 4 auf S. 331 für ausgewählte Laufzeiten und Zinssätze aufgeführt.

Nach m (mit $m < n$) nachschüssigen Rentenzahlungen der Höhe r beträgt das noch nicht aufgezehrte Kapital

$$K_m^{\text{nach}} = B_n^{\text{nach}} \cdot q^m - r \cdot \frac{q^m - 1}{q - 1} = r \cdot \frac{q^{n-m} - 1}{q^{n-m} \cdot (q-1)}$$

Die nachstehende Übersicht zeigt Berechnungsmöglichkeiten und Zusammenhänge von Bar- und Endwerten vor- und nachschüssiger Renten:

	Vorschüssige Rente	Nachschüssige Rente
Rentenbarwert	$B_n^{\text{vor}} = \frac{1}{q^n} \cdot E_n^{\text{vor}}$	$B_n^{\text{nach}} = r \cdot \text{RBF}^{\text{nach}}$
Rentenendwert	$E_n^{\text{vor}} = r \cdot \text{REF}^{\text{vor}}$	$E_n^{\text{nach}} = q^n \cdot B_n^{\text{nach}}$

Hierbei sind

$$\text{RBF}^{\text{nach}} = \frac{q^n - 1}{q^n(q-1)} \quad - \quad \text{nachschüssiger Rentenbarwertfaktor,}$$

$$\text{REF}^{\text{vor}} = q \cdot \frac{q^n - 1}{q - 1} \quad - \quad \text{vorschüssiger Rentenendwertfaktor.}$$

In analoger Weise werden die in den Formeln (2.27) bzw. (2.30) auftretenden Faktoren $\text{RBF}^{\text{vor}} = \frac{q^n-1}{q^{n-1}(q-1)}$ und $\text{REF}^{\text{nach}} = \frac{q^n-1}{q-1}$ als *vorschüssiger Rentenbarwertfaktor* bzw. *nachschüssiger Rentenendwertfaktor* bezeichnet. Für diese Größen gelten folgende bemerkenswerte Zusammenhänge, deren Beweis dem Leser als Übungsaufgabe empfohlen wird (die Indizes n bzw. $n-1$ geben die Periodenzahl an):

$$\text{REF}_n^{\text{nach}} = \text{REF}_{n-1}^{\text{vor}} + 1, \qquad \text{RBF}_n^{\text{vor}} = \text{RBF}_{n-1}^{\text{nach}} + 1.$$

Beispiel: Aus Tabelle 4 der Rentenbarwertfaktoren entnimmt man z. B. für $p = 7$ und $n = 17$ den Wert $\text{RBF}_{17}^{\text{nach}} = 9,76322$. Daraus errechnet man $\text{RBF}_{18}^{\text{vor}} = \text{RBF}_{17}^{\text{nach}} + 1 = 10,76322$.

2.3.4 Grundaufgaben der Rentenrechnung

Analog wie in der Zinseszinsrechnung lassen sich auch in der Rentenrechnung verschiedene Grundaufgaben betrachten. Der Bestimmtheit halber beziehen wir uns im Weiteren auf vorschüssige Renten und somit auf die Formeln aus Punkt 2.3.2. Von den darin auftretenden Größen E_n^{vor}, B_n^{vor}, r, q und n müssen jeweils drei gegeben sein, um die jeweils fehlenden Größen zu berechnen. Daraus ergeben sich mehrere Aufgaben, deren wichtigste nachstehend behandelt werden sollen. Wie bereits früher, werden die drei Größen p, i und q als lediglich eine Größe betrachtet, da man bei Kenntnis einer von ihnen die restlichen leicht ermitteln kann.
In der *ersten Grundaufgabe* der Rentenrechnung geht es um die Ermittlung des Endwertes bei gegebenen Werten von r, q und n, was gerade der Formel (2.27) entspricht.

Beispiel: Auf welches Endkapital wachsen acht jeweils am Jahresanfang (praenumerando) entrichtete Zahlungen in Höhe von 1 500 € an, wenn ein Zinssatz von 4 % vereinbart ist?

Es gilt $n = 8$, $r = 1500$, $p = 4$ bzw. $q = 1,04$, und aus Beziehung (2.27) ergibt sich

$$E_n^{\text{vor}} = rq \cdot \frac{q^n - 1}{q - 1} = 1500 \cdot 1,04 \cdot \frac{1,04^8 - 1}{0,04} = 14374,19.$$

Am Ende der acht Jahre ist ein Endkapital von 14 374,19 € entstanden.

Fragt man bei denselben gegebenen Ausgangsgrößen r, q und n nach dem Barwert, ergibt sich die *zweite Grundaufgabe*, deren Lösung durch Beziehung (2.28) beschrieben wird.

Beispiel: Welches Kapital muss man jetzt bei einer Rentenanstalt einzahlen, um sich 18 Jahre lang den Bezug einer vorschüssigen Jahresrente von 12 000 € bei einer 7%igen Verzinsung zu sichern?

Für die gegebenen Größen $r = 12000$, $p = 7$ und $n = 18$ berechnet man entsprechend Formel (2.28)

$$B_n^{\text{vor}} = \frac{r}{q^{n-1}} \cdot \frac{q^n - 1}{q - 1} = \frac{12000}{1,07^{17}} \cdot \frac{1,07^{18} - 1}{0,07} = 129158,67\,(€).$$

Stellt man die Frage, wie viel jemand jährlich sparen muss, um in einer bestimmten Zeit bei festgelegtem Zinssatz einen angestrebten Endwert zu erreichen, kommt man zur *dritten Grundaufgabe*, in der bei fixierten Werten von E_n^{vor}, q und n die Größe r gesucht ist. Durch Umstellung von (2.27) ergibt sich

$$r = E_n^{\text{vor}} \cdot \frac{q-1}{q(q^n-1)} \tag{2.32}$$

Beispiel: Welchen gleich bleibenden Betrag muss man zu Beginn eines jeden Jahres bei einer Bank einzahlen, wenn man nach 20 Jahren über ein Kapital von 100 000 € verfügen will und die Bank 6,5 % Zinsen gewährt?
Setzt man die gegebenen Größen $E_n^{\text{vor}} = 100000$, $p = 6,5$ und $n = 20$ in Gleichung (2.32) ein, so kann man gemäß der dritten Grundaufgabe der Rentenrechnung die Rate r ermitteln:

$$r = \frac{100000 \cdot 0,065}{1,065\,(1,065^{20} - 1)} = 2418,44\,(€).$$

Komplizierter ist die Lösung der *vierten Grundaufgabe*. Bei ihr ist nach der Laufzeit n gefragt, in der ein bestimmter Betrag bei bekanntem Zinssatz regelmäßig jährlich (vorschüssig) zu sparen ist, um nach n Jahren über einen vorgegebenen Endwert E_n^{vor} verfügen zu können. Hier muss (2.27) nach n aufgelöst werden, was nur unter Zuhilfenahme der Logarithmenrechnung möglich ist:

$$E_n^{\text{vor}} = r \cdot q \cdot \frac{q^n - 1}{q - 1} \quad \Longrightarrow \quad E_n^{\text{vor}} \cdot \frac{q-1}{rq} = q^n - 1 \quad \Longrightarrow$$
$$q^n = E_n^{\text{vor}} \cdot \frac{q-1}{rq} + 1 \quad \Longrightarrow$$
$$\ln q^n = n \ln q = \ln\left(E_n^{\text{vor}} \cdot \frac{q-1}{rq} + 1\right) \quad \Longrightarrow$$

$$n = \frac{\ln\left(E_n^{\text{vor}} \cdot \frac{q-1}{rq} + 1\right)}{\ln q} \tag{2.33}$$

Beispiel: Eine sparsame Frau schaffte es innerhalb einer bestimmten Zeitspanne, durch regelmäßige Sparraten in Höhe von 2 500 €, die sie bei 7,5 % Verzinsung p. a. jeweils zu Jahresbeginn anlegte, eine Summe von 50 000 € als Altersvorsorge zusammenzubringen. Wie lange musste sie sparen?

Hier sind die Größen $E_n^{\text{vor}} = 50\,000$, $q = 1{,}075$ und $r = 2\,500$ gegeben, während n gesucht ist. Dies entspricht der vierten Grundaufgabe der Rentenrechnung. Aus (2.27) ergibt sich nach Division durch r

$$\frac{E_n^{\text{vor}}}{r} = q \cdot \frac{q^n - 1}{q - 1} = \text{REF}^{\text{vor}}, \quad \text{d. h. } \text{REF}^{\text{vor}} = \frac{50\,000}{2\,500} = 20\,.$$

Schaut man in Tabelle 3 der (vorschüssigen) Rentenendwertfaktoren in der einer Verzinsung von 7,5 % entsprechenden Spalte nach, ermittelt man eine Laufzeit von etwas mehr als zwölf Jahren.

Möchte man den Zeitraum n exakt bestimmen, hat man Formel (2.33) anzuwenden. Das Einsetzen der gegebenen Werte liefert $n = 12{,}08$.

Schließlich geht es in der *fünften Grundaufgabe* der Rentenrechnung um die Bestimmung des Aufzinsungsfaktors q oder – gleichbedeutend – des Zinssatzes $p = 100(q-1)$, wenn E_n^{vor}, n und r gegeben sind. Zur Erinnerung: $q = 1 + \frac{p}{100}$. Fragen dieser Art treten vor allem im Zusammenhang mit der Berechnung von Renditen bzw. Effektivzinssätzen auf. Ausgehend von (2.27) führt diese Problemstellung auf eine Polynomgleichung $(n+1)$-ten Grades, die in der Regel nur näherungsweise gelöst werden kann:

$$E_n^{\text{vor}} = \frac{rq(q^n - 1)}{q - 1} \quad \Longrightarrow \quad E_n^{\text{vor}}(q-1) = rq(q^n - 1) \quad \Longrightarrow$$

$$E_n^{\text{vor}} q - E_n^{\text{vor}} = rq^{n+1} - rq \quad \Longrightarrow$$

$$rq^{n+1} - (r + E_n^{\text{vor}})q + E_n^{\text{vor}} = 0 \quad \Longrightarrow$$

$$\boxed{q^{n+1} - \left(1 + \frac{E_n^{\text{vor}}}{r}\right) q + \frac{E_n^{\text{vor}}}{r} = 0} \tag{2.34}$$

Zur Lösung von Gleichungen der Art (2.34) sei auf die Ausführungen in 4.7 verwiesen. Eine weitere Möglichkeit der (näherungsweisen) Lösung von (2.34) besteht darin, (2.27) auf die Form

$$\frac{E_n^{\text{vor}}}{r} = q \cdot \frac{q^n - 1}{q - 1} = \text{REF}^{\text{vor}} \tag{2.35}$$

zu bringen und anschließend in Tab. 3 einen Näherungswert von q für gegebene Werte von REF und n aufzufinden (evtl. mittels der Methode der linearen Interpolation, siehe Punkt 4.7.3).

Beispiel: Ein Ehepaar schließt zugunsten der jüngsten Tochter einen Sparplan ab, der jährliche Einzahlungen von 700 €, zahlbar jeweils zu Jahresbeginn, bei einer Laufzeit von 7 Jahren und einem Zinssatz von 7 % p. a.

vorsieht. Am Ende des 7. Jahres gibt es zusätzlich einen Bonus von 7 % auf alle Einzahlungen. Welcher Effektivzinssatz liegt dem Sparplan zugrunde?

Zunächst hat man für die gegebenen Größen $r = 700$, $q = 1,07$ $n = 7$ den Endwert aller Einzahlungen nach Formel (2.27) zu berechnen:

$$E_n^{\text{vor}} = rq \cdot \frac{q^n - 1}{q - 1} = 700 \cdot 1,07 \cdot \frac{1,07^7 - 1}{0,07} = 6481,86.$$

Dazu kommt der Bonus in Höhe von $B = 700 \cdot 7 \cdot 0,07 = 343$, so dass sich der folgende neue Gesamt-Endwert ergibt:

$$G_n^{\text{vor}} = E_n^{\text{vor}} + B = 6824,86.$$

Um nun den effektiven Zinssatz p (bzw. $q = 1 + \frac{p}{100}$) zu berechnen, der natürlich höher als 7 liegt, kann man Beziehung (2.35) nutzen:

$$\frac{G_n^{\text{vor}}}{r} = q \cdot \frac{q^n - 1}{q - 1} \quad \Longrightarrow \quad \frac{6824,86}{700} = 9,7498 = \text{REF}^{\text{vor}}.$$

Ein Blick in Tabelle 3 der Rentenendwertfaktoren, Zeile $n = 7$ zeigt, dass die gesuchte Effektivverzinsung zwischen 8 % und 9 % liegt. Zur exakten Bestimmung von p_{eff} muss man aus Beziehung (2.34) die Größe q ermitteln, was auf die Lösung einer Polynomgleichung 8. Grades führt und nur näherungsweise möglich ist (vgl. Abschnitt 4.7); sie lautet $q_{\text{eff}} = 1,0829$. Daraus ergibt sich $p_{\text{eff}} = 8,29$.

Dem Leser wird empfohlen, die eben betrachteten Grundaufgaben auf den Fall nachschüssiger Renten zu übertragen und die betrachteten Beispiele auch für nachschüssige Zahlungen zu lösen.

2.3.5 Konstante Zeitrenten mit unterjährigen Rentenzahlungen

Ist die bisher getroffene Vereinbarung der Übereinstimmung von Zins-und Rentenperioden nicht erfüllt oder beträgt die Zinsperiode nicht ein Jahr, müssen die obigen Formeln modifiziert werden, und die zu lösenden Probleme werden unter Umständen etwas komplizierter. Bei der Unterjährigkeit unterscheidet man zwei Grundformen:

- unterjährige Rentenzahlung bei unterjähriger Verzinsung mit anteiligem Jahreszinssatz (relativem Zinssatz)
- unterjährige Rentenzahlungen bei jährlicher Verzinsung.

Unterjährige Rentenzahlungen bei unterjähriger Verzinsung

Unterstellt man m unterjährige Rentenzahlungen bei gleichzeitiger unterjähriger Verzinsung mit einem anteiligen Jahreszinssatz von $\frac{p}{m}$, so sind die Formeln (2.27), (2.28) bzw. (2.30), (2.31) zur Berechnung des Rentenbarwertes und -endwertes vor- bzw. nachschüssiger Renten anwendbar, wenn anstelle der Größe q der Wert $1+\frac{p}{100m}=1+\frac{i}{m}$ und für die Gesamtzahl an Renten- und Zinsperioden die Zahl $n \cdot m$ eingesetzt werden, so dass beispielsweise aus (2.27) die folgende neue Beziehung resultiert:

$$E_n^{\text{vor}} = r \cdot \left(1+\frac{i}{m}\right) \cdot \frac{\left(1+\frac{i}{m}\right)^{n \cdot m}-1}{\frac{i}{m}} \qquad (2.36)$$

Beispiel: Über welches Endkapital kann man verfügen, wenn vierteljährlich vorschüssig 1 500 € gespart werden, eine Verzinsung von 1,5 % für das Vierteljahr vereinbart ist (nominaler Jahreszinssatz 6 %) und die Sparphase 8 Jahre dauert?

Aus (2.36) erhält man $E_8^{\text{vor}} = 1\,500 \cdot 1{,}015 \cdot \frac{1{,}015^{8 \cdot 4}-1}{0{,}015} = 61\,947{,}89$.

Unterjährige Rentenzahlungen bei jährlicher Verzinsung

Dieser Fall ist für die Praxis von großer Bedeutung, denn häufig ist jährliche Verzinsung (mit einem Zinssatz p) bei monatlichen, viertel- oder halbjährlichen Rentenperioden vereinbart. Bei solchen mehrmaligen unterjährigen Rentenzahlungen innerhalb einer Zinsperiode ist eine Berechnung über denjenigen Rentenbetrag, welcher den m unterjährigen Renten konform ist, zweckmäßig (vgl. die Formeln (2.14) und (2.15)). Mit Hilfe dieses konformen Rentenbetrages können die m unterjährigen Zahlungen auf **eine** Zahlung zum Zinstermin zurückgeführt werden. Bei vorschüssiger bzw. nachschüssiger Zahlungsweise lautet der entsprechende Betrag

$$R^{\text{vor}} = r \cdot \left(m + \frac{m+1}{2} \cdot i\right) \quad \text{bzw.} \quad R^{\text{nach}} = r \cdot \left(m + \frac{m-1}{2} \cdot i\right)$$

Es ist zu beachten, dass unabhängig davon, ob die unterjährigen Zahlungen vor- oder nachschüssig erfolgen, die Beträge R^{vor} und R^{nach} immer erst am Periodenende anzusetzen sind, so dass bei ihrer Verwendung stets die Formeln der **nachschüssigen** Rentenrechnung gelten.

Beispiel: Eine vorschüssige monatliche Rente beträgt 2 000 €. Die jährliche Verzinsung liegt bei 6 %, und die Rentendauer ist 10 Jahre. Wie hoch ist der Rentenendwert?
Zunächst berechnet man den konformen (Jahres-)Rentenbetrag $R^{\text{vor}} = 2000 \cdot \left(12 + \frac{13}{2} \cdot 0{,}06\right) = 24780$ und daraus den Rentenendwert nach 10 Jahren: $E_{10}^{\text{nach}} = 24780 \cdot \frac{1{,}06^{10} - 1}{0{,}06} = 326620{,}22$ (€).

2.3.6 Ewige konstante Rente

Eine *ewige Rente* liegt vor, wenn die Rentenzahlungen zeitlich nicht begrenzt sind. Dies tritt ein, wenn höchstens der zu jedem Zinstermin anfallende Zinsbetrag als Rente gezahlt wird: Ist $r = K_0 \cdot i$, bleibt das Anfangskapital konstant. Gilt $r < K_0 \cdot i$, wächst das Kapital K_0 sogar noch an.

Die Betrachtung ewiger Renten stellt einerseits ein interessantes theoretisches Modell dar, das bei großer Periodenanzahl zur Vereinfachung der Rechnung genutzt werden kann, andererseits gibt es praktische Situationen, in denen die Anwendung des Modells der ewigen Rente sachgemäß ist: tilgungsfreie Hypothekendarlehen, Stiftungen, bei denen nur die Zinserträge ausbezahlt werden, das Stiftungskapital aber unangetastet bleibt, usw.

Aufgrund der zeitlichen Unbeschränktheit ist die Frage nach dem Endwert gegenstandslos, so dass allein der *Rentenbarwert* von Interesse ist. Diesen ermittelt man sowohl im vor- als auch im nachschüssigen Fall durch Umformung der Ausdrücke (2.28) bzw. (2.31) und anschließende Grenzwertbetrachtung, was gerade der Summe einer unendlichen geometrischen Reihe entspricht.

Vorschüssiger Rentenbarwert der ewigen Rente

$$B_\infty^{\text{vor}} = \lim_{n\to\infty} \frac{r}{q^{n-1}} \cdot \frac{q^n - 1}{q - 1} = \lim_{n\to\infty} r \cdot \frac{q - \frac{1}{q^{n-1}}}{q - 1}$$

d. h.

$$\boxed{B_\infty^{\text{vor}} = \frac{rq}{q-1}} \tag{2.37}$$

Wie bereits in Abschnitt 2.1 erwähnt, ist „∞“ das in der Mathematik allgemein übliche Symbol für Unendlich, und $\lim\limits_{n\to\infty}$ bedeutet, n über alle Grenzen zu vergrößern, d. h. zum Grenzwert („limes") für „n gegen Unendlich" überzugehen. Da in der Finanzmathematik $q = 1 + \frac{p}{100} > 1$ ist, gilt $\lim\limits_{n\to\infty} q^{n-1} = \infty$ und somit $\lim\limits_{n\to\infty} \frac{1}{q^{n-1}} = 0$, weshalb der entsprechende Summand im obigen Grenzwert nicht mehr auftritt.

Beispiel: Auf welchen Betrag muss sich ein Kapital belaufen, wenn eine zu Anfang eines jeden Jahres zahlbare ewige Rente von 10 200 € bei einem Zinssatz von 6 % sichergestellt werden soll?
Hier gilt $r = 10200$, $p = 6$ (d. h. $q = 1,06$), und es handelt sich um eine vorschüssige Rente. Entsprechend der Beziehung (2.37) gilt somit

$$B_\infty^{\text{vor}} = \frac{rq}{q-1} = \frac{10200 \cdot 1,06}{0,06} = 180200\,.$$

Das Kapital muss somit 180 200 € betragen.

Nachschüssiger Rentenbarwert der ewigen Rente

$$B_\infty^{\text{nach}} = \lim_{n\to\infty} B_n^{\text{nach}} = \lim_{n\to\infty} r \cdot \frac{q^n - 1}{q^n(q-1)} = \lim_{n\to\infty} r \cdot \frac{1 - \frac{1}{q^n}}{q-1}$$

d. h.

$$\boxed{B_\infty^{\text{nach}} = \frac{r}{q-1}} \tag{2.38}$$

Beispiel: Wie groß ist der Barwert einer nachschüssig zahlbaren ewigen Rente von 16 500 € bei einer 5,5%igen Verzinsung?
Für die gegebenen Werte $r = 16500$ und $p = 5,5$ (bzw. $q = 1,055$) gilt entsprechend Formel (2.38)

$$B_\infty^{\text{nach}} = \frac{r}{q-1} = \frac{16500}{0,055} = 300000.$$

Der Barwert der ewigen Rente beträgt somit 300 000 €.

2.3.7 Ausblick auf dynamische Renten

Bleibt der Rentenbetrag nicht konstant, dann bestimmt sich die Berechnung von Rentenbarwert und Rentenendwert nach der Gesetzmäßigkeit, mit der sich die Rentenbeträge verändern. Die beiden Grundformen hierbei sind:

- arithmetisch fortschreitende Rentenbeträge
- geometrisch fortschreitende Rentenbeträge.

Bei *arithmetisch fortschreitenden* Rentenbeträgen, deren Höhen eine konstante Differenz aufweisen, entsprechen die einzelnen Rentenzahlungen einer arithmetischen Folge (siehe die nachstehende Abbildung für den Fall vorschüssiger Zahlungen):

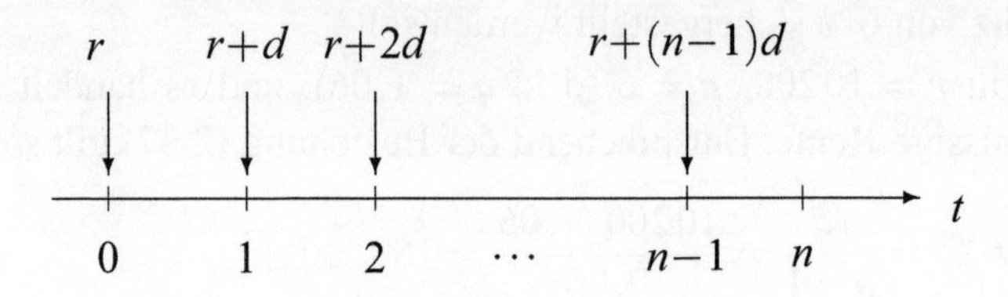

Ohne Herleitung (die zwar nicht allzu kompliziert, aber etwas langwierig ist, weshalb wir sie dem interessierten Leser überlassen) werden nachstehend die Formeln für vor- und nachschüssige Rentenend- bzw. -barwerte bei arithmetischer Dynamisierung angegeben:

$$E_{n,ad}^{\text{vor}} = \frac{q}{q-1}\left[\left(r+\frac{d}{q-1}\right)(q^n-1)-nd\right] \tag{2.39}$$

$$B_{n,ad}^{\text{vor}} = \frac{1}{q^{n-1}(q-1)}\left[\left(r+\frac{d}{q-1}\right)(q^n-1)-nd\right] \tag{2.40}$$

$$E_{n,ad}^{\text{nach}} = \frac{1}{q-1}\left[\left(r+\frac{d}{q-1}\right)(q^n-1)-nd\right] \tag{2.41}$$

$$B_{n,ad}^{\text{nach}} = \frac{1}{q^n(q-1)}\left[\left(r+\frac{d}{q-1}\right)(q^n-1)-nd\right]. \tag{2.42}$$

Bei *geometrisch fortschreitenden* Rentenbeträgen bilden die einzelnen Rentenzahlungen eine geometrische Folge (siehe die folgende Abbildung für den Fall vorschüssiger Zahlungen):

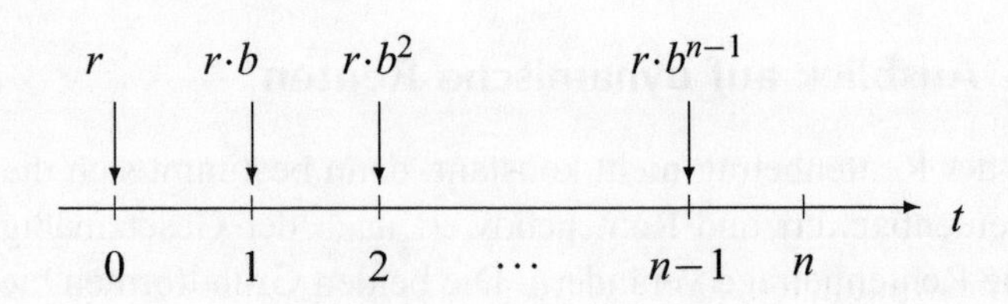

Der konstante Quotient $b = 1 + \frac{s}{100}$ aufeinander folgender Glieder der Folge von Rentenbeträgen ist dabei durch die konstante *prozentuale Steigerungsrate s* charakterisiert. Die entsprechenden End- und Barwertformeln sind wiederum ohne Herleitung angegeben:

$$E_{n,gd}^{\text{vor}} = r \cdot q \cdot \frac{b^n - q^n}{b - q}, \qquad B_{n,gd}^{\text{vor}} = \frac{r}{q^{n-1}} \cdot \frac{b^n - q^n}{b - q} \tag{2.43}$$

$$E_{n,gd}^{\text{nach}} = r \cdot \frac{b^n - q^n}{b - q}, \qquad B_{n,gd}^{\text{nach}} = \frac{r}{q^n} \cdot \frac{b^n - q^n}{b - q}. \tag{2.44}$$

Interessanterweise sind diese Formeln nicht anwendbar, wenn die Zinsrate i und die Steigerungsrate s übereinstimmen, da dann wegen $b = q$ die Zähler und Nenner in allen vier aufgeführten Formeln gleich null sind, weswegen unbestimmte Ausdrücke entstehen. Andererseits kann man sich überlegen, dass im Falle $b = q$ die Beziehung $E_{n,gd}^{\text{vor}} = n \cdot r \cdot q^n$ gilt (analog für die anderen Formeln).

2.4 Tilgungsrechnung

Bei der *Tilgungsrechnung* (oder auch *Anleiherechnung*) geht es um die Bestimmung der Rückzahlungsraten für Zinsen und Tilgung eines aufgenommenen Kapitalbetrages (Darlehen, Hypothek, Kredit). Es können aber auch andere Bestimmungsgrößen wie Laufzeit, Rate oder Effektivverzinsung gesucht sein. Grundlagen der Tilgungsrechnung bilden die Zinseszins- und insbesondere die Rentenrechnung.

2.4.1 Grundbegriffe und Formen der Tilgung

Grundsätzlich erwartet der Gläubiger, dass der Schuldner seine Schuld verzinst und vereinbarungsgemäß zurückzahlt. Dazu werden oftmals *Tilgungspläne* aufgestellt, die in anschaulicher Weise die Rückzahlungen (Annuitäten) in ihrem zeitlichen Ablauf aufzeigen. Dabei versteht man unter *Annuität* die jährliche Gesamtzahlung, bestehend aus Tilgungs- und Zinsbetrag.

Es sollen die folgenden generellen Vereinbarungen getroffen werden:

- Rentenperiode = Zinsperiode = 1 Jahr
- die Anzahl der Rückzahlungsperioden beträgt n Jahre
- die Annuitätenzahlung erfolgt am Periodenende.

Letzteres hat zur Folge, dass die Formeln der nachschüssigen Rentenrechnung anwendbar sind. Je nach Rückzahlungsmodalitäten unterscheidet man verschiedene Formen der Tilgung:

- *Ratentilgung* (konstante Tilgungsraten)
- *Annuitätentilgung* (konstante Annuitäten)
- *Zinsschuldtilgung* (zunächst nur Zinszahlungen, in der letzten Periode Zahlung von Zinsen plus Rückzahlung der Gesamtschuld).

Verwendete Symbolik

S_0	–	Kreditbetrag, Anfangsschuld
S_k	–	Restschuld am Ende der k-ten Periode
T_k	–	Tilgung in der k-ten Periode
Z_k	–	Zinsen in der k-ten Periode
A_k	–	Annuität in der k-ten Periode: $A_k = T_k + Z_k$
i	–	vereinbarte (Nominal-)Zinsrate

2.4.2 Ratentilgung

Bei dieser Tilgungsform sind die jährlichen Tilgungsraten konstant:

$$T_k = T = \text{const} = \frac{S_0}{n}, \quad k = 1, \ldots, n \tag{2.45}$$

Die Restschuld S_k nach k Perioden stellt eine arithmetische Folge mit dem Anfangsglied S_0 und der Differenz $d = -\frac{S_0}{n}$ dar:

$$S_1 = S_0 - \frac{S_0}{n} = S_0 \left(1 - \frac{1}{n}\right)$$

$$S_2 = S_1 - \frac{S_0}{n} = S_0 - 2 \cdot \frac{S_0}{n} = S_0 \left(1 - \frac{2}{n}\right)$$

$$S_3 = S_2 - \frac{S_0}{n} = S_0 - 3 \cdot \frac{S_0}{n} = S_0 \left(1 - \frac{3}{n}\right)$$

$$\ldots\ldots\ldots\ldots\ldots\ldots\ldots\ldots\ldots\ldots$$

$$S_k = S_0 \left(1 - \frac{k}{n}\right), \quad k = 1, \ldots, n \tag{2.46}$$

Beziehung (2.46) steht in Übereinstimmung mit Formel (2.1) für das allgemeine Glied einer arithmetischen Zahlenfolge, wobei jedoch zu beachten ist, dass im vorliegenden Fall die Nummerierung der Glieder von der obigen abweicht und die Folge mit a_0 $(= S_0)$ beginnt. Für $k = n$ ergibt sich $S_n = S_0\left(1 - \frac{n}{n}\right) = 0$, die Schulden sind vollständig getilgt.
Die Zinsen, die für die jeweilige Restschuld S_{k-1} zu zahlen sind, betragen

$$\boxed{Z_k = S_{k-1} \cdot i = S_0 \cdot \left(1 - \frac{k-1}{n}\right) \cdot i} \tag{2.47}$$

Die jährlichen Zinsbeträge Z_k bilden ebenfalls eine arithmetisch fallende Zahlenfolge, wobei die Differenz aufeinander folgender Glieder $d = -\frac{S_0}{n} \cdot i$ beträgt. Da sich die Zinszahlungen im Laufe der Zeit verringern, die Tilgungsraten aber konstant bleiben, ergeben sich nach (2.45)–(2.47) fallende Annuitäten:

$$A_k = T_k + Z_k = \frac{S_0}{n} + S_{k-1} \cdot i = \frac{S_0}{n} + S_0\left(1 - \frac{k-1}{n}\right) \cdot i$$

d. h.

$$\boxed{A_k = \frac{S_0}{n}\left(1 + (n-k+1) \cdot i\right), \quad k = 1, \ldots, n} \tag{2.48}$$

Die grafische Veranschaulichung zeigt die fallenden Annuitäten bei der Ratentilgung:

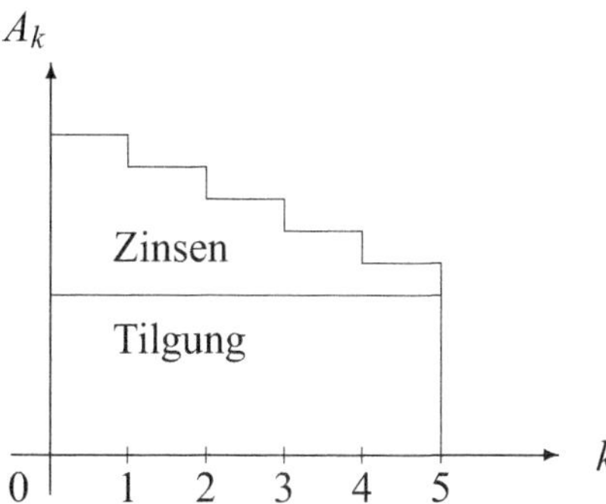

Während die Größen T_k, S_k, Z_k und A_k (also Tilgung, Restschuld, Zinsen und Annuität in der k-ten Periode) arithmetische Folgen mit den Anfangsgliedern $\frac{S_0}{n}$, S_0, $S_0 i$, $S_0\left(\frac{1}{n} + i\right)$ und den Differenzen 0, $-\frac{S_0}{n}$, $-\frac{S_0}{n}i$, $-\frac{S_0}{n}i$ bilden (wobei wie bisher $i = \frac{p}{100}$ gesetzt wurde), erhält man die Gesamttilgung $T_{k,\text{ges}}$, den Gesamtzinsbetrag $Z_{k,\text{ges}}$ und die Gesamtannuitätenzahlungen $A_{k,\text{ges}}$ vom ersten bis zum k-ten Jahr als kumulative Größen aus den zugehörigen arithmetischen Reihen:

$$\boxed{T_{k,\text{ges}} = k \cdot \frac{S_0}{n}} \tag{2.49}$$

$$Z_{k,\text{ges}} = \frac{S_0 \cdot i \cdot k}{2n} \cdot (2n - k + 1) \tag{2.50}$$

$$A_{k,\text{ges}} = \frac{S_0 \cdot k}{n} \cdot \left(1 + \frac{i}{2}(2n - k + 1)\right) \tag{2.51}$$

Für die entsprechenden Größen nach $k = n$ Jahren gilt speziell:

$$T_{n,\text{ges}} = n \cdot \frac{S_0}{n} = S_0 \tag{2.52}$$

$$Z_{n,\text{ges}} = S_0 \cdot i \cdot \frac{n+1}{2} \tag{2.53}$$

$$A_{n,\text{ges}} = S_0 \cdot \left(1 + i \cdot \frac{n+1}{2}\right) \tag{2.54}$$

Beispiel Ein Kreditbetrag von 100 000 € soll in 5 Jahren mit jährlich konstanter Tilgung bei einer jährlichen Verzinsung von 5 % zurückgezahlt werden. Wie hoch ist die Annuität im 3. Jahr und wie viel Zinsen sind insgesamt zu zahlen? Unmittelbar aus den Beziehungen (2.48) und (2.53) ergeben sich die Annuität $A_3 = \frac{100000}{5}\left(1 + (5-3+1)\frac{5}{100}\right) = 23000$ sowie der Zinsbetrag $Z_{5,\text{ges}} = 100000 \cdot 0,05 \cdot \frac{6}{2} = 15000$ (vgl. den Tilgungsplan auf Seite 79).

Bei unterjähriger Tilgung (mit m Zins- und Tilgungsperioden pro Jahr) beträgt die Tilgung

$$\boxed{T_k = \frac{S_0}{m \cdot n} = \text{const}} \tag{2.55}$$

Der effektive Zinssatz pro Jahr p_{eff} beläuft sich gemäß Beziehung (2.23) auf

$$\boxed{p_{\text{eff}} = 100 \cdot \left[\left(1 + \frac{i}{m}\right)^m - 1\right]} \tag{2.56}$$

Die obigen Berechnungsformeln (2.45)–(2.54) können analog verwendet werden, wenn anstelle n die Anzahl $n \cdot m$ an Zins- und Tilgungsperioden eingesetzt wird, welche die Kreditdauer insgesamt umfasst (z. B. ergibt sich bei zehnjähriger Darlehensdauer und vierteljährlicher Tilgung $4 \cdot 10 = 40$).

Beispiel: Für ein Darlehen in Höhe von 180 000 € sind vierteljährlich 2,25 % Zinsen zu zahlen. Die Tilgungsdauer sei mit 15 Jahren vereinbart. Dann beträgt die vierteljährliche Tilgung $T = \frac{180000}{15 \cdot 4} = 3\,000$, die Restschuld nach 3 Jahren (= 12 Tilgungsperioden) $S_{12} = 180000\left(1 - \frac{12}{60}\right) = 144000$ und die Zinszahlung im 4. Vierteljahr $Z_4 = 180000 \cdot 0,0225 \cdot \left(1 - \frac{4-1}{60}\right) = 3\,847,50$ (vgl. die Formeln (2.55), (2.46) und (2.47)).

2.4.3 Annuitätentilgung

Jährliche Vereinbarungen

Wie oben ausgeführt, sind bei dieser Form der Tilgung die jährlichen Annuitäten konstant:

$$\boxed{A_k = T_k + Z_k = A = \text{const}} \tag{2.57}$$

Durch die jährlichen Tilgungszahlungen verringert sich die Restschuld, so dass die zu zahlenden Zinsen abnehmen und ein ständig wachsender Anteil der Annuität für die Tilgung zur Verfügung steht:

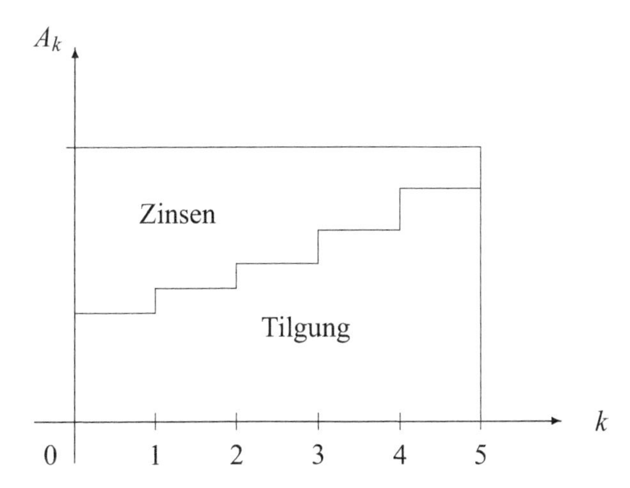

Die Berechnung der Annuität gestaltet sich hier schwieriger als bei der Ratentilgung, wobei aber die Formeln der nachschüssigen Rentenrechnung verwendet werden können. Zur Berechnung der Annuität wird – wie auch bei einer Reihe anderer Überlegungen in der Finanzmathematik – das so genannte *Äquivalenzprinzip* genutzt. Dieses stellt (bei gegebenem Zinssatz p) die Leistungen des Gläubigers den Leistungen des Schuldners gegenüber, wobei man sich der Vergleichbarkeit halber auf einen einheitlichen Zeitpunkt

bezieht. Häufig ist das der Zeitpunkt $k = 0$, so dass also die Barwerte von Gläubiger- und Schuldnerleistungen miteinander verglichen werden.
Die Leistung des Gläubigers (Bank, Geldgeber,...) besteht in der Bereitstellung des Kreditbetrages S_0 zum Zeitpunkt 0, die demzufolge mit ihrem Barwert übereinstimmt. Der Barwert aller Zahlungen des Schuldners ist (wegen der vereinbarten Zahlungsweise der Annuitäten am Periodenende) gleich dem Barwert einer nachschüssigen Rente mit gleich bleibenden Raten r in Höhe der gesuchten Annuität A, woraus sich gemäß (2.31) die Beziehung

$$S_0 = A \cdot \mathrm{RBF}_n^{\mathrm{nach}} = A \cdot \frac{q^n - 1}{q^n(q-1)}$$

ergibt. Durch Umformung dieses Ausdrucks erhält man folgende Formel für die Berechnung der Annuität:

$$\boxed{A = S_0 \cdot \frac{1}{\mathrm{RBF}_n^{\mathrm{nach}}} = S_0 \cdot \frac{q^n(q-1)}{q^n - 1} = S_0 \cdot \frac{q^n \cdot i}{q^n - 1}} \qquad (2.58)$$

Mit $\mathrm{AF} = 1/\mathrm{RBF}_n^{\mathrm{nach}} = \frac{q^n(q-1)}{q^n-1}$ bezeichnet man den so genannten *Annuitäten-* oder *Kapitalwiedergewinnungsfaktor*. Er gibt an, welcher Betrag jährlich nachschüssig zu zahlen ist, um in n Jahren eine Schuld von 1 Geldeinheit zu tilgen, wobei die jeweils verbleibende Restschuld mit dem Zinssatz p verzinst wird. Der Annuitätenfaktor kann mit Hilfe von Taschenrechnern berechnet oder aus entsprechenden Tabellen (s. Tab. 5 auf S. 332) entnommen werden. Durch Multiplikation mit dem Kreditbetrag ermöglicht er in diesem Fall eine schnelle Berechnung der jährlich gleich bleibenden Annuität.
Ohne Herleitung werden noch die folgenden Formeln für Tilgungsbeträge, Restschulden sowie Zinszahlungen angegeben ($k = 1, \ldots, n$):

$$T_k = T_1 q^{k-1} \qquad \text{mit} \qquad T_1 = A - S_0 i \qquad (2.59)$$

$$S_k = S_0 - T_1 \cdot \frac{q^k - 1}{q-1} = S_0 q^k - A \cdot \frac{q^k - 1}{q-1} \qquad (2.60)$$

$$Z_k = S_0 i - T_1 \left(q^{k-1} - 1\right) = A - T_1 q^{k-1} \qquad (2.61)$$

Man stellt fest, dass die Tilgungsraten T_k eine geometrisch wachsende Folge (mit Anfangswert T_1 und Quotient $q = 1 + i$) bilden.

Beispiel: Ein Kreditbetrag von 100 000 € soll in 5 Jahren mit jährlich konstanter Annuität bei einer Verzinsung von 5 % getilgt werden. Wie hoch sind der Zinsbetrag im 3. Jahr und die Restschuld nach dem 4. Jahr?

Zunächst ermittelt man mit Hilfe der Beziehung (2.58) und der Tabelle der Annuitätenfaktoren die Annuität und die anfängliche Tilgung:

$$A = 100000 \cdot 0,23098 = 23\,098,$$

$$T_1 = A - S_0 i = 23\,098 - 5\,000 = 18\,098.$$

Dann kann man die gesuchten Größen unter Verwendung der Formeln (2.61) und (2.60) berechnen (vgl. den Tilgungsplan auf S. 80):

$$Z_3 = 100000 \cdot 0,05 - 18\,098(1,05^2 - 1) = 3\,144,95,$$

$$S_4 = 100000 - 18\,098 \cdot \tfrac{1,05^4-1}{0,05} = 21\,995,35.$$

Die obige Formel (2.58) kann auch nach allen anderen vorkommenden Größen umgestellt werden. So kann etwa bei gegebenem Kreditbetrag, Zinssatz sowie vorgegebener Annuität die Tilgungsdauer durch Auflösung von (2.58) nach n bestimmt werden, was der vierten Grundaufgabe der Rentenrechnung analog ist (vgl. hierzu die verwandte Fragestellung von S. 62):

$$\boxed{n = \frac{\ln A - \ln(A - S_0(q-1))}{\ln q} = \frac{\ln A - \ln(A - S_0 i)}{\ln q} = \frac{\ln A - \ln T_1}{\ln q}} \qquad (2.62)$$

Beispiel: Für einen Kreditbetrag von 90 000 € ist eine jährliche Annuität von 8 100 € vereinbart (8 % Zinsen, 1 % anfängliche Tilgung). In welcher Zeit ist dieses Darlehen vollständig getilgt?

Gemäß der Beziehung (2.62) ergibt sich zunächst

$$n = \frac{\ln 8\,100 - \ln(8\,100 - 0,08 \cdot 90000)}{\ln 1,08} = 28,55 \text{ (Jahre)}.$$

Entsprechend (2.60) beläuft sich der Restkreditbetrag nach 28 Jahren auf

$$S_{28} = 90000 \cdot 1,08^{28} - 8\,100 \cdot \frac{1,08^{28} - 1}{0,08} = 4\,195,05\,.$$

Hierfür ergeben sich bei 8 % jährliche Zinsen von 335,60 €, so dass die Annuität im 29. Jahr 4 530,65 € beträgt.

Sofern sich kein ganzzahliger Lösungswert (wie in diesem Beispiel) ergibt, fällt im letzten Jahr der Tilgung eine niedrigere Annuität an.

Eine näherungsweise Bestimmung der Laufzeit n kann auch mit Hilfe der Rentenendwertfaktoren bzw. Annuitätenfaktoren vorgenommen werden.

Unterjährige Vereinbarungen

Bei Kreditvereinbarungen mit unterjährigen Bedingungen, die in der Praxis häufig auftreten, richtet sich die Bestimmung der relevanten Größen nach den jeweiligen Festlegungen hinsichtlich Verzinsung und Annuitätenleistungen (bzw. Tilgungsleistungen):

- unterjährige Annuität und unterjährige Verzinsung mit anteiligem Jahreszinssatz oder bei vorgegebenem effektiven Jahreszinssatz
- unterjährige Annuität bei Nichtübereinstimmung von Zins- und Tilgungsperiode
- unterjährige Verzinsung und jährliche Annuität.

Unterjährige Annuität und unterjährige Verzinsung mit anteiligem Jahreszinssatz

Der vorgegebene Jahreszinssatz p wird durch die Anzahl an Zins- und Tilgungsperioden m dividiert. Dieser anteilige oder relative Zinssatz $\frac{p}{m}$ wird in die Formel (2.58) zur Berechnung der Annuität eingesetzt, d. h., anstelle von $q = 1 + i$ wird mit $q = 1 + \frac{i}{m}$ gerechnet; entsprechend beträgt die Anzahl der Perioden $n \cdot m$. Demnach ergibt sich für die Annuität

$$\boxed{A = S_0 \cdot \frac{\left(1+\frac{i}{m}\right)^{n \cdot m} \cdot \frac{i}{m}}{\left(1+\frac{i}{m}\right)^{n \cdot m} - 1}} \tag{2.63}$$

Beispiel: Ein Darlehensbetrag der Höhe 70 000 € wird mit vierteljährlich 1,75 % (= 7 % : 4) verzinst. Wie groß ist die vierteljährlich zu zahlende konstante Annuität, wenn mit einer Rückzahlungsdauer von zwölf Jahren gerechnet wird? Die Antwort ergibt sich direkt aus Beziehung (2.63):

$$A = 70000 \cdot \frac{(1+0,0175)^{12 \cdot 4} \cdot 0,0175}{(1+0,0175)^{12 \cdot 4} - 1} = 2\,167,60\,(€).$$

Unterjährige Annuität und unterjährige Verzinsung bei vorgegebenem effektiven Jahreszinssatz

Ist ein effektiver Jahreszinssatz vereinbart, so wird die Berechnung der unterjährigen Verzinsung so vorgenommen, dass ein dem effektiven Jahreszinssatz konformer Zinssatz i_m für die unterjährige Zinsperiode entsprechend Formel (2.24) bestimmt und in die Formel (2.63) anstelle von $\frac{i}{m}$ eingesetzt wird.

Beispiel: Der zum Jahreszinssatz 7 % konforme vierteljährliche Zinssatz beträgt $i_4 = \left(1 + \frac{7}{100}\right)^{1/4} - 1 = \sqrt[4]{1,07} - 1 = 1,7059\,\%$.

Unterjährige Annuität bei Nichtübereinstimmung von Zins- und Tilgungsperiode

Bei unterjähriger (nachschüssiger) Annuitätentilgung mit m Rückzahlungen pro Zinsperiode in Höhe von a ergibt sich die konforme Annuität A für die Zinsperiode aus der Beziehung

$$\boxed{A = a \cdot \left[m + \frac{(m-1)}{2} \cdot \frac{p}{100}\right]} \tag{2.64}$$

(vgl. Formel (2.15)). Hierbei kann die Zinsperiode selbst unterjährig sein oder auch ein Jahr betragen. Ein typischer Fall wären monatliche Ratenzahlungen bei vierteljährlicher oder jährlicher Verzinsung. Umgekehrt kann bei gegebener Annuität A aus (2.64) die pro Rückzahlungsperiode (z. B. monatlich) zu zahlende Rate a bestimmt werden.

Beispiele:

1) Eine Schuld von 50 000 € soll bei 9 % Verzinsung p. a. durch sechs konstante jährliche Annuitäten getilgt werden. Wie groß ist die Annuität? Konstante Annuitäten liegen im Falle der Annuitätentilgung vor. Mit den gegebenen Größen $p = 9$, $n = 6$ und $S_0 = 50000$ erhält man somit aus Beziehung (2.58) das Ergebnis

   $$A = S_0 \cdot \tfrac{q^n(q-1)}{q^n - 1} = 50000 \cdot \tfrac{1{,}09^6 \cdot 0{,}09}{1{,}09^6 - 1} = 11\,146.$$

   Es ist also jährlich (nachschüssig) ein Betrag von 11 146 € zu zahlen.

2) Unter denselben Bedingungen wie in 1) soll die Zahlung in monatlichen Raten erfolgen. Wie groß ist die monatliche Rate a zu wählen? Ausgehend von vorangegangenen Beispiel erhält man durch Umstellung der Formel (2.64) nach der Größe a für $m = 12$ das Ergebnis $a = \dfrac{A}{12 + \frac{11 \cdot 9}{200}} = 892{,}04$. Die monatliche Rate beträgt rund 892 €.

3) Für ein Darlehen ist eine monatliche Annuität von 1 000 € und vierteljährliche Zinsabrechnung mit 1,5 % vereinbart. Die den monatlichen Annuitäten entsprechende konforme vierteljährliche Annuität beträgt gemäß Beziehung (2.64)

   $$A = 1\,000 \cdot \left[3 + \frac{3-1}{2} \cdot \frac{1{,}5}{100}\right] = 3\,015(€).$$

Unterjährige Verzinsung und jährliche Annuität

Bei jährlicher Tilgung und unterjähriger Verzinsung ist eine Anpassung der unterjährigen Zinsperioden an die jährliche Tilgungsperiode über den Effektivzinssatz zweckmäßig. Einer m-maligen unterjährigen Verzinsung mit dem Zinssatz p entspricht, wie wir bereits wissen, ein effektiver Jahreszinssatz p_{eff} von

$$p_{\text{eff}} = 100 \cdot [(1+i)^m - 1] .$$

Beispiel: Für ein Darlehen in Höhe von 250 000 € ist eine vierteljährliche Verzinsung mit 2,25 % und jährliche Tilgung vereinbart. Die Tilgungsdauer beträgt 24 Jahre. Die jährlich nachschüssige Annuität ist zu bestimmen. Mit Hilfe des effektiven Jahreszinssatzes

$$p_{\text{eff}} = 100 \cdot \left[(1+0,0225)^4 - 1\right] = 9,30833$$

ermittelt man die jährliche Annuität:

$$250\,000 \cdot \frac{1,0930833^{24} \cdot 0,0930833}{1,0930833^{24} - 1} = 26\,387,73 \text{ (€)}.$$

2.4.4 Tilgungspläne

Ein *Tilgungsplan* ist eine tabellarische Aufstellung über die geplante Rückzahlung eines aufgenommenen Kapitalbetrages innerhalb einer bestimmten Laufzeit. Er enthält für jede Rückzahlungsperiode die Restschuld zu Periodenbeginn und -ende, Zinsen, Tilgung, Annuität und gegebenenfalls weitere notwendige Informationen (z. B. dann, wenn Tilgungsaufschläge zu zahlen sind). Einem Tilgungsplan liegen folgende Gesetzmäßigkeiten zugrunde:

$Z_k = S_{k-1} \cdot i$ (Zahlung von Zinsen jeweils auf die Restschuld),

$A_k = T_k + Z_k$ (Annuität = Tilgung plus Zinsen),

$S_k = S_{k-1} - T_k$ (Restschuld am Periodenende = Restschuld zu Periodenbeginn minus Tilgung).

Die weiteren oben angegebenen Formeln (2.59), (2.60), (2.61) können innerhalb der Raten- sowie der Annuitätentilgung zur Rechenkontrolle genutzt werden. Nachstehend sind die Tilgungspläne bei jährlicher und halbjährlicher Raten- und Annuitätentilgung für folgendes Beispiel dargestellt:

Kreditbetrag: $S_0 = 100\,000$ €, Laufzeit: $n = 5$ Jahre, Zinssatz: $p = 5$

Tilgungsplan bei Ratentilgung (jährliche Tilgung und jährliche Verzinsung)

Die jährlichen Tilgungsraten sind in diesem Fall konstant und betragen jeweils $T_k = T = \frac{S_0}{n} = \frac{100\,000}{5} = 20\,000$ €.

Jahr k	Restschuld zu Periodenbeginn S_{k-1}	Zinsen Z_k	Tilgung T_k	Annuität A_k	Restschuld zu Periodenende S_k
1	100 000	5 000	20 000	25 000	80 000
2	80 000	4 000	20 000	24 000	60 000
3	60 000	3 000	20 000	23 000	40 000
4	40 000	2 000	20 000	22 000	20 000
5	20 000	1 000	20 000	21 000	0
Summe:		15 000	100 000	115 000	

Tilgungsplan bei Ratentilgung (halbjährliche Tilgung und halbjährliche Verzinsung)

Hier gilt $m = 2$, während der anteilige Jahreszinssatz $\frac{p}{m} = 2,5$ lautet. Die halbjährlichen Tilgungsraten sind konstant und betragen $T = \frac{S_0}{2 \cdot n} = \frac{100\,000}{10} = 10\,000$ €.

Periode k	Jahr	Restschuld zu Periodenbeginn S_{k-1}	Zinsen Z_k	Tilgung T_k	Annuität A_k	Restschuld zu Periodenende S_k
1	1	100 000,00	2 500,00	10 000,00	12 500,00	90 000,00
2	1	90 000,00	2 250,00	10 000,00	12 250,00	80 000,00
3	2	80 000,00	2 000,00	10 000,00	12 000,00	70 000,00
4	2	70 000,00	1 750,00	10 000,00	11 750,00	60 000,00
5	3	60 000,00	1 500,00	10 000,00	11 500,00	50 000,00
6	3	50 000,00	1 250,00	10 000,00	11 250,00	40 000,00
7	4	40 000,00	1 000,00	10 000,00	11 000,00	30 000,00
8	4	30 000,00	750,00	10 000,00	10 750,00	20 000,00
9	5	20 000,00	500,00	10 000,00	10 500,00	10 000,00
10	5	10 000,00	250,00	10 000,00	10 250,00	0,00
Summe:			13 750,00	100 000,00	113 750,00	

Tilgungsplan bei Annuitätentilgung (jährliche Tilgung und jährliche Verzinsung)

Die jährlichen Annuitäten sind konstant und betragen $A_k = A = S_0 \cdot \text{AF} = 100\,000 \cdot 0,23098 = 23\,098$ €.

Jahr k	Restschuld zu Periodenbeginn S_{k-1}	Zinsen Z_k	Tilgung T_k	Annuität A_k	Restschuld zu Periodenende S_k
1	100 000, 00	5 000,00	18 098,00	23 098,00	81 902,00
2	81 902, 00	4 095,10	19 002,90	23 098,00	62 899,10
3	62 899, 10	3 144,95	19 953,05	23 098,00	42 946,05
4	42 946, 05	2 147,30	20 950,70	23 098,00	21 995,35
5	21 995, 35	1 099,77	21 995,35	23 095,12	0,00
Summe:		15 487,12	100 000,00	115 487, 12	

Die Annuität im letzten Jahr ist hier geringfügig kleiner als die übrigen, da die jährlichen Rückzahlungen auf ganze Euro gerundet wurden.

Tilgungsplan bei Annuitätentilgung (halbjährliche Tilgung und halbjährliche Verzinsung)

Hier gilt $m = 2$, und der anteilige Jahreszinssatz lautet $\frac{p}{m} = 2,5$. Die halbjährlichen Annuitäten sind konstant und betragen $A = 100\,000 \cdot \frac{1{,}025^{5\cdot 2}\cdot 0{,}025}{1{,}025^{5\cdot 2}-1} = 11\,425,86$ € (vgl. Formel (2.63)).

Periode k	Jahr	Restschuld zu Periodenbeginn S_{k-1}	Annuität A_k	Zinsen Z_k	Tilgung T_k	Restschuld zu Periodenende S_k
1	1	100 000,00	11 426,00	2 500,00	8 926,00	91 074,00
2	1	91 074,00	11 426,00	2 276,85	9 149,15	81 924,85
3	2	81 924,85	11 426,00	2 048,12	9 377,88	72 546,97
4	2	72 546,97	11 426,00	1 813,67	9 612,33	62 934,65
5	3	62 934,65	11 426,00	1 573,37	9 852,63	53 082,01
6	3	53 082,01	11 426,00	1 327,05	10 098,95	42 983,06
7	4	42 983,06	11 426,00	1 074,58	10 351,42	32 631,64
8	4	32 631,64	11 426,00	815,79	10 610,21	22 021,43
9	5	22 021,43	11 426,00	550,54	10 875,46	11 145,97
10	5	11 145,97	11 424,61	278,65	11 145,97	0,00
Summe:			125 684,61	14 537,26	111 147,35	

Auch hier ist die Annuität in der letzten Periode auf Grund vorhergehender Rundungen geringfügig kleiner.

Oben hatten wir beschrieben, wie unterjährige Ratenzahlungen und jährliche Verzinsung miteinander in Einklang gebracht werden können. In praktischen Situationen der Kredit- und Darlehensvergabe kommen oftmals weit kompliziertere Modelle zur Anwendung, in denen Gebühren oder Zuschläge auftreten, tilgungsfreie Zeiten möglich sind usw. In all diesen Fällen weicht die vereinbarte Nominalverzinsung von der tatsächlich zugrunde liegenden

Effektivverzinsung ab. Deren – in der Regel aufwändige – Berechnung erfolgt stets mittels des oben erwähnten Äquivalenzprinzips, indem jeweils die Gläubigerleistung dem Barwert aller Schuldnerleistungen gegenübergestellt wird.

Die Zinsschuldtilgung wird im Rahmen dieses Buches nicht behandelt. Sie spielt vor allem im Zusammenhang mit festverzinslichen Wertpapieren in der *Kursrechnung* eine große Rolle. Tilgungspläne erübrigen sich aufgrund der einfachen Struktur des Modells.

2.5 Mehrperiodige Investitionsrechnung

Die Investitionsrechnung stellt Modelle, Methoden und Verfahren zur Beurteilung der Wirtschaftlichkeit von Investitionen bereit. Wegen ihrer finanzmathematischen Fundierung sollen die drei Erscheinungsformen solcher traditionellen mehrperiodigen Methoden näher betrachtet werden:

- Kapitalwertmethode
- Methode des internen Zinsfußes
- Annuitätenmethode.

Allen drei Methoden ist gemeinsam, dass die zukünftigen Einnahmen und Ausgaben prognostizierte Werte darstellen. Wegen der Zukunftsbezogenheit dieser Modellgrößen ist eine gewisse Unsicherheit ihres Eintretens gegeben. Für die weiteren Überlegungen werden diese Größen sowie der in der Kapitalwert- und Annuitätenmethode verwendete Kalkulationszinsfuß als bekannt vorausgesetzt.

2.5.1 Kapitalwertmethode

Hierbei handelt es sich um ein mehrperiodiges Verfahren der Investitionsrechnung, das auf dem Prinzip der Barwertrechnung basiert. Alle mit einer Investition verbundenen zukünftigen Einnahmen und Ausgaben (oder Ein- und Auszahlungen) werden einander gegenübergestellt. Da zu unterschiedlichen Zeitpunkten fällige Zahlungen nur dann vergleichbar sind, wenn man sie auf einen festen Zeitpunkt bezieht, geht man hierbei so vor, dass alle Einnahmen und Ausgaben mittels eines festgelegten Kalkulationszinssatzes auf den Zeitpunkt null abgezinst werden. Mit anderen Worten, es werden – zwecks Vergleich – die Barwerte berechnet.

Die nachstehende Abbildung verdeutlicht die Vorgehensweise der Kapitalwertmethode:

$$\begin{array}{lccccc} \text{Einnahmen} & (E_0) & E_1 & E_2 & \cdots & E_n \\ & 0 & 1 & 2 & \cdots & n \quad t \end{array}$$

$$\begin{array}{lccccc} \text{Ausgaben} & A_0 & A_1 & A_2 & \cdots & A_n \end{array}$$

$$\longleftarrow \text{Abzinsung}$$

In der Regel entstehen Ausgaben ab dem Zeitpunkt 0, Einnahmen hingegen werden erst in späteren Perioden erwartet. Die im Weiteren verwendeten Größen haben folgende Bedeutung:

E_k	–	(zu erwartende) Einnahmen zum Zeitpunkt k, $k = 0, 1, \ldots, n$
A_k	–	(zu erwartende) Ausgaben zum Zeitpunkt k, $k = 0, 1, \ldots, n$
C_k	–	(zu erwartende) Einnahmeüberschüsse zum Zeitpunkt k
K_E	–	Kapitalwert der Einnahmen = Summe der Barwerte aller Einnahmen
K_A	–	Kapitalwert der Ausgaben = Summe der Barwerte aller Ausgaben
C	–	Kapitalwert der Investition = Kapitalwert der Einnamen minus Kapitalwert der Ausgaben = Kapitalwert der Einnahmeüberschüsse = Summe der Barwerte der Einnahmeüberschüsse

Mit diesen Beziehungen gilt:

$$C = K_E - K_A, \quad C_k = E_k - A_k$$

$$K_E = \sum_{k=0}^{n} E_k \cdot \frac{1}{q^k} = E_0 + E_1 \cdot \frac{1}{q} + E_2 \cdot \frac{1}{q^2} + \ldots + E_n \cdot \frac{1}{q^n}$$

$$K_A = \sum_{k=0}^{n} A_k \cdot \frac{1}{q^k} = A_0 + A_1 \cdot \frac{1}{q} + A_2 \cdot \frac{1}{q^2} + \ldots + A_n \cdot \frac{1}{q^n}$$

$$C = \sum_{k=0}^{n} C_k \cdot \frac{1}{q^k} = C_0 + C_1 \cdot \frac{1}{q} + C_2 \cdot \frac{1}{q^2} + \ldots + C_n \cdot \frac{1}{q^n}$$

Der Kapitalwert kann drei Ergebnisausprägungen annehmen:

- $C > 0$: die Investition ist vorteilhafter als die Anlage zum Kalkulationszinssatz p
- $C = 0$: die Investition erbringt eine Verzinsung in Höhe von p
- $C < 0$: die Verzinsung von p Prozent wird von der Investition nicht erreicht.

Eine Investition wird somit nach der Kapitalwertmethode als vorteilhaft bewertet, wenn ihr Kapitalwert C nichtnegativ ist, d. h. $C > 0$ oder $C = 0$ gilt. Stehen mehrere Investitionen zur Auswahl, wird derjenigen mit dem höchsten Kapitalwert der Vorzug gegeben, wobei selbstverständlich die Berechnung der Kapitalwerte für jede Investitionsvariante gesondert vorgenommen werden muss und für den höchsten Kapitalwert ebenfalls die Beziehung $C \geq 0$ zu fordern ist.

Beispiel: Wir betrachten den Einnahmen- und Ausgabenplan für eine Investition, wobei ein Kalkulationszinsfuß von 8 % angenommen wird:

Zeitpunkt k	Einnahmen E_k	Ausgaben A_k	Einnahmeüberschüsse C_k	$\frac{1}{1{,}08^k}$	Barwerte der Einnahmeüberschüsse
0	0	435 000	−435 000	1,00000	−435 000
1	150 000	45 000	105 000	0,92593	97 223
2	180 000	60 000	120 000	0,85734	102 881
3	210 000	80 000	130 000	0,79383	103 198
4	190 000	70 000	120 000	0,73503	88 204
5	170 000	65 000	105 000	0,68058	71 461
Kapitalwert der Investition (Summe der Barwerte):					27 967

Die Investition ist als vorteilhaft einzuschätzen, da sie wegen $C > 0$ eine höhere Verzinsung als der angenommene Kalkulationszinssatz von 8 % erwarten lässt.

2.5.2 Methode des internen Zinsfußes

Bei der *Methode des internen Zinsfußes* wird ermittelt, mit welchem Zinssatz sich die ursprünglichen Anschaffungsausgaben während der Nutzungsdauer einer Investition verzinsen. Dieser als *interner Zinsfuß* (*Zinssatz*) bezeichnete Wert ist bei einem Kapitalwert der Investition von null gegeben. In diesem Falle entspricht der Barwert der Einnahmen dem Barwert der Ausgaben.

Der interne Zinssatz ist somit als Lösung der Gleichung $C = 0$ bzw. $K_A = K_E$ zu ermitteln, was der Nullstellenbestimmung einer Gleichung n-ten Grades entspricht. Sofern $n > 2$ ist, ist eine näherungsweise Berechnung zur Bestimmung des internen Zinssatzes vorzunehmen (siehe Abschnitt 4.7).

Für die Entscheidung über die Durchführung einer Investition ist der interne Zinsfuß p mit einem Vergleichszinssatz r zu vergleichen, welcher die erwartete Mindestrentabilität ausdrückt. Dieser Vergleich der Zinssätze kann ergeben, dass die geforderte Mindestverzinsung

überschritten wird: $p > r$
gerade erreicht wird: $p = r$
nicht erreicht wird: $p < r$.

Für $p \geq r$ ist eine Investition als vorteilhaft zu beurteilen.

Stehen mehrere Investitionen zur Auswahl, dann ist diejenige Investitionsalternative vorzuziehen, welche den höchsten internen Zinsfuß besitzt. Die Berechnung des internen Zinsfußes ist dabei für jede Investition getrennt vorzunehmen, und für den höchsten Zinsfuß ist ebenfalls die Beziehung $p \geq r$ zu fordern.

Beispiel: Eine Investition weist folgende Einnahmen und Ausgaben auf:

Zeitpunkt k	Einnahmen E_k	Ausgaben A_k	Einnahmeüberschüsse C_k
0	0	48 200	−48 200
1	48 000	23 000	25 000
2	56 000	26 000	30 000

Aus dem Ansatz $C = 0$, d. h. $-48\,200 + 25\,000 \cdot \frac{1}{q} + 30\,000 \cdot \frac{1}{q^2} = 0$, ergibt sich die (im vorliegenden Beispiel quadratische) Gleichung $48\,200q^2 - 25\,000q - 30\,000 = 0$ zur Bestimmung von q bzw. des unbekannten internen Zinsfußes $p = 100 \cdot (q-1)$. Deren Umformung und Auflösung führt auf $q^2 - 0{,}51867q - 0{,}62241 = 0$, woraus sich $q_{1,2} = 0{,}259335 \pm \sqrt{0{,}68966}$ ergibt. Aus der ersten Lösung $q_1 = 1{,}089796$ resultiert der interne Zinsfuß $p = 8{,}98$, während die zweite Lösung ausscheidet, da sie negativ ist.

2.5.3 Annuitätenmethode

Bei der *Annuitätenmethode* erfolgt eine Gegenüberstellung der durchschnittlichen (gleichbleibenden) jährlichen Einnahmen (Einnahmeannuität EA) und durchschnittlichen jährlichen Ausgaben (Ausgabenannuität AA). Die mit einer Investition verbundenen zukünftigen Einnahmen und Ausgaben werden in jährlich gleich bleibende Werte transformiert. Diese Umformung geschieht durch Multiplikation des Barwertes der Einnahmen (bzw. Ausgaben) mit dem Annuitäten- oder Wiedergewinnungsfaktor (vgl. Punkt 2.4.3)

$$\boxed{AF = \frac{q^n \cdot (q-1)}{q^n - 1} = \frac{q^n \cdot i}{q^n - 1}} \tag{2.65}$$

Wie bei der Kapitalwertmethode wird der gesamten Betrachtung ein Kalkulationszinsfuß p zugrunde gelegt, der in die Größe $q = 1 + i$ eingeht.

Besonders einfach lässt sich die Annuitätenmethode dann anwenden, wenn die Investitionsplanung jährlich gleich bleibende Einnahmen und Ausgaben bzw. Einnahmeüberschüsse sowie eine einmalig anfallende Anschaffungsausgabe ergibt, da es in diesem Fall lediglich einer Umrechnung der einmaligen Ausgabe bedarf, um den gewünschten Vergleich zu erreichen.

Die Gegenüberstellung von Einnahmen- und Ausgabenannuität kann ergeben, dass die Investition

vorteilhaft ist, falls	$EA > AA$,
eine Verzinsung von p erbringt, falls	$EA = AA$,
nicht vorteilhaft ist, falls	$EA < AA$.

Beispiel: Eine Investition führt zu jährlichen Einnahmen von 30 000 € und erfordert jährliche Ausgaben von 10 000 €. Kann die Investition als vorteilhaft eingestuft werden, wenn einmalige Anschaffungsausgaben in Höhe von 150 000 € anfallen, die Nutzungsdauer zwölf Jahre beträgt und eine Verzinsung von 7,5 % verlangt wird?

Unter Verwendung der Formel (2.58) lässt sich die der einmaligen Anschaffungsausgabe entsprechende Annuität leicht berechnen:

$$A = 150000 \cdot \frac{1,075^{12} \cdot 0,075}{1,075^{12} - 1} = 19391,67(€).$$

Da die jährlichen Einnahmeüberschüsse $C_k = 30000 - 10000 = 20000$ € betragen, ist die Investition als vorteilhaft in dem Sinne einzuschätzen, dass die zu erwartende Rendite größer als 7,5 % sein wird.

Abschließend noch einige Bemerkungen zu den drei beschriebenen Methoden der Investitionsrechnung: Zunächst ist allen dreien das Merkmal gemeinsam, dass die zu erwartenden Einnahmen und Ausgaben zukunftsbezogene Werte darstellen. Mathematische Methoden können dabei helfen, diese möglichst genau vorherzusagen bzw. zu planen. Für die oben betrachteten Modelle werden diese Größen als bekannt vorausgesetzt. Auch der bei der Kapitalwert- und Annuitätenmethode zugrunde zu legende Kalkulationszinssatz ist – unter Einbeziehung möglichst vieler Informationen – so sorgfältig wie möglich festzulegen.

Ferner wird in allen drei Methoden üblicherweise so vorgegangen, dass für die Berechnung des Barwertes der Einnahmen und der Ausgaben der gleiche Wert des Kalkulationszinsfußes verwendet wird, eine Annahme, die für

die Praxis nicht sehr realistisch ist. Eine Verfeinerung des betrachteten Modells kann hier Abhilfe schaffen, wobei sich aus mathematischer Sicht keine prinzipiell neuen Aspekte ergeben.
Betrachtet man ein bestimmtes Investitionsvorhaben, so liefern die drei beschriebenen Methoden äquivalente Ergebnisse. Vergleicht man jedoch verschiedene Investitionen, die sich in der absoluten Höhe wie auch in der Periodenzahl unterscheiden, so können die verschiedenen Methoden zu unterschiedlichen Resultaten führen, da die Zielstellungen (möglichst hohe Rendite bzw. möglichst hoher Kapitalwert oder Annuitäten der Einnahmeüberschüsse) verschiedener Natur sind. So liefern die Kapitalwert- und die Annuitätenmethode quantitative Aussagen, während die Methode des internen Zinsfußes eher eine qualitative Aussage darstellt. Letzterer wird mitunter noch der Nachteil angelastet, dass es keinen oder auch mehrere interne Zinsfüße (als Lösung einer entsprechenden Polynomgleichung, siehe Punkt 4.6.2) geben kann, was sich nicht oder nur schwer interpretieren lässt. Allerdings gibt es eine Reihe von Situationen, in denen man nachweisen kann, dass es wirklich nur eine Lösung der Polynomgleichung, also nur eine Rendite gibt. Die oben betrachteten Situationen mit jeweils einer einmaligen Anschaffungsausgabe und nachfolgenden Einnahmen gehören (aus Monotoniegründen) dazu.
Schließlich wird mitunter noch der Einwand erhoben, die Berechnung des internen Zinsfußes sei aus mathematischer Sicht zu kompliziert, zumindest bei der Betrachtung von drei und mehr Perioden. Im Zeitalter der Taschenrechner und Computer ist dieser Einwand nicht mehr stichhaltig.

2.6 Abschreibungsrechnung

Abschreibungen bringen die Wertminderung von Anlagegütern (mehrjährig nutzbare Wirtschaftsgüter) zum Ausdruck. Die Differenz aus dem Anfangswert (Anschaffungspreis bzw. Herstellungskosten) und den (jährlichen) Abschreibungen ergibt den jeweiligen *Buchwert* für das betreffende Anlagegut. Nach der Ermittlung der Wertminderung unterscheidet man folgende Arten von Abschreibungen:

- lineare Abschreibungen (gleiche Jahresbeträge)
- degressive Abschreibungen (fallende Jahresbeträge)
- leistungsabhängige Abschreibungen.

Bei leistungsabhängigen Abschreibungen ist die Wertminderung an der jährlichen Nutzung ausgerichtet.

Für die weitere Darstellung der linearen und degressiven Abschreibungen wird folgende Symbolik verwendet:

n	–	Nutzungsdauer (in Jahren)
A	–	Anfangswert
w_k	–	Wertminderung/Abschreibung im k-ten Jahr, $k = 1, \dots, n$
R_k	–	Buchwert nach k Jahren, $k = 0, 1, 2, \dots, n$
R_n	–	Restwert nach n Jahren (Ende der Nutzungsdauer)
W_k	–	kumulierte Wertminderung (Abschreibungssumme) in den ersten k Nutzungsjahren, $k = 1, \dots, n$: $W_k = \sum w_k$

Bei der Darstellung der linearen und degressiven Abschreibungen wird auf handels- und steuerrechtliche Bestimmungen über die Zulässigkeit und Bemessung der periodischen Abschreibungen sowie kalkulatorische Aspekte kein Bezug genommen.

2.6.1 Lineare Abschreibung

Bei der *linearen* Abschreibung wird die insgesamt während der Nutzungsdauer eines Anlagegutes erwartete Wertminderung (Anfangswert abzüglich eines eventuellen Restwertes am Ende der Nutzungsdauer) gleichmäßig auf die gesamte Nutzungsdauer verteilt. Sie ist somit konstant (d. h. $w_1 = w_2 = \dots = w_n$) und wird im Weiteren kurz mit w bezeichnet.
Die jährliche Abschreibung bestimmt sich somit aus der Beziehung

$$\boxed{w = \frac{A - R_n}{n}} \tag{2.66}$$

Die kumulierte Wertminderung beträgt

$$\boxed{W_k = k \cdot w, \quad \text{speziell: } W_n = n \cdot w} \tag{2.67}$$

Der Buchwert nach k Jahren entspricht einer arithmetischen Folge mit dem Anfangswert A, der Gliederzahl $i + 1$ und einer konstanten Differenz von $-w$, wobei gilt

$$\boxed{R_k = A - W_k = A - k \cdot w} \tag{2.68}$$

Für den Restwert am Ende der Nutzungsdauer erhält man speziell

$$\boxed{R_n = A - n \cdot w} \tag{2.69}$$

Beispiel: Der Anschaffungspreis eines Anlagegutes beläuft sich auf 81 000 €. Nach 12-jähriger Nutzungsdauer wird mit einem Restwert von 3 000 € gerechnet.
Mit $n = 12$, $A = 81\,000$ und $R_{12} = 3\,000$ ergibt sich entsprechend (2.66) und (2.68) als jährliche Abschreibung $w = \frac{81\,000-3\,000}{12} = 6\,500$ (€) und als Restwert nach neun Jahren: $81\,000 - 9 \cdot 6\,500 = 22\,500$ (€). Als Folge der jährlichen Buchwerte und Abschreibungen erhält man:

Jahr	Buchwert zu Jahresbeginn	Abschreibung	Buchwert am Jahresende
1	$81\,000 = A$	6 500	74 500
2	74 500	6 500	68 000
3	68 000	6 500	61 500
...	...	...	...
12	9 500	6 500	$3\,000 = R_n$

2.6.2 Degressive Abschreibung

Die *degressive* Abschreibung ist durch fallende Abschreibungsbeträge gekennzeichnet. Nach der Entwicklung der im Zeitablauf abnehmenden Abschreibungsbeträge wird differenziert zwischen

- arithmetisch-degressiver Abschreibung
- digitaler Abschreibung und
- geometrisch-degressiver Abschreibung.

Arithmetisch-degressive Abschreibung

Bei der *arithmetisch-degressiven* Abschreibung nehmen die Abschreibungsbeträge um jeweils den gleichen Betrag d ab. Somit entsprechen die jährlichen Abschreibungsbeträge einer arithmetischen Zahlenfolge mit dem Anfangswert w_1 (Abschreibung im ersten Jahr), der Differenz d und einer Gliederzahl von n (Jahren). Folglich lautet die Abschreibung im k-ten Jahr:

$$\boxed{w_k = w_1 - (k-1) \cdot d,} \tag{2.70}$$

$k = 1, \ldots, n$. Die während der gesamten Nutzungsdauer eintretende Wertminderung $W_n = A - R_n$ entspricht einer arithmetischen Reihe mit Anfangswert w_1, Endwert $w_1 - (n-1) \cdot d$ und n Gliedern. Entsprechend der Beziehung (2.2) beläuft sie sich auf

$$W_n = A - R_n = \sum_{k=1}^{n} w_k = \frac{n}{2}[w_1 + w_1 - (n-1)d]$$

also

$$\boxed{W_n = nw_1 - \frac{n(n-1)d}{2}} \tag{2.71}$$

Hieraus ergibt sich durch Umformung für den Reduktionsbetrag der Abschreibungen:

$$\boxed{d = 2 \cdot \frac{n \cdot w_1 - (A - R_n)}{n \cdot (n-1)}} \tag{2.72}$$

Der Anfangswert der Abschreibungen w_1 hat dabei (wegen $d \geq 0$, $w_n \geq 0$) die folgende Ungleichung zu erfüllen:

$$\frac{A - R_n}{n} \leq w_1 \leq 2 \cdot \frac{A - R_n}{n}.$$

Beispiel: Ein Anlagegut besitzt einen Anfangswert von 60 000 € und soll in sieben Jahren arithmetisch-fallend auf den Restwert von 4 000 € abgeschrieben werden. Als Wertminderung für das erste Jahr wird ein Betrag von 14 600 € zugrunde gelegt.
Mit $n = 7, A = 60000, R_7 = 4000$ und $w_1 = 14600$ berechnet man aus (2.72):

$$d = 2 \cdot \frac{7 \cdot 14600 - (60000 - 4000)}{7 \cdot (7-1)} = 2200(€).$$

Der Abschreibungsbetrag im 4. Jahr lautet entsprechend (2.70)

$$w_4 = 14600 - (4-1) \cdot 2200 = 8000(€).$$

Als Folge der jährlichen Buchwerte und Abschreibungen ergibt sich:

Jahr	Buchwert zu Jahresbeginn	Abschreibung	Buchwert am Jahresende
1	$60000 = A$	14 600	45400
2	45400	12 400	33000
3	33000	10 200	22800
4	22800	8 000	14800
5	14800	5 800	9000
6	9000	3 600	5400
7	5400	1 400	$4000 = R_n$

Digitale Abschreibung

Die *digitale* Abschreibung ist ein Sonderfall der arithmetisch-degressiven Abschreibung, bei welcher der Abschreibungsbetrag im letzten Jahr der Nutzungsdauer dem jährlichen Minderungsbetrag der Abschreibungen entspricht. Die Folge der jährlichen Abschreibungsbeträge bildet wiederum eine arithmetische Folge mit dem Anfangswert $w_1 = n \cdot d$, der Differenz $-d$ und der Gliederzahl n.

Wegen $w_n = d$ ergibt sich aus (2.70) $w_1 = n \cdot d$; daher beträgt die digitale Abschreibung w_k im k-ten Jahr

$$\boxed{w_k = (n-k+1) \cdot d} \tag{2.73}$$

Die während der Nutzungsdauer eintretende Wertminderung entspricht einer arithmetischen Reihe mit $w_1 = n \cdot d$, $w_n = d$ und n Gliedern:

$$W_n = A - R_n = \sum_{k=1}^{n} w_k = \frac{n}{2} \cdot (n \cdot d + d) = \frac{n \cdot (n+1)}{2} \cdot d.$$

Hieraus ergibt sich durch Umformung für den Reduktionsbetrag der Abschreibungen:

$$\boxed{d = \frac{2 \cdot (A - R_n)}{n \cdot (n+1)}} \tag{2.74}$$

Beispiel: Ein Anlagegut besitzt einen Herstellwert von 60 000 €. Sein voraussichtlicher Restwert nach Ablauf der Nutzungsdauer von sieben Jahren beläuft sich auf 4 000 €. Man ermittle die jährlichen Abschreibungen und Buchwerte bei digitaler Abschreibung.

Aus (2.74) ergibt sich mit $n = 7$ zunächst $d = \frac{2 \cdot (60000-4000)}{7 \cdot (7+1)} = 2000$, woraus z. B. der Abschreibungsbetrag im 5. Jahr gemäß (2.73) ermittelt werden kann: $w_5 = (7-5+1) \cdot 2000 = 6000$ (€). Als Folge der jährlichen Buchwerte und Abschreibungen ergibt sich:

Jahr	Buchwert zu Jahresbeginn	Abschreibung	Buchwert am Jahresende
1	$60000 = A$	14 000	46000
2	46000	12 000	34000
3	34000	10 000	24000
4	24000	8 000	16000
5	16000	6 000	10000
6	10000	4 000	6000
7	6000	2 000	$4000 = R_n$

Geometrisch-degressive Abschreibung

Bei der *geometrisch-degressiven* Abschreibung wird in jedem Jahr ein bestimmter (konstanter) Prozentsatz p vom jeweiligen Buchwert des Vorjahres abgeschrieben. Damit bilden die Buchwerte eine (fallende) geometrische Folge mit $n+1$ Gliedern, dem Anfangswert A und dem Quotienten $q = 1 - \frac{p}{100}$.

Für die Berechnung des Restwertes nach k Jahren gelten folglich die Beziehungen

$$\boxed{R_k = A \cdot \left(1 - \frac{p}{100}\right)^k} \tag{2.75}$$

$k = 0, 1, \ldots, n$. Speziell ergibt sich aus (2.75) die Formel

$$R_n = A \cdot \left(1 - \frac{p}{100}\right)^n,$$

woraus sich bei vorgegebenem Abschreibungswert A, Restwert R_n sowie bekannter Nutzungsdauer n der Abschreibungsprozentsatz p wie folgt errechnet:

$$\boxed{p = 100 \cdot \left(1 - \sqrt[n]{\frac{R_n}{A}}\right)} \tag{2.76}$$

Die jährlichen Abschreibungsbeträge entsprechen (wie auch die Buchwerte) einer fallenden geometrischen Folge mit dem Anfangswert $w_1 = A \cdot \frac{p}{100}$, dem Quotienten $q = 1 - \frac{p}{100}$ und n Gliedern:

$$\boxed{w_k = A \cdot \frac{p}{100} \cdot \left(1 - \frac{p}{100}\right)^{k-1}, \qquad k = 1, \ldots, n} \tag{2.77}$$

Beispiel: Ein Anlagegut mit einem Anschaffungswert von 120 000 € soll geometrisch-degressiv innerhalb von zehn Jahren auf den Restwert von 9 000 € abgeschrieben werden.

Aus (2.76) ergibt sich der Abschreibungsprozentsatz

$$p = 100 \cdot \left(1 - \sqrt[10]{\frac{9000}{120000}}\right) = 22,81976.$$

Die Abschreibung im 5. Jahr beträgt gemäß (2.77) $w_5 = 120\,000 \cdot 0{,}2281976 \cdot 0{,}7718024^4 = 9\,716{,}66$ (€) und der Restbuchwert nach fünf Jahren entsprechend (2.75) $R_5 = 120\,000 \cdot 0{,}7718024^5 = 32\,863{,}35$ (€).

Die nachstehende Tabelle zeigt die Folge der jährlichen Buchwerte und Abschreibungen:

Jahr	Buchwert zu Jahresbeginn	Abschreibung (jährlich)	Abschreibung (kumulativ)	Buchwert am Jahresende
1	$120\,000{,}00 = A$	27 383,71	27 383,71	92 616,29
2	92 616,29	21 134,81	48 518,53	71 481,47
3	71 481,47	16 311,90	64 830,43	55 169,57
4	55 169,57	12 589,56	77 419,99	42 580,01
5	42 580,01	9 716,66	87 136,65	32 863,35
6	32 863,35	7 499,34	94 635,98	25 364,02
7	25 364,02	5 788,01	100 423,99	19 576,01
8	19 576,01	4 467,20	104 891,19	15 108,81
9	15 108,81	3 447,79	108 338,98	11 661,02
10	11 661,02	2 661,02	111 000,00	$9\,000{,}00 = R_n$
Summe:		111 000,00		

Aufgaben

Aufgaben zu Abschnitt 2.1

1. Kennzeichnen Sie die nachstehenden Folgen:

   a) $22, 19, 16, \ldots, -29$, b) $680, 340, 170, 85, \ldots$

2. Bestimmen Sie die Werte des jeweils 15. Gliedes der folgenden endlichen arithmetischen Reihen sowie deren Summen:

   a) $110 + 114 + 118 + \ldots + a_{15}$, b) $783 + 762 + 741 + \ldots + a_{15}$.

3. Wie groß ist die Summe der natürlichen Zahlen von 1 bis 300?

4. Berechnen Sie für die geometrische Folge $7, 14, 28, \ldots$ das elfte Glied und die Summe der ersten elf Glieder.

5. Berechnen Sie den Wert der neungliedrigen Reihe $170 + 510 + 1\,530 + \ldots + a_9$.

6. Zeigen Sie, dass die Summe der ersten n positiven ungeraden Zahlen n^2 ergibt (vgl. das entsprechende Beispiel aus Punkt 2.1.1).

7. Wie lautet die Summe der geometrischen Reihe mit $q = 1$ bei n Gliedern und dem Wert a_1 für das Anfangsglied? Wie lautet der Ansatz bei Zugrundelegung einer arithmetischen Reihe mit $d = 0$?
8. Wie viele dreistellige Zahlen gibt es, die durch sechs teilbar sind?
9. Bestimmen Sie für die Reihe $230 + 245 + 260 + \ldots + a_n$ die zugehörige Anzahl von Gliedern, wenn der Wert dieser Reihe 27 960 beträgt.
10. Berechnen Sie den Wert der unendlichen geometrischen Reihe mit dem Anfangswert 70 und dem Quotienten 0,25 und bestimmen Sie den Grenzwert für $n \to \infty$.
11. Nach einer einmaligen Einzahlung von 7 000 € zeigt ein Sparbuch in den nächsten vier Jahren folgende Entwicklung:

ein Jahr nach Einzahlung:	€ 7 385,–
zwei Jahre nach Einzahlung:	€ 7 791,17
drei Jahre nach Einzahlung:	€ 8 219,68
vier Jahre nach Einzahlung:	€ 8 671,76.

Welche Folge liegt vor und wie groß sind die charakteristischen Größen dieser Folge?

Aufgaben zu Abschnitt 2.2

1. Berechnen Sie den Zinsbetrag bei einfacher Verzinsung für einen Kapitalbetrag von 8 450 €, der vom 10. April bis 25. September desselben Jahres bei einer jährlichen Verzinsung von 5,75 % erreicht wird.
2. Welches Endkapital nach Ablauf von vier Jahren ergibt sich für ein mit jährlich 6,25 % verzinstes Anfangskapital in Höhe von 17 670 €

   a) bei einfacher Verzinsung, b) bei Wiederanlage von Zinsen?
3. Eine Sparerin legt am Jahresbeginn bei einer Bank 8 200 € zu 6,0 % Zinsen an. Auf welche Summe ist der eingezahlte Betrag in neun bzw. in zwölf Jahren angewachsen?
4. Einem Kind wird bei seiner Geburt von einem Paten ein Geldbetrag von 1 500 € geschenkt. Der Betrag darf vom Sparkonto erst bei Vollendung des 18. Lebensjahres abgehoben werden. Auf welchen Betrag ist das Geschenk bei einer Verzinsung von 6,5 % angewachsen?
5. Ein Kapital von 3 800 € wird vier Jahre lang mit 5 %, danach fünf Jahre lang mit 6 % und anschließend dann noch sechs Jahre mit 7 % verzinst. Auf welchen Betrag wird es insgesamt anwachsen?

6. Auf welche Summe wachsen 4 500 € zu 7% Zinsen in acht Jahren bei jährlicher, vierteljährlicher bzw. monatlicher Zinszahlung an?
7. Bestimmen Sie mit Hilfe der Tabelle 1 für Aufzinsungsfaktoren näherungsweise den Zeitraum, in welchem 6 500 € bei 6,5%iger Verzinsung auf den doppelten Betrag anwachsen. (Mit der Logarithmenrechnung Vertraute – siehe hierzu auch Abschnitt 1.8 – sollten die mathematisch exakte Lösung zusätzlich bestimmen.)
8. Bestimmen Sie mit Hilfe der Tabelle 1 für Aufzinsungsfaktoren näherungsweise den Zinssatz, zu dem ein Kapitalbetrag von 38 000 € auszuleihen ist, damit er sich in zwölf Jahren verdreifacht.
9. Welches Kapital ergibt sich, wenn ein Betrag von 7 500 € bei 6,25%iger Verzinsung vom 20.6.2002 bis 10.5.2007 angelegt wird?
10. Ein *Zerobonds* ist ein festverzinsliches Wertpapier, das nach n Jahren zum Nominalbetrag zurückgezahlt wird. Während der gesamten Laufzeit werden keine Zinsen gezahlt. Bestimmen Sie den Ausgabepreis eines Zerobonds bei einer Laufzeit von zwölf Jahren und einem Jahreszinssatz von 7 % bei einem Rückzahlungsbetrag von 40 000 €.
11. Eltern wollen für spätere Ausbildungszwecke ihres Kindes einen Betrag von 50 000 € zur Verfügung haben. Welches Kapital müssen sie zu Beginn des 5. Lebensjahres dieses Kindes bei einer Bank anlegen, wenn diese 8 % Zinsen einräumt und der vorgesehene Betrag mit Vollendung des 18. Lebensjahres bereitstehen soll?
12. Ein reiselustige Person plant eine größere Reise in vier Jahren. Welchen Betrag muss sie jetzt sparen, wenn die Reisekosten mit 16 000 € veranschlagt werden und der jetzt bereitzustellende Betrag eine Verzinsung von 5,75 %, 7,50 % bzw. 9,25 % Zinsen erbringt?
13. Welcher Unterschied im Endkapital ergibt sich bei einer zehnjährigen Kapitalanlage in Höhe von K_0 (z. B. 30 000 €), wenn anstelle einer jährlichen Verzinsung von 6,5 % eine monatliche Verzinsung treten würde?
14. Bestimmen Sie den effektiven Jahreszinssatz, wenn der Jahreszinssatz 8 % beträgt und eine viermalige Verzinsung pro Jahr stattfindet.
15. Welcher Endwert ergibt sich, wenn ein Anfangskapital von 35 000 € bei stetiger Verzinsung mit einer Zinsintensität von 9 % zwölf Jahre lang angelegt wird?

Aufgaben zu Abschnitt 2.3

1. Vergleichen Sie die beiden Formeln zur Berechnung des Barwertes der vorschüssigen und der nachschüssigen Rente. Worin besteht der Unterschied und wie ist er zu erklären?
2. Auf welchen Betrag wachsen jährliche Einzahlungen in Höhe von 2 500 € in 14 Jahren bei einer Verzinsung von 7 % an?
3. Eine Rente aus einer Unfallversicherung wird 25 Jahre lang in Höhe von 4 800 € zu Jahresende gezahlt. Mit welchem Betrag könnte sich der Berechtigte bei einer Verzinsung von 6,5 % sofort abfinden lassen?
4. Berechnen Sie den Barwert und den Endwert für das Beispiel aus Punkt 2.3.2 bei nachschüssiger Prämienzahlung.
5. Jemand möchte in vier Jahren Einrichtungsgegenstände im Wert von 18 000 € erwerben. Welchen Betrag muss diese Person jährlich zurücklegen, um bei einer Verzinsung von 6 % über den erforderlichen Betrag zu verfügen?
6. Ein geplantes Studium wird mit einer Dauer von fünf Jahren veranschlagt. Über welchen Betrag kann ein Studierender/eine Studierende jährlich verfügen, wenn ihm/ihr ein Kapitalbetrag in Höhe von 28 000 € zu Studienbeginn überlassen wird, der mit 7,5 % Zinsen angelegt werden kann (bei vorschüssiger Verfügbarkeit)?
7. Eine nachschüssige Rente in Höhe von 8 000 € ist zwölfmal zu zahlen. Welcher Barwert ist dafür erforderlich und welcher Kontostand ergibt sich nach fünf Jahren bei einer Verzinsung zu 9 %? Welche Resultate erhält man bei vorschüssiger Zahlungsweise?
8. Welchen Betrag müssen Sie 30 Jahre lang vorschüssig sparen, um über eine jährliche Summe von 25 000 € für die Dauer von 20 Jahren (vorschüssig) zu verfügen? Der Zinssatz in der Sparphase betrage 6 %; in der anschließenden „Rentenphase“ soll er 5,5 % betragen.
9. Bestimmen Sie das Ausgangskapital, das der Zahlung einer 25 Jahre lang gezahlten monatlichen nachschüssigen Rente von 2 400 € bei einer monatlichen Verzinsung von 0,55 % entspricht.
10. Eine gemeinnützige Unterstützungskasse verfügt über ein Kapital in Höhe von 2 000 000 €. Wie lange kann die Kasse jährliche Ansprüche vor- bzw. nachschüssig in Höhe von 200 000 € zahlen, wenn eine Verzinsung von 6,5 % gewährleistet ist (näherungsweise Lösung mit Hilfe

von Tabelle 4 der nachschüssigen Rentenbarwertfaktoren)? Welches Kapital besitzt die Unterstützungskasse nach sieben Jahren noch?

11. Ein Grundstück wird zu einem Preis von 350 000 € erworben. Die Bezahlung erfolgt durch konstante Ratenzahlungen innerhalb von zehn Jahren. Wie groß ist der jährliche Ratenbetrag bei vorschüssiger bzw. bei nachschüssiger Ratenzahlung, falls mit 8 % verzinst wird?

12. Für die Sicherstellung eines jährlichen Anspruches von 15 000 € wird ein Kapitalbetrag von 120 000 € verzinslich angelegt. Wie groß ist der noch nicht aufgezehrte Kapitalbetrag bei einer jährlichen Verzinsung von 7 % nach acht Jahren?

13. Ein Bausparer schließt einen Bausparvertrag über 100 000 € ab. Welcher Betrag ist jährlich vorschüssig einzuzahlen, damit das Bausparguthaben in zehn Jahren auf 40 % der Bausparsumme bei einem jährlichen Guthabenzins von 3% anwächst?

14. Welche Rentenleistung kann ein Anfangskapital von 150 000 €

    a) bei jährlich vorschüssiger Leistung
    b) bei jährlich nachschüssiger Leistung
    c) bei monatlich vorschüssiger Leistung
    d) bei monatlich nachschüssiger Leistung

    sicherstellen, wenn eine Verzinsung von 7 % und eine Anspruchsdauer vom 15 Jahren vorliegen? Wie groß ist jeweils das Kapital nach fünf Jahren?

15. Ermitteln Sie das Anfangskapital, das bei einer halbjährlichen Verzinsung von 3,5 % 18 Jahre lang eine halbjährliche nachschüssige Rente von 2 700 € ergibt.

16. Bestimmen Sie für die monatliche nachschüssige Rente von 1 500 € den Rentenbar- und Rentenendwert mit Hilfe des konformen Rentenbetrages, wenn die Rentendauer 20 Jahre beträgt und eine jährliche Verzinsung von 7 % vorliegt.

17. Berechnen Sie die Höhe einer nachschüssig zahlbaren ewigen Rente bei einem Kapital von 20 000 € und einer Verzinsung von 5,25 %.

18. Welche Verzinsung muss bei einem vorhandenen Kapitalbetrag von 150 000 € erreicht werden, damit davon eine Jahresrente von 9 375 € finanziert werden kann?

Aufgaben zu Abschnitt 2.4

1. Berechnen Sie den Tilgungsbetrag bei Ratentilgung eines Kreditbetrags von 72 000 €, wenn die Tilgung nach zwölf Jahren beendet sein soll.
2. Wie groß ist bei Ratentilgung eines Kredites von 84 000 € der Kreditbetrag nach sechs Jahren bei einer Kreditdauer von acht Jahren?
3. Bestimmen Sie die bei Ratentilgung eines zu 7,5 % zu verzinsenden Kredites von 40 000 € die bei jährlicher Tilgung von 4 000 € im siebten Jahr bzw. insgesamt anfallenden Zinsen.
4. Stellen Sie einen Tilgungsplan für eine Annuitätentilgung eines Kredites von 120 000 € mit einer Laufzeit von sechs Jahren und einer Verzinsung von 7,5 % auf.
5. Entwickeln Sie den Tilgungsplan für das Beispiel auf Seite 73 für das erste Jahr. Bestimmen Sie den gesamten Zinsaufwand.
6. Bestimmen Sie den Betrag der Annuität bei Annuitätentilgung, wenn der Kreditbetrag 35 000 €, die Tilgungsdauer zwölf Jahre und der Zinssatz 7 % betragen.
7. Ein Unternehmen ist in der Lage, eine jährliche nachschüssige Annuität von 90 000 € für ein Darlehen über 750 000 € aufzubringen. Bestimmen Sie näherungsweise die Tilgungsdauer bei einer Verzinsung von 9 %.
8. Ein Unternehmen hat einen Kredit in Höhe von 1 800 000 € aufgenommen. Wie groß ist die Restschuld nach sechs Jahren, wenn Annuitätentilgung bei einer Verzinsung von 8,5 % mit einer Laufzeit von 15 Jahren vereinbart worden ist?
9. Stellen Sie einen Tilgungsplan für die ersten fünf Jahre bei Vorliegen folgender Darlehensvereinbarungen auf:

Kreditbetrag:	380 000 €	Zinssatz:	8,5 %
Laufzeit:	18 Jahre	Annuität:	konstant.

10. Ein Kredit in Höhe von 120 000 € wird für eine Dauer von 18 Jahren gewährt, wonach er vollständig zurückgezahlt sein soll. Welche jährlich konstante (nachschüssige) Leistung für Zins und Tilgung ist aufzuwenden, wenn ein fester Zinssatz von 7 % für die gesamte Dauer vereinbart ist? Bestimmen Sie den Zinsbetrag für das 8. Jahr, die Tilgung für das 10. Jahr und den Restkreditbetrag nach zwölf Jahren. Stellen Sie einen Tilgungsplan für die ersten drei Jahre auf.
11. Ermitteln Sie näherungsweise die Laufzeit eines Darlehens, für welches

bei einem Zinssatz von

a) $8,0\%$ eine Annuität von $9,5\%$
b) $9,0\%$ eine Annuität von $11,0\%$

zu zahlen ist. Hinweis: Man benutze Tab. 4 der Rentenbarwertfaktoren.

12. Ein Bauspardarlehen in Höhe von 60 000 € mit einem Jahreszinssatz von 5 % wird in jährlich nachschüssigen Annuitäten in Höhe von 7 200 € getilgt. Bestimmen Sie näherungsweise den Zeitraum, in dem das Bauspardarlehen vollständig zurückgezahlt sein wird. Hinweis: Man kann Tab. 5 der Annuitätenfaktoren verwenden.
13. Ein Darlehen in Höhe von 70 000 € wird mit monatlich $\frac{8}{12}\,\%$ verzinst. Wie groß ist die monatliche Annuität, wenn das Darlehen in zehn Jahren getilgt werden soll? Wie groß ist dabei der effektive Jahreszinssatz?
14. Welcher Kreditbetrag kann höchstens vereinbart werden, wenn der Kreditnehmer jährlich nachschüssig für Annuitätentilgung einen Betrag von 6 000 € aufbringen kann, der Zinssatz bei 8 % liegen wird und die Tilgungsdauer 14 Jahre betragen soll?
15. Bestimmen Sie für einen effektiven Jahreszinssatz von 8 % den konformen Zinssatz bei viertel- und halbjährlicher Annuitätenzahlung.
16. Bei halbjährlichen Zinsperioden (mit 5 %) betrage die monatliche Annuität 800 €. Wie groß ist die konforme halbjährliche Annuität?
17. Welche Annuität ergibt sich bei einem Darlehen von 130 000 €, monatlicher Verzinsung mit 0,625 % und jährlicher Tilgung? Die Dauer bis zur vollständigen Tilgung betrage 15 Jahre.

Aufgaben zu Abschnitt 2.5

1. Eine Unternehmung steht vor der Entscheidung, eine Erweiterungsinvestition durchzuführen oder zu unterlassen. Die Planung der zu erwartenden Mehreinnahmen und -ausgaben lieferte folgende Werte:

Zeitpunkt	Einnahmen	Ausgaben
0	0	850 000
1	250 000	50 000
2	300 000	60 000
3	320 000	70 000
4	310 000	80 000
5	290 000	100 000

Welche Entscheidung ist bei einer Mindestverzinsung von 9% zu treffen?

2. Drei Investitionsprojekte führen zu der folgenden Reihe von Einnahmen und zu folgenden Reihen von Ausgaben:

Zeitpunkt	Einnahmen jeweils	Ausgaben		
		Alternative 1	Alternative 2	Alternative 3
0	0	450 000	320 000	230 000
1	150 000	20 000	55 000	70 000
2	170 000	25 000	60 000	100 000
3	200 000	30 000	65 000	110 000
4	180 000	35 000	70 000	120 000

Welche Investition erweist sich bei Zugrundelegung eines Kalkulationszinsfußes von 9,5% als vorteilhafter?

3. Gegeben sei eine Investition mit folgenden zu erwartenden Einnahmen und Ausgaben:

Zeitpunkt	Einnahmen	Ausgaben
0	0	30 000
1	14 000	5 000
2	8 000	3 000
3	17 000	7 000
4	21 000	4 000

a) Ermitteln Sie den Kapitalwert der Investition bei einem angenommenen Kalkulationszinsfuß von 8,5 %.

b) Bestimmen Sie den Kapitalwert bei einem Kalkulationszinssatz von $p = 11$ und $p = 12$. Welcher interne Zinssatz ergibt sich unter Berücksichtigung dieser Werte näherungsweise bzw. exakt?

c) Bestimmen Sie die Einnahmen- und Ausgabenannuität bei einem Zinssatz von 8,5 %.

Aufgaben zu Abschnitt 2.6

1. Zeigen Sie, dass die Folge der jährlichen Buchwerte für ein Anlagegut mit einem Anschaffungswert von 48 000 €, einem geschätzten Liquidationserlös von 1 400 € und einer Nutzungsdauer von acht Jahren bei Zugrundelegung einer linearen Abschreibung eine arithmetische Folge darstellt.

2. Ermitteln Sie für ein Anlagegut den Anschaffungswert, wenn die Folge der Abschreibungsbeträge eine arithmetische Folge mit dem Anfangswert 4350 € und der Differenz 0 sowie 12 Gliedern darstellt. Der geschätzte Liquidationserlös ist mit 800 € zugrunde zu legen.
3. Für die Beschaffung einer Maschine sind 275 000 € aufzuwenden. Die Nutzungsdauer beträgt voraussichtlich acht Jahre. Bestimmen Sie die jährliche Abschreibung und den Restbuchwert nach sechs Jahren bei linearer Abschreibung, wenn mit einem Liquidationserlös von 5 000 € gerechnet werden kann.
4. Ein Anlagegut hat einen Beschaffungspreis von 20 000 €. Der Restwert nach vierjähriger Nutzungsdauer ist noch mit 1 200 € anzusetzen. Die Abschreibung im ersten Jahr beträgt 8 000 €. Berechnen Sie die Abschreibungsbeträge für alle vier betrachteten Jahre sowie die dazugehörigen Buchwerte, wenn arithmetisch-degressive Abschreibung unterstellt wird.
5. Berechnen Sie die Abschreibungsbeträge und Buchwerte bei digitaler Abschreibung, wenn (wie in der vorhergehenden Aufgabe) ein Beschaffungspreis von 20 000 € und ein Restwert nach vierjähriger Nutzungsdauer von 1 200 € angenommen wird.
6. Berechnen Sie für ein Anlagegut mit einem Anschaffungswert von 26 500 €, einem Restwert von 1 300 € und einer Nutzungsdauer von sechs Jahren die Abschreibung im 5. Jahr und den Buchwert nach fünf Jahren:
   a) bei linearer Abschreibung
   b) bei arithmetisch-degressiver Abschreibung mit einer Wertminderung im ersten Jahr von 8 200 €
   c) bei digitaler Abschreibung
   d) bei geometrisch-degressiver Abschreibung.
7. Ein Anlagegut mit einem Anschaffungswert von 450 000 € soll in acht Jahren auf den Restwert von 18 000 € abgeschrieben werden. Wie groß ist der Abschreibungsprozentsatz bei geometrisch-degressiver Abschreibung? Wie groß sind der Abschreibungsbetrag im sechsten Jahr und der Buchwert nach sechsjähriger Einsatzdauer? Stellen Sie die gesamte Folge der jährlichen Abschreibungsbeträge und Buchwerte in Tabellenform dar.

3 Lineare Algebra

Gegenstand der linearen Algebra sind lineare Strukturen, in erster Linie Gleichungen und Ungleichungen sowie Systeme solcher Beziehungen. Ihrem Wesen nach sind Gleichungen und Ungleichungen Aussageformen, d. h. Aussagen, welche eine bzw. mehrere Unbekannte oder Variable enthalten. Gleichungs- und Ungleichungssysteme bestehen aus mehreren Gleichungen bzw. Ungleichungen und enthalten im Normalfall mehrere Unbekannte.

Eine Differenzierung von Gleichungen (Ungleichungen) und Gleichungssystemen (Ungleichungssystemen) lässt sich nach der höchsten Potenz vornehmen, welche die Unbekannte jeweils besitzt. Tritt die Unbekannte allein in der ersten Potenz auf, dann liegt eine *lineare Gleichung* (*Ungleichung*) vor. Entsprechend bezeichnet man Gleichungs- oder Ungleichungssysteme als *lineare Systeme*, wenn alle vorkommenden Unbekannten in der ersten Potenz auftreten. Lineare Gleichungen und Ungleichungen oder Systeme derselben entstehen beispielsweise dadurch, dass bestimmte ökonomische Sachverhalte und Zusammenhänge (oder zumindest deren wichtigste Aspekte) mathematisch modelliert, d. h. in der Sprache und mit den Mitteln der Mathematik dargestellt werden. Sind solche Zusammenhänge ihrer Natur nach nichtlinear, liefern lineare Beziehungen oftmals hinreichend gute und gleichzeitig einfach zu behandelnde näherungsweise Beschreibungen.

Lineare Gleichungen und Ungleichungen sowie Systeme derselben bilden das wichtigste Untersuchungsobjekt der linearen Algebra. Hierbei geht es um die Bestimmung des Wertes der in der ersten Potenz auftretenden Unbekannten aufgrund der durch die linearen Gleichungen (Ungleichungen) bzw. Gleichungs- und Ungleichungssysteme gegebenen Beziehungen.

Das Darstellen der Abhängigkeiten von Zahlen und Größen durch eine Gleichung (bzw. Ungleichung, Gleichungs- oder Ungleichungssystem) nennt man *Aufstellen* einer Gleichung. Die Basis für die Aufstellung einer Gleichung bilden die bei einer Frage- bzw. Problemstellung oder Untersuchung ermittelten Abhängigkeiten und Beziehungen. Die zunächst in Textform formulierte Fragestellung heißt auch *Textgleichung* (oder *Sachaufgabe*). Analog lassen sich aus entsprechenden Fragestellungen Ungleichungen sowie Gleichungs- und Ungleichungssysteme aufstellen.

Darüber hinaus spielen in der linearen Algebra der Begriff der *Matrix* sowie das Rechnen mit Matrizen eine bedeutende Rolle. Matrizen gestatten es, lineare Zusammenhänge in übersichtlicher und kompakter Weise darzustellen und somit qualitative und quantitative Abhängigkeiten zu verdeutlichen.

3.1 Lineare Gleichungen und Ungleichungen

3.1.1 Charakterisierung linearer Gleichungen und Ungleichungen

Lineare Gleichungen und Ungleichungen sind Aussageformen, die eine oder mehrere Unbekannte in der ersten Potenz enthalten. Zunächst werden Beziehungen betrachtet, in denen nur eine Unbekannte auftritt. Diese Unbekannte wird in den meisten Fällen mit x bezeichnet, jedoch sind auch beliebige andere Benennungen möglich und insbesondere bei ökonomischen Anwendungen üblich.

Gleichungen bestehen formal aus zwei Seiten, welche durch ein Gleichheitszeichen verbunden sind. Sie sind mit einer im Gleichgewicht befindlichen Waage vergleichbar. Sind a, b, c und $d \in \mathbf{R}$, dann können lineare Gleichungen, gegebenenfalls nach entsprechenden Umformungen (wie Multiplikation mit dem Hauptnenner, Klammerauflösung oder Zusammenfassen), beispielsweise in der Form

$$\boxed{ax + b = cx + d} \tag{3.1}$$

dargestellt werden. Sind einzelne der auftretenden Größen gleich null, ergeben sich als Spezialfälle aus (3.1) z. B. Gleichungen der Form

$$ax + b = d \quad \text{oder} \quad ax = d.$$

Lineare Gleichungen bestehen demnach aus reinen Zahlenausdrücken sowie aus Gliedern, die eine Unbekannte (in der ersten Potenz) enthalten.

Ungleichungen bestehen ebenfalls aus zwei Seiten; diese sind aber durch eines der Ungleichheitszeichen $<$, $>$, $\leq$ bzw. $\geq$ verbunden. Sind a, b, c und $d \in \mathbf{R}$, dann können lineare Ungleichungen als Beziehungen der Form

$$\begin{array}{lll} ax + b < cx + d, & \quad & ax + b > cx + d \\ ax + b \leq cx + d, & \quad & ax + b \geq cx + d \end{array}$$

auftreten. Lineare Ungleichungen setzen sich demnach ebenfalls aus reinen Zahlenausdrücken sowie aus Gliedern, welche eine Unbekannte (in der ersten Potenz) enthalten, zusammen.

Gesucht sind diejenigen Werte für die in einer Gleichung oder Ungleichung vorkommende Unbekannte x, die nach Einsetzen in die Gleichung bzw. Ungleichung diese Aussageform zu einer wahren Aussage machen. Ungleichungen besitzen in der Regel ganze Bereiche von Lösungen, während bei Gleichungen häufig nur einzelne Werte Lösungen sind. Die Bestimmung der Werte der Unbekannten wird als *Auflösung* der Gleichung (Ungleichung) bezeichnet. Die Auflösung einer Gleichung oder Ungleichung besteht in deren Umformung auf der Grundlage bestimmter Regeln (siehe hierzu die Punkte 3.1.2 bzw. 3.1.3). Die ermittelten Werte bilden die *Lösung* der Gleichung (Ungleichung). Das Einsetzen der Lösung(en) in die Ausgangsbeziehung muss zu einer wahren Aussage führen. Dies kann man sich nach erfolgter Rechnung in Form einer *Probe* zunutze machen. Analoge Aussagen gelten auch für Beziehungen mit mehreren Unbekannten.

Beispiele:

1) $3x+15=2x+23,$ 2) $3x+15<2x+23$

Im Falle des Beispiels 1 ist $x=8$ die einzige Lösung; im zweiten Beispiel existieren unendlich viele Lösungen, denn jede reelle Zahl x mit der Eigenschaft $x<8$ ist zulässig, also eine Lösung der Ungleichung.

3.1.2 Rechenregeln für die Umformung von Gleichungen

Die reellen Zahlen a und b mögen der Beziehung $a=b$ genügen, und c sei eine beliebige reelle Zahl. Für die vier Grundrechenarten gelten dann die folgenden Beziehungen:

$$\begin{aligned} a+c &= b+c && \text{(Addition)} \\ a-c &= b-c && \text{(Subtraktion)} \\ a\cdot c &= b\cdot c && \text{(Multiplikation)} \\ \tfrac{a}{c} &= \tfrac{b}{c}, \quad c\neq 0 && \text{(Division).} \end{aligned}$$

Wichtig ist, dass jede Operation auf beiden Seiten der Gleichung gleichzeitig ausgeführt werden muss, damit sich der Wahrheitswert der ursprünglichen Aussageform (hier: $a=b$) nicht ändert.

Beispiele:

1) $a=b \implies a+3=b+3$
2) $x=15 \implies \frac{x}{3}=\frac{15}{3}=5$
3) $a=12 \implies 4a=4\cdot 12=48$

3.1.3 Rechenregeln für die Umformung von Ungleichungen

Es gelte wiederum $a, b, c \in \mathbf{R}$, wobei $a < b$ sei. Für die vier Grundrechenarten sind dann folgende Beziehungen gültig:

$$a + c < b + c \quad \text{(Addition)}$$

$$a - c < b - c \quad \text{(Subtraktion)}$$

$$\left.\begin{array}{l} a \cdot c < b \cdot c, \quad \text{falls} \quad c > 0 \\ a \cdot c > b \cdot c, \quad \text{falls} \quad c < 0 \end{array}\right\} \text{(Multiplikation)}$$

$$\left.\begin{array}{l} \frac{a}{c} < \frac{b}{c}, \quad \text{falls} \quad c > 0 \\ \frac{a}{c} > \frac{b}{c}, \quad \text{falls} \quad c < 0 \end{array}\right\} \text{(Division).}$$

Diese Beziehungen bringen zum Ausdruck, dass bei der Addition bzw. Subtraktion einer beliebigen reellen Zahl auf beiden Seiten der Ungleichung der Richtungssinn der Ungleichung erhalten bleibt. Bei der Multiplikation und Division ist das Ergebnis vom Vorzeichen der Zahl c abhängig: Ist $c > 0$, bleibt das Ungleichheitszeichen erhalten, ist $c < 0$, ändert sich der Richtungssinn. Diese Aussagen gelten natürlich auch, wenn die obige Ausgangsbeziehung $a \leq b$, $a > b$ oder $a \geq b$ lautet.

Beispiele:

1)
$$\begin{array}{rcrcrcr} & & 2 & < & 3 & & \\ 2 \cdot 4 & = & 8 & < & 12 & = & 3 \cdot 4 \\ 2 \cdot (-4) & = & -8 & > & -12 & = & 3 \cdot (-4) \end{array}$$

2)
$$\begin{array}{rcrcrcr} & & 10 & > & 6 & & \\ \frac{10}{2} & = & 5 & > & 3 & = & \frac{6}{2} \\ \frac{10}{-2} & = & -5 & < & -3 & = & \frac{6}{-2} \end{array}$$

3.2 Auflösung linearer Gleichungen und Ungleichungen

Prinzipiell erfolgt die Auflösung linearer Gleichungen und Ungleichungen mit einer Variablen in der Weise, dass bestimmte systematische Umformungen der Ausgangsbeziehungen solange durchgeführt werden, bis die Unbekannte x allein auf einer Seite der Beziehungen steht. Gelingt dies, so wird bei Gleichungen damit die eindeutige Lösung, bei Ungleichungen die gesamte Lösungsmenge, die den vorgegebenen Ungleichungen genügt, ermittelt. Liegen Gleichungen oder Ungleichungen vor, die zwei oder mehr Variablen enthalten, ist eine Auflösung in diesem Sinne nicht möglich, jedoch können im Falle von zwei Variablen die entsprechenden Lösungsmengen als Punkte einer Geraden oder einer Halbebene grafisch dargestellt werden.

3.2.1 Auflösung linearer Gleichungen mit einer Unbekannten

Im Allgemeinen sind für das Auflösen linearer Gleichungen, um die Unbekannte x isoliert auf eine Seite der Beziehungen zu bringen, folgende Schritte erforderlich, von denen jedoch in Abhängigkeit von der konkreten Ausgangsform der Gleichung nicht immer alle benötigt werden:

- Ausmultiplizieren von Klammern entsprechend der im Abschnitt 1.4 angegebenen Regeln,
- Zusammenfassen gleichartiger Glieder, d. h. der Glieder mit x sowie derjenigen, die x nicht enthalten (*Absolutglieder*), wobei gegebenenfalls die in Abschnitt 1.5 behandelten Regeln zu beachten sind,
- Umformen der Gleichung derart, dass alle x enthaltenden Glieder auf einer (im Allgemeinem der linken) Seite und alle Absolutglieder auf der anderen Seite stehen, anschließend Zusammenfassung der x-Glieder bzw. der Absolutglieder auf den jeweiligen Seiten der Gleichung,
- Division beider Seiten durch den bei x stehenden Faktor bzw. Multiplikation mit dem Kehrwert des bei x stehenden Faktors.

Nach diesen Schritten hat die Gleichung die Form $x = \ldots,$ womit auch gleichzeitig die gesuchte Lösung ermittelt ist. Zur Sicherheit empfiehlt es sich, mittels Einsetzen der erhaltenen Lösung in die Ausgangsgleichung eine Probe durchzuführen.

Beispiel: $x + 5(x - a) = 3(x + a) + 4a$

Auflösen der Klammern: $x + 5x - 5a = 3x + 3a + 4a$

Zusammenfassen gleichartiger Glieder: $6x - 5a = 3x + 7a$

Umformen der Gleichung:
$$\begin{aligned} 6x - 3x &= 7a + 5a \\ 3x &= 12a \end{aligned}$$

Division durch den bei x stehenden Faktor 3 (bzw. Multiplikation mit dem Kehrwert des Faktors, d. h. mit $\frac{1}{3}$): $x = 4a$

Probe:
$$\begin{aligned} 4a + 5(4a - a) &= 3(4a + a) + 4a \\ 4a + 5 \cdot 3a &= 3 \cdot 5a + 4a \\ 19a &= 19a \end{aligned}$$

Treten neben der Unbekannten x weitere Buchstaben (allgemeine Zahlsymbole) auf, wie es hier der Fall ist, so sind diese wie Zahlen zu behandeln. Diese allgemeinen Zahlsymbole stellen ihrem Wesen nach gegebene Größen dar, die im konkreten Anwendungsfall durch Zahlenwerte ersetzt werden.

3.2.2 Auflösung linearer Ungleichungen

Es sind dieselben Umformungen wie in Punkt 3.2.1 beschrieben durchzuführen, wobei jedoch zu beachten ist, dass sich bei der Multiplikation mit einer negativen Zahl bzw. bei der Division durch eine negative Zahl der Richtungssinn der Ungleichung ändert.

Beispiel:

$$\begin{aligned} 5(x+3) &< 7(x-3)+6 \\ 5x+15 &< 7x-21+6 \\ 5x-7x &< -21+6-15 \\ -2x &< -30 \\ x &> 15 \end{aligned}$$

Damit sind alle reellen Zahlen, die größer als 15 sind, Lösung der vorgegebenen Ungleichung. Zur Probe setzen wir den Wert $x = 20$ ein: Für die linke Seite ergibt sich $5 \cdot (20+3) = 115$, für die rechte Seite $7 \cdot (20-3)+6 = 125$. Wegen $115 < 125$ ist die Ungleichung erfüllt. (Im Übrigen sind $x > 15$ und $15 < x$ äquivalente Darstellungsformen.)

Im Zusammenhang mit dem Auflösen linearer Ungleichungen sind zwei spezielle Fragestellungen noch von besonderem Interesse.

Rechnen mit Beträgen

Der *Betrag* einer Zahl a (Symbol: $|a|$) entspricht ihrer absoluten Größe ohne Berücksichtigung des Vorzeichens:

$$|3| = 3, \quad |-3| = 3.$$

Allgemein gilt:

$$\boxed{|a| = \begin{cases} a & \text{für } a \geq 0 \\ -a & \text{für } a < 0 \end{cases}}$$

Treten in Ungleichungen Beträge z. B. in der Form $|x| \leq a$ auf, so lassen sich diese mit Hilfe von *Fallunterscheidungen* behandeln. Zur Erläuterung soll das Beispiel der Betragsungleichung $|x| \leq 5$ untersucht werden.

1. Fall: Angenommen, es gelte $x \geq 0$, d. h. $|x| = x$. Daraus folgt, dass $x \leq 5$ ist, womit eine erste Lösungsmenge

$$L_1 = \{x \mid 0 \leq x \leq 5\} = [0,5]$$

erhalten wird, da die Beziehungen $x \geq 0$ und $x \leq 5$ **gleichzeitig** gelten müssen.

2. Fall: Jetzt gelte $x < 0$, d. h. $|x| = -x$. Daraus folgt $-x \leq 5$ oder, gleichbedeutend, $x \geq -5$, womit eine zweite Lösungsmenge gewonnen wird:

$$L_2 = \{x \mid -5 \leq x < 0\} = [-5,0).$$

Beide Lösungsmengen L_1 und L_2 lassen sich zu einer Gesamtlösungsmenge L vereinigen:

$$L = \{x \mid -5 \leq x \leq 5\} = [-5,5].$$

Dieses am Beispiel demonstrierte Ergebnis lässt sich verallgemeinern: Die Ungleichung $|x| \leq a$ entspricht der Ungleichungskette $-a \leq x \leq a$. Mit anderen Worten, die Zahl x muss im Intervall $[-a,a]$ liegen.

Rückführung von Ungleichungen auf lineare Ungleichungen

Gegeben sei die Ungleichung

$$\frac{x+3}{x-1} < 2, \tag{3.2}$$

deren Lösungsmenge gesucht sei. Diese Ungleichung ist prinzipiell erst einmal nichtlinear; sie kann aber durch Multiplikation mit dem Nenner $x-1$ auf eine lineare Ungleichung zurückgeführt werden. Da der Nenner die Unbekannte x enthält, kann er sowohl positiv als auch negativ sein, was wiederum Anlass zu einer Fallunterscheidung gibt. Ferner ist auszuschließen, dass x den Wert eins annimmt, da in diesem Fall der Nenner verschwinden würde und der Quotient nicht definiert wäre.

1. Fall: Angenommen, es gilt $x-1 > 0$, d. h. $x > 1$. Dann folgt aus der Ungleichung (3.2) nach Multiplikation mit dem (positiven) Nenner $x-1$ die Beziehung $x+3 < 2(x-1)$ und daraus $x+3 < 2x-2$, d. h. $5 < x$ oder $x > 5$. Da sowohl die Ungleichungen $x > 1$ als auch $x > 5$ gleichzeitig erfüllt sein müssen, erhält man (da die Forderung $x > 5$ „schärfer" als die Forderung $x > 1$ ist) als erste Lösungsmenge

$$L_1 = \{x \mid x > 5\}.$$

2. Fall: Jetzt gelte $x-1<0$, d. h. $x<1$. Dann ergibt sich nach Multiplikation von (3.2) mit $x-1$ (Achtung: Im vorliegenden Fall ist der Nenner negativ!) $x+3>2(x-1)$ und daraus $x<5$. Auf diese Weise ergibt sich eine zweite Lösungsmenge L_2 zu

$$L_2 = \{x \mid x < 1\}$$

(jetzt ist die Ungleichung $x<1$ die „schärfere").
Vereinigt man nun beide Lösungsmengen L_1 und L_2, ergibt sich die Gesamtlösungsmenge L zu

$$L = \{x \mid x < 1 \text{ oder } x > 5\}.$$

Als Übungsaufgabe sei dem Leser empfohlen, für einige Probewerte (z. B. $x=0, x=2, x=10$) die Gültigkeit von (3.2) zu überprüfen.

3.2.3 Lineare Gleichungen mit zwei Unbekannten und Geradengleichungen

In den beiden vorangegangenen Punkten wurde beschrieben, wie die Lösungen linearer Gleichungen bzw. Ungleichungen mit einer Unbekannten (Variablen) ermittelt werden. Ihre geometrische Veranschaulichung auf der Zahlengeraden ergibt einen Punkt bzw. ein oder zwei Intervalle, sofern überhaupt Lösungen existieren. Dagegen stellt die Lösungsmenge einer linearen Gleichung mit zwei Variablen eine Gerade in der Ebene dar (jedenfalls im Normalfall; im so genannten entarteten Fall kann es auch gar keine Lösung geben oder jeder Punkt der Ebene ist Lösung der Gleichung). Umgekehrt lässt sich jede Gerade in der Ebene durch eine lineare Gleichung beschreiben.
Die allgemeine Form einer Geradengleichung lautet

$$\boxed{ax + by = c} \tag{3.3}$$

Daraus kann die zugehörige Gerade (die bekanntlich durch zwei Punkte eindeutig bestimmt ist) problemlos ermittelt werden, indem man sich zwei auf ihr liegende Punkte verschafft. Dazu wählt man zwei **beliebige** x-Werte und berechnet aus (3.3) die dazugehörigen y-Werte. Durch Verbinden beider Punkte erhält man die gesuchte Gerade.

Beispiele für die Zwei-Punkte-Darstellung von Geraden:

1) $4x-3y=3$ 2) $x=3$

Im ersten Beispiel ergibt sich für $x = \frac{3}{2}$ der Wert $y = 1$ und für $x = 0$ der zugehörige Wert $y = -1$. Im zweiten Beispiel bilden die beiden Zahlenpaare $x = 3$ und $y = 0$ sowie $x = 3$ und $y = 2$ die Koordinaten der beiden ausgewählten Punkte (da die Geradengleichung die Variable y nicht enthält, kann der y-Wert hierbei beliebig gewählt werden).

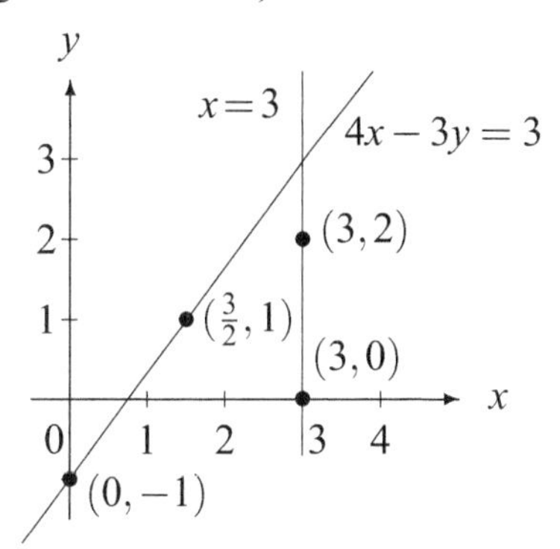

Alternativ zum obigen Vorgehen lassen sich die beiden *Achsenabschnitte* zu Hilfe nehmen. Es ist dann wie folgt zu verfahren: Für $x = 0$ ergibt sich aus der Gleichung (3.3) der Wert $y = \frac{c}{b}$, während man für $y = 0$ den Wert $x = \frac{c}{a}$ erhält. Nun braucht nur noch die Gerade durch die beiden auf der x- bzw. y-Achse liegenden Punkte $\left(0, \frac{c}{b}\right)$ und $\left(\frac{c}{a}, 0\right)$ gelegt zu werden. Es muss allerdings bemerkt werden, dass in den Fällen $a = 0$ oder $b = 0$ oder $c = 0$ das eben beschriebene Verfahren versagt, denn für $a = 0$ verläuft die Gerade parallel zur x-Achse, für $b = 0$ parallel zur y-Achse. Für $c = 0$ geht die Gerade durch den Ursprung.

Beispiele für die Geradendarstellung mittels Achsenabschnitten:

3) $x - 4y = -2$ 4) $3x + 2y = 6$

Im Beispiel 3 lauten die Achsenabschnitte $(0; 0,5)$ bzw. $(-2, 0)$ und im Beispiel 4 ergeben sie sich zu $(0, 3)$ bzw. $(2, 0)$.

Ist in (3.3) der Koeffizient $b \neq 0$, so kann die Beziehung (3.3) nach y aufgelöst werden, was $y = -\frac{a}{b} \cdot x + \frac{c}{b}$ liefert. Setzt man $a_1 = -\frac{a}{b}$ und $a_0 = \frac{c}{b}$, so ergibt sich die *Normalform* einer Geradengleichung

$$\boxed{y = a_1 x + a_0} \tag{3.4}$$

Diese kann auch als lineare Funktion $y = f(x)$ aufgefasst werden. Zu ihrer Darstellung (z. B. mittels Steigungsdreieck) siehe Seite 169f. So ergibt sich zum Beispiel aus der Geradengleichung $4x - 3y = 3$ nach Umstellung die Beziehung $y = \frac{4}{3}x - 1$.

Abschließend sei bemerkt, dass es weitere Formen von Geradengleichungen gibt, die man in einschlägigen Formelsammlungen findet (s. z. B. [20]). Ferner sei auf Punkt 3.3.4 verwiesen, wo die Darstellung von Lösungsmengen linearer Ungleichungen mit zwei Variablen behandelt wird.

3.3 Lineare Gleichungs- und Ungleichungssysteme

Bis jetzt wurden Gleichungen bzw. Ungleichungen betrachtet, bei denen eine oder zwei Variable als Unbekannte auftraten. Eine Reihe von Problemstellungen bringt es jedoch mit sich, dass mehrere Unbekannte berücksichtigt werden müssen, was eine Erweiterung der bisherigen Darlegungen erfordert.

3.3.1 Lineare Gleichungssysteme

Ein lineares Gleichungssystem lässt sich in allgemeiner Form wie folgt darstellen:

$$\begin{array}{lcccc} a_{11}x_1 & + \ldots + & a_{1n}x_n & = & b_1 \\ a_{21}x_1 & + \ldots + & a_{2n}x_n & = & b_2 \\ \multicolumn{5}{c}{\dotfill} \\ a_{m1}x_1 & + \ldots + & a_{mn}x_n & = & b_m \end{array}$$

Ein derartiges Gleichungssystem umfasst demnach m Gleichungen (Zeilen) und n Unbekannte (Spalten), wobei m und n beliebige natürliche Zahlen sind und die Unbekannten nur in der ersten Potenz auftreten. Die Zahlen a_{ij}, $i = 1, \ldots, m$, $j = 1, \ldots, n$, werden als die *Koeffizienten* des Gleichungssystems bezeichnet, wobei der erste Index i für die Zeilen, der zweite Index j für die Spalten und damit gleichermaßen für die Unbekannten steht. Die Werte b_i, $i = 1, \ldots, m$, bilden die rechten Seiten des Gleichungssystems. Die

Koeffizienten a_{ij} und die Werte b_i der rechten Seiten sind gegebene, konkrete Zahlenwerte. Gesucht sind Größen $\bar{x}_j$, $j = 1, \ldots, n$, für die Unbekannten x_j, die – in allen Zeilen auf den linken Seiten eingesetzt – die Gleichungen erfüllen, d. h. in jeder Zeile zu wahren Aussagen führen. Die Zusammenfassung der n Werte $\bar{x}_j$, ein so genanntes *n-Tupel* $(\bar{x}_1, \bar{x}_2, \ldots, \bar{x}_n)$, wird als *Lösung* des gegebenen Gleichungssystems bezeichnet. Lineare Gleichungssysteme können keine, eine oder unendlich viele Lösungen besitzen.

Besonders wichtig sind diejenigen Gleichungssysteme, bei denen die Zahl der Gleichungen gleich der Zahl der Unbekannten ist, d. h. $m = n$ gilt. In diesem Fall hat das Koeffizientenschema der a_{ij} des Gleichungssystems eine quadratische Form. Derartige Systeme besitzen im „Normalfall" genau eine Lösung; in diesem Fall spricht man von einem *regulären* System. Aber auch bei Gleichungssystemen mit $m = n$ ist es möglich, dass es keine oder unendlich viele Lösungen gibt.

Sehr anschaulich lässt sich das im Fall $m = n = 2$ illustrieren (2 Gleichungen, 2 Unbekannte). In Punkt 3.2.3 wurde dargelegt, dass die geometrische Entsprechung einer linearen Gleichung mit zwei Variablen eine Gerade in der Ebene ist; zwei Gleichungen entsprechen demnach zwei Geraden. Die Lösungen eines Gleichungssystems müssen beiden Gleichungen genügen, so dass die ihnen zugeordneten Punkte auf beiden Geraden gleichzeitig liegen müssen. Nun sind folgende Fälle möglich:

- die Geraden schneiden sich
- die Geraden verlaufen parallel
- die Geraden sind deckungsgleich.

Diese Aussagen sollen durch drei kleine Beispiele inhaltlich und geometrisch illustriert werden.

1. Fall: Eindeutige Lösung (sich schneidende Geraden)

$$\begin{aligned} 2x_1 - 3x_2 &= -1 \\ x_1 + x_2 &= 2 \end{aligned}$$

Ein beliebiges der nachstehend beschriebenen Lösungsverfahren liefert die einzige Lösung $\bar{x}_1 = 1, \bar{x}_2 = 1$, die gerade den Koordinaten der Schnittpunktes der zugehörigen beiden Geraden entspricht (vgl. linke Abbildung auf S. 112).

2. Fall: Keine Lösung (parallele Geraden)

$$\begin{aligned} x_1 + x_2 &= 4 \\ x_1 + x_2 &= 2 \end{aligned}$$

Diesem System ist die Unlösbarkeit unmittelbar anzusehen: bei gleichen linken Seiten sind die rechten Seiten unterschiedlich. Unlösbare Systeme enthalten immer einen solchen Widerspruch; er ist aber gerade in größeren Systemen meist „versteckt“ und wird erst nach entsprechenden Umformungen sichtbar (s. mittlere Abbildung).

3. Fall: Unendlich viele Lösungen (deckungsgleiche Geraden)

$$\begin{aligned} -2x_1 - 2x_2 &= -4 \\ x_1 + x_2 &= 2 \end{aligned}$$

Bei „scharfem Hinsehen“ erkennt man hier sofort, daß die zweite Gleichung das $(-\frac{1}{2})$fache der ersten darstellt und somit keine neue Information enthält. Bei größeren Systemen sind solche Abhängigkeiten natürlich in der Regel nicht so einfach zu sehen, sondern erst bei Anwendung der unten beschriebenen Lösungsverfahren erkennbar. Die Umformung der ersten (oder auch zweiten) Gleichung liefert

$$x_1 = 2 - x_2 ,$$

woraus sich unendlich viele Lösungen ablesen lassen, da zu jedem x_2-Wert ein eindeutig bestimmter x_1-Wert gehört und x_2 beliebige Werte annehmen kann. So sind etwa die Wertepaare $(2,1)$ oder $(3,2)$ Lösungen des betrachteten Systems (s. rechte Abbildung).

Die drei Fälle von Lösungsmengen eines linearen Gleichungssystems lassen sich folgendermaßen darstellen:

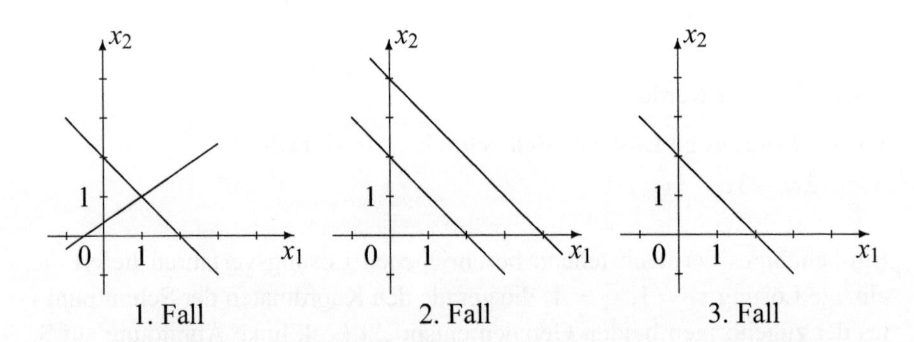

1. Fall 2. Fall 3. Fall

3.3.2 Verfahren zur Auflösung linearer Gleichungssysteme

In diesem Punkt betrachten wir ausschließlich Gleichungssysteme mit quadratischem Koeffizientenschema, während der anschließende Punkt Lösungsverfahren für allgemeinere Gleichungssysteme gewidmet ist.

Behandelt werden nachfolgend

- das Einsetzungsverfahren
- das Additionsverfahren
- das Gleichsetzungsverfahren,

die sich insbesondere für kleinere Gleichungssysteme anbieten. Die Erläuterung dieser Verfahren wird jeweils an einem Gleichungssystem mit zwei Gleichungen und zwei Unbekannten erfolgen, was dem Fall $m = n = 2$ entspricht. Eine Verallgemeinerung der beschriebenen Methoden auf Systeme größerer Dimensionen ist prinzipiell möglich, jedoch nicht immer zweckmäßig. An dieser Stelle sei nochmals nachdrücklich auf die Möglichkeit und Nützlichkeit einer Probe durch Einsetzen der berechneten Werte in das ursprüngliche Gleichungssystem hingewiesen.

Einsetzungsverfahren (Eliminationsverfahren)

Bei diesem Verfahren werden folgende Rechenschritte durchgeführt:

1. Schritt: Auflösen einer Gleichung nach einer der beiden Unbekannten.
2. Schritt: Einsetzen des erhaltenen Ausdrucks in die andere Gleichung, was eine Gleichung mit einer Unbekannten ergibt.
3. Schritt: Auflösen dieser Gleichung nach der verbliebenen Unbekannten.
4. Schritt: Berechnen der zweiten Unbekannten mit Hilfe des bereits gefundenen Wertes für die erste Unbekannte.

Beispiel:

$$\begin{aligned} 2x_1 - 3x_2 &= 6 \qquad (1) \\ 3x_1 - 2x_2 &= 14 \qquad (2) \end{aligned}$$

1. Schritt: Auflösung von (1) nach x_2:

$$\begin{aligned} 3x_2 &= 2x_1 - 6 \\ x_2 &= \tfrac{2}{3}x_1 - 2 \qquad (1') \end{aligned}$$

2. Schritt: Einsetzen von $(1')$ in (2):

$$3x_1 - 2\left(\tfrac{2}{3}x_1 - 2\right) = 14 \qquad (2')$$

3. Schritt: Auflösen von $(2')$ nach x_1:

$$\begin{aligned} 3x_1 - \tfrac{4}{3}x_1 + 4 &= 14 \\ \tfrac{5}{3}x_1 &= 10 \\ x_1 &= 6 \qquad (3) \end{aligned}$$

4. Schritt: Berechnung von x_2 aus $(1')$ mittels (3):

$$\begin{aligned} x_2 &= \tfrac{2}{3} \cdot 6 - 2 \\ x_2 &= 2 \end{aligned}$$

Probe: Einsetzen der gefundenen Werte $x_1 = 6$ und $x_2 = 2$ in die Gleichungen (1) und (2) liefert

$$\begin{aligned} 2 \cdot 6 - 3 \cdot 2 &= 12 - 6 = 6 \\ 3 \cdot 6 - 2 \cdot 2 &= 18 - 4 = 14, \end{aligned}$$

was die Richtigkeit der ermittelten Lösung zeigt. Aus dem Lösungsweg geht gleichzeitig hervor, dass dies die **einzige** Lösung des betrachteten Gleichungssystems ist.

Additionsverfahren

Bei diesem Lösungsverfahren werden folgende Rechenschritte ausgeführt:

1. Schritt: Multiplikation einer (ggf. jeder) der beiden Gleichungen mit einer geeigneten Zahl in der Weise, dass bei einer anschließenden Addition der beiden neuen Gleichungen eine der beiden Unbekannten verschwindet.
2. Schritt: Auflösung der sich im ersten Schritt ergebenden Gleichung nach der verbliebenen Unbekannten.
3. Schritt: Berechnung des Lösungswertes für die andere Unbekannte durch Einsetzen der bereits ermittelten Unbekannten in eine beliebige der beiden Ausgangsgleichungen.

Beispiel:

$$\begin{aligned} 2x_1 - 3x_2 &= 6 \qquad (1) \\ 3x_1 - 2x_2 &= 14 \qquad (2) \end{aligned}$$

1. Schritt: (a) Multiplikation von (1) mit +2:

$$4x_1 - 6x_2 = 12 \qquad (1')$$

(b) Multiplikation von (2) mit −3:

$$-9x_1 + 6x_2 = -42 \qquad (2')$$

(c) Addition von $(1')$ und $(2')$:

$$-5x_1 = -30 \qquad (3)$$

2. Schritt: Auflösen von (3) nach x_1:

$$x_1 = 6$$

3. Schritt: Berechnung von x_2 aus (1):

$$\begin{aligned} 2 \cdot 6 - 3x_2 &= 6 \\ -3x_2 &= -6 \\ x_2 &= 2 \end{aligned}$$

Die Probe können wir uns an dieser Stelle ersparen; sie ist natürlich identisch mit der Probe für das vorhergehende Einsetzungsverfahren. Das gilt ebenso für das anschließend zu schildernde Gleichsetzungsverfahren.

Gleichsetzungsverfahren

Hier wird in folgenden Rechenschritten vorgegangen:

1. Schritt: Auflösen beider Gleichungen nach ein und derselben Unbekannten.
2. Schritt: Gleichsetzen der beiden ermittelten Ausdrücke.
3. Schritt: Auflösen der erhaltenen Beziehung nach der verbliebenen Unbekannten.
4. Schritt: Berechnen des Lösungswerts der zweiten Unbekannten aus einer der beiden nach dem ersten Schritt erhaltenen (aufgelösten) Gleichungen.

Beispiel:

$$\begin{aligned} 2x_1 - 3x_2 &= 6 \qquad (1) \\ 3x_1 - 2x_2 &= 14 \qquad (2) \end{aligned}$$

1. Schritt: (a) Auflösen von (1) nach x_1:

$$x_1 = 3 + \tfrac{3}{2}x_2 \qquad (1')$$

(b) Auflösen von (2) nach x_1:

$$x_1 = \tfrac{14}{3} + \tfrac{2}{3}x_2 \qquad (2')$$

2. Schritt: Gleichsetzen von $(1')$ und $(2')$:

$$3 + \tfrac{3}{2}x_2 = \tfrac{14}{3} + \tfrac{2}{3}x_2 \qquad (3)$$

3. Schritt: Auflösen von (3) nach x_2:

$$\begin{aligned} \tfrac{5}{6}x_2 &= \tfrac{5}{3} \\ x_2 &= 2 \end{aligned}$$

4. Schritt: Berechnung von x_1 aus $(1')$:

$$\begin{aligned} x_1 &= 3+\tfrac{3}{2}\cdot 2 \\ x_1 &= 6 \end{aligned}$$

Bemerkung: Die bisher für den Fall $m = n = 2$ (zwei Gleichungen, zwei Unbekannte) beschriebenen Verfahren zur Auflösung linearer Gleichungssysteme (Einsetzungs-, Additions- und Gleichsetzungsverfahren) sind prinzipiell auch auf größere, etwa (3×3)-Systeme (drei Gleichungen, drei Unbekannte) übertragbar, wobei nunmehr ein mehrphasiger Ablauf zur Lösung des jeweils betrachteten linearen Gleichungssystems vorzunehmen ist.

Am Beispiel eines linearen Gleichungssystems der Form $m = n = 3$ wird – stellvertretend für alle drei möglichen Verfahren – die Vorgehensweise anhand des Einsetzungsverfahrens erläutert.

Die **erste Phase** besteht in folgenden Rechenschritten:

1. Schritt: Auflösen einer Gleichung nach einer der drei Unbekannten.
2. Schritt: Einsetzen des erhaltenen Ausdrucks in die beiden anderen Gleichungen.

Nach diesen beiden Schritten entsteht ein lineares Gleichungssystem der Form $m = n = 2$.

Die **zweite Phase** besteht in der Auflösung des linearen Gleichungssystems mit zwei Gleichungen und zwei Unbekannten nach dem in diesem Punkt beschriebenen Verfahren. Nach Abschluss dieser Phase sind die Werte für zwei Unbekannten bekannt.

Die **dritte Phase** besteht in der Bestimmung der noch fehlenden dritten Unbekannten unter Verwendung der bereits gefundenen Werte für die beiden anderen Variablen.

Analog ergibt sich ein mehrphasiger Ablauf bei einem linearen Gleichungssystem der Form $m = n = 4$ usw.

Aufgrund der anzuwendenden mehrstufigen Methoden muss man jedoch stets genügend systematisch vorgehen, um zum Ziel zu kommen, was nicht immer ganz einfach ist. Deshalb ist für größere Gleichungssysteme bzw. solche mit einem „rechteckigen“ Koeffizientenschema (d. h. die Anzahl der Gleichungen und die Anzahl der Unbekannten stimmen nicht notwendig überein) der im nachfolgenden Punkt beschriebene Gaußsche Algorithmus vorzuziehen, der faktisch eine Verallgemeinerung des Additionsverfahrens darstellt. Er bildet darüber hinaus die Grundlage für Computerprogramme zur Lösung allgemeiner linearer Gleichungssysteme.

3.3.3 Der Gaußsche Algorithmus – ein Verfahren zur Lösung allgemeiner linearer Gleichungssysteme

Nunmehr werden allgemeine Gleichungssysteme mit m Zeilen und n Unbekannten betrachtet. Ausgangspunkt sei daher wieder das bereits in Punkt 3.3.1 betrachtete lineare Gleichungssystem

$$\begin{array}{ccccccc} a_{11}x_1 & + & a_{12}x_2 & +\ldots+ & a_{1n}x_n & = & b_1 \\ a_{21}x_1 & + & a_{22}x_2 & +\ldots+ & a_{2n}x_n & = & b_2 \\ \ldots & \ldots & \ldots & \ldots & \ldots & \ldots & \ldots \\ a_{m1}x_1 & + & a_{m2}x_2 & +\ldots+ & a_{mn}x_n & = & b_m \end{array}$$

Die Größen m und n sind beliebig, jedoch ist der Fall $m > n$, d. h., es sind mehr Gleichungen als Unbekannte vorhanden, von nicht allzu großem Interesse. Entweder enthalten zusätzliche Gleichungen keine neuen Informationen gegenüber den bisher vorliegenden, dann können sie weggelassen werden und ein lineares Gleichungssystem mit quadratischem Koeffizientenschema entsteht, oder die zusätzlichen Gleichungen ergeben Widersprüche zu den bisherigen, woraus folgt, dass keine Lösung für das Gleichungssystem existiert.

Der Gaußsche Algorithmus besteht im Grunde genommen in einer Modifikation des in Punkt 3.3.2 beschriebenen Additionsverfahrens. Er dient dazu, das gegebene allgemeine lineare Gleichungssystem durch zielgerichtete algebraische Transformationsschritte in die spezielle Form

$$\begin{array}{cccccccccc} x_1 & & & + & a^*_{1,m+1}x_{m+1} & +\ldots+ & a^*_{1n}x_n & = & b^*_1 \\ & x_2 & & + & a^*_{2,m+1}x_{m+1} & +\ldots+ & a^*_{2n}x_n & = & b^*_2 \\ \ldots & \ldots & \ldots & \ldots & \ldots & \ldots & \ldots & \ldots & \ldots \\ & & x_m & + & a^*_{m,m+1}x_{m+1} & +\ldots+ & a^*_{mn}x_n & = & b^*_m \end{array}$$

zu überführen. Das bedeutet, dass von den n Unbekannten genau m Variablen bestimmt werden, die nach den algebraischen Umformungen jeweils nur in einer der m Gleichungen auftreten. Dabei braucht es sich natürlich keineswegs immer nur um die ersten m Variablen zu handeln, wie die der Anschaulichkeit wegen gewählte obige Darstellung suggerieren könnte.

Erlaubte Transformationen, d. h. solche, die die Lösungsmenge des vorliegenden Gleichungssystems nicht verändern, sind:

1. die Multiplikation einer Zeile mit einer Zahl $c \neq 0$,
2. die Addition einer Zeile zu einer anderen,
3. das Vertauschen zweier Zeilen,
4. das Vertauschen zweier Spalten.

Die Transformationen 1 und 2 lassen sich zusammenfassen zur erlaubten Transformation

2'. Addition des Vielfachen einer Zeile zu einer anderen.

Die Vorgehensweise des Gaußschen Algorithmus soll nun wiederum an einem kleinen Beispiel mit $m = 2$ (zwei Gleichungen) und $n = 3$ (drei Unbekannten) verdeutlicht werden.

Beispiel:

$$\begin{aligned} 2x_1 - 3x_2 + 4x_3 &= 6 && (1) \\ 3x_1 - 2x_2 - 5x_3 &= 14 && (2) \end{aligned}$$

1. Schritt:

(a) Division von (1) durch +2, um bei x_1 den Koeffizienten 1 zu erzeugen:

$$\begin{aligned} x_1 - \tfrac{3}{2}x_2 + 2x_3 &= 3 && (1') \\ 3x_1 - 2x_2 - 5x_3 &= 14 && (2) \end{aligned}$$

(b) Addition des (−3)fachen von $(1')$ zu (2), um x_1 aus (2) zu entfernen.

$$\begin{aligned} x_1 - \tfrac{3}{2}x_2 + 2x_3 &= 3 && (1') \\ \tfrac{5}{2}x_2 - 11x_3 &= 5 && (2') \end{aligned}$$

2. Schritt:

(a) Division von $(2')$ durch $\frac{5}{2}$, um bei x_2 den Koeffizienten 1 zu erhalten:

$$\begin{aligned} x_1 - \tfrac{3}{2}x_2 + 2x_3 &= 3 && (1') \\ x_2 - \tfrac{22}{5}x_3 &= 2 && (2'') \end{aligned}$$

(b) Addition des $\left(\frac{3}{2}\right)$fachen von $(2'')$ zu $(1')$, um x_2 aus $(1')$ zu entfernen:

$$\begin{aligned} x_1 - \tfrac{23}{5}x_3 &= 6 && (1'') \\ x_2 - \tfrac{22}{5}x_3 &= 2 && (2'') \end{aligned}$$

Nach diesen beiden Schritten sind die oben angegebenen und angestrebten Transformationen abgeschlossen. Mit den Beziehungen $(1'')$ und $(2'')$ ist der Lösungsprozess für unser Beispiel fast abgeschlossen. Offensichtlich ist eine eindeutige Lösung in diesem Fall nicht gegeben, denn die Variable x_3 kann beliebige Werte annehmen. Aus diesem Grund ersetzen wir sie durch einen

Parameter t ($t \in \mathbf{R}$) und erhalten die allgemeine Lösung des Gleichungssystems (1) und (2) in der Form $x_1 = 6 + \frac{23}{5}t$, $x_2 = 2 + \frac{22}{5}t$, $x_3 = t$, wobei t eine beliebige reelle Zahl (Parameter) ist. Das ermittelte Ergebnis bedeutet, dass entsprechend der Variabilität von t für das vorliegende Gleichungssystem unendlich viele Lösungen existieren. Werden für t konkrete Zahlenwerte eingesetzt, erhalten wir beispielsweise folgende Lösungen.

Beispiele:

1) $t = 0$: $x_1 = 6$, $x_2 = 2$, $x_3 = 0$
2) $t = 5$: $x_1 = 29$, $x_2 = 24$, $x_3 = 5$
3) $t = -10$: $x_1 = -40$, $x_2 = -42$, $x_3 = -10$

Bemerkung: Die zu dem Parameterwert $t = 0$ gehörige Lösung entspricht gerade dem (2×2)-Beispiel aus Punkt 3.3.2.

3.3.4 Bemerkungen zur Darstellung der Lösungsmenge linearer Ungleichungssysteme

Im Abschnitt 3.1 wurde gezeigt, dass eine lineare Ungleichung mit einer Unbekannten unendlich viele Lösungen aufweist. Dies ist auch die typische Situation, wenn lineare Ungleichungssysteme vorliegen. Dabei sei vorausgesetzt, dass ein betrachtetes Ungleichungssystem keine Widersprüche aufweist, denn in diesem Fall wäre überhaupt keine Lösung vorhanden. Es kann aber auch der Fall eintreten, dass ein lineares Ungleichungssystem genau eine Lösung besitzt.

Insgesamt liegen die Verhältnisse bei linearen Ungleichungssystemen komplizierter als bei den zunächst betrachteten linearen Gleichungssystemen; insbesondere trifft dies auf die Darstellung der allgemeinen Lösung zu. Eine gute Veranschaulichung der Lösungsmenge eines Ungleichungssystems ist jedoch im zweidimensionalen Fall in grafischer Form möglich. Dazu wird das folgende System betrachtet, welches unendlich viele Lösungen besitzt:

$$\begin{array}{lllll} x_2 & \leq & \frac{2}{5}x_1 & + & 3 \qquad (1) \\ x_2 & \leq & -\frac{1}{5}x_1 & + & 6 \qquad (2) \\ x_2 & \leq & -2x_1 & + & 24 \qquad (3) \\ x_1 & \geq & 0 & & \qquad (4) \\ x_2 & \geq & 0 & & \qquad (5) \end{array}$$

Sämtliche Punkte des in der Abbildung auf S. 120 dargestellten schraffierten Bereichs stellen Lösungspunkte des gegebenen linearen Ungleichungssystems dar. Die Begrenzungsgeraden (1), (2) und (3) der Abbildung entstehen, wenn die oben angegebenen Ungleichungen (1), (2) und (3) in Gleichungen umgewandelt werden, denn – wie oben beschrieben wurde – stellen Geraden die geometrische Entsprechung linearer Gleichungen bzw. auch linearer Funktionen dar. Die Lösungsmengen linearer Ungleichungen entsprechen nun (im hier betrachteten zweidimensionalen Fall) *Halbebenen*, die auf einer Seite der Geraden liegen. Um herauszubekommen, auf welcher, kann man die *Methode des Probepunktes* anwenden: Man nehme einen nicht auf der Geraden gelegenen Punkt (x,y), z. B. den Nullpunkt, sofern es sich nicht um eine durch den Ursprung (Nullpunkt) verlaufende Gerade handelt, und überprüfe, ob sich bei Einsetzen der Koordinatenwerte x und y in die interessierende Ungleichung eine wahre Aussage ergibt. Ist dies der Fall, liegt der Punkt auf der richtigen Seite und die gesuchte Halbebene ist bestimmt; entsteht eine falsche Aussage, ist die den Punkt (x,y) nicht enthaltende Halbebene die zutreffende.

Hat man dieses Verfahren für jede Gerade angewendet, sind diejenigen Punkte zu suchen, die bezüglich **aller** Beziehungen auf der richtigen Seite liegen; diese bilden die gesuchte Lösungsmenge des linearen Ungleichungssystems. Im Übrigen bedeutet die gleichzeitige Erfüllung der beiden Forderungen (4) und (5), d. h. $x_1 \geq 0$ und $x_2 \geq 0$, dass die Punkte im 1. Quadranten liegen müssen (vgl. Abschnitt 1.2).

Im Ergebnis der beschriebenen Überlegungen erhält man nun den in nachstehender Abbildung schraffiert hervorgehobenen Bereich als Lösungsmenge des betrachteten Ungleichungssystems.

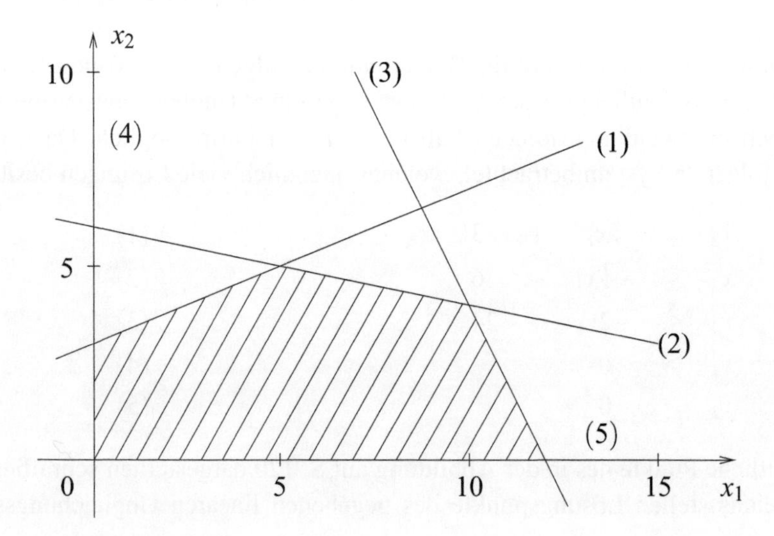

Lineare Ungleichungssysteme haben im Rahmen betriebswirtschaftlicher Entscheidungsprozesse vor allem im Zusammenhang mit den Modellen der linearen Optimierung eine große Bedeutung. Dabei ist im Grunde genommen nicht die gesamte (unendliche) Lösungsmenge von Interesse. Vielmehr kommen nur Randpunkte der Lösungsmenge, in der Regel Eckpunkte, für die zu treffenden Entscheidungen wirklich in Frage.

3.4 Matrizenrechnung

Für die Darstellung linearer Gleichungs- und Ungleichungssysteme und damit auch für die symbolische Verallgemeinerung großer Datenmengen bietet sich die so genannte *Matrizenrechnung (Matrizenkalkül)* an. Beispielsweise kann ein lineares Gleichungssystem, das wir bisher allgemein in der Form

$$\begin{array}{ccccccc} a_{11}x_1 & + & a_{12}x_2 & +\ldots+ & a_{1n}x_n & = & b_1 \\ a_{21}x_1 & + & a_{22}x_2 & +\ldots+ & a_{2n}x_n & = & b_2 \\ \cdots & \cdots & \cdots & \cdots & \cdots & \cdots & \cdots \\ a_{m1}x_1 & + & a_{m2}x_2 & +\ldots+ & a_{mn}x_n & = & b_m \end{array}$$

geschrieben haben, in abgekürzter Form unter Verwendung der Matrizenschreibweise wie folgt angegeben werden:

$$\mathbf{Ax} = \mathbf{b}.$$

Die grundlegenden Definitionen, Relationen, Erscheinungsformen sowie Rechenregeln werden im Folgenden behandelt.

3.4.1 Matrizen und Vektoren

Unter einer *Matrix* (Mehrzahl: *Matrizen*) $\mathbf{A}$ *der Ordnung* (m,n) wird ein rechteckiges Zahlenschema von m Zeilen und n Spalten verstanden:

$$\mathbf{A} = \begin{pmatrix} a_{11} & a_{12} & \ldots & a_{1n} \\ a_{21} & a_{22} & \ldots & a_{2n} \\ \cdots & \cdots & \cdots & \cdots \\ a_{m1} & a_{m2} & \ldots & a_{mn} \end{pmatrix}$$

Es ist auch folgende Schreibweise möglich:

$$\mathbf{A} = (a_{ij}),\ \ i = 1,\ldots,m,\ \ j = 1,\ldots,n.$$

Die Größen a_{ij} heißen *Elemente* der Matrix $\mathbf{A}$, wobei i und j den Zeilen- bzw. Spaltenindex des Elements a_{ij} bilden.

Matrizen mit nur jeweils einer Zeile bzw. einer Spalte werden als *Vektoren* bezeichnet. Eine Matrix der Ordnung $(1,n)$ stellt einen *Zeilenvektor* (eine Zeile mit n Spalten bzw. Elementen), eine Matrix der Ordnung $(m,1)$ einen *Spaltenvektor* (eine Spalte mit m Zeilen bzw. Elementen) dar. Im Gegensatz zu allgemeinen Matrizen der Ordnung (m,n), die mit Großbuchstaben bezeichnet werden, werden zur Benennung von Vektoren kleine lateinische Buchstaben benutzt: $\mathbf{a},\mathbf{b},\mathbf{c},\ldots$ usw. Die Elemente eines Vektors werden häufig auch als *Komponenten* bezeichnet. Im Weiteren soll die Festlegung gelten, dass – sofern nichts anderes vereinbart ist – ein beliebiger Vektor $\mathbf{a}$ stets als Spaltenvektor aufgefasst wird. Mitunter ist es jedoch notwendig oder zweckmäßig, zu Zeilenvektoren überzugehen, wozu die Operation des *Transponierens* (Symbol: hochgestelltes $\top$) verwendet wird. Transponieren verwandelt Spaltenvektoren in Zeilenvektoren und umgekehrt.

Beispiel: Ist $\mathbf{a} = \begin{pmatrix} 2 \\ 4 \\ 6 \end{pmatrix}$, so gilt $\mathbf{a}^\top = (2\ \ 4\ \ 6)$.

Auch Matrizen der Ordnung (m,n) können transponiert werden, was bedeutet, dass Zeilen und Spalten miteinander vertauscht werden. Geht man von der oben angegebenen Matrix $\mathbf{A}$ aus, so hat die Matrix $\mathbf{A}^\top$ die Form

$$\mathbf{A}^\top = \begin{pmatrix} a_{11} & a_{21} & \ldots & a_{m1} \\ a_{12} & a_{22} & \ldots & a_{m2} \\ \ldots & \ldots & \ldots & \ldots \\ a_{1n} & a_{2n} & \ldots & a_{mn} \end{pmatrix}.$$

Beispiel: $\mathbf{A} = \begin{pmatrix} 1 & 2 & 3 \\ 4 & 5 & 6 \end{pmatrix}$, $\quad \mathbf{A}^\top = \begin{pmatrix} 1 & 4 \\ 2 & 5 \\ 3 & 6 \end{pmatrix}$

Zweifaches Transponieren ergibt wieder die ursprüngliche Matrix:

$$\left(\mathbf{A}^\top\right)^\top = \mathbf{A}.$$

3.4.2 Matrizenrelationen

Die folgenden Gleichheits- und Ungleichheitsbeziehungen zwischen Matrizen und Vektoren gelten nur unter der Voraussetzung, dass die Ordnungen der betrachteten Matrizen bzw. im speziellen Fall auch die der entsprechenden Vektoren übereinstimmen; Matrizen unterschiedlicher Ordnung sind nicht vergleichbar.

Zwei Matrizen $\mathbf{A}$ und $\mathbf{B}$ der Ordnung (m,n) werden als *gleich* bezeichnet, wenn alle ihre an entsprechender Stelle stehenden Elemente gleich sind:

$$\boxed{\mathbf{A} = \mathbf{B} \quad \Longleftrightarrow \quad a_{ij} = b_{ij} \quad \forall\, i = 1,\ldots,m;\ j = 1,\ldots,n} \tag{3.5}$$

Beispiel: $\begin{pmatrix} 1 & 2 \\ 3 & 4 \end{pmatrix} = \begin{pmatrix} 1 & a \\ b & 4 \end{pmatrix} \quad \Longleftrightarrow \quad a = 2,\ b = 3$

Analog vereinbart man zu schreiben

$$\mathbf{A} \leq \mathbf{B}\ (\mathbf{A} \geq \mathbf{B},\ \mathbf{A} < \mathbf{B},\ \mathbf{A} > \mathbf{B}),$$

sofern $a_{ij} \leq b_{ij}$ (bzw. $a_{ij} \geq b_{ij},\ a_{ij} < b_{ij},\ a_{ij} > b_{ij}$) $\forall\ i = 1,\ldots,m;$ $j = 1,\ldots,n$.

Bemerkung: Während für zwei Zahlen a und b stets eine der Beziehungen $a < b$, $a = b$ oder $a > b$ gilt, müssen Matrizen, selbst wenn sie von gleicher Ordnung sind, nicht vergleichbar sein.

Beispiel: Für die beiden Matrizen $\mathbf{A} = \begin{pmatrix} 1 & 2 \\ 3 & 4 \end{pmatrix}$ und $\mathbf{B} = \begin{pmatrix} 2 & 3 \\ 4 & 1 \end{pmatrix}$ gilt keine der möglichen Beziehungen $=,\ \leq,\ \geq,\ <,\ >$.

Es ist allerdings sinnvoll, Bedingungen in Form von Ungleichheitsrelationen aufzustellen. So bedeutet z. B. für den Vektor $\mathbf{x} = (x_1,\ldots,x_n)^\top$ die Forderung $\mathbf{x} \geq \mathbf{0}$, dass alle Komponenten nichtnegativ sein müssen:

$$\boxed{\mathbf{x} \geq \mathbf{0} \quad \Longleftrightarrow \quad x_j \geq 0,\ j = 1,\ldots,n} \tag{3.6}$$

Solche Forderungen trifft man beispielsweise in der linearen Optimierung als so genannte *Nichtnegativitätsbedingungen* an.

3.4.3 Spezielle Matrizen und Vektoren

Nullmatrix

Eine Matrix heißt *Nullmatrix*, wenn gilt $a_{ij} = 0\ \forall\, i = 1,\ldots,m,\ j = 1,\ldots,n$. Zu jeder Ordnung gibt es eine „eigene“ Nullmatrix (Bezeichnung: $\mathbf{0}$). Entsprechend liegt ein *Nullvektor* vor, wenn alle Komponenten des Vektors gleich null sind.

Beispiele: $\mathbf{0} = \begin{pmatrix} 0 & 0 \\ 0 & 0 \end{pmatrix}, \qquad \mathbf{0} = \begin{pmatrix} 0 \\ 0 \\ 0 \end{pmatrix}$

Die Nullmatrix (bzw. der Nullvektor) spielt bei der Addition von Matrizen (siehe Punkt 3.4.4) dieselbe Rolle wie die Zahl Null bei der Addition von Zahlen: addiert man sie zu einer gegebenen Matrix, so bleibt dieselbe unverändert.

Quadratische Matrix

Eine Matrix **A** wird *quadratische* Matrix genannt, wenn die Anzahl ihrer Zeilen gleich der Anzahl ihrer Spalten ist, d. h. wenn $m = n$ gilt. In diesem Fall spricht man von einer quadratischen Matrix n-ter Ordnung. Diejenigen Elemente, für die $i = j$ ist, bilden die Elemente der *Hauptdiagonalen* der quadratischen Matrix **A**. Die Hauptdiagonale verläuft also von links oben nach rechts unten, während die Diagonale von links unten nach rechts oben *Nebendiagonale* genannt wird.

Beispiel: $$\mathbf{Q} = \begin{pmatrix} \mathbf{1} & 2 & 3 \\ & \diagdown \quad \cdot^{\cdot^{\cdot}} & \\ 4 & \mathbf{5} & 6 \\ & \cdot^{\cdot^{\cdot}} \quad \diagdown & \\ 7 & 8 & \mathbf{9} \end{pmatrix}$$

Nebendiagonale

Hauptdiagonale

Diagonalmatrix

Eine quadratische Matrix, die höchstens in der Hauptdiagonalen von null verschiedene Elemente aufweist, wird als *Diagonalmatrix* bezeichnet, d. h., **A** ist eine Diagonalmatrix, wenn gilt $a_{ij} = 0,\ i \neq j$.

Beispiele: $$\mathbf{D} = \begin{pmatrix} d_{11} & 0 & \dots & 0 \\ 0 & d_{22} & \dots & 0 \\ \dots & \dots & \dots & \dots \\ 0 & 0 & \dots & d_{nn} \end{pmatrix}, \qquad \mathbf{F} = \begin{pmatrix} 1 & 0 & 0 \\ 0 & 2 & 0 \\ 0 & 0 & 0 \end{pmatrix}$$

Einheitsmatrix

Eine Diagonalmatrix, in deren Hauptdiagonalen ausschließlich Einsen stehen, heißt *Einheitsmatrix*. Für die Einheitsmatrix wird das Symbol **E** verwendet:

$$\mathbf{E} = \begin{pmatrix} 1 & 0 & \dots & 0 \\ 0 & 1 & \dots & 0 \\ \dots & \dots & \dots & \dots \\ 0 & 0 & \dots & 1 \end{pmatrix}$$

Zu jeder Ordnung von quadratischen Matrizen gibt es eine „eigene" Einheitsmatrix. Die Spalten der Einheitsmatrix werden *Einheitsvektoren* genannt. Sie bestehen jeweils aus einer Eins, während die restlichen Komponenten gleich null sind. Für jede Ordnung n gibt es somit n verschiedene Einheitsvektoren.

Beispiel:

$$\mathbf{E} = \begin{pmatrix} 1 & 0 & 0 \\ 0 & 1 & 0 \\ 0 & 0 & 1 \end{pmatrix}, \quad \mathbf{e}_1 = \begin{pmatrix} 1 \\ 0 \\ 0 \end{pmatrix}, \quad \mathbf{e}_2 = \begin{pmatrix} 0 \\ 1 \\ 0 \end{pmatrix}, \quad \mathbf{e}_3 = \begin{pmatrix} 0 \\ 0 \\ 1 \end{pmatrix}$$

Die Einheitsmatrix spielt bei der Multiplikation von Matrizen (siehe Punkt 3.4.4) dieselbe Rolle wie die Zahl Eins bei der Multiplikation von Zahlen: multipliziert man eine beliebige Matrix mit der (passenden) Einheitsmatrix, so bleibt die ursprüngliche Ausgangsmatrix unverändert.

Dreiecksmatrix

Eine quadratische Matrix $\mathbf{A}$, für deren Elemente $a_{ij} = 0 \quad \forall\ i < j$ gilt, wird als *untere Dreiecksmatrix* bezeichnet. Analog wird eine quadratische Matrix $\mathbf{A}$ mit $a_{ij} = 0 \quad \forall\ i > j$ *obere Dreiecksmatrix* genannt.

Beispiel:

untere Dreiecksmatrix

$$\begin{pmatrix} a_{11} & 0 & 0 & 0 \\ a_{21} & a_{22} & 0 & 0 \\ a_{31} & a_{32} & a_{33} & 0 \\ a_{41} & a_{42} & a_{43} & a_{44} \end{pmatrix}$$

obere Dreiecksmatrix

$$\begin{pmatrix} a_{11} & a_{12} & a_{13} & a_{14} \\ 0 & a_{22} & a_{23} & a_{24} \\ 0 & 0 & a_{33} & a_{34} \\ 0 & 0 & 0 & a_{44} \end{pmatrix}$$

Hierbei können die Elemente a_{ij} von null verschieden sein (müssen aber nicht).

Inverse Matrix

Unter der *inversen* Matrix zu einer gegebenen Matrix $\mathbf{A}$ versteht man diejenige Matrix, die nach Multiplikation mit der Matrix $\mathbf{A}$ die Einheitsmatrix ergibt. Es ist zu bemerken, dass nicht zu jeder Matrix eine inverse Matrix existiert; Näheres dazu in Punkt 3.4.5.

3.4.4 Rechenregeln für Matrizen und Vektoren

Addition und Subtraktion von Matrizen und Vektoren

Auch hier gilt für zwei Matrizen $\mathbf{A}$ und $\mathbf{B}$ wieder die Voraussetzung, dass beide Matrizen dieselbe Ordnung (m,n) aufweisen müssen. In diesem Fall lässt sich die *Summe* $\mathbf{A}+\mathbf{B}$ bzw. die *Differenz* $\mathbf{A}-\mathbf{B}$ zweier Matrizen wie folgt ermitteln:

$$\begin{aligned} \mathbf{C}=\mathbf{A}+\mathbf{B} \quad &\Longleftrightarrow \quad \mathbf{C}=(c_{ij}) \text{ mit } c_{ij}=a_{ij}+b_{ij}, \\ \mathbf{D}=\mathbf{A}-\mathbf{B} \quad &\Longleftrightarrow \quad \mathbf{D}=(d_{ij}) \text{ mit } d_{ij}=a_{ij}-b_{ij}, \\ & \qquad i=1,\ldots,m;\; j=1,\ldots,n \end{aligned}$$

Mit anderen Worten, eine Matrix wird Summe (Differenz) zweier anderer Matrizen genannt, wenn sich ihre Elemente als Summe (Differenz) der entsprechenden Elemente darstellen lassen.

Beispiele:

$$\mathbf{A}=\begin{pmatrix} 4 & 0 \\ 6 & 3 \end{pmatrix}, \quad \mathbf{B}=\begin{pmatrix} 4 & 1 \\ 3 & 5 \end{pmatrix}, \quad \mathbf{0}=\begin{pmatrix} 0 & 0 \\ 0 & 0 \end{pmatrix}$$

$$\mathbf{A}+\mathbf{B}=\begin{pmatrix} 8 & 1 \\ 9 & 8 \end{pmatrix}, \quad \mathbf{A}-\mathbf{B}=\begin{pmatrix} 0 & -1 \\ 3 & -2 \end{pmatrix}, \quad \mathbf{A}+\mathbf{0}=\mathbf{A}.$$

Multiplikation einer Matrix mit einem Skalar

Die *Multiplikation einer Matrix* $\mathbf{A}$ *mit einem Skalar* – also einer beliebigen (reellen) Zahl c – erfolgt in der Weise, dass sämtliche Elemente der Matrix $\mathbf{A}$ mit diesem Skalar multipliziert werden:

$$c\cdot\mathbf{A}=(c\cdot a_{ij}), \quad i=1,\ldots,m;\; j=1,\ldots,n$$

Beispiel: $3\cdot\begin{pmatrix} 1 & 2 \\ 3 & 4 \end{pmatrix}=\begin{pmatrix} 3 & 6 \\ 9 & 12 \end{pmatrix}$

Multiplikation zweier Vektoren

Die Multiplikation zweier Vektoren $\mathbf{a}$ und $\mathbf{b}$ soll hier als Multiplikation eines Zeilenvektors $\mathbf{a}^\top$ und eines Spaltenvektors $\mathbf{b}$ definiert werden. Um diese Multiplikation durchführen zu können, muss vorausgesetzt werden, dass die

Anzahl der Komponenten beider Vektoren übereinstimmt. Unter dieser Voraussetzung bezeichnet man als *Skalarprodukt* von $\mathbf{a}^\top$ und $\mathbf{b}$ diejenige Zahl, die man erhält, wenn elementeweise das Produkt der an der jeweils gleichen Stelle stehenden Elemente berechnet und die Summe aller ermittelten Produkte gebildet wird. Mit anderen Worten, sind $\mathbf{a}$ und $\mathbf{b}$ Vektoren mit jeweils n Elementen a_j und b_j, $j = 1, \dots, n$, so lautet ihr Skalarprodukt

$$\boxed{\mathbf{a}^\top \mathbf{b} = (a_1 b_1 + a_2 b_2 + \ldots + a_n b_n) = \sum_{i=1}^{n} a_i b_i}$$

Beispiele:

1) Für die beiden Vektoren $\mathbf{a} = \begin{pmatrix} 2 \\ 3 \\ 4 \end{pmatrix}$ und $\mathbf{b} = \begin{pmatrix} 5 \\ 6 \\ 7 \end{pmatrix}$ gilt

$$\mathbf{a}^\top \mathbf{b} = (2,3,4) \begin{pmatrix} 5 \\ 6 \\ 7 \end{pmatrix} = (2 \cdot 5 + 3 \cdot 6 + 4 \cdot 7) = 56.$$

2) $\mathbf{a} = \begin{pmatrix} 2 \\ -1 \end{pmatrix}$, $\mathbf{b} = \begin{pmatrix} 1 \\ 2 \end{pmatrix} \quad \Longrightarrow \quad \mathbf{a}^\top \mathbf{b} = 2 \cdot 1 + (-1) \cdot 2 = 2 - 2 = 0$

Bemerkung: Von den reellen Zahlen ist folgender Sachverhalt bekannt: Ist ein Produkt gleich null, so ist mindestens einer der beiden Faktoren gleich null. Am Beispiel 2 erkennt man, dass für das Skalarprodukt zweier Vektoren diese Aussage i. Allg. nicht gelten muss. Ist das Skalarprodukt zweier Vektoren gleich null, so sagt man, sie seien *orthogonal zueinander*.

Multiplikation einer Matrix mit einem Vektor

Die Multiplikation einer Matrix $\mathbf{A}$ mit einem Vektor $\mathbf{b}$ stellt eine einfache Erweiterung des eben beschriebenen Verfahrens dar. Die Voraussetzung für die Durchführbarkeit dieser Multiplikation lautet in diesem Falle, dass die Anzahl der Spalten der Matrix $\mathbf{A}$ mit der Anzahl der Komponenten des Vektors $\mathbf{b}$ übereinstimmen muss. Die Multiplikation einer Matrix $\mathbf{A}$ der Ordnung (m,n) mit einem Spaltenvektor der Ordnung $(n,1)$ besteht dann darin, dass die m Zeilen der Matrix $\mathbf{A}$ als Zeilenvektoren aufgefasst werden und jeweils mit dem Vektor $\mathbf{b}$ wie oben beschrieben multipliziert werden. Das Ergebnis ist ein Spaltenvektor, der so viele Komponenten umfasst, wie die Matrix $\mathbf{A}$ Zeilen hat. Analog verläuft die Rechnung bei der Multiplikation eines Zeilenvektors der Ordnung $(1,n)$ mit einer Matrix der Ordnung (n,p), wobei im Ergebnis ein Zeilenvektor der Ordnung $(1,p)$ entsteht.

Beispiel:

$$\text{Gegeben: } \mathbf{A} = \begin{pmatrix} 1 & 2 & 3 \\ 4 & 5 & 6 \end{pmatrix}, \quad \mathbf{b} = \begin{pmatrix} 7 \\ 8 \\ 9 \end{pmatrix}, \quad \mathbf{c} = \begin{pmatrix} 0 \\ 0 \\ 0 \end{pmatrix}.$$

$$\text{Dann gilt: } \mathbf{A} \cdot \mathbf{b} = \begin{pmatrix} 1 \cdot 7 + 2 \cdot 8 + 3 \cdot 9 \\ 4 \cdot 7 + 5 \cdot 8 + 6 \cdot 9 \end{pmatrix} = \begin{pmatrix} 50 \\ 122 \end{pmatrix}, \quad \mathbf{Ac} = \begin{pmatrix} 0 \\ 0 \end{pmatrix}.$$

Im gleichen Sinne ist auch die abkürzende Schreibweise $\mathbf{Ax} = \mathbf{b}$ für die Darstellung des Gleichungssystems

$$\begin{array}{ccccccc} a_{11}x_1 & + & a_{12}x_2 & + \ldots + & a_{1n}x_n & = & b_1 \\ a_{21}x_1 & + & a_{22}x_2 & + \ldots + & a_{2n}x_n & = & b_2 \\ \multicolumn{7}{c}{\dots\dots\dots\dots\dots\dots\dots\dots\dots\dots} \\ a_{m1}x_1 & + & a_{m2}x_2 & + \ldots + & a_{mn}x_n & = & b_m \end{array}$$

zu verstehen. Hierbei handelt es sich um das Produkt der Matrix $\mathbf{A}$ mit dem Vektor der Unbekannten $\mathbf{x}$, das gleich dem Vektor der rechten Seiten $\mathbf{b}$ ist, wenn man definiert

$$\mathbf{A} = \begin{pmatrix} a_{11} & a_{12} & \ldots & a_{1n} \\ a_{21} & a_{22} & \ldots & a_{2n} \\ \multicolumn{4}{c}{\dots\dots\dots\dots\dots} \\ a_{m1} & a_{m2} & \ldots & a_{mn} \end{pmatrix}, \quad \mathbf{x} = \begin{pmatrix} x_1 \\ \vdots \\ x_n \end{pmatrix}, \quad \mathbf{b} = \begin{pmatrix} b_1 \\ \vdots \\ b_m \end{pmatrix}.$$

Dem Leser wird empfohlen, unter Ausnutzung der oben beschriebenen Regeln zur Multiplikation einer Matrix mit einem Vektor sowie der Definition der Gleichheit von Vektoren, die Äquivalenz beider Schreibweisen nachzuweisen.

Multiplikation einer Matrix mit einer Matrix

Die Multiplikation zweier Matrizen lässt sich nicht für beliebige Ordnungen der Matrizen sinnvoll einführen. Für die Multiplikation einer Matrix $\mathbf{A}$ mit einer Matrix $\mathbf{B}$ zur Bildung des Produkts $\mathbf{A} \cdot \mathbf{B}$ muss für beide Matrizen gelten: die Anzahl der Spalten von $\mathbf{A}$ ist gleich der Anzahl der Zeilen von $\mathbf{B}$; in diesem Fall heißen $\mathbf{A}$ und $\mathbf{B}$ *verkettbar*. Gegeben seien die Matrix $\mathbf{A}$ der Ordnung (m,s) und die Matrix $\mathbf{B}$ der Ordnung (s,n). Die Multiplikation dieser beiden Matrizen entspricht dann der $(m \cdot n)$-maligen Bildung der Skalarprodukte aus den Zeilenvektoren von $\mathbf{A}$ und den Spaltenvektoren von $\mathbf{B}$. Mit anderen Worten, es gilt

$$\mathbf{A} = (a_{ik}), \quad \mathbf{B} = (b_{kj}), \quad i = 1, \ldots, m; \; k = 1, \ldots, s; \; j = 1, \ldots, n,$$

so wird die Matrix $\mathbf{C} = (c_{ij})$, $i = 1,\ldots,m$; $j = 1,\ldots,n$, *Produkt* von **A** und **B** genannt (Bezeichnung: $\mathbf{C} = \mathbf{A} \cdot \mathbf{B}$), wenn gilt

$$\boxed{c_{ij} = \sum_{k=1}^{s} a_{ik} b_{kj}, \quad i = 1,\ldots,m;\ j = 1,\ldots,n}$$

Bemerkung: Die Zeilenzahl der Produktmatrix **C** ist gleich der von **A** und die Spaltenzahl von **C** gleich der von **B**. Im vorliegenden Fall ist somit die Ordnung von **C** gleich (m,n).

Beispiel 1: $\mathbf{A} = \begin{pmatrix} 3 & 4 & 2 \\ 2 & 6 & 1 \\ 1 & 0 & 1 \end{pmatrix}, \quad \mathbf{B} = \begin{pmatrix} 2 & 1 \\ 6 & 2 \\ 1 & 4 \end{pmatrix}$

Als Produkt $\mathbf{C} = \mathbf{A} \cdot \mathbf{B}$ ergibt sich dann

$$\mathbf{C} = \begin{pmatrix} 3\cdot 2+4\cdot 6+2\cdot 1 & 3\cdot 1+4\cdot 2+2\cdot 4 \\ 2\cdot 2+6\cdot 6+1\cdot 1 & 2\cdot 1+6\cdot 2+1\cdot 4 \\ 1\cdot 2+0\cdot 6+1\cdot 1 & 1\cdot 1+0\cdot 2+1\cdot 4 \end{pmatrix} = \begin{pmatrix} 32 & 19 \\ 41 & 18 \\ 3 & 5 \end{pmatrix}$$

Da die Matrix **A** die Ordnung (3,3) und die Matrix **B** die Ordnung (3,2) aufweist, ist die Ergebnismatrix **C** von der Ordnung (3,2).

Beispiel 2: Wir betrachten zwei quadratische Matrizen der Ordnung (2,2):

$$\mathbf{A} = \begin{pmatrix} 1 & 2 \\ 3 & 4 \end{pmatrix}, \quad \mathbf{B} = \begin{pmatrix} 5 & 6 \\ 7 & 8 \end{pmatrix}.$$

Unter Anwendung der Verknüpfungsregeln für die Multiplikation von Matrizen ergeben sich folgende Produkte $\mathbf{A} \cdot \mathbf{B}$ bzw. $\mathbf{B} \cdot \mathbf{A}$:

$$\mathbf{A} \cdot \mathbf{B} = \begin{pmatrix} 19 & 22 \\ 43 & 50 \end{pmatrix}, \quad \mathbf{B} \cdot \mathbf{A} = \begin{pmatrix} 23 & 34 \\ 31 & 46 \end{pmatrix}.$$

Bemerkung: Bei zwei quadratischen Matrizen gleicher Ordnung können sowohl das Produkt $\mathbf{A} \cdot \mathbf{B}$ als auch das Produkt $\mathbf{B} \cdot \mathbf{A}$ gebildet werden. Dabei ist jedoch zu beachten, dass das Kommutativgesetz $a \cdot b = b \cdot a$, das beim Multiplizieren von Zahlen das Vertauschen der Faktoren zulässt, bei der Multiplikation zweier Matrizen im Allgemeinem nicht erfüllt ist, wie Beispiel 2 zeigt, für das $\mathbf{A} \cdot \mathbf{B} \neq \mathbf{B} \cdot \mathbf{A}$ gilt. Mehr noch: Wenn zwei nichtquadratische Matrizen **A** und **B** verkettbar sind, so müssen **B** und **A** durchaus nicht verkettbar sein (es kommt also auf die Reihenfolge an!).

Diese Tatsache hat insbesondere zur Folge, dass bei der Multiplikation einer allgemeinen Matrizenbeziehung der Form

$$\mathbf{A} \cdot \mathbf{X} = \mathbf{B}$$

($\mathbf{A}, \mathbf{X}, \mathbf{B}$ – quadratische Matrizen n-ter Ordnung) mit einer weiteren quadratischen Matrix $\mathbf{C}$ gleicher Ordnung zwischen einer „Multiplikation von links" und einer „Multiplikation von rechts" unterschieden werden muss, da diese in der Regel zu verschiedenen Ergebnissen führen:

$$\mathbf{C} \cdot \mathbf{A} \cdot \mathbf{X} = \mathbf{C} \cdot \mathbf{B} \quad \text{bzw.} \quad \mathbf{A} \cdot \mathbf{X} \cdot \mathbf{C} = \mathbf{B} \cdot \mathbf{C}$$

3.4.5 Spezielle Matrizenprodukte

Multiplikation einer Matrix A mit der Einheitsmatrix E

Im Punkt 3.4.3 wurde die Einheitsmatrix $\mathbf{E}$ als eine spezielle Diagonalmatrix definiert. Für die Multiplikation einer Matrix $\mathbf{A}$ mit der Einheitsmatrix $\mathbf{E}$ passender Ordnung gelten die Beziehungen

$$\boxed{\mathbf{A} \cdot \mathbf{E} = \mathbf{A}} \quad \text{bzw.} \quad \boxed{\mathbf{E} \cdot \mathbf{A} = \mathbf{A}}$$

Ist speziell $\mathbf{A}$ eine quadratische Matrix, so hat die beim Multiplizieren von rechts und von links auftretende Einheitsmatrix E dieselbe Dimension. In diesem Fall ist die Vertauschung der beiden als Faktoren auftretenden Matrizen möglich (so dass das Kommutativgesetz gültig ist). Als Ergebnis wird jeweils die Ausgangsmatrix $\mathbf{A}$ erhalten. Man sieht, dass hier die Einheitsmatrix eine ähnliche Rolle wie die Eins beim Rechnen mit Zahlen spielt.

Begriff und Ermittlung der inversen Matrix

Gegeben sei die Matrizengleichung

$$\boxed{\mathbf{A} \cdot \mathbf{X} = \mathbf{E}}$$

Hierbei seien $\mathbf{A}$ und $\mathbf{X}$ jeweils quadratische Matrizen n-ter Ordnung und $\mathbf{E}$ die entsprechende Einheitsmatrix. Existiert eine Matrix $\mathbf{X}$ mit der Eigenschaft, dass die Multiplikation dieser Matrix mit der Matrix $\mathbf{A}$ die Einheitsmatrix $\mathbf{E}$ ergibt, so wird diese Matrix $\mathbf{X}$ die *inverse* Matrix bzw. die *Kehrmatrix* von $\mathbf{A}$ genannt und mit $\mathbf{A}^{-1}$ bezeichnet. Auch in diesem Fall ist das Kommutativgesetz erfüllt: Es gilt sowohl $\mathbf{A} \cdot \mathbf{A}^{-1} = \mathbf{E}$ als auch $\mathbf{A}^{-1} \cdot \mathbf{A} = \mathbf{E}$. Die Multiplikation einer (quadratischen) Matrix $\mathbf{A}$ mit ihrer inversen Matrix $\mathbf{A}^{-1}$ ist in der Matrizenrechnung gewissermaßen der (teilweise) Ersatz für die Division, die als Rechenart innerhalb der Matrizenrechnung selbst nicht definiert ist. Die Gleichungen $\mathbf{A} \cdot \mathbf{A}^{-1} = \mathbf{E}$ bzw. $\mathbf{A}^{-1} \cdot \mathbf{A} = \mathbf{E}$ entsprechen dann den Beziehungen $a \cdot a^{-1} = a^{-1} \cdot a = 1$ beim Rechnen mit Zahlen.

Das Berechnen der inversen Matrix $\mathbf{A}^{-1}$ ist besonders bei Matrizen höherer Ordnung eine numerisch relativ aufwändige Arbeit, für die es verschiedene Algorithmen gibt. Eine Möglichkeit besteht darin, die so genannte Determinantenrechnung zu nutzen. Relativ einfach kann die Ermittlung der inversen Matrix jedoch auf die nachstehend beschriebene Weise durchgeführt werden (Nutzung des Gaußschen Algorithmus).

Gegeben sei eine quadratische Matrix $\mathbf{A}$ der Ordnung n; die gesuchte Matrix $\mathbf{X} = \mathbf{A}^{-1}$ besitze die n Spaltenvektoren $\mathbf{x_1}, \mathbf{x_2}, \ldots, \mathbf{x_n}$, und $\mathbf{e_j}$ seien die Spalten von $\mathbf{E}$ (Einheitsvektoren, siehe Punkt 3.4.3). Durch die Auflösung der n Gleichungssysteme

$$\boxed{\mathbf{A} \cdot \mathbf{x_j} = \mathbf{e_j}}, \quad j = 1, \ldots, n, \tag{3.7}$$

ergibt sich jeweils eine Spalte der Matrix $\mathbf{A}^{-1}$. Diese Vorgehensweise lässt sich mit Hilfe des in Punkt 3.3.3 beschriebenen Gaußschen Algorithmus relativ leicht realisieren. Dazu wird neben die Ausgangsmatrix A die zugehörige Einheitsmatrix geschrieben. Nun besteht das mehrstufige Verfahren (vgl. die Ausführungen zum Gaußschen Algorithmus) in der Vornahme gleicher Rechenoperationen an beiden Matrizen in der Weise, dass sich auf der linken Seite die Einheitsmatrix und auf der rechten Seite die Kehrmatrix ergibt.

Nachstehend wird das Verfahren beispielhaft anhand einer quadratischen Matrix der Ordnung (2,2) erläutert:

Beispiel: Gegeben sei die Matrix $\mathbf{A} = \begin{pmatrix} 5 & 2 \\ 3 & 8 \end{pmatrix}$. Neben die Ausgangsmatrix A wird die Einheitsmatrix des entsprechenden Typs geschrieben:

$$\begin{pmatrix} 5 & 2 & \vdots & 1 & 0 \\ 3 & 8 & \vdots & 0 & 1 \end{pmatrix} \quad \begin{matrix} (1) \\ (2) \end{matrix}$$

Bezogen auf das betrachtete Beispiel bedeutet die oben beschriebene Vorgehensweise, dass zunächst Rechenoperationen so vorzunehmen sind, dass in der ersten Spalte der Ausgangsmatrix der Einheitsvektor $\begin{pmatrix} 1 \\ 0 \end{pmatrix}$ gebildet wird. Hierzu wird einmal die erste Zeile durch die Zahl 5 dividiert, wodurch die neue Zeile $(1')$ entsteht. Des Weiteren wird von der Zeile (2) das Dreifache der neu bestimmten Zeile $(1')$ subtrahiert.

Demnach erhält man nach dem ersten Schritt folgendes Zwischenergebnis:

$$\begin{pmatrix} 1 & 2/5 & \vdots & 1/5 & 0 \\ 0 & 34/5 & \vdots & -3/5 & 1 \end{pmatrix} \quad \begin{matrix} (1') \\ (2') \end{matrix}$$

Offensichtlich wird durch Multiplikation der Zeile $(2')$ mit $5/34$ und Subtraktion des $2/5$-fachen dieser neuen Zeile $(2'')$ in der zweiten Spalte der Einheitsvektor $\begin{pmatrix} 0 \\ 1 \end{pmatrix}$ erreicht. Nach diesem zweiten Schritt haben wir bereits die Einheitsmatrix und zugleich auch die inverse Matrix bestimmt:

$$\left(\begin{array}{cc:cc} 1 & 0 & 4/17 & -1/17 \\ 0 & 1 & -3/34 & 5/34 \end{array}\right) \begin{array}{c} (1'') \\ (2'') \end{array}$$

Die gesuchte inverse Matrix $\mathbf{A}^{-1}$ lautet also:

$$A^{-1} = \begin{pmatrix} 4/17 & -1/17 \\ -3/34 & 5/34 \end{pmatrix}$$

In analoger Weise ist auch die Berechnung inverser Matrizen für quadratische Matrizen höherer Ordnung ein mehrphasiger Ablauf, bei dem die Rechenschritte des Gaußschen Algorithmus zur Anwendung kommen.

Beispiel: Man berechne die Inverse zur Matrix

$$\mathbf{A} = \begin{pmatrix} -2 & 0 & 3 \\ 1 & 4 & -1 \\ 5 & 2 & 6 \end{pmatrix}$$

0. Schritt: Aufstellen des Ausgangsschemas

$$\left(\begin{array}{ccc:ccc} -2 & 0 & 3 & 1 & 0 & 0 \\ 1 & 4 & -1 & 0 & 1 & 0 \\ 5 & 2 & 6 & 0 & 0 & 1 \end{array}\right) \begin{array}{c} (1) \\ (2) \\ (3) \end{array}$$

1. Schritt: Umformung mittels folgender Operationen:

Zeile $(1')$ = Zeile 1 : (-2),
Zeile $(2')$ = Zeile 2 − Zeile $(1')$,
Zeile $(3')$ = Zeile (3) − $5 \cdot$ Zeile $(1')$.

$$\left(\begin{array}{ccc:ccc} 1 & 0 & -3/2 & -1/2 & 0 & 0 \\ 0 & 4 & 1/2 & 1/2 & 1 & 0 \\ 0 & 2 & 27/2 & 5/2 & 0 & 1 \end{array}\right) \begin{array}{c} (1') \\ (2') \\ (3') \end{array}$$

2. Schritt: Umformung mittels folgender Operationen:

Zeile $(2'') =$ Zeile $(2') : 4$,
Zeile $(1'') =$ Zeile $(1')$,
Zeile $(3'') =$ Zeile $(3') - 2 \cdot (2'')$.

$$\left(\begin{array}{ccc:ccc} 1 & 0 & -3/2 & -1/2 & 0 & 0 \\ 0 & 1 & 1/8 & 1/8 & 1/4 & 0 \\ 0 & 0 & 53/4 & 9/4 & -1/2 & 1 \end{array}\right) \begin{array}{c} (1'') \\ (2'') \\ (3'') \end{array}$$

3. Schritt: Umformung mittels folgender Operationen:

Zeile $(3''') =$ Zeile $(3'') \cdot \frac{4}{53}$,
Zeile $(1''') =$ Zeile $(1'') + \frac{3}{2} \cdot (3''')$,
Zeile $(2''') =$ Zeile $(2'') - \frac{1}{8} \cdot (3''')$.

$$\left(\begin{array}{ccc:ccc} 1 & 0 & 0 & -13/53 & -3/53 & 6/53 \\ 0 & 1 & 0 & 11/106 & 27/106 & -1/106 \\ 0 & 0 & 1 & 9/53 & -2/53 & 4/53 \end{array}\right) \begin{array}{c} (1''') \\ (2''') \\ (3''') \end{array}$$

Die gesuchte inverse Matrix lautet

$$\mathbf{A}^{-1} = \begin{pmatrix} -\frac{13}{53} & -\frac{3}{53} & \frac{6}{53} \\ \frac{11}{106} & \frac{27}{106} & -\frac{1}{106} \\ \frac{9}{53} & -\frac{2}{53} & \frac{4}{53} \end{pmatrix} = \frac{1}{106} \cdot \begin{pmatrix} -26 & -6 & 12 \\ 11 & 27 & -1 \\ 18 & -4 & 8 \end{pmatrix}$$

Bei dem beschriebenen Vorgehen wird davon ausgegangen, dass es sich bei den betrachteten n Gleichungssystemen um reguläre Systeme handelt, d. h. um solche, bei denen sich aus (3.7) stets eine eindeutige Lösung ermitteln lässt. Trifft diese Voraussetzung nicht zu, dann bedeutet dies, dass für die Ausgangsmatrix A keine inverse Matrix existiert. Im angewendeten Algorithmus erkennt man das daran, dass in der Matrix auf der linken Seite eine Nullzeile auftritt und somit keine Einheitsmatrix erzeugt werden kann, während rechts eine von null verschiedene Zeile steht.

Unter der Voraussetzung, dass für eine gegebene quadratische Matrix die (in diesem Falle dann eindeutige) inverse Matrix existiert, kann das Lösen regulärer linearer Gleichungssysteme in Matrizenschreibweise sehr elegant erfolgen. Gegeben sei ein reguläres Gleichungssystem der Form

$$\boxed{\mathbf{Ax} = \mathbf{b}}$$

Die Lösung dieses Gleichungssystems ergibt sich dann aus der Multiplikation dieses Gleichungssystems mit der inversen Matrix $\mathbf{A}^{-1}$ von links:

$$\mathbf{A}^{-1} \cdot \mathbf{A} \cdot \mathbf{x} = \mathbf{A}^{-1} \cdot \mathbf{b}\,.$$

Wegen $\mathbf{A}^{-1} \cdot \mathbf{A} \cdot \mathbf{x} = \mathbf{E} \cdot \mathbf{x} = \mathbf{x}$ folgt daraus

$$\boxed{\mathbf{x} = \mathbf{A}^{-1}\mathbf{b}}$$

Aus dieser formalen Darstellung lässt sich auch eine inhaltliche Aussage ableiten, die für das Auflösen linearer Gleichungssysteme große Bedeutung hat: Ist einmal die inverse Matrix $\mathbf{A}^{-1}$ einer Matrix $\mathbf{A}$ ermittelt worden, dann lassen sich die Lösungen beliebig vieler linearer Gleichungssysteme der Form

$$\mathbf{A} \cdot \mathbf{x} = \mathbf{b_s}$$

mit t unterschiedlichen rechten Seiten $\mathbf{b_s}$, $s = 1, \ldots, t$, sofort durch die Multiplikation der Vektoren $\mathbf{b_s}$ mit der inversen Matrix $\mathbf{A}^{-1}$ erhalten:

$$\boxed{\mathbf{x_s} = \mathbf{A}^{-1} \cdot \mathbf{b_s}}\,, \quad s = 1, \ldots, t.$$

Das Ausführen dieser Matrizenmultiplikationen ist wesentlich unaufwändiger als das mehrfache Lösen der entsprechenden Gleichungssysteme.

Aufgaben

Aufgaben zu Abschnitt 3.1

1. Verändern Sie die nachstehenden Gleichungen in der jeweils angegebenen Weise:
   a) $5a = 5a$ (Addition von $3a$)
   b) $-7b = -7b$ (Subtraktion von $2,5b$)
   c) $19 = 19$ (Multiplikation mit $-a$)
   d) $48a = 48a$ (Division durch $12a$).
2. Verändern Sie die nachstehenden Ungleichungen in der jeweils angegebenen Weise:
   a) $0,5 > 0,1$ (Addition von $1,8$)
   b) $0,8a < 2,3a$ (Subtraktion von $0,6a$)
   c) $13 \geq -2$ (Multiplikation mit 8)
   d) $-15,8 < -8,5$ (Multiplikation mit $-1,5$)
   e) $72 > 18$ (Division durch 9)
   f) $-116 \leq 112$ (Division durch -4).

Aufgaben zu Abschnitt 3.2

1. $4x-5=3x-2$
2. $17x+13=8x+1$
3. $25,5x-8,5=23,5x+4,5$
4. $(8x+2)-(3x-5)=-(7x+9)+(6x+1)$
5. $9x+(3x+14)-(16x-2)=31-(28x-10)+(5x+3,5)$
6. $8(3x-3,75)-9(2x+4)=(7x+5)13-6(13-3,5x)$
7. $2(4x+a-3)+11(5x-22a+9)-13a$
   $=5(8x-7a+4)-18(2,5x-3a+6)-23$
8. $4\left(7x-2(13x+8)+6(9x-1)+15\right)$
   $=5(x+4)-2\left(12x+11(3x+10)\right)-8$
9. $19x-\left(7(14x-5)+8(9x+17)\right)$
   $=3\left(13-\left((16-19x)4-21(6x-1)\right)-99x\right)$
10. $(6x+22)(4-3x)=(-9x+4)(2x+10)$
11. $13x-2(2x-5)^2+9=17+8(4-x)(4+x)-9x$
12. $\dfrac{7x+23}{11-x}=18$
13. $\dfrac{38}{2ax}+\dfrac{5}{3x}+\dfrac{9}{5a}=\dfrac{8}{x}+\dfrac{7}{6a}$
14. $\dfrac{5x}{x-2}-\dfrac{3}{x+2}=\dfrac{5x^2+8x+7}{x^2-4}$
15. Der Wert eines Bruches beträgt $\frac{1}{5}$. Vermindert man bei diesem Bruch den Zähler um 2 und vergrößert den Nenner mit 4, dann besitzt dieser Bruch den Wert $\frac{6}{37}$. Wie lauten der Zähler und Nenner des ursprünglichen Bruches?
16. Die Fläche eines Rechteckes ist $74,1\,\text{m}^2$. Wie groß ist der Umfang, wenn eine Seite $7,8\,\text{m}$ misst?
17. Wie viele Liter 76%igen Alkohols sind mit 265 Liter 41%igen Alkohols zu mischen, um 51%igen Alkohol zu erhalten?
18. Eine Person erzielt bei einem ersten Spekulationsgeschäft einen Verlust von 15 %. Beim zweiten Spekulationsobjekt erzielt sie einen Gewinn von 30 % bezogen auf den um den erwirtschafteten Verlust verminderten Betrag. Trotz eines weiteren Verlustes von 6 % beim dritten Objekt auf

den um den erreichten Gewinn erhöhten Einsatzbetrag verbleibt ihr ein Überschuss von 1 935 €. Wie hoch ist der Endbetrag?

19. Ein Kapital in Höhe von 24 000 € kann zu 7 % jährlich verzinst werden. Wie hoch muss ein zweites Kapital sein, damit bei einer um 1 % niedrigeren Verzinsung ein Jahreszinsbetrag von 3 000 € erzielt wird?

20. Bei einem Unternehmen fallen für ein Produkt variable Stückkosten von 21,50 € an. Die fixen Kosten belaufen sich auf 39 800 €. Bei welcher Produktionsmenge erreicht das Unternehmen einen Kostenbetrag von 100 000 €?

21. $-8x+23<21x-35$

22. $3(5x-2)+5(3x-7)\geq 8(x-2)-3$

23. $4(2x-3a)-(2x+a)\leq 11a-3(x-7a)$

24. $10x+\big(12-(4x+6)\big)\leq 38-\big(14-(3x-6)\big)$

25. $(x-6)(x-9)>(x-5)(x-12)$

26. Für eine telefonische Anweisung zur Übertragung eines Geldbetrages von einem Konto auf ein anderes Konto werden von einer Bank 35 € an Gebühren in Rechnung gestellt. Ab welchem Geldbetrag ist eine telefonische Übertragung sinnvoll, wenn bei brieflicher Überweisung die Wertstellung um einen Tag später erfolgt und ein Jahreszinssatz von 9 % anzunehmen ist (andere Kosten wie Telefongebühren, Portogebühren etc. sollen der Einfachheit halber außer Ansatz bleiben)?

27. Bei maschineller Zahlungsregulierung über ein Cash Management System erfolgt die Belastung auf dem Konto des Zahlenden früher als bei Zahlung durch Verrechnungsscheck. Allerdings verursacht die Scheckzahlung für das aufwändigere Handling, die Porto- und die höheren Buchungsgebühren höhere Kosten gegenüber der maschinellen Zahlung. Diese sind pro Scheckzahlung mit 3,65 € ermittelt worden.

    a) Welche Laufzeit muss ein Scheck bis zu seiner Belastung mindestens haben, wenn Rechnungsbeträge bis 5 000 € grundsätzlich mit Scheck bezahlt werden und ein Zinssatz von 8,75 % zugrunde zu legen ist?

    b) Bis zu welchem Betrag kommt eine maschinelle Zahlung günstiger, wenn bis zur Belastung eines Schecks durchschnittlich 7 Tage im Vergleich zur maschinellen Zahlungsregulierung vergehen und ein Zinssatz von 8,5 % anzusetzen ist?

28. Man ermittle die Lösungsmenge der Ungleichung $\frac{x+5}{x-2} < 3$.

29. Man bestimme die Lösungen von $\frac{21x+36,5}{13x-11} > 8$.

30. Stellen Sie folgende Geraden unter Bezugnahme auf die beiden Achsenabschnitte grafisch dar: a) $y = 5x - 8$, b) $2y + 7x = 3,5$.

31. Begründen Sie, warum es nicht möglich ist, eine Gerade der Form $cx + dy = e$ mit Hilfe der Achsenabschnitte zu zeichnen, falls $c = 0$ oder $d = 0$ oder $e = 0$ gilt.

Aufgaben zu Abschnitt 3.3

1. Finden Sie die Lösungen der folgenden linearen Gleichungssysteme:

a) $\begin{aligned} 3x_1 + 5x_2 &= 80 \\ 5x_1 - 4x_2 &= 47 \end{aligned}$

b) $\begin{aligned} 850x_1 + x_2 &= 89\,500 \\ 910x_1 + x_2 &= 93\,700 \end{aligned}$

c) $\begin{aligned} 7x_1 + 5x_2 &= 59 \\ 4x_1 - 8x_2 + 64 &= 0 \end{aligned}$

d) $\begin{aligned} -6x_1 + 8x_2 &= 34 + x_1 \\ 4x_1 + 14x_2 &= 23 - 2x_1 \end{aligned}$

e) $\begin{aligned} 8x_1 + 5x_2 - 12 &= 47 \\ 10x_1 - 2x_2 - 16 &= 0 \end{aligned}$

f) $\begin{aligned} 3x + 2y &= 2x + 9 \\ 5(x - 2y) &= 12y + 13 \end{aligned}$

g) $\begin{aligned} 3x_1 + 4x_2 &= 5(x_1 + x_2) - 3 \\ 2(-x_1 + 2x_2) &= 3x_2 + 23 \end{aligned}$

h) $\begin{aligned} 4x_1 + 2x_2 + 5x_3 &= 48 \\ 7x_1 - 12x_2 - 2x_3 &= 1 \\ -11x_1 + 18x_2 + 3x_3 + 3 &= 0 \end{aligned}$

2. In einem Unternehmen wurde ermittelt, bei welcher Produktionsmenge welche Kosten angefallen sind:

Messung	Produktionsmenge	Kostenbetrag
1	450	24 200
2	520	26 440

Wie groß sind die fixen Kosten und die variablen Stückkosten, wenn eine lineare Kostenbeziehung angenommen werden kann?

3. Für die Herstellung einer neuen Baugruppe kommen zwei verschiedene Produktionsverfahren in Frage, die sich im Grad der Automatisierung und ihrer Kostenstruktur unterscheiden:

Verfahren	Fixe Kosten	Variable Stückkosten
1	25 540	3,10
2	43 020	0,80

Bei welcher (sog. *kritischen*) Menge führen beide Verfahren zum gleichen Gesamtkostenbetrag?

4. In einer Kostenstelle ergaben sich Primärkosten von 2 787 900 €. Ihre Gesamtleistung betrug 41 000 Stunden. Hiervon entfielen 7 500 Stunden auf Leistungen für eine zweite Kostenstelle. Für diese Kostenstelle wurden primäre Kosten in Höhe von 1 377 000 € ermittelt. Sie erbrachte eine Gesamtleistung von 16 800 Stunden, wovon 2 140 Stunden für die erste Kostenstelle aufgewendet wurden. Die jeweils nicht an die andere Kostenstelle abgegebene Leistung wurde für die Fertigung von Kostenträgern eingesetzt. Bestimmen Sie den Kostensatz, mit dem die innerbetrieblichen Leistungen abzurechnen sind und ermitteln Sie den Kostenbetrag jeder Kostenstelle, mit dem die Kostenträger zu belasten sind.
5. Bestimmen Sie die Werte der im nachstehenden linearen Gleichungssystem enthaltenen Variablen mit Hilfe des Gaußschen Algorithmus:

$$\begin{array}{rcrcrcr} 3x_1 & + & 2x_2 & - & x_3 & = & 29 \\ 2x_1 & + & x_2 & + & 7x_3 & = & 24 \\ 4x_1 & - & 2x_2 & + & 8x_3 & = & 6 \end{array}$$

6. Lösen Sie nachstehendes lineares Gleichungssystem mit Hilfe des Gaußschen Algorithmus:

$$\begin{array}{rcrcrcr} 4x_1 & + & 2x_2 & + & 7x_3 & = & 34 \\ 5x_1 & - & 8x_2 & + & 2x_3 & = & 11 \end{array}$$

7. Ein Unternehmen fertigt in einem zweistufigen Prozess zwei Produkte. Produkt 1 beansprucht die Fertigungsstufe I mit 2 Stunden und die Fertigungsstufe II mit 6 Stunden. Für Produkt 2 betragen die Produktionszeiten 1,5 Stunden (in Stufe I) bzw. 2 Stunden (in Stufe II). Die für die Produktion verfügbaren Produktionskapazitäten sind in Stufe I 60 Stunden und in Stufe II 120 Stunden. Die maximal absetzbare Menge von Produkt 1 betrage 15 Einheiten, von Produkt 2 seien es 30 Einheiten. Bilden Sie ein (lineares) Ungleichungssystem aus diesen Angaben. Stellen Sie die zu diesem Ungleichungssystem gehörende Lösungsmenge grafisch dar.

Aufgaben zu Abschnitt 3.4

1. Wann gilt Gleichheit zwischen $A = \begin{pmatrix} 9 & 11 \\ -5 & 7 \end{pmatrix}$ und $B = \begin{pmatrix} a & 11 \\ b & 7 \end{pmatrix}$?

2. Welche Beziehung zwischen Matrizen gilt für A und B:

   $$A = \begin{pmatrix} 7 & 10 \\ 3 & 1 \end{pmatrix}, \qquad B = \begin{pmatrix} 7 & 12 \\ 4 & 1 \end{pmatrix}?$$

3. Transponieren Sie:

   a) $A = \begin{pmatrix} 19 & 22 & 17 \\ -4 & 8 & 0 \end{pmatrix}$, b) $b = (15, -2, 3, 4)$.

4. Geben Sie an, um welche Arten von Matrix bzw. Vektor es sich handelt:

   a) $A = \begin{pmatrix} 1 & 0 \\ 0 & 1 \end{pmatrix}$, b) $B = \begin{pmatrix} 4 & 0 & 0 \\ -1 & 3 & 0 \\ 6 & 2 & 8 \end{pmatrix}$

   c) $C = \begin{pmatrix} 0 & 0 & 0 \\ 0 & 0 & 0 \end{pmatrix}$, d) $D = \begin{pmatrix} 18 & 0 & 0 \\ 0 & -9 & 0 \\ 0 & 0 & 3 \end{pmatrix}$

   e) $e_1 = \begin{pmatrix} 1 \\ 0 \end{pmatrix}$, $e_2 = \begin{pmatrix} 0 \\ 1 \end{pmatrix}$, f) $f = (0, 0, 0, 0, 0)$

5. Stellen Sie die Gleichungssysteme aus den Aufgaben 1 b) und 1 h) zu Abschnitt 3.3 in Matrixschreibweise dar.

6. Führen Sie für die gegebenen Vektoren bzw. Matrizen $a = (25, 16, 7)$, $b = (13, 0, 2)$, $A = \begin{pmatrix} 14 & 1 & -2 \\ 5 & 0 & 4 \\ 7 & 11 & 3 \end{pmatrix}$ und $B = \begin{pmatrix} 21 & 6 & 2 & -1 \\ 8 & 2 & 0 & 1 \\ 4 & 9 & 7 & 14 \end{pmatrix}$ die folgenden Rechenoperationen durch:

   a) $a^\top + b^\top$, b) $a^\top - b^\top$, c) $(a^\top)^\top \cdot b^\top$, d) $b \cdot A$

   e) $(a^\top)^\top \cdot B$, f) $A \cdot B$, g) $B \cdot A$.

7. Gegeben seien die Matrizen $A = \begin{pmatrix} 5 & 4 \\ -3 & -2 \end{pmatrix}$ und $B = \begin{pmatrix} 1 & 1 & 3 \\ 5 & 2 & 6 \\ -2 & -1 & -3 \end{pmatrix}$.

   Berechnen Sie $A \cdot A \cdot A = A^3$ und $B \cdot B \cdot B = B^3$.

8. Gegeben seien die Matrizen $A = \begin{pmatrix} 1 & 2 \\ 0 & 1 \end{pmatrix}$ und $B = \begin{pmatrix} 1 & -2 \\ 0 & 1 \end{pmatrix}$. Multiplizieren Sie die Matrix A mit der Matrix B und interpretieren Sie das Ergebnis dieser Multiplikation.

9. Überprüfen Sie, ob die Matrix A^{-1} die Inverse zur Matrix A ist:

$$A^{-1} = \begin{pmatrix} -\frac{11}{12} & -\frac{1}{6} & \frac{7}{12} \\ -\frac{13}{12} & \frac{1}{6} & \frac{5}{12} \\ \frac{29}{12} & \frac{1}{6} & -\frac{13}{12} \end{pmatrix}, \qquad A = \begin{pmatrix} 3 & 1 & 2 \\ 2 & 5 & 3 \\ 7 & 3 & 4 \end{pmatrix}.$$

10. Der Spaltenvektor u enthält die Umsatzzahlen für vier Produkte im vergangenen Geschäftsjahr. Der Spaltenvektor k gibt die für die Produktion und den Absatz der vier Produkte entstandenen variablen Kosten wieder:

$$u = \begin{pmatrix} 185\,900 \\ 745\,600 \\ 521\,700 \\ 873\,100 \end{pmatrix}, \qquad k = \begin{pmatrix} 172\,100 \\ 689\,700 \\ 498\,300 \\ 881\,200 \end{pmatrix}.$$

Bestimmen Sie den Deckungsbeitrag als Differenz von Umsatz und variablen Kosten für jedes Produkt durch eine geeignete Vektoroperation.

11. Der unten stehende Spaltenvektor a gibt die Absatzmengen im 1. Quartal für die fünf abgesetzten Produkte wieder. Entsprechend enthalten die Spaltenvektoren b, c und d die Absatzmengen im 2., 3. bzw. 4. Quartal. Ermitteln Sie die bei jedem Produkt insgesamt im Geschäftsjahr erreichten Absatzmengen:

$$a = \begin{pmatrix} 23 \\ 18 \\ 49 \\ 37 \\ 91 \end{pmatrix}, \quad b = \begin{pmatrix} 75 \\ 306 \\ 91 \\ 31 \\ 83 \end{pmatrix}, \quad c = \begin{pmatrix} 181 \\ 415 \\ 26 \\ 42 \\ 267 \end{pmatrix}, \quad d = \begin{pmatrix} 32 \\ 190 \\ 277 \\ 5 \\ 53 \end{pmatrix}.$$

12. Die Matrix A gibt für die Fertigung von vier Baugruppen (Zeilen) in einem dreistufigen Produktionsprozess (Spalten) die Fertigungsdauer in Minuten an. Der Vektor b enthält den Stundensatz für jede Fertigungsstufe (Zeile). Ermitteln Sie durch geeignete Rechenoperationen die für jede Baugruppe anfallenden Fertigungskosten:

$$A = \begin{pmatrix} 5 & 8 & 2 \\ 4 & 0 & 7 \\ 3 & 1 & 8 \\ 9 & 6 & 0 \end{pmatrix} \qquad b = \begin{pmatrix} 75,00 \\ 132,00 \\ 285,00 \end{pmatrix}.$$

13. Gegeben sei das lineare Gleichungssystem

$$\begin{array}{rcrcl} 7x_1 & + & 5x_2 & = & 30 \\ 4x_1 & + & 3x_2 & = & 20. \end{array}$$

a) Wie lautet dieses Gleichungssystem in Matrizenschreibweise?

b) Die zur Koeffizientenmatrix gehörige inverse Matrix lautet $\begin{pmatrix} 3 & -5 \\ -4 & 7 \end{pmatrix}$. Bestimmen Sie den Wert der beiden Unbekannten mit Hilfe der inversen Matrix.

c) Lösen Sie unter Verwendung der inversen Matrix das lineare Gleichungssystem für die veränderten rechten Seiten

$$b_1 = \begin{pmatrix} 15 \\ 4 \end{pmatrix} \quad \text{und} \quad b_2 = \begin{pmatrix} 81 \\ 145 \end{pmatrix}.$$

14. Berechnen Sie die zur Matrix $A = \begin{pmatrix} 4 & -1 \\ 2 & 7 \end{pmatrix}$ inverse Matrix.

15. Die Produktion von drei Endprodukten E_1, E_2 und E_3 erfolgt in einem zweistufigen Produktionsprozess. Die nachstehend abgebildete Produktionsstruktur stellt dar, wie viele Einheiten an Rohstoffen R_1, R_2, R_3 und R_4 sowie an Zwischenprodukten Z_1, Z_2 und Z_3 für die Produktion einer Einheit benötigt werden:

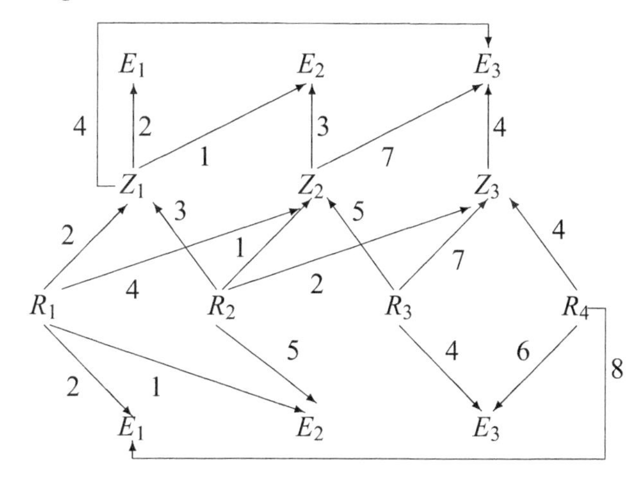

Bestimmen Sie mit Hilfe des Matrizenkalküls die Mengen an erforderlichen Rohstoffen, wenn die durch den Vektor $p = (1\,800, 2\,100, 15\,000)$ wiedergegebenen Produktionsmengen geplant sind.

4 Funktionen

Viele volks- und betriebswirtschaftliche, technische und andere Problemstellungen erfordern es, Zusammenhänge zwischen verschiedenen Größen darzustellen. Ein wichtiges mathematisches Hilfsmittel hierfür bilden Abbildungen bzw. Funktionen, von denen wir bereits im Zusammenhang mit Zahlenfolgen Gebrauch gemacht haben.
Ein einfaches Beispiel soll den Begriff der Funktion illustrieren:
Ein Unternehmen fertigt und vertreibt ein Erzeugnis. Durchschnittlich entstehen für die Produktion und den Absatz einer Erzeugniseinheit variable Kosten in Höhe von 5 €, während die fixen Kosten für die Produktion 20 000 € betragen mögen. Bezeichnet man mit x die Produktions- und Absatzmenge (gemessen in Erzeugniseinheiten) und mit K die Kosten (in €), so beschreibt der Ausdruck

$$K(x) = 20000 + 5x$$

die Kosten in Abhängigkeit von der produzierten Menge. So entstehen für 1000 produzierte Einheiten Kosten in Höhe von 25 000 €, während sich für $x = 3000$ die Größe $K = 35000$ ergibt. Wird gar nichts produziert ($x = 0$), treten nur die Fixkosten von 20 000 € auf.
Der Ausdruck $K(x) = 20000 + 5x$ stellt eine spezielle *Funktion* dar. Der Untersuchung von Funktionen und ihren Eigenschaften wird dieses Kapitel gewidmet sein.

4.1 Abbildungen und Funktionen

Eine (*ein-* bzw. *mehrdeutige*) *Abbildung* ist eine Vorschrift, die jedem Element einer Menge X ein oder mehrere (gegebenenfalls auch unendlich viele) Elemente einer Menge Y zuordnet. Sie wird in der Regel mit Großbuchstaben bezeichnet: $F : X \to Y$ (lies: F bildet X in Y ab). Die Mengen X und Y werden meist *Urbildmenge* bzw. *Bildmenge* genannt, während die Menge aller Elemente x (bzw. y), für welche die Abbildung erklärt ist, *Definitionsbereich* (bzw. *Wertebereich*) heißt und mit $D(f)$ (bzw. $W(f)$) bezeichnet wird. Letztere Mengen sind mitunter nur Teilmengen von X bzw. Y.

Beispiele für mehrdeutige Abbildungen:

1) X – Menge der Väter V_i und Mütter M_i, Y – Menge der Kinder K_i

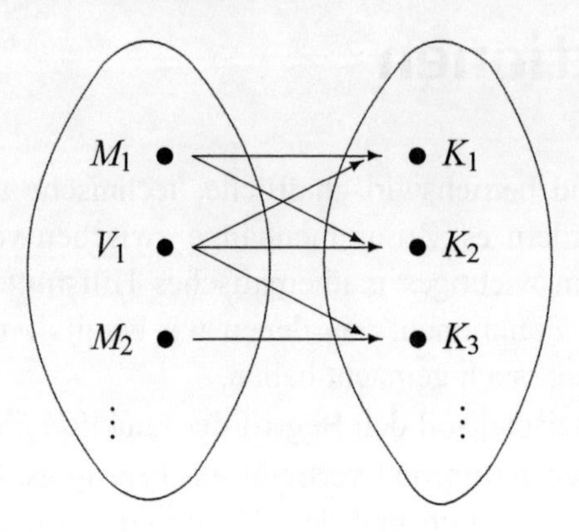

2) Abbildung, die jedem x-Wert alle y-Werte von Punkten einer Kurve zuordnet, die genau diesen x-Wert besitzen (dargestellt für $x = \bar{x}$)

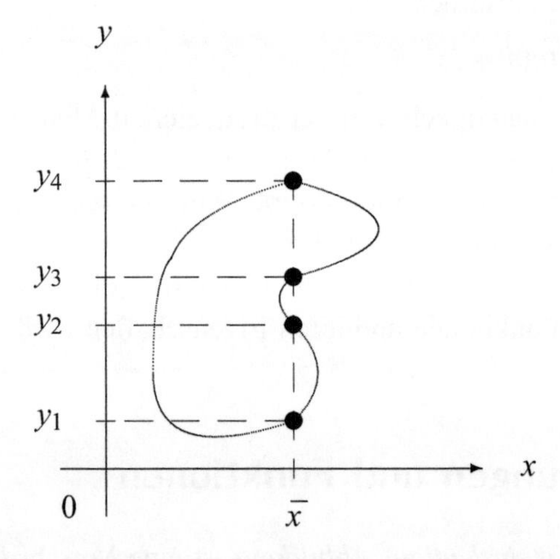

Im dargestellten Beispiel werden dem Wert $\bar{x}$ die vier y-Werte y_1, y_2, y_3, y_4 zugeordnet. Anderen x-Werten können drei, zwei, ein bzw. gar kein y-Wert entsprechen.

Wird einem Element $x \in X$ höchstens ein Element $y \in Y$ zugeordnet, spricht man von einer *eindeutigen* Abbildung oder *Funktion*; ihre Bezeichnung erfolgt meist durch Kleinbuchstaben: $f, g, \ldots$

Beispiele für eindeutige Abbildungen:

1) X – Menge der Kinder K_i, Y – Menge der Mütter M_i

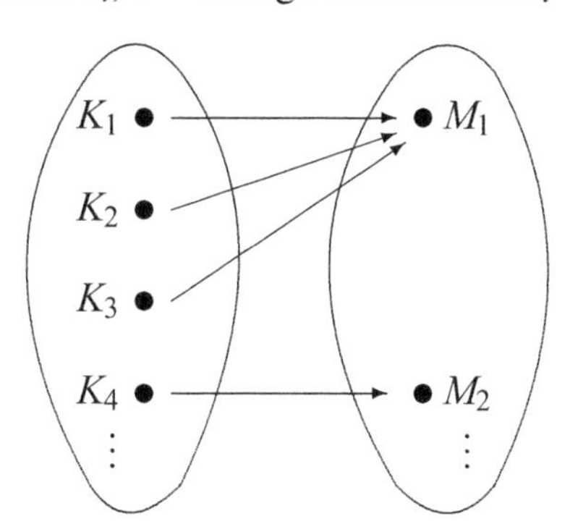

2) $X = \mathbf{N}$ (Menge der natürlichen Zahlen),
$Y = \mathbf{Z}$ (Menge der ganzen Zahlen),
$F : n \to a_n = 2n + 1$ (Folge der ungeraden positiven Zahlen).

Von besonderer Bedeutung sind Funktionen $f : \mathbf{R} \to \mathbf{R}$, die Abbildungen zwischen Mengen reeller Zahlen vermitteln, also Zahlen wieder auf Zahlen abbilden. Typische Definitionsbereiche solcher Funktionen sind:

$\mathbf{R} = \{x \mid -\infty < x < +\infty\}$ (Zahlengerade),
$\mathbf{R}_+ = \{x \mid x \geq 0\}$ (positive Halbachse),
$[a, b]$ (abgeschlossenes Intervall),
$\{x \mid x \neq a\}$ (Menge aller x, die ungleich der Zahl a sind).

Bei einer Funktion gehört zu jedem Element x des Definitionsbereiches $D(f)$ genau ein Element y des Wertebereiches $W(f)$, weshalb die Bezeichnung

$$\boxed{y = f(x)} \tag{4.1}$$

gerechtfertigt ist. In der Schreibweise (4.1) tritt auch die Abhängigkeit zwischen den *veränderlichen Größen* (*Variablen*) x und y klar zu Tage: während die Variable x innerhalb des Definitionsbereiches $D(f)$ beliebige Werte annehmen kann und deshalb als *unabhängige* Variable (oder *Argument*) bezeichnet wird, ist vermittels der Funktion f der Wert y eindeutig festgelegt, sobald x gewählt wurde. Aus diesem Grunde heißt y die *abhängige* Variable (lies: „y ist gleich f an der Stelle x"). Es sei aber darauf hingewiesen, dass es lediglich auf den funktionalen Zusammenhang ankommt; die Bezeichnungen selbst sind beliebig wählbar. So ist die eingeführte Darstellung (4.1) zwar die allgemein übliche, aber $K(x)$ als Kostenfunktion oder $p(r)$

als Preisfunktion in Abhängigkeit von einer verkauften Menge r sind genauso möglich und gebräuchlich. Wichtig ist allein die deutliche Kennzeichnung von abhängigen und unabhängigen Variablen. Unabhängige Variablen werden in ökonomischen Anwendungen als *Bestimmungsgrößen, Einflussgrößen* oder auch *Determinanten* bezeichnet.

Beispiele:

1) $f(x) = 2x+3$ (Beispiel einer linearen Funktion)

2) $g(x) = x^2+x-2$ (Beispiel einer quadratischen Funktion)

3) $h(x) = |x| = \begin{cases} x, & x \geq 0 \\ -x, & x < 0 \end{cases}$

(Funktion, die jeder reellen Zahl x ihren Absolutbetrag zuordnet)

4) $k(x) = \operatorname{sign} x = \begin{cases} +1, & x > 0 \\ 0, & x = 0 \\ -1, & x < 0 \end{cases}$

(Funktion, die jeder reellen Zahl x ihr Vorzeichen zugeordnet)

5) $p(r) = 25-2r$ (Beispiel einer Preis-Absatz-Funktion)

Der Leser ist aufgefordert, in jedem dieser Beispiele für verschiedene selbstgewählte Werte von x die zugehörigen (eindeutig bestimmten) Funktionswerte zu berechnen.

Eine Funktion $y = f(x)$ heißt *eineindeutig* oder *eindeutig umkehrbar*, wenn nicht nur jedem x genau ein y zugeordnet ist, sondern auch umgekehrt jedem y-Wert genau ein x-Wert entspricht.

Beispiele:

1) Die Funktion $y = f(x) = x^2$ ist zwar eindeutig (jedem Wert x entspricht nur ein y), aber nicht eineindeutig. So entsprechen z. B. dem Funktionswert $y = 4$ die beiden Argumente $x = +2$ und $x = -2$.
2) Die Funktion $y = f(x) = x^3$ ist eineindeutig, denn für jedes x gibt es genau ein zugehöriges y (z. B. entspricht $x = 2$ der Wert $y = 8$), und für jeden y-Wert findet sich nur ein Wert x, welcher der Beziehung $y = x^3$ genügt (so gehört z. B. zu $y = -27$ der Wert $x = -3$).

Eineindeutige Funktionen lassen sich umkehren; ihre *Umkehrfunktion* ergibt sich, indem die Beziehung $y = f(x)$ nach x aufgelöst wird:

$$\boxed{x = f^{-1}(y)} \tag{4.2}$$

(lies: „x ist gleich f hoch -1 von y"). Hierbei ist f^{-1} eine symbolische Bezeichnung für die Umkehrfunktion. Wichtig ist: Die Umkehrfunktion beschreibt die Abhängigkeit der (vorher unabhängigen) Variablen x von der (vorher abhängigen und jetzt unabhängigen) Variablen y.

Will man sowohl f als auch f^{-1} in ein und demselben Koordinatensystem darstellen, hat man in (4.2) die Variablen x und y miteinander zu vertauschen. Bei gleichem Maßstab auf den beiden Koordinatenachsen ergibt sich dann die Umkehrfunktion durch Spiegelung an der Winkelhalbierenden des 1. Quadranten (das ist die Gerade $y = x$).

Beispiel für eine Umkehrfunktion:

Zu der polynomialen Funktion 3. Grades $y = f(x) = x^3$ gehört die Umkehrfunktion $x = f^{-1}(y) = \sqrt[3]{y}$ bzw. (nach Variablenvertauschung) die Funktion $y = f^{-1}(x) = \sqrt[3]{x}$. In der Abbildung sind sowohl f als auch f^{-1} dargestellt.

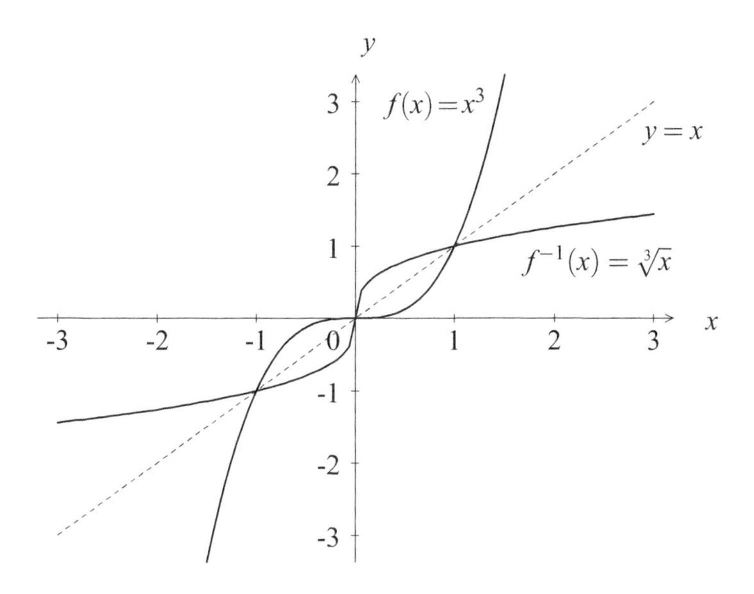

Zusammenhänge zwischen mehreren unabhängigen Variablen $x_1, x_2, \ldots, x_n$ (Eingangsgrößen, Inputs) und einer abhängigen Variablen y (Ausgangsgröße, Output) werden *Funktionen mehrerer Variablen (Veränderlicher)* genannt und mit der Symbolik

$$\boxed{y = f(x_1, \ldots, x_n)} \tag{4.3}$$

bezeichnet. Auf Funktionen der Form (4.3) werden wir in Abschnitt 4.5 zurückkommen.

4.2 Darstellung von Funktionen einer Variablen

Manche funktionalen Zusammenhänge sind, auch wenn nur eine unabhängige Variable zu berücksichtigen ist, sehr komplex und lassen sich zunächst nur verbal, mit Hilfe eines Black-Box-Modells, mittels vereinfachender Annahmen usw. beschreiben. Als Beispiel können hier der Einfluss einer Leitzinssenkung oder -erhöhung der Bundesbank auf das Investitionsvolumen der deutschen Wirtschaft oder auch das Produktionsvolumen eines Unternehmens in Abhängigkeit vom eingesetzten Kapital, der verfügbaren Anzahl an Facharbeitern, den verwendeten Rohstoffmengen usw. dienen. Gelingt es aber, innerhalb eines Modells bestimmte funktionale Zusammenhänge mathematisch exakt oder näherungsweise zu beschreiben, so bieten sich Darstellungen in

- analytischer Form (Gleichungsform)
- Tabellenform
- grafischer Form

an. Jede dieser Darstellungsformen besitzt gewisse Eigenschaften, die nachstehend dargelegt werden. Im Prinzip ist es auch möglich, jede der Formen aus den anderen zu gewinnen.

4.2.1 Analytische Darstellung von Funktionen

Unter der *analytischen Darstellung* einer Funktion versteht man deren Beschreibung in Gleichungsform

$$y = f(x) \tag{4.4}$$

oder

$$F(x,y) = 0 \tag{4.5}$$

(lies: „F von x und y ist gleich null"). Beim Ausdruck (4.4) spricht man von *expliziter* Darstellung, da er nach der Variablen y aufgelöst ist, während die Gleichung (4.5) *implizite* Darstellung genannt wird. Dabei muss betont werden, dass eine Auflösung dieser Gleichung nach y (allgemeiner: nach der abhängigen Variablen) nicht immer möglich ist.

Nachstehend werden einige Beispiele betrachtet. Während es sich bei den Beispielen 1 und 2 um explizite Funktionsdarstellungen handelt, sind die Funktionen in 3 und 4 nur implizit gegeben. So ist es z. B. nicht möglich, die in Beispiel 4 auftretende Beziehung explizit nach q aufzulösen, obwohl ein impliziter (nicht notwendig eindeutiger) Zusammenhang $q = q(n)$ durchaus besteht. Man kann nur für konkret gegebene Werte n den oder die zugehörigen Wert(e) q näherungsweise bestimmen (näheres dazu siehe Abschnitt 4.7). Beispielsweise treten Beziehungen dieser Form in der Finanzmathematik bei der Bestimmung von Effektivzinssätzen (Renditen) auf.

Beispiele:

1) $K(x) = 2000 + 5x$ (Gesamtkostenfunktion)

2) $k(x) = \frac{K(x)}{x} = \frac{2000}{x} + 5$ (Stückkostenfunktion)

3) $F(x,y) = x^2y + 3xy^3 + y^2 + 5 = 0$

4) $F(q,n) = 1000 \cdot \frac{q^n - 1}{q-1} - 25000 = 0$

4.2.2 Tabellarische Darstellung von Funktionen

Ausgehend von der expliziten analytischen Darstellung $y = f(x)$ einer Funktion oder auch von gemessenen Werten, statistischen Daten usw. werden für ausgewählte Werte der unabhängigen Variablen x die zugehörigen y-Werte berechnet (gemessen, beobachtet) und zu einer *Wertetabelle* zusammengestellt. Dazu werden die entsprechenden x-Werte in die Gleichung $y = f(x)$ eingesetzt: $y = f(x_0)$ (Sprechweise: „y ist gleich f an der Stelle x_0“).

Beispiele:

1) $y = f(x) = 2x + 7$

Für $x = -5$ ergibt sich $y = 2 \cdot (-5) + 7 = -3$.
Für $x = 0$ ergibt sich $y = 2 \cdot 0 + 7 = 7$.
Für $x = 3,2$ ergibt sich $y = 2 \cdot 3,2 + 7 = 13,4$ usw.

Wertetabelle:

x	-5	-2	-1	0	1	3	$3,2$	...
y	-3	3	5	7	9	13	$13,4$	...

2) $k(x) = \frac{2000}{x} + 5, \ x \geq 0$

Wertetabelle:

x	0	10	20	30	40	...
k	nicht def.	205	105	$71,67$	55	...

3) Durchschnittlich geleistete Wochenarbeitsstunden der Erwerbstätigen (vgl. Statistisches Jahrbuch 2004): $S = S(t)$

Jahr (t)	1993	1995	1997	1999	2001
Stunden (S)	36,3	36,1	35,9	35,6	35,2

Funktionelle Zusammenhänge der Art des Beispiels 3, bei denen bestimmte Größen (Kennziffern) zu festgelegten Zeitpunkten erfasst oder gemessen werden, heißen auch *Zeitreihen*. Sollen mathematische Zusammenhänge als Funktionsgleichung oder in grafischer Form dargestellt werden, so ist die Wertetabelle oft ein nützlicher bzw. unentbehrlicher Ausgangspunkt.

4.2.3 Grafische Darstellung von Funktionen

Die grafische Darstellung einer Funktion macht deren wesentliche Eigenschaften oft am deutlichsten sichtbar. Dazu wird die Funktion in ein Koordinatensystem (vgl. Abschnitt 1.2) eingezeichnet, indem jedem Wertepaar $(\bar{x}, \bar{y})$ der Punkt mit den Koordinaten $x = \bar{x}$ und $y = \bar{y}$ zugeordnet wird. Die Menge aller Punkte der Form $(x,y) = (x, f(x))$ wird *Graph* der Funktion f genannt („Verbindungslinie" aller Punkte (x,y), bei denen die zweite Koordinate y gerade der Funktionswert von x ist). Diesen Graph kann man gewinnen, indem zunächst alle Zahlenpaare aus der Wertetabelle übertragen werden, wodurch man endlich viele isolierte Punkte erhält. Diese müssen dann in geeigneter Weise miteinander verbunden werden. Dazu ist es nützlich, über Informationen bezüglich des prinzipiellen Kurvenverhaltens bzw. wichtiger Eigenschaften der Funktion zu verfügen. So weiß man etwa von differenzierbaren Funktionen, dass sie glatt sind, d. h., in jedem Punkt eine Tangente besitzen. Folglich haben sie keinerlei Knickstellen (näheres dazu in Kapitel 5).

Beispiel einer Gesamtkostenfunktion: $y = f(x) = 2x + 7,\ x \geq 0$

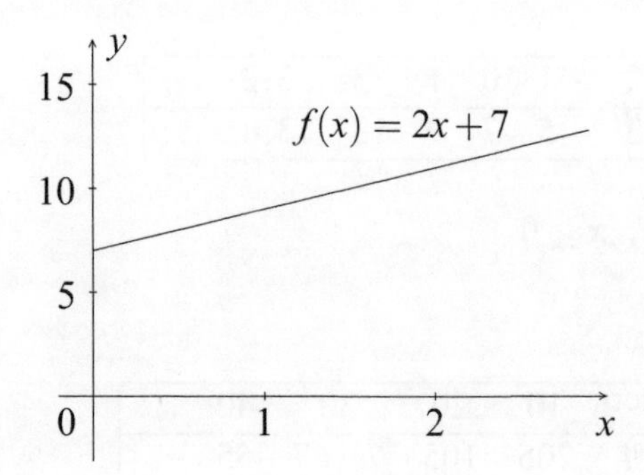

Beispiel einer Stückkostenfunktion: $y = k(x) = \frac{2000}{x} + 5,\ x > 0$

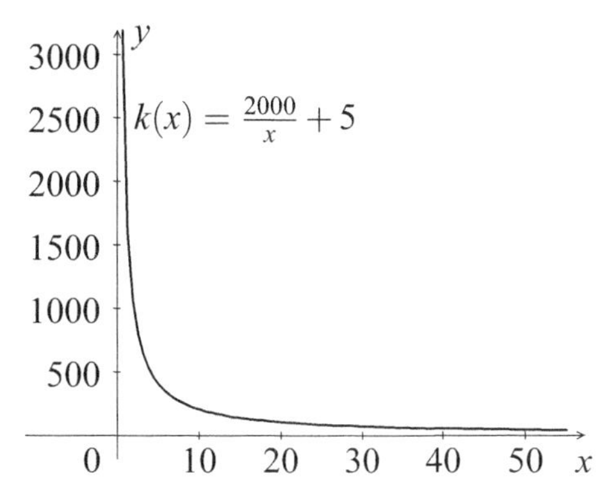

Es sei nochmals auf die Wahl eines geeigneten Maßstabs hingewiesen, um einen bestimmten Sachverhalt anschaulich darstellen zu können. Der Maßstab kann auf beiden Koordinatenachsen unterschiedlich sein, muss aber so festgelegt werden, dass die interessierenden Bereiche des Graphen der Funktion gut zu erkennen sind. Dazu sind meist einige „Probewerte“ für x zu wählen und die zugehörigen Funktionswerte y zu berechnen, um zu sehen, wie die Kurve in etwa verläuft.

4.3 Eigenschaften von Funktionen

Im Zusammenhang mit der Untersuchung und Darstellung von Funktionen sowie ihren Anwendungen in betriebs- oder volkswirtschaftlichen Fragestellungen sind deren Eigenschaften von Interesse. Wichtige Eigenschaften von Funktionen sind Monotonie, Beschränktheit, Stetigkeit, Symmetrie, aber auch das Vorhandensein von Extremwerten und Wendepunkten. Weitere Eigenschaften wie Differenzierbarkeit oder Krümmungsverhalten werden in Kapitel 5 behandelt.

4.3.1 Monotonie

Die Funktion f wird *monoton wachsend (fallend)* im Intervall I genannt, wenn für zwei Werte $x_1, x_2 \in I$ mit $x_1 < x_2$ die Ungleichung $f(x_1) \leq f(x_2)$ (bzw. $f(x_1) \geq f(x_2)$) gilt.

Die Begriffe des Wachsens oder Fallens einer Funktion lassen zu, dass die Funktion über einem Teilintervall konstant bleibt („Nullwachstum“). Soll dies ausgeschlossen werden, spricht man von streng monotonem Verhalten:

Die Funktion f heißt im Intervall I *streng monoton wachsend (fallend)*, wenn aus $x_1 < x_2$ $(x_1, x_2 \in I)$ folgt $f(x_1) < f(x_2)$ (bzw. $f(x_1) > f(x_2)$).

Beispiel einer streng monoton wachsenden Funktion:

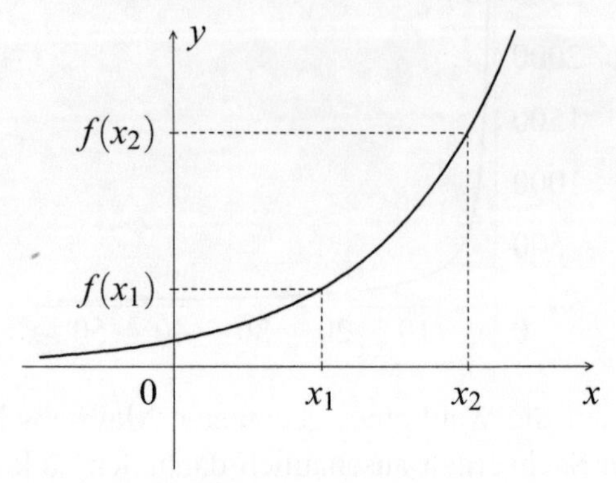

Es ist leicht, das Monotonieverhalten einer Funktion aus ihrer grafischen Darstellung zu erkennen. So ist die im unten stehenden Beispiel dargestellte Funktion streng monoton fallend in den Intervallen I_1 und I_4, streng monoton wachsend im Intervall I_2 und konstant im Intervall I_3. Verfügt man jedoch nur über die analytische Darstellung (d. h. über die Funktionsgleichung), kann man zwar die Funktionswerte ausgewählter Punktepaare miteinander vergleichen; es ist aber meist nicht einfach zu entscheiden, ob eine Funktion über einem bestimmten Intervall wächst oder fällt bzw. die Stellen zu bestimmen, an denen ein fallender Kurvenverlauf in einen wachsenden übergeht oder umgekehrt.

Beispiel für Monotoniebereiche einer Funktion:

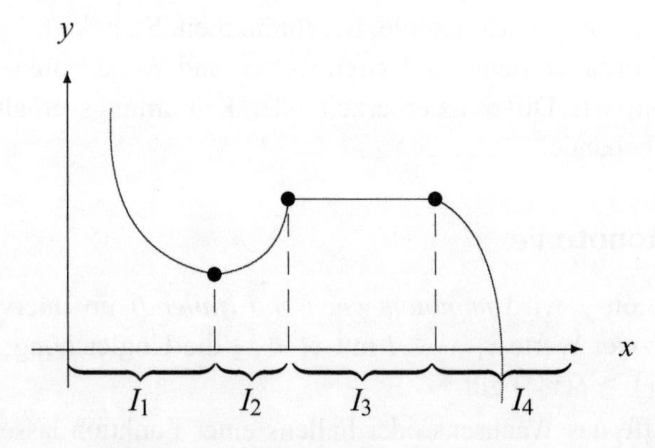

Möglichkeiten der Untersuchung des Monotonieverhaltens von Funktionen liefert die Differentialrechnung (siehe Kapitel 5).

4.3.2 Beschränktheit

Eine Funktion f wird über dem Intervall I *nach oben (unten) beschränkt* genannt, falls es eine Zahl z gibt derart, dass

$$f(x) \leq z \qquad (\text{bzw. } f(x) \geq z)\,;$$

sie heißt (*beidseitig*) *beschränkt*, wenn eine Zahl z existiert mit der Eigenschaft

$$-z \leq f(x) \leq z\,, \quad \text{d.h. } |f(x)| \leq z$$

für beliebige $x \in I$. Speziell kann das Intervall I der gesamte Definitionsbereich $D(f)$, z. B. die gesamte Zahlengerade, sein.

Die Beschränktheit einer Funktion bedeutet, dass die Funktionswerte nicht beliebig groß oder klein werden können, was insbesondere im Kontext einer ökonomischen Interpretation wichtig sein kann. So haben viele praktisch relevante Funktionen null als eine natürliche untere Schranke für ihre Funktionswerte, und häufig kann auch eine obere Schranke (wie etwa $z = 100\,\%$ für Kennziffern der Auslastung, des Ausstattungsgrades usw.) angegeben werden.

Beispiele für beschränkte Funktionen:

1) Die als *Dichtefunktion der standardisierten Normalverteilung* (oder auch Gaußsche Glockenkurve) bezeichnete Funktion $f(x) = \frac{1}{\sqrt{2\pi}}\,\mathrm{e}^{-x^2/2}$, die in der Wahrscheinlichkeitsrechnung und Statistik eine herausragende Rolle spielt, ist nach unten durch 0, nach oben durch $\frac{1}{\sqrt{2\pi}} \approx 0,4$ beschränkt.

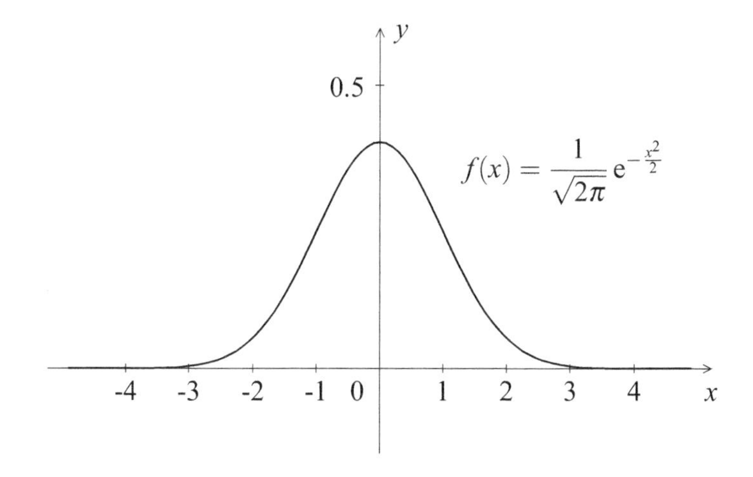

2) Die sog. *logistische* Funktion

$$y = f(t) = \frac{a}{b + c \cdot \mathrm{e}^{-t}}, \qquad a, b, c > 0,$$

die zur Beschreibung von Sättigungsprozessen (etwa dem Ausstattungsgrad aller Haushalte mit Videorecordern in Abhängigkeit von der Zeit) dient, ist nach unten durch 0 und nach oben durch a beschränkt. (Dem interessierten Leser wird empfohlen, mittels einer Wertetabelle die Funktion für die konkreten Parameterwerte $a = 3$, $b = 2$, $c = 1$ grafisch darzustellen.)

3) Die quadratische Funktion $y = f(x) = x^2$ ist nach unten durch 0 beschränkt, nach oben ist sie unbeschränkt, da die Funktionswerte (mit wachsendem x) beliebig groß werden können.

4.3.3 Stetigkeit

Zunächst soll eine etwas unmathematische, dafür umso anschaulichere Beschreibung angegeben werden:

Eine Funktion wird *stetig* genannt, wenn es gelingt, sie in einem Zuge, d. h. ohne den Stift abzusetzen, zu zeichnen. So darf eine stetige Funktion insbesondere keine Sprünge oder Polstellen (das sind Stellen, wo der Funktionswert unbeschränkt wächst oder fällt, vgl. Punkt 4.6.3) aufweisen.

Die strenge mathematische Definition der Stetigkeit ist kompliziert; durch Rückführung auf den Begriff der Zahlenfolge (siehe Abschnitt 2.1) können aber die Begriffe „Grenzwert" und „Stetigkeit" relativ anschaulich eingeführt werden: Man sagt, die Zahlenfolge $\{x_n\}$ *konvergiere* gegen den Wert $\bar{x}$, wenn sich mit wachsendem n die Werte x_n dem Punkt $\bar{x}$ immer mehr annähern. Wenn sich nun bei diesem Annäherungsprozess von x_n an $\bar{x}$ die Funktionswerte $f(x_n)$ einem festen Wert a nähern und dieser Wert derselbe für **beliebige** Zahlenfolgen ist, wird a *Grenzwert* der Funktion $f(x)$ im Punkt $\bar{x}$ genannt:

$$\lim_{x \to \bar{x}} f(x) = a \quad \Longleftrightarrow \quad \lim_{n \to \infty} f(x_n) = a \quad \text{für jede Folge } \{x_n\} \text{ mit } x_n \neq \bar{x},\ \lim_{n \to \infty} x_n = \bar{x}$$

Eine Funktion $y = f(x)$ wird *stetig* im Punkt $x = \bar{x}$ genannt, wenn sie für $x \to \bar{x}$ einen Grenzwert besitzt und dieser mit dem Funktionswert in $\bar{x}$ übereinstimmt:

$$\lim_{x \to \bar{x}} f(x) = f(\bar{x})$$

Gründe für Unstetigkeiten können beispielsweise sein:

- *endliche Sprünge* des Funktionswertes, wie z. B. bei der Funktion $f(x) = \operatorname{sign} x$ (siehe Abschnitt 4.1)
- *Polstellen*; siehe dazu Punkt 4.6.3
- *Lücken*, wie z. B. bei der Funktion $f(x) = \frac{x^2-1}{x-1}$, die für $x = 1$ nicht definiert ist. Da jedoch für alle anderen Werte $x \neq 1$ gilt $f(x) = x+1$, ist es sinnvoll, den Funktionswert an der Stelle $x = 1$ durch die Festlegung $f(1) = 2$ stetig zu ergänzen und somit „den Schaden zu beheben“; man spricht hier von einer *hebbaren Unstetigkeitsstelle* (siehe Punkt 4.6.3).

4.3.4 Symmetrie

Mitunter ist es aus mathematischer Sicht nützlich, für die grafische Darstellung einer Funktion Symmetrieeigenschaften auszunutzen, obwohl diese meist nur in sehr speziellen Fällen einfach nachweisbar sind. In ökonomischen Fragestellungen sind Symmetrieeigenschaften oftmals nicht relevant, da der Definitionsbereich von Funktionen auf nichtnegative Werte eingeschränkt ist.
Eine Funktion heißt *gerade*, wenn sie spiegelsymmetrisch zur y-Achse (Ordinatenachse) ist:

$$f(-x) = f(x) \qquad \forall\, x \in D(f)\,. \tag{4.6}$$

Das bedeutet, die Funktion hat bezüglich der y-Achse einen axialsymmetrischen Verlauf. Zur Erläuterung: Der Spiegelpunkt eines Punktes (x,y) bezüglich der y-Achse besitzt die Koordinaten $(-x,y)$, d. h., der x-Wert wechselt das Vorzeichen, während der y-Wert unverändert bleibt. Wegen Beziehung (4.6) sind die Punkte $(x, f(x))$ und $(-x, f(-x)) = (-x, f(x))$ spiegelbildlich zueinander.
Die Funktion f wird *ungerade* genannt, falls sie punktsymmetrisch zum Koordinatenursprung (oder *zentralsymmetrisch*) ist, d. h. falls die Beziehung

$$f(-x) = -f(x) \qquad \forall x \in D(f)\,. \tag{4.7}$$

gilt. Eine ungerade Funktion hat demnach links von der y-Achse gerade den entgegengesetzten Verlauf wie rechts der Achse (vgl. Abb. auf S. 156). Zur Erläuterung: Spiegelung eines Punktes (x,y) am Koordinatenursprung liefert den Spiegelpunkt $(-x,-y)$, d. h., beide Koordinaten wechseln ihr Vorzeichen. Bedingung (4.7) ist dann gerade die Bedingung für *Nullpunktsymmetrie*.

Beispiele:

1) $f(x) = x^2$ ist gerade.

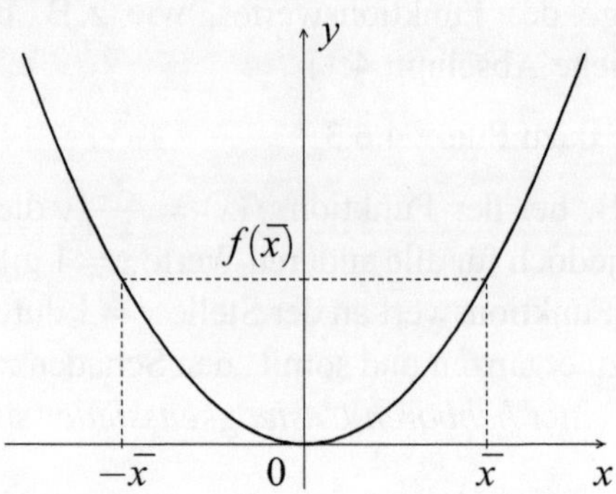

2) $f(x) = x$ ist ungerade.

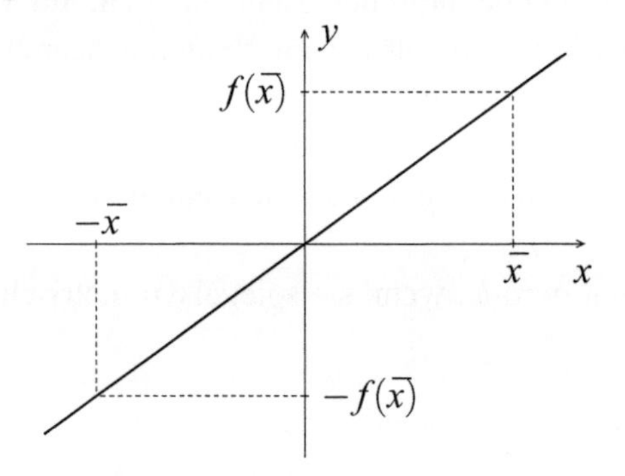

4.3.5 Extremwerte

Von großer Bedeutung bei der Untersuchung von Funktionen ist das Finden von Extremwerten, genauer, der Stellen, wo die Funktion ihre größten bzw. kleinsten Werte über dem gesamten Definitionsbereich oder über einem bestimmten Intervall annimmt. Diese Fragestellung führt auf die folgenden Begriffe:

Ein Punkt $\bar{x}$ heißt *lokale* (oder *relative*) *Minimumstelle (Maximumstelle)* der Funktion f, falls alle Punkte aus einer Umgebung $U(\bar{x})$ einen nichtkleineren (nichtgrößeren) Funktionswert besitzen. Der Punkt $\bar{x}$ ist also lokale Minimumstelle, wenn

$$f(x) \geq f(\bar{x}) \quad \forall\, x \in U(\bar{x}) \tag{4.8}$$

(lies: „f von x ist größer oder gleich f an der Stelle $\bar{x}$ für alle x aus einer

Umgebung von $\bar{x}$"); $\bar{x}$ ist lokale Maximumstelle, falls bezüglich der Funktionswerte die Ungleichung

$$f(x) \leq f(\bar{x}) \quad \forall\, x \in U(\bar{x}) \tag{4.9}$$

gilt (lies: „f von x ist kleiner oder gleich f von $\bar{x}$ für alle x nahe $\bar{x}$"). Das Paar $(\bar{x}, f(\bar{x}))$ wird dann *Extrempunkt (Minimum-* bzw. *Maximumpunkt)* genannt.

Beispiel für lokale Minimum- und Maximumstellen:

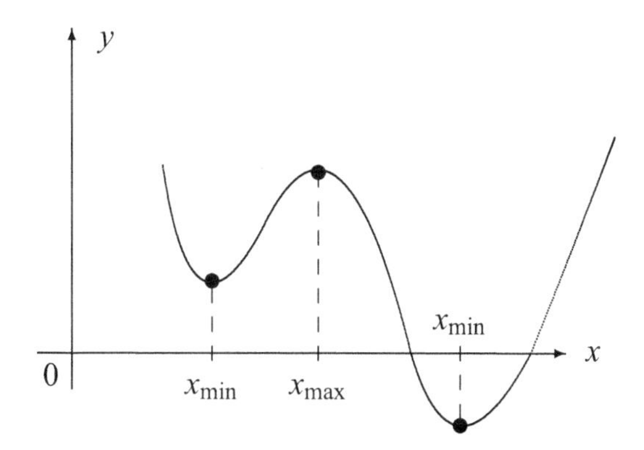

Unter einer *Umgebung* $U(\bar{x})$ des Punktes $\bar{x}$ versteht man dabei ein Intervall, das den Punkt $\bar{x}$ im Inneren enthält. Über die Größe eines solchen Umgebungsintervalls kann man im Allgemeinen keine Aussage treffen, es muss lediglich existieren, wenn es auch unter Umständen sehr klein sein kann (vgl. die obige Abbildung).

Gelten die Ungleichungen in (4.8) bzw. (4.9) nicht nur für eine Umgebung von $\bar{x}$, sondern für beliebige Vergleichspunkte $x \in D(f)$, so spricht man von *globaler* (oder *absoluter*) *Minimum-* bzw. *Maximumstelle.* Der zu einer Minimumstelle gehörende Funktionswert wird als *Minimum* und der entsprechende Punkt mitunter als *Tiefpunkt* bezeichnet. In analoger Weise wird von *Maximum* bzw. *Hochpunkt* gesprochen. Die gemeinsame Bezeichnung für Minimum und Maximum ist *Extremum* oder *Extremwert.* Die Berechnung von Extremstellen mit Mitteln der Differentialrechnung wird ausführlich in Punkt 5.3.2 beschrieben werden.

Offenbar ist jeder globale Extrempunkt auch ein lokaler Extrempunkt, während die Umkehrung im Allgemeinen nicht gilt. Gibt es Randpunkte des Definitionsbereiches $D(f)$, was auftritt, wenn der Definitionsbereich eine echte Teilmenge der Zahlengeraden ist, d. h., die Funktion ist nicht für beliebige Werte x definiert, so gehören diese Randpunkte stets zur Menge der lokalen Extremstellen.

4.3.6 Wendepunkte

Wendepunkte sind Stellen, an denen sich das Krümmungsverhalten einer Funktion ändert.

Beispiel für einen Wendepunkt:

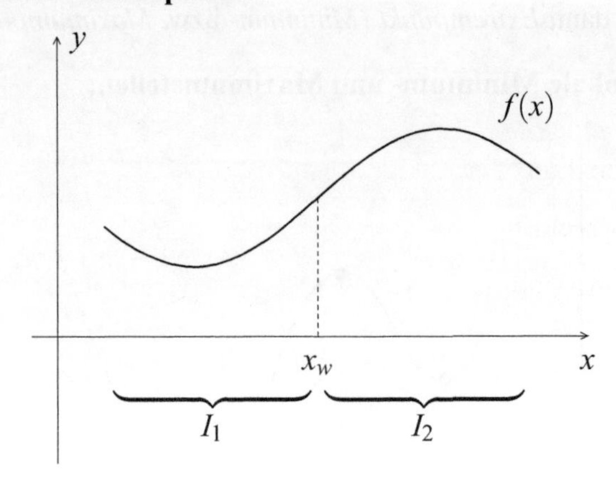

Die in der obigen Abbildung dargestellte Funktion $f(x)$ weist im Intervall I_1 ein *nach oben gekrümmtes* oder, wie man sagt, *konvexes* Verhalten auf, während sie im Intervall I_2 *nach unten gekrümmt*, d. h. *konkav* ist. Der Übergang zwischen den beiden unterschiedlich gekrümmten Kurvenstücken wird als Wendepunkt und sein x-Wert im Folgenden mit x_w bezeichnet.

Wie auch bei der Ermittlung von Extremstellen erfolgt die Berechnung von Wendepunkten unter Nutzung der Differentialrechnung (siehe hierzu Punkt 5.3.2).

4.4 Operationen mit Funktionen

In diesem Abschnitt sollen einige einfache Operationen untersucht werden, die auf Funktionen angewendet werden können, wobei das Resultat wiederum eine Funktion ist. Der Grund dieser Untersuchungen besteht darin, dass in praktischen Situationen Funktionen nicht nur „in reiner Form“ auftreten, sondern aus gewissen „Standardbausteinen“ bestehen, die mittels einfacher Operationen zusammengesetzt sind: Multiplikation mit einem Faktor, Addition, Subtraktion usw. Hat man aber Kenntnisse über bestimmte Grundtypen von Funktionen sowie über Operationen mit Funktionen, so kann man unter Umständen auch kompliziertere, zusammengesetzte Funktionen leicht darstellen.

4.4.1 Multiplikation mit einem Faktor

Eine Funktion f wird mit einem Faktor multipliziert, indem jeder Funktionswert $f(x)$ mit dem Faktor $a \in \mathbf{R}$ multipliziert wird:

$$(a \cdot f)(x) = a \cdot f(x) \qquad \forall\, x \in D(f)\,.$$

Ist der Faktor $a > 1$, ergibt sich eine *Streckung* der Funktion in y-Richtung, für $0 < a < 1$ eine *Stauchung*. Gilt $a < 0$, kehrt sich die Funktion um. Für $a = -1$ wird die Funktion an der x-Achse gespiegelt.

Beispiel für Streckung, Stauchung und Spiegelung einer Funktion:

In der Abbildung sind neben der Funktion $f(x) = x^2$ (fette Linie) die Funktionen $g(x) = 3 \cdot f(x) = 3x^2$ (Streckung), $h(x) = \frac{1}{2} \cdot f(x) = \frac{1}{2}x^2$ (Stauchung) und $j(x) = -f(x) = -x^2$ (Spiegelung) dargestellt.

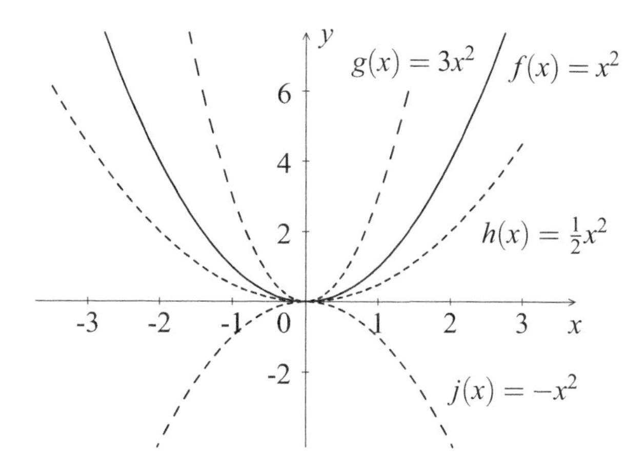

Übrigens führt auch eine Maßstabsveränderung zur Streckung oder Stauchung einer Funktion.

4.4.2 Transformation der Variablen

Durch die Transformation der Variablen x in $t \cdot x$ wird eine Längenänderung in x-Richtung verursacht. Beim Übergang von $y = f(x)$ in $y = f(t \cdot x)$ erfolgt für $0 < t < 1$ eine *Streckung*, für $t > 1$ eine *Stauchung* der Funktion *in x-Richtung*. Ist $t < 0$, erfolgt zusätzlich eine Spiegelung an der y-Achse. In der Abbildung auf S. 160 ist neben der Funktion $f(x) = x^2$ die Funktion $g(x) = f\left(\frac{1}{2} \cdot x\right) = \left(\frac{x}{2}\right)^2$ dargestellt.

Beispiel für Streckung in x-Richtung:

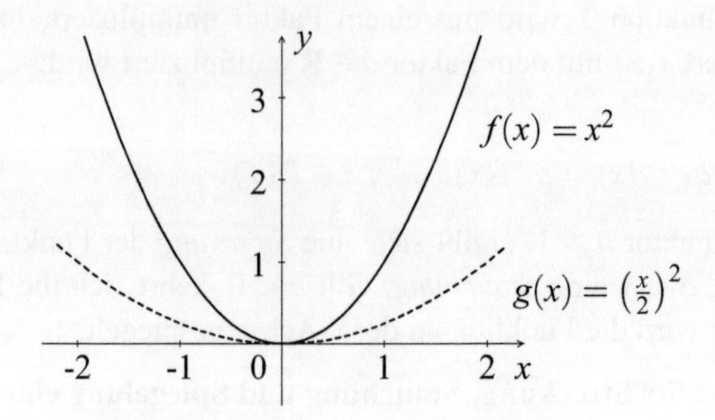

4.4.3 Addition und Subtraktion von Funktionen

Zwei Funktionen f und g mit gleichem Definitionsbereich werden *addiert* (*subtrahiert*), indem die Funktionswerte in jedem Punkt addiert (subtrahiert) werden:

$$(f+g)(x) = f(x) + g(x) \qquad \forall x \in D(f) = D(g)$$

$$(f-g)(x) = f(x) - g(x) \qquad \forall x \in D(f) = D(g)$$

Die Addition bzw. Subtraktion von Funktionen ist also punktweise erklärt. Stimmen die Definitionsbereiche der beiden Funktionen nicht überein, sind die Summen- bzw. Differenzfunktion nur für diejenigen Werte x definiert, die gleichzeitig zu beiden Definitionsbereichen $D(f)$ und $D(g)$ gehören.

Beispiel für die Addition zweier Funktionen:

$f(x) = x^2, \ g(x) = x, \ h(x) = f(x) + g(x) = x^2 + x$

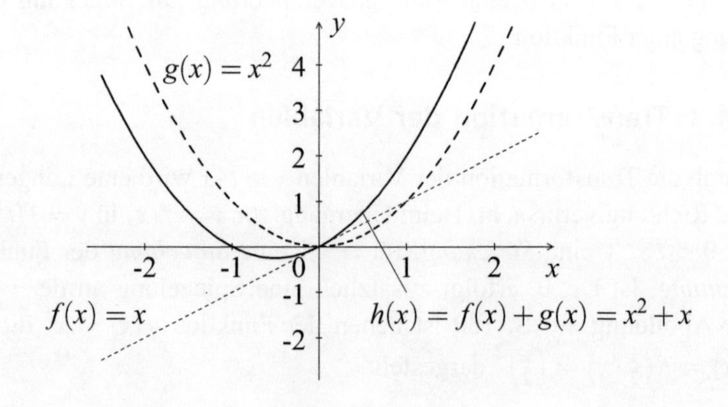

4.4.4 Multiplikation und Division von Funktionen

Analoge Aussagen wie für die Addition treffen auch auf die *Multiplikation* und *Division* zweier Funktionen zu, die jeweils punktweise definiert sind, wobei bei der Division zusätzlich gefordert werden muss, dass die Nennerfunktion ungleich null ist:

$$(f \cdot g)(x) = f(x) \cdot g(x)$$

$$\left(\frac{f}{g}\right)(x) = \frac{f(x)}{g(x)}, \quad g(x) \neq 0$$

4.4.5 Zusammensetzung von Funktionen

Allgemeinere Verknüpfungen von Funktionen entstehen dadurch, dass man Funktionen *zusammensetzt* (*ineinander einsetzt*). Die dabei entstehenden Konstruktionen nennt man meist *mittelbare* Funktionen:

$$y = f(g(x)) \quad \text{ist } \textit{mittelbare} \text{ Funktion,}$$

bestehend aus der *inneren* Funktion $z = g(x)$ und der *äußeren* Funktion $y = f(z)$. Auch hier hat man sorgfältig darauf zu achten, in welchen Bereichen die vorkommenden Funktionen definiert sind. Funktionen können auch mehrfach zusammengesetzt (geschachtelt) sein.

Beispiele:

1) $y = f(x) = \mathrm{e}^{x+1}$, $f(z) = \mathrm{e}^z$, $z = g(x) = x + 1$

2) $y = f(x) = \mathrm{e}^{(x-1)^2}$, $f(z) = \mathrm{e}^z$, $z = g(w) = w^2$, $w = h(x) = x - 1$

3) $y = f(x) = \sqrt{\sin(3x)}$, $f(z) = \sqrt{z}$, $z = g(w) = \sin(w)$, $w = h(u) = 3u$

4.4.6 Vertikale und horizontale Verschiebung

Die Addition einer Konstanten führt zu einer Parallelverschiebung der Funktion in *vertikaler* Richtung.

Eine Funktion $f(x)$ wird um $\bar{x}$ Einheiten *horizontal verschoben*, wenn $\bar{x}$ von der Variablen x subtrahiert wird, so dass sich als neue Funktion die Funktion $y = f(x - \bar{x})$ ergibt. Ist dabei $\bar{x} > 0$, so erfolgt eine Verschiebung nach rechts, während $\bar{x} < 0$ eine Verschiebung des Graphen der Funktion nach links bewirkt.

Beispiele für vertikale und horizontale Verschiebungen:

1) Vertikale Verschiebung der Funktion $y = x^2$:

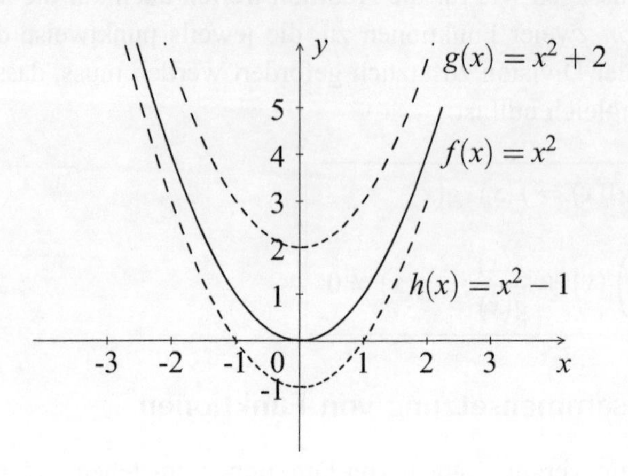

2) Horizontale Verschiebung von $y = f(x) = |x|$ um $\bar{x} = 1$ (nach rechts):

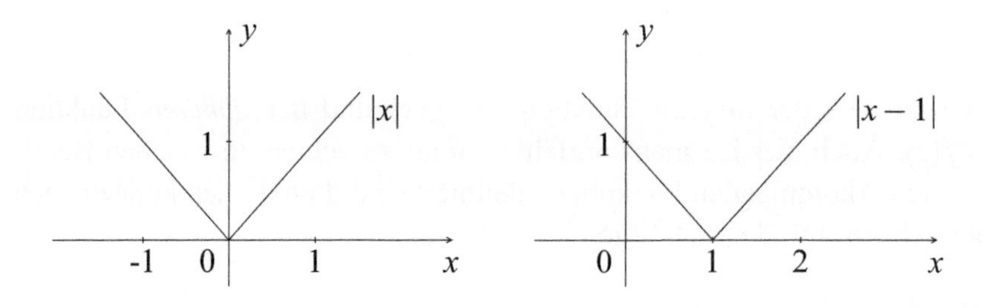

4.5 Funktionen mehrerer Variabler

Häufig gibt es Zusammenhänge, bei denen die abhängige Variable (Output, Funktionswert) von zwei oder mehr unabhängigen Variablen (Einflussgrößen, Inputs, Argumentwerte) abhängt. Man spricht in diesem Fall von *Funktionen mehrerer Variablen* und schreibt

$$y = f(x_1, x_2, \ldots, x_n)$$

bzw. auch kurz

$$y = f(x),$$

wobei dann allerdings $x = (x_1, \ldots, x_n)$ als Vektor mit n Komponenten verstanden wird. Selbstverständlich sind auch andere Bezeichnungen für die Variablen möglich.

Beispiele:

1) Rechteckfläche: $F = f(a,b) = a \cdot b$ (a,b – Seitenlängen, F – Fläche)
2) Zinsen: $Z_T = f(K,p,T) = K \cdot \frac{p}{100} \cdot \frac{T}{360}$ (K – Kapital, p – Zinssatz, T – Zinstage, Z_T – Zinsen)
3) Produktionsfunktion: $P = f(A,K) = \alpha \cdot A^\beta \cdot K^\gamma$ (α, β, γ – gegebene positive reelle Zahlen, A – Arbeit, K –Kapital, P – Produktionsausstoß)

Die Darstellung von Funktionen mehrerer Variablen mittels einer Funktionsgleichung oder Wertetabelle erfolgt analog zu der in den Punkten 4.2.1 und 4.2.2 beschriebenen Vorgehensweise und ist problemlos möglich. Dagegen gelingt es nur in einem Ausnahmefall, eine solche Funktion grafisch darzustellen. Diese Ausnahme bilden Funktionen von zwei unabhängigen Veränderlichen $y = f(x) = f(x_1,x_2)$, die sich mit Hilfe *räumlicher* Koordinatensysteme darstellen lassen, wobei allerdings – im Gegensatz zum kartesischen x,y-Koordinatensystem – gewisse „Verzerrungen" auftreten.

Das grafische Bild einer Funktion zweier unabhängiger Veränderlicher wird durch die Fläche wiedergegeben, auf der alle Punkte mit den Koordinaten $(x_1,x_2,f(x_1,x_2))$ liegen.

Beispiele: 1) Rotationsparaboloid: $y = f(x_1,x_2) = x_1^2 + x_2^2 + 1$

Wertetabelle:

x_1	0	1	0	1	–1	1	...
x_2	0	0	1	1	–1	2	...
y	1	2	2	3	3	6	...

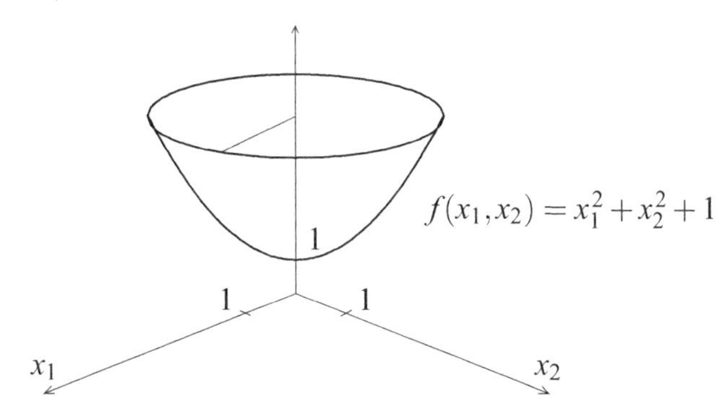

Die durch die betrachtete Funktion bestimmte Oberfläche wird deshalb *Paraboloid* genannt, weil ihre Schnittkurven mit der x_1,y-Ebene bzw. mit der x_2,y-Ebene und Parallelebenen dazu Parabeln sind. Schneidet man die Kurvenoberfläche mit zur x_1,x_2-Ebene parallelen Ebenen, so entstehen Kreise, deren Radien mit zunehmender Höhe der Schnittebene wachsen.

2) Produktionsfunktion: $P = A^{1/2} \cdot K^{1/3} = \sqrt{A} \cdot \sqrt[3]{K}$

Wertetabelle:

A	0	0	1	1	1	4	...
K	0	1	0	1	8	1	...
P	0	0	0	1	2	2	...

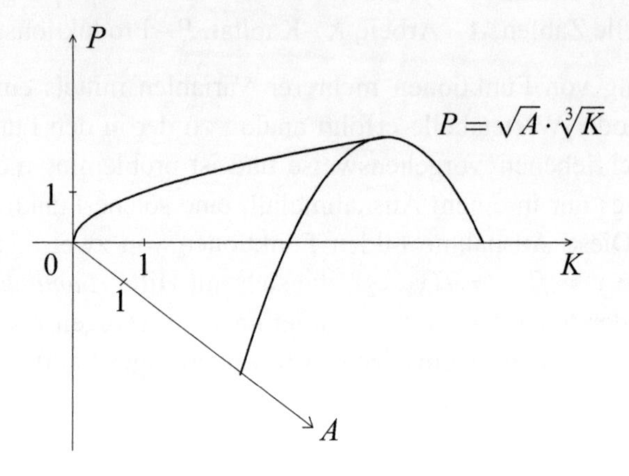

4.6 Spezielle Klassen von Funktionen

In diesem Abschnitt sollen einige Klassen von Funktionen einer Veränderlichen näher betrachtet werden, die für volks- und betriebswirtschaftliche Anwendungen von besonderer Wichtigkeit sind. Weitere Untersuchungen von Funktionen werden in Kapitel 5 mit Mitteln der Differentialrechnung erfolgen.

4.6.1 Potenzfunktionen

Unter einer *Potenzfunktion* versteht man eine Funktion der Gestalt

$$\boxed{y = f(x) = x^n, \quad n \in \mathbf{N},}$$

in der die Variable x als Basis auftritt, während der Exponent eine natürliche Zahl ist.

Für gerades n gilt wegen $(-x)^n = (-1)^n x^n = x^n$ offensichtlich $f(-x) = f(x)$, so dass es sich um gerade Funktionen handelt (vgl. Punkt 4.3.4), während im Falle einer ungeraden Zahl n die Beziehung $(-x)^n = (-1)^n x^n = -x^n$ und somit $f(-x) = f(x)$ gültig ist, so dass hier ungerade Funktionen vorliegen. Potenzfunktionen sind somit stets symmetrisch, und zwar achsensymmetrisch für gerades n und zentralsymmetrisch für ungerades n. Ferner sind letztere Funktionen offenbar streng monoton wachsend. Schließlich haben alle geraden Potenzfunktionen die Punkte $(-1,1)$, $(0,0)$ und $(1,1)$ gemeinsam, während es bei den ungeraden Potenzfunktionen die Punkte $(-1,-1)$, $(0,0)$, $(1,1)$ sind.

Beispiele:
Gerade Potenzfunktionen:

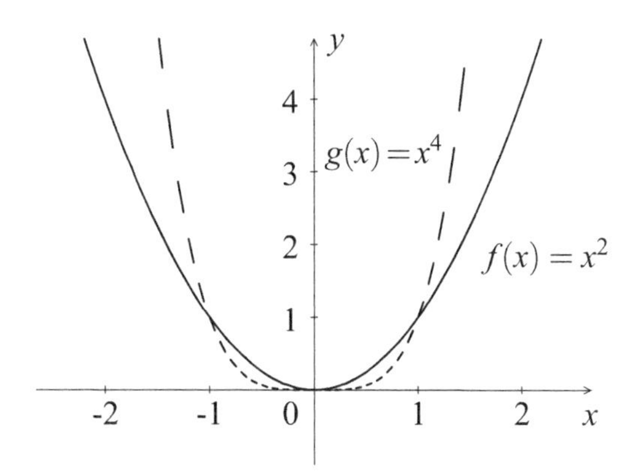

Ungerade Potenzfunktionen:

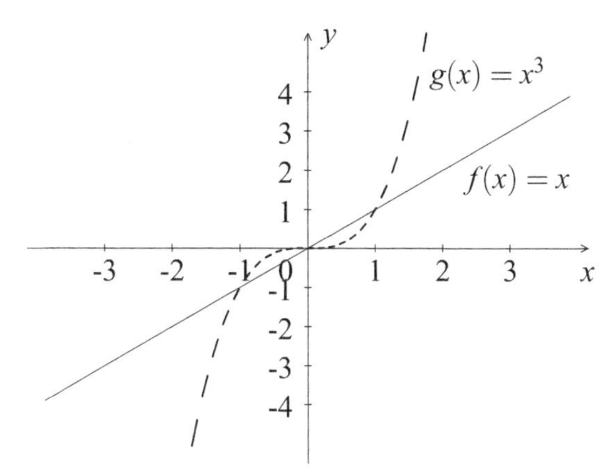

Potenzfunktionen bilden gemeinsam mit den oben beschriebenen einfachen Operationen die Grundlage für die Konstruktion von Polynomfunktionen, einer insbesondere für ökonomische Anwendungen sehr wichtigen Klasse von Funktionen. Auch wenn an die Stelle der natürlichen Zahl n eine rationale (oder sogar reelle) Zahl q tritt, spricht man von Potenzfunktionen, für $q = \frac{1}{n}$, $n \in \mathbf{N}$, speziell von Wurzelfunktionen (siehe Punkt 4.6.4).

4.6.2 Polynomfunktionen

Eine *Polynomfunktion n-ten Grades* ist eine Funktion der Gestalt

$$y = P_n(x) = a_n x^n + a_{n-1} x^{n-1} + \ldots + a_1 x + a_0 = \sum_{i=0}^{n} a_i x^i \qquad (4.10)$$

(man beachte, dass $x^1 = x$ und $x^0 = 1$ gilt), wobei $a_0, a_1, \ldots, a_{n-1}, a_n$ reelle Zahlen mit $a_n \neq 0$ sind, die *Koeffizienten* genannt werden und gegebene konstante Größen sind. Somit stellt eine Polynomfunktion die Summe von mit reellen Faktoren multiplizierten Potenzfunktionen dar.

Beträgt die höchste Potenz $n = 0$, liegt eine *Konstante* (*konstante* Funktion) vor: $y = a_0$. Ist der höchste Grad des Polynoms $n = 1$, spricht man von *linearen* Funktionen: $y = a_1 + a_0$. Für $n = 2$ ergeben sich *quadratische* Funktionen: $y = a_2 x^2 + a_1 x + a_0$. Funktionen dritten Grades werden auch als *kubische* Funktionen bezeichnet, darüber hinaus spricht man nur noch allgemein von *polynomialen* oder *ganzen rationalen* Funktionen bzw. *Funktionen n-ten Grades* oder *n-ter Ordnung*.

Polynomfunktionen n-ten Grades sind für jeden Wert von x definiert und stetig, so dass ihr Definitionsbereich die gesamte Zahlengerade ist. Schwieriger sind Aussagen über die Anzahl und Lage von *Nullstellen* (das sind Werte x, für die der Funktionswert $f(x)$ gleich null ist) sowie über den Typ und die Lage von Extremstellen im allgemeinen Fall zu treffen. Die Berechnung von Nullstellen linearer und quadratischer Funktionen ist verhältnismäßig einfach (s. unten), während diese Aufgabe für Polynomfunktionen dritten oder vierten Grades sehr schwierig und für Funktionen höheren Grades i. Allg. nicht mehr exakt möglich ist (zur näherungsweisen Berechnung siehe Abschnitt 4.7). Bedeutsam ist die folgende Aussage über die maximale Anzahl von Nullstellen eines Polynoms n-ten Grades (mit $a_n = 1$).

Hauptsatz der Algebra: *Die Polynomgleichung*

$$p_n(x) = x^n + a_{n-1} x^{n-1} + \ldots + a_2 x^2 + a_1 x + a_0 = 0 \qquad (4.11)$$

besitzt höchstens n Lösungen im Bereich der reellen Zahlen (bzw. genau n Lösungen im Bereich der komplexen Zahlen unter Beachtung ihrer Vielfachheit). Bezeichnet man diese Lösungen mit $x_1, x_2, \ldots, x_n$, so kann die Polynomfunktion $p_n(x)$ aus 4.11 wie folgt dargestellt werden:

$$p_n(x) = (x - x_1)(x - x_2) \ldots (x - x_n) \,. \qquad (4.12)$$

Die Lösungen von (4.11) werden *Nullstellen* genannt. Es sei bemerkt, dass eine Polynomfunktion ungeraden Grades **immer** mindestens eine reelle

Nullstelle besitzt, was darauf zurückzuführen ist, dass die Funktionswerte von p für sehr große Werte des Argumentes x, d. h. für $x \to +\infty$, gegen $+\infty$ streben, während sie für sehr kleine x-Werte ($x \to -\infty$) immer kleiner werden, d. h. gegen $-\infty$ streben. Da eine Polynomfunktion stetig ist, muss es mithin mindestens einen Punkt geben, der den Funktionswert null besitzt (vgl. die untenstehenden Ausführungen zu kubischen Funktionen).

Übrigens kann die Darstellung (4.12) genutzt werden, um bei Kenntnis einer Nullstelle den Grad des Polynoms um eins zu reduzieren (etwa zum Zwecke der Bestimmung weiterer Nullstellen). Nehmen wir an, uns sei (durch „Erraten“, aus zusätzlichen Informationen usw.) z. B. die Nullstelle x_1 bekannt, d. h. es gilt $f(x_1) = 0$. Formt man dann Beziehung (4.12) um in die Gestalt

$$\frac{p_n(x)}{x - x_1} = (x - x_2) \cdot \ldots \cdot (x - x_n), \tag{4.13}$$

so ist der Grad des Polynoms auf der rechten Seite von (4.13) um eins kleiner als der von $p_n(x)$. Selbstverständlich ist (4.13) nur für $x \neq x_1$ definiert, was an dieser Stelle vorausgesetzt sein soll.

Da uns die Nullstellen $x_2, \ldots, x_n$ noch unbekannt sind, kennen wir auch die Faktorzerlegung auf der rechten Seite von (4.13) nicht, wohingegen die linke Seite in (4.13) mittels *Partialdivision* berechnet werden kann, deren Wesen an zwei Beispielen erläutert werden soll. Die Partialdivision von algebraischen Ausdrücken erfolgt ganz ähnlich wie die aus der Schule bekannte (schriftliche) Division von Zahlen. Der einzige Unterschied besteht darin, dass hier Ausdrücke auftreten, die das Symbol x enthalten, was aber letztlich auch nur für eine Zahl steht.

Beispiel: $p_3(x) = x^3 - 3x^2 + x + 2$

Die Gleichung $p_3(x) = 0$ besitzt die Lösung $x_1 = 2$, wie man durch Einsetzen leicht überprüfen kann. Somit ist $x_1 = 2$ eine Nullstelle von $p_3(x)$. Nun führen wir die Partialdivision aus, indem wir die Polynomfunktion $p_3(x)$ durch den Ausdruck $x - x_1 = x - 2$ dividieren:

$$\begin{array}{rrrrl}
(x^3 & -3x^2 & +x & +2) & : (x-2) = x^2 - x - 1 \\
-(x^3 & -2x^2) & & & \\
\hline
 & -x^2 & +x & & \\
 & -(-x^2 & +2x) & & \\
\hline
 & & -x & +2 & \\
 & & -(-x & +2) & \\
\hline
 & & & 0 &
\end{array}$$

Da wir in obigem Beispiel durch den Faktor $x - x_1$ aus der Darstellung (4.12) dividiert haben, muss entsprechend (4.13) die Division „aufgehen“, was i. Allg. (d. h. bei Division durch einen beliebigen Ausdruck der Form $x - a$) nicht der Fall sein muss. Nun kann man anschließend die Nullstellen des verbliebenen Polynoms 2. Grades $x^2 - x - 1$ bestimmen, was mit Hilfe der entsprechenden Lösungsformel (s. Gleichung (4.19)) möglich ist.

Die Partialdivision ist auch ein wichtiges Hilfsmittel, wenn es darum geht, gebrochen-rationale Funktionen (vgl. Punkt 4.6.3) so umzuformen, dass der Grad des Zählerpolynoms kleiner als der Grad des Nennerpolynoms wird. Dabei wird der so genannte *ganze rationale Anteil* abgespalten, der im Zusammenhang mit dem asymptotischen oder Grenzverhalten der betrachteten Funktion eine wichtige Rolle spielt.

Beispiel:

$$\frac{x^3 + 2x^2 - x + 1}{x^2 - 3x + 2} = x + 5 + \frac{12x - 9}{x^2 - 3x + 2},$$

denn

$$\begin{array}{llllll}
(x^3 & +2x^2 & -x & +1) & : (x^2 - 3x + 2) = x + 5 \\
-(x^3 & -3x^2 & +2x) & & \\
\hline
 & 5x^2 & -3x & & \\
 & -(5x^2 & -15x & +10) & \text{Rest}: \frac{12x-9}{x^2-3x+2} \\
\hline
 & & 12x & -9 &
\end{array}$$

Im Weiteren werden Polynomfunktionen der Grade $n = 0$ (Konstante), $n = 1$ (lineare), $n = 2$ (quadratische) und $n = 3$ (kubische Funktion) detaillierter untersucht.

Konstante Funktionen (Konstante)

Konstante Funktionen haben die Form

$$\boxed{y = f(x) = a_0} \tag{4.14}$$

Hierbei ist a_0 eine gegebene reelle Zahl. Das bedeutet, der Funktionswert y hängt vom Wert der unabhängigen Variablen x, den man auch *Argumentwert* nennt, nicht ab und beträgt stets a_0.

Die grafische Darstellung einer konstanten Funktion ist eine parallel zur x-Achse verlaufende Gerade (vgl. Abb. auf S. 169). Ist dabei $a_0 > 0$, liegt die Parallele oberhalb der x-Achse, für $a_0 < 0$ liegt sie unterhalb, $a_0 = 0$ entspricht der x-Achse selbst.

Beispiel für eine konstante Funktion:

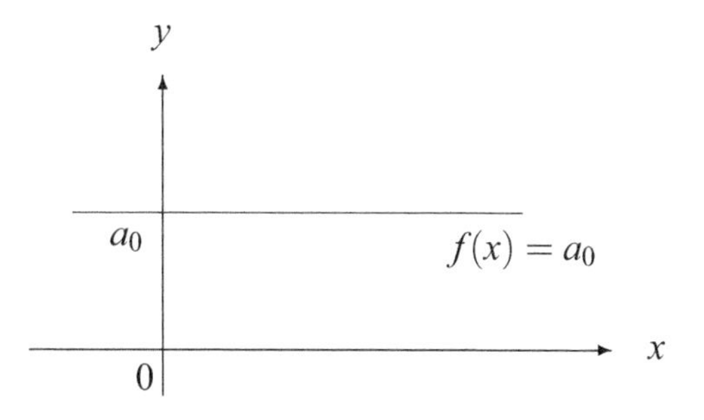

Lineare Funktionen

Eine *lineare* Funktion oder Polynomfunktion 1. Grades hat die Gestalt

$$\boxed{y = f(x) = a_1 x + a_0} \tag{4.15}$$

mit gegebenen reellen Zahlen a_0, a_1. Sie ist überall definiert und stetig und besitzt für $a_1 \neq 0$ genau eine Nullstelle, die sich aus der Bestimmungsgleichung $f(x) \stackrel{!}{=} 0$ leicht ermitteln lässt:

$$a_1 x + a_0 = 0 \implies a_1 x = -a_0 \implies x = -\frac{a_0}{a_1}.$$

Ihr grafisches Bild ist eine Gerade. Die beiden Koeffizienten a_0 und a_1 haben folgende Bedeutung:

a_0 – Absolutglied; Achsenabschnitt auf der y-Achse; Verschiebung vom Nullpunkt; Funktionswert für $x = 0$

a_1 – Steigung (Anstieg) der Geraden.

Beispiel für eine lineare Funktion:

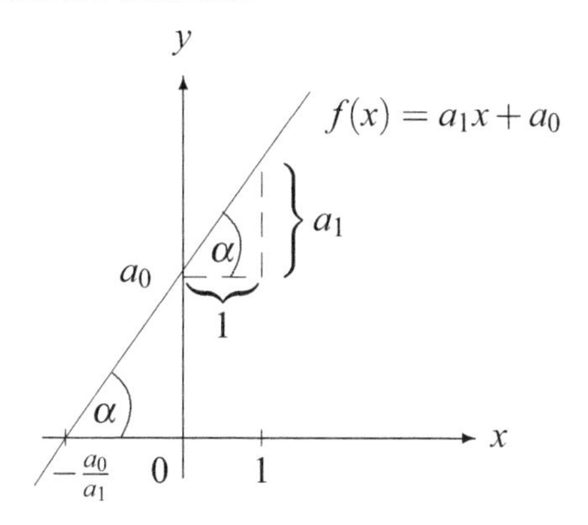

Unter der *Steigung* (bzw. dem *Anstieg*) einer Geraden versteht man die Änderung des Funktionswertes bei Änderung des Wertes der Variablen x um 1 (*Steigungsdreieck*). Allgemein gilt

$$a_1 = \frac{\Delta y}{\Delta x} = \frac{\text{Veränderung von } y}{\text{Veränderung von } x},$$

das heißt, lineare Funktionen besitzen eine konstante, von x unabhängige Steigung. In Übereinstimmung mit den in Abschnitt 1.9 eingeführten Winkelbeziehungen gilt ferner

$$a_1 = \tan \alpha = \frac{\text{Gegenkathete}}{\text{Ankathete}},$$

wobei α der Winkel ist, den die Gerade mit der positiven x-Achse bildet (s. Abb. auf S. 169). Ist die Steigung positiv, was bei $\Delta x = 1$ einem Zuwachs von a_1 entspricht, wächst die Funktion, bei negativer Steigung (Abnahme von y für $\Delta x = 1$) fällt sie.

Damit kann eine lineare Funktion mittels des Schnittpunktes auf der y-Achse und dem Steigungsdreieck (1 Einheit nach rechts, a_1 Einheiten nach oben (unten), falls a_1 positiv (negativ) ist) in einem Koordinatensystem dargestellt werden. Eine weitere Methode besteht im Einzeichnen mit Hilfe zweier Punkte. Deren Koordinaten lassen sich dadurch bestimmen, dass zwei **beliebige** x-Werte gewählt und die zugehörigen y-Werte berechnet werden oder aber für $x = 0$ der zugehörige y-Wert und für $y = 0$ der entsprechende x-Wert berechnet werden (vgl. Punkt 3.2.3 zu Geradengleichungen).

Beispiele für die Darstellung von Geraden mittels Steigungsdreieck:

1) $y = \frac{1}{2}x$, 2) $y = -2x + 3$

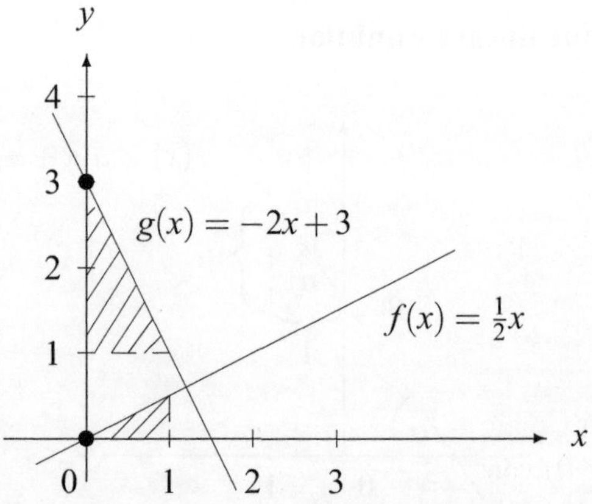

Für $a_1 = 0$ liegt wieder der Fall einer konstanten Funktion vor (Parallele zur x-Achse in Höhe a_0). Für $a_0 = 0$ verläuft der Graph der Funktion durch den Koordinatenursprung (Ursprungsgerade). Haben zwei lineare Funktionen dieselbe Steigung, jedoch verschiedene Absolutglieder a_0, so verlaufen die zugehörigen Geraden parallel.

Eine Funktionsgleichung der Form (4.15) lässt sich auch als *Normalform* einer Geradengleichung (siehe Punkt 3.2.3) interpretieren, wobei sich allerdings senkrechte Geraden nicht in der Form (4.15) darstellen lassen. Das liegt darin begründet, dass vertikal verlaufende Geraden eine „unendliche" Steigung besitzen und keine eindeutigen Abbildungen (also keine Funktionen) darstellen (denn dem Wert $x = b$ werden unendlich viele Werte y zugeordnet).

Quadratische Funktionen

Quadratische Funktionen oder Polynomfunktionen 2. Grades besitzen die Form

$$\boxed{y = f(x) = a_2x^2 + a_1x + a_0} \tag{4.16}$$

Hierbei gilt $a_2 \neq 0$, $a_0, a_1, a_2 \in \mathbf{R}$. Diese Funktionen sind für beliebige Werte x definiert und stetig und haben höchstens zwei reelle Nullstellen.

Der Graph quadratischer Funktionen ist eine Parabel, die für $a_2 > 0$ nach oben, für $a_2 < 0$ nach unten geöffnet ist (der Fall $a_2 = 0$ führt wieder auf eine lineare Funktion). Die zum Spezialfall $a_2 = 1$, $a_1 = 0$, $a_0 = 0$, d. h. zur Funktion $y = x^2$ gehörende Kurve wird *Normalparabel* genannt; in diesem Fall liegt wieder eine der früher betrachteten Potenzfunktionen vor.

Zunächst wollen wir den *Scheitelpunkt* der Parabel, d. h. den höchsten (tiefsten) Punkt einer nach unten (oben) geöffneten Parabel ermitteln. Dazu formen wir die Beziehung (4.16) mit Hilfe der so genannten *quadratischen Ergänzung* um:

$$\begin{aligned} y &= a_2x^2 + a_1x + a_0 = a_2\left(x^2 + \frac{a_1}{a_2}x + \frac{a_1^2}{4a_2^2}\right) - \frac{a_1^2}{4a_2} + a_0 \\ &= a_2\left(x + \frac{a_1}{2a_2}\right)^2 - \frac{a_1^2}{4a_2} + a_0 \,. \end{aligned}$$

Hieraus erkennt man, dass der kleinste Wert (bei $a_2 > 0$) bzw. der größte Wert (bei $a_2 < 0$) von y für $x = -\frac{a_1}{2a_2}$ angenommen wird, weil dann der quadratische Ausdruck im ersten Summanden gleich null wird. Der zugehörige

y-Wert beträgt $y = a_0 - \frac{a_1^2}{4a_2}$. Damit besitzt der Scheitelpunkt die Koordinaten $(x_S, y_S) = \left(-\frac{a_1}{2a_2}, a_0 - \frac{a_1^2}{4a_2}\right)$.

Beispiel für eine quadratische Funktion mit $a_2 < 0$:

$$y = f(x) = -0,2x^2 + 14,5x - 50$$

Es gilt $a_2 = -0,2$, $a_1 = 14,5$, $a_0 = -50$; der Scheitelpunkt hat die Koordinaten $x_S = -\frac{a_1}{2a_2} = -\frac{14,5}{-0,4} = 36,25$ und $y_S = a_0 - \frac{a_1^2}{4a_2} = -50 - \frac{210,25}{-0,8} = 212,81$.

Wertetabelle:

x	0	10	20	30	40	50	60	70
y	-50	75	160	205	210	175	100	-15

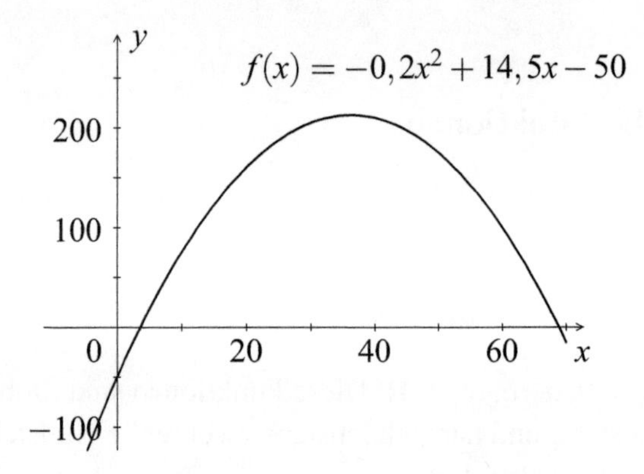

Als nächstes interessieren wir uns für die Nullstellen der Funktion (4.16). Die Bestimmung der Nullstellen von (4.16) ist gleichbedeutend mit der Ermittlung der Lösungen der quadratischen Gleichung

$$a_2x^2 + a_1x + a_0 = 0\,. \tag{4.17}$$

Jede quadratische Gleichung der Form (4.17) kann nach Division durch a_2 auf die Form

$$\boxed{x^2 + px + q = 0} \tag{4.18}$$

gebracht werden ($p = \frac{a_1}{a_2}$, $q = \frac{a_0}{a_2}$), die *Normalform* einer quadratischen Gleichung genannt werden soll. Entsprechend dem Hauptsatz der Algebra besitzt sie höchstens zwei reelle Nullstellen, die mit Hilfe der *Lösungsformel*

$$\boxed{x_{1,2} = -\frac{p}{2} \pm \sqrt{\frac{p^2}{4} - q}} \tag{4.19}$$

ermittelt werden können.

Beispiel: Es sollen die Nullstellen der oben bereits betrachteten Funktion $y = f(x) = -0,2x^2 + 14,5x - 50$ bestimmt werden, die entsprechend der Abbildung auf S. 172 in den Intervallen $[0,10]$ bzw. $[60,70]$ liegen.
Zunächst erzeugen wir aus der Beziehung

$$-0,2x^2 + 14,5x - 50 = 0$$

die Normalform einer quadratischen Gleichung, indem wir durch den bei der höchsten Potenz von x stehenden Faktor $-0,2$ dividieren:

$$x^2 - 72,5x + 250 = 0\,.$$

Die Anwendung der Lösungsformel ergibt dann

$$\begin{aligned} x_{1,2} &= 36,25 \pm \sqrt{36,25^2 - 250} \\ &= 36,25 \pm \sqrt{1064,0625} = 36,25 \pm 32,62, \end{aligned}$$

d. h. $x_1 = 3,63, \quad x_2 = 68,87$.

Die Beziehung (4.19) lässt sich wie folgt begründen. Die Umformung von (4.18) mittels der quadratischen Ergänzung liefert:

$$\begin{aligned} & x^2 + px + q = \left(x + \frac{p}{2}\right)^2 - \frac{p^2}{4} + q = 0 \\ \Longrightarrow \quad & \left(x + \frac{p}{2}\right)^2 = \frac{p^2}{4} - q \quad \Longrightarrow \quad x + \frac{p}{2} = \pm\sqrt{\frac{p^2}{4} - q} \\ \Longrightarrow \quad & x = -\frac{p}{2} \pm \sqrt{\frac{p^2}{4} - q} \end{aligned}$$

Aus dem in der Gleichung (4.19) unter der Wurzel stehenden Ausdruck $R = \frac{p^2}{4} - q$, der *Diskriminante*, kann man unmittelbar erkennen, wie viele Lösungen es gibt:

- für $R > 0$ gibt es zwei reelle Nullstellen
- für $R = 0$ gibt es genau eine reelle Nullstelle
- für $R < 0$ gibt es keine reelle Nullstelle.

Beispiele: 1) $x^2 + 3x - 10 = 0 \qquad (p = 3,\ q = -10)$

$$x_{1,2} = -\tfrac{3}{2} \pm \sqrt{\tfrac{9}{4} + 10} = -\tfrac{3}{2} \pm \sqrt{\tfrac{49}{4}} = -\tfrac{3}{2} \pm \tfrac{7}{2}$$

Zwei reelle Nullstellen: $x_1 = 2,\ x_2 = -5$.

2) $x^2-4x+4=0 \quad (p=-4,\ q=4)$

$x_{1,2}=2\pm\sqrt{4-4}=2.$ Eine (doppelte) reelle Nullstelle: $x=2$.

3) $x^2+3x+10=0 \quad (p=3,\ q=10)$

$x_{1,2}=-\frac{3}{2}\pm\sqrt{\frac{9}{4}-10}.$ Wegen $R=\frac{9}{4}-10=-\frac{31}{4}<0$ gibt es in diesem Fall keine reelle, sondern nur zwei komplexe Nullstellen.

Möglich ist es auch, direkt von Beziehung (4.17) ausgehend eine Lösungsformel abzuleiten:

$$x_{1,2}=\frac{-a_1\pm\sqrt{a_1^2-4a_2a_0}}{2a_2} \tag{4.20}$$

Es ist jedoch ratsam, sich für **eine** der beiden Lösungsformeln zu entscheiden und jedes Mal genau zu prüfen, ob auch die entsprechende zugehörige Gleichung (4.17) oder (4.18) vorliegt.

Spezialfälle

Gilt in (4.18) $p=0$, so lauten die Lösungen, sofern sie als reelle Zahlen existieren: $x_{1,2}=\pm\sqrt{-q}$. Ist in der Gleichung (4.18) der Summand $q=0$, so gibt es zwei reelle Lösungen: $x_1=0$ und $x_2=-p$.

Beispiele:

1) $x^2-9=0$ lässt sich umformen zu $x^2=9$ und besitzt somit die beiden Lösungen $x_1=3$ und $x_2=-3$.
2) $x^2+9=0$ besitzt keine reelle Lösung, da $x^2=-9$ im Bereich der reellen Zahlen nicht lösbar ist.
3) $x^2+5x=0$ kann umgeformt werden zu $x(x+5)=0$, woraus die beiden Lösungen $x_1=0$ und $x_2=-5$ unmittelbar bestimmt werden können.

Kubische Funktionen

Kubische Funktionen oder *Polynomfunktionen 3. Grades* bzw. *3. Ordnung* sind Funktionen der Form

$$y=f(x)=a_3x^3+a_2x^2+a_1x+a_0$$

mit $a_0,a_1,a_2,a_3\in\mathbf{R}$ und $a_3\neq 0$. Ihre Gestalt hängt von den konkreten Werten der Koeffizienten a_0,a_1,a_2,a_3 ab. Außer in wenigen Spezialfällen ist es aber nicht möglich, allgemeine (und leicht anwendbare) Aussagen über das Aussehen und die Eigenschaften solcher Funktionen zu treffen. Der universelle Weg, mittels dem Aufstellen einer Wertetabelle die Funktion anschaulich grafisch darzustellen, funktioniert natürlich auch im vorliegenden Fall.

Beispiele für kubische Funktionen:

1) $f(x) = -x^3 + 4$ (Polynomfunktion 3. Grades mit einer Nullstelle)

Wertetabelle:

x	-3	-2	-1	0	1	2	3
y	31	12	5	4	3	-4	-23

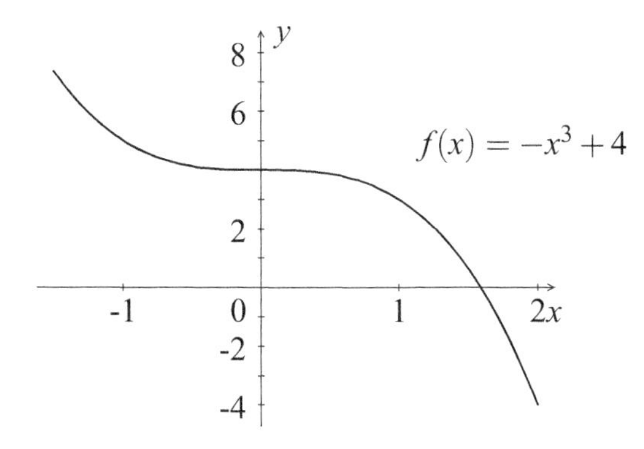

2) $f(x) = x^3 - 3x^2 + 4$ (Polynomfunktion 3. Grades mit zwei Nullstellen)

Wertetabelle:

x	-2	-1	0	1	2	3
y	-16	0	4	2	0	4

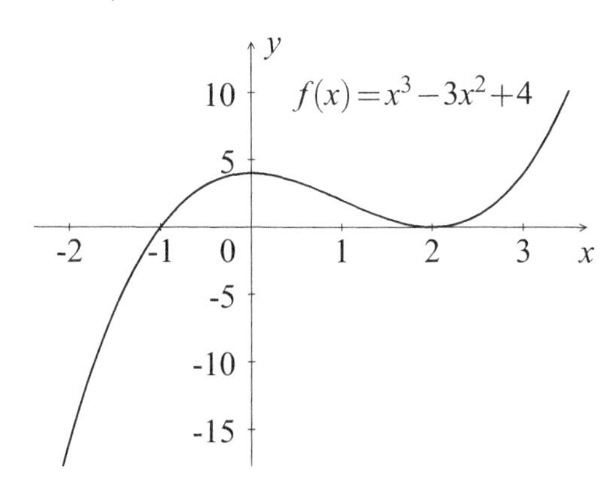

Bezüglich der Anzahl von Nullstellen gilt entsprechend dem Hauptsatz der Algebra, dass es höchstens drei reelle Nullstellen gibt (vgl. die Abbildungen auf dieser und der nächsten Seite). Andererseits existiert stets mindestens eine reelle Nullstelle. Um dies zu sehen, nehmen wir zunächst an, der Koeffizient a_3 sei größer als null. Grenzwertbetrachtungen, die hier nicht exakt ausgeführt werden sollen, zeigen dann folgendes: Für betragsmäßig immer größere Werte x ($|x| \to \infty$) liefert der Summand mit der höchsten Potenz x^3 den entscheidenden Anteil am Funktionswert, so dass die anderen Glieder vernachlässigt werden können und $f(x) \approx a_3x^3$ ist (Sprechweise: „$f(x)$ ist ungefähr gleich a_3x^3"). Wegen $a_3 > 0$ gilt damit

$$\lim_{x\to\infty} f(x) = +\infty \qquad \text{und} \qquad \lim_{x\to-\infty} f(x) = -\infty .$$

Mit anderen Worten: Für große Werte von x wird auch der Funktionswert groß, für immer kleiner werdende (betragsmäßig immer größer werdende negative) Werte x wird auch $y = f(x)$ „immer negativer". Da aber f eine stetige Funktion ist, muss es mindestens einen Zwischenwert $\bar{x}$ geben, für den $f(\bar{x}) = 0$ gilt.
Falls der bei x^3 stehende Koeffizient a_3 kleiner als null ist, lassen sich analoge Aussagen treffen. Weitere Hinweise zur Nullstellenzahl, etwa aus einer Analyse der Koeffizienten, lassen sich im Allgemeinen nicht gewinnen.

3) $f(x) = 20x^3 - 33x^2 - 108x + 121$ (Polynomfunktion 3. Grades mit drei Nullstellen)

Wertetabelle:

x	-3	-2	-1	0	1	2	3	4
y	-392	45	176	121	0	-67	40	441

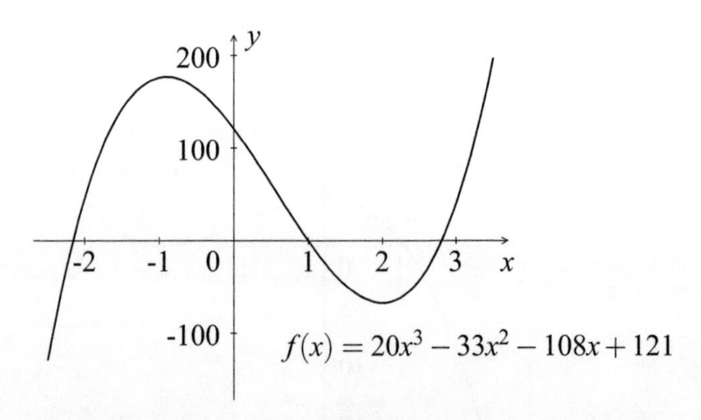

Wie bereits oben ausgeführt wurde, ist die **exakte** Ermittlung der Nullstellen kubischer Funktionen schwierig und die von Funktionen höheren Grades im Allgemeinen gar nicht möglich. Es sei deshalb auf Abschnitt 4.7 verwiesen, in dem einige Methoden beschrieben werden, die es gestatten, mit einfachen Mitteln Nullstellen von Funktionen **näherungsweise** zu berechnen.

4.6.3 Gebrochen rationale Funktionen

Der Quotient zweier Polynomfunktionen

$$f(x) = \frac{\sum\limits_{i=0}^{m} a_i x^i}{\sum\limits_{j=0}^{n} b_j x^j} = \frac{a_m x^m + a_{m-1}x^{m-1} + \ldots + a_1 x + a_0}{b_n x^n + b_{n-1}x^{n-1} + \ldots + b_1 x + b_0} \tag{4.21}$$

wird *gebrochen rationale* Funktion genannt. Charakteristisch für den Funktionsverlauf ist das Auftreten von *Polstellen*, d. h. solcher Werte x, für die der Nenner gleich null, der Zähler aber ungleich null ist. In Polstellen ist die Funktion nicht definiert und somit auch nicht stetig. Bei Annäherung der x-Werte an eine Polstelle wächst oder fällt der Funktionswert unbeschränkt (d. h., er strebt gegen $+\infty$ oder $-\infty$). Um gebrochen rationale Funktionen grafisch darzustellen, kann man wiederum Wertetabellen aufstellen (wobei x-Werte in der Nähe von Polstellen und ihre zugehörigen Funktionswerte besonderes Interesse verdienen). Des Weiteren kann man auch Grenzwertbetrachtungen einfließen lassen (s. u.). Detailliertere Untersuchungen sind ferner mittels der Differentialrechnung möglich (vgl. Kapitel 5).

Beispiele: 1) $y = f(x) = \frac{x+1}{x-1}$

Für $x = 1$ ist der Nenner 0, der Zähler gleich 2, so dass eine Polstelle vorliegt. Die Umformung $f(x) = \frac{x+1}{x-1} = \left(1 + \frac{1}{x}\right) : \left(1 - \frac{1}{x}\right)$ lässt erkennen, dass für sehr große oder sehr kleine Werte x ($x \to +\infty$ bzw. $x \to -\infty$) die Funktionswerte dem Grenzwert 1 zustreben, da $\frac{1}{x} \to 0$.

x	−5	−2	−1	0	0,5	0,9	1	1,1	1,5	2	10
y	0,67	0,33	0	−1	−3	−19	/	21	5	3	1,22

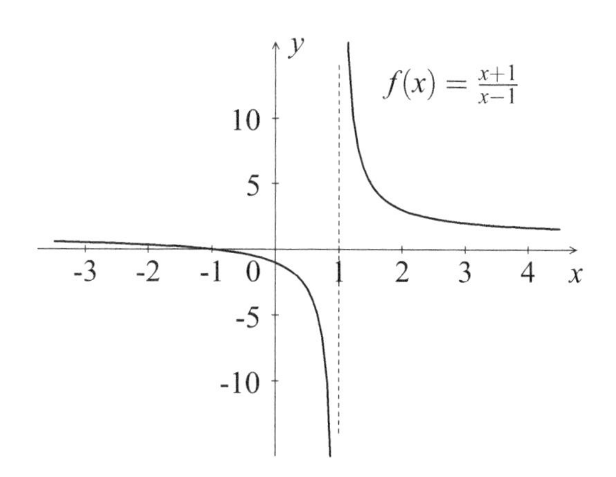

2) $y = f(x) = \frac{x^2+2x+2}{x+2} = x + \frac{2}{x+2}$

Hier zeigt die mittels Partialdivision (vgl. Punkt 4.6.2) durchgeführte Umformung, dass sich für betragsmäßig große Werte x, für die der Summand $\frac{2}{x+2}$ vernachlässigbar klein wird, die Funktionswerte der Geraden $y = x$ annähern; letztere wird in diesem Zusammenhang *Asymptote* von f genannt. Für $x = -2$ liegt eine Polstelle vor (Nenner $= 0$, Zähler $\neq 0$).

Wertetabelle:

x	-10	-4	-3	$-2,5$	-2	$-1,9$	-1	0	10
y	$-10,25$	-5	-5	$-6,5$	/	$18,1$	1	1	$10,17$

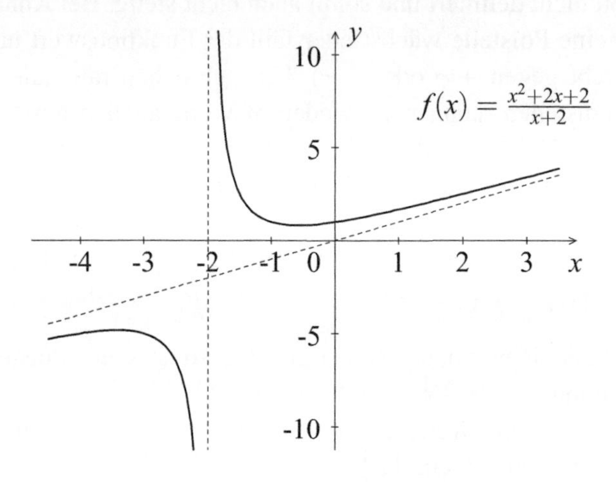

Der Fall, dass für einen bestimmten x-Wert gleichzeitig die Zähler- und die Nennerfunktion null sind, kann ebenfalls auftreten; es liegt dann ein *unbestimmter Ausdruck* $\frac{0}{0}$ vor. Diese Unkorrektheit kann dann, wenn die Vielfachheit der Nullstellen in der Zählerfunktion größer oder gleich der Vielfachheit der Nullstellen in der Nennerfunktion ist, durch Kürzen gemeinsamer Faktoren behoben werden, weshalb man in diesen Fällen von *hebbarer Unstetigkeit* spricht (vgl. 4.3.3).

Beispiel: $y = f(x) = \frac{x^2-1}{x^2+x-2}$

Für $x = 1$ wird sowohl der Zähler als auch der Nenner gleich null; gleichzeitig gilt die Darstellung

$$f(x) = \frac{(x+1)(x-1)}{(x+2)(x-1)}. \tag{4.22}$$

Zunächst werde $x = 1$ ausgeschlossen. Dann lässt sich $f(x)$ in der Darstellung (4.22) mit dem Faktor $x - 1$ kürzen. Dabei geht der für $x = 1$ nicht definierte Ausdruck (4.22) in den nunmehr für $x = 1$ wohldefinierten Ausdruck $\tilde{f}(x) = \frac{x+1}{x+2}$ über. Der Funktionswert von $\tilde{f}(x)$ an der Stelle $x = 1$ hat ebenso wie der Grenzwert $\lim_{x \to 1} f(x)$ den Wert $\frac{2}{3}$, weshalb es sinnvoll ist, den Funktionswert der ursprünglichen Funktion f an der Stelle $x = 1$ als $f(1) = \tilde{f}(1) = \frac{2}{3}$ zu definieren. Somit stellt $x = 1$ eine hebbare Unstetigkeit dar, während $x = -2$ eine Polstelle ist.

4.6.4 Wurzelfunktionen

Wurzelfunktionen sind Potenzfunktionen, deren Exponenten rationale (und nicht wie bisher natürliche) Zahlen der Form $\frac{1}{n}$, $n \in \mathbf{N}$ sind:

$$\boxed{y = f(x) = x^{\frac{1}{n}} = \sqrt[n]{x}} \tag{4.23}$$

Zur Definition von Wurzeln siehe Abschnitt 1.6. Wurzelfunktionen sind nur für nichtnegative Werte definiert, so dass gilt $D(f) = \mathbf{R}^+ = \{x \mid x \geq 0\}$, und stellen Umkehrfunktionen der Potenzfunktionen $y = x^n$ dar. Eine wichtige Wurzelfunktion stellt die Funktion $y = f(x) = \sqrt{x}$ dar.

Beispiel: $y = f(x) = \sqrt{x}$

Wertetabelle:

x	0	1	2	3	4	9
y	0	1	1,41	1,73	2	3

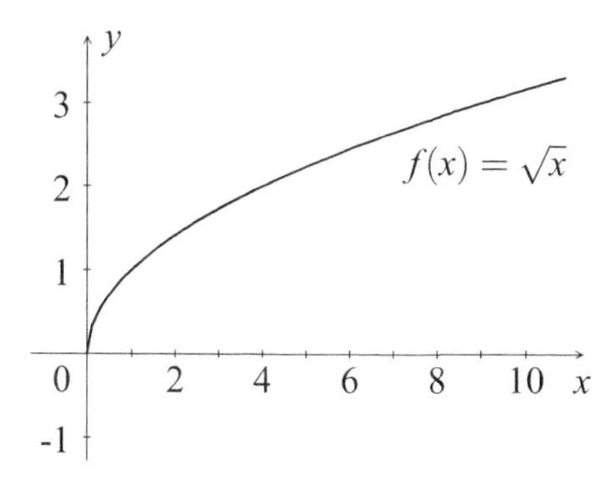

Entsprechend der Definition der Quadratwurzel wird unter $\sqrt{x}$ nur der positive Wert verstanden, dessen Quadrat x ergibt; somit liegt eine eindeutige Abbildung, also eine Funktion vor. Im Gegensatz hierzu versteht man unter den Lösungen der Gleichung $x = a^2$ die beiden Werte $a_1 = +\sqrt{x}$ und $a_2 = -\sqrt{x}$.

4.6.5 Exponentialfunktionen

Eine herausragende Rolle bei der Beschreibung ökonomischer Prozesse, insbesondere von Wachstumsvorgängen, spielen *Exponentialfunktionen*. Das sind Funktionen der Gestalt

$$\boxed{y = f(x) = a^x} \tag{4.24}$$

($a > 0,\ a \neq 1$). Im Unterschied zur Potenzfunktion tritt hier die Variable nicht als Basis, sondern als Exponent auf.

Beispiele für Exponentialfunktionen:

1) $y = f(x) = 2^x$ 2) $y = g(x) = \left(\frac{1}{3}\right)^x$

Wertetabelle:

x	-2	-1	0	1	2	10
2^x	0,25	0,5	1	2	4	1024
$\left(\frac{1}{3}\right)^x$	9	3	1	0,33	0,11	0,000017

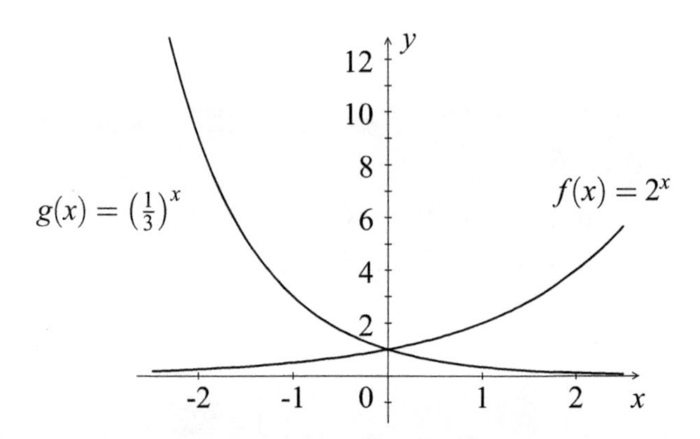

Den Definitionsbereich einer Exponentialfunktion bildet die gesamte Zahlengerade, wo die Funktion auch stetig ist. Besonders wichtig ist der Fall, dass die Basis a gleich der Zahl

$$\mathrm{e} = \lim_{n \to \infty} \left(1 + \frac{1}{n}\right)^n = 2{,}718\,281\,828\,459\,045\ldots$$

ist. Die Zahl e wird zu Ehren von Leonhard Euler (1707–1783) *Eulersche Zahl* genannt. Das ist eine irrationale Zahl, deren Dezimaldarstellung somit weder endlich ist noch eine Periode aufweist (vgl. hierzu die Ausführungen in Abschnitt 1.1). In der Abbildung auf S. 181 sind die beiden Funktionen $y = f(x) = \mathrm{e}^x$ sowie $y = g(x) = \mathrm{e}^{-x}$ dargestellt.

3) $f(x) = \mathrm{e}^x$, 4) $g(x) = \mathrm{e}^{-x}$

Wertetabelle:

x	-2	-1	0	1	2	5	10
e^x	0,135	0,368	1	2,718	7,389	148,413	22026,47
e^{-x}	7,389	2,718	1	0,368	0,135	0,0067	0,000045

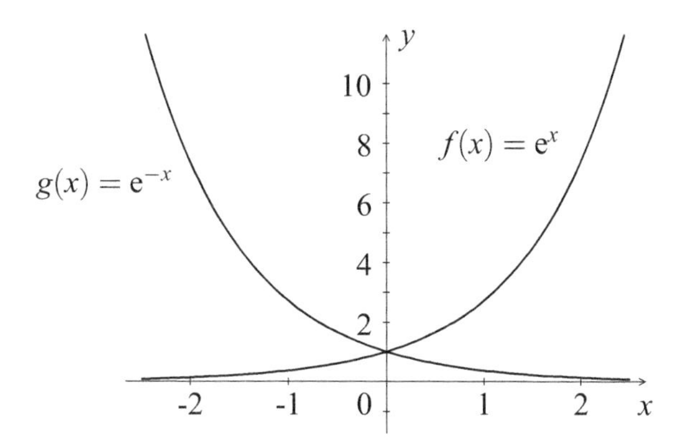

4.6.6 Logarithmusfunktionen

Logarithmusfunktionen stellen Umkehrfunktionen zu den Exponentialfunktionen dar. Sie haben die Gestalt

$$\boxed{y = f(x) = \log_a x}$$

($a > 0$, $a \neq 1$ – Basis) und sind nur für positive Werte von x definiert, d. h. $D(f) = \{x \mid x > 0\}$. Zur Definition von Logarithmen siehe Abschnitt 1.8.

Von besonderer Bedeutung für ökonomische Anwendungen ist die Logarithmusfunktion zur Basis $a = \mathrm{e}$, also diejenige Funktion, die jeder positiven reellen Zahl ihren natürlichen Logarithmus zuordnet:

$$\boxed{y = f(x) = \ln x}$$

Sie ist die Umkehrfunktion zu $y = \mathrm{e}^x$. Damit ergibt sich ihre grafische Darstellung aus der Spiegelung des Graphen der Funktion $f(x) = \mathrm{e}^x$ an der Winkelhalbierenden (bei gleichem Maßstab auf beiden Achsen). Ein solcher Zusammenhang gilt für beliebige (umkehrbare) Funktionen und ihre zugehörigen Umkehrfunktionen.

Beispiel für eine Logarithmusfunktion: $f(x) = \ln x$

Wertetabelle:

x	0,001	0,1	0,5	1	2	2,72	10
y	$-6,91$	$-2,30$	$-0,69$	0	0,69	1	2,30

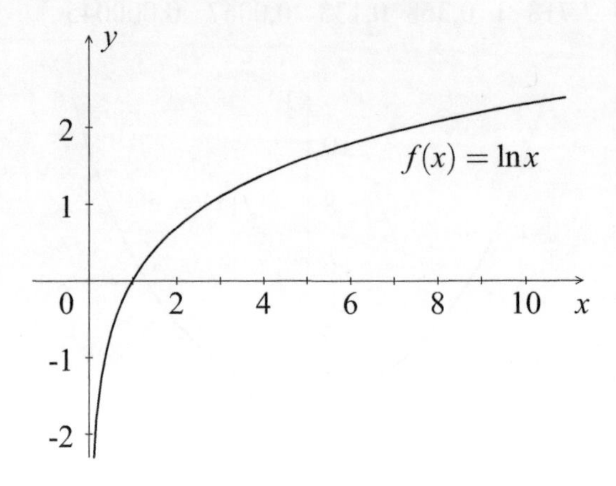

4.6.7 Trigonometrische Funktionen

In Abschnitt 1.9 waren die Winkelbeziehungen im rechtwinkligen Dreieck eingeführt und darauf hingewiesen worden, dass durch die Betrachtung vorzeichenbehafteter Strecken eine Erweiterung auf beliebige Winkel vorgenommen werden kann. Ausgehend von dieser Betrachtungsweise kommt man zu den *Winkelfunktionen* oder *trigonometrischen* Funktionen

$$y = f(x) = \sin x \quad \text{(Sinusfunktion)}$$
$$y = f(x) = \cos x \quad \text{(Kosinusfunktion)}$$
$$y = f(x) = \tan x \quad \text{(Tangensfunktion)}$$
$$y = f(x) = \cot x \quad \text{(Kotangensfunktion).}$$

Diese Funktionen sind vor allem in technischen Fragestellungen von besonderem Interesse, weniger in wirtschaftswissenschaftlichen Anwendungen. Dort nutzt man vor allem die Sinus- bzw. Kosinusfunktion zur Beschreibung periodischer Vorgänge (saisonbedingter Anstieg von Arbeitslosenzahlen, Umsätzen usw.). Aus diesen Gründen wollen wir uns hier mit der Darstellung der Sinusfunktion (siehe Abbildung auf S. 183) begnügen und bezüglich weitergehender Fakten auf entsprechende Nachschlagewerke bzw. umfangreichere Darstellungen wie z. B. [28] verweisen.

Beispiel für eine trigonometrische Funktion: $f(x) = \sin x$

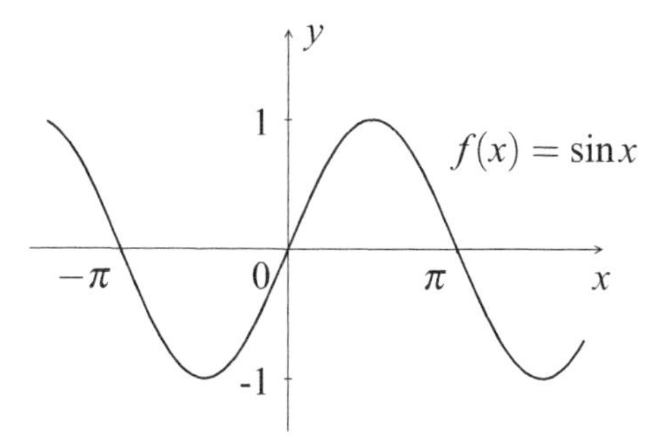

Für die Sinusfunktion gilt $D(f) = \mathbf{R}$, $W(f) = [-1, 1]$, die (unendlich vielen) Nullstellen liegen bei $x_k = k\pi$, $k \in \mathbf{Z}$, die Periode beträgt 2π.

4.7 Näherungsweise Nullstellenbestimmung

Bei der Suche nach den Nullstellen einer Polynomfunktion höheren Grades, d. h. der Ermittlung der Lösungen von Gleichungen der Form

$$a_n x^n + a_{n-1} x^{n-1} + \ldots + a_1 x + a_0 = 0 \tag{4.25}$$

bzw. auch allgemeiner Bestimmungsgleichungen

$$f(x) \stackrel{!}{=} 0\,, \tag{4.26}$$

in denen f eine beliebige stetige Funktion darstellt, stößt man häufig auf das Problem, dass es nicht möglich ist, die exakten Lösungen zu berechnen. Das bedeutet, es ist unmöglich, solche Werte x zu finden, die bei Einsetzen in die linken Seiten von (4.25) bzw. (4.26) exakt den Wert null liefern (*Nullstellen*). Ausnahmen bilden lediglich spezielle Gleichungen, wie z. B. die oben behandelten quadratischen Gleichungen, für die sich die exakten Lösungen explizit mittels einer Formel berechnen lassen.

In anderen Fällen besteht eine Lösungsmöglichkeit mitunter im „Erraten“ bzw. „scharfen Hinsehen“, was aber meist nur dann klappt, wenn es sich um ganzzahlige Lösungen handelt.

Im allgemeinen Fall kann man sich jedoch nur die **näherungsweise Bestimmung** der Lösungen im Rahmen einer vorgegebenen Genauigkeitsschranke zum Ziel setzen. Drei einfache Methoden hierzu werden nachstehend dargestellt. Weitere, effektivere Methoden (etwa das Newtonverfahren) erfordern in der Regel Mittel der Differentialrechnung. Wir beziehen uns im Folgenden auf Beziehung (4.26).

4.7.1 Aufstellen einer Wertetabelle

Diese bereits oben beschriebene Vorgehensweise ermöglicht es, Aussagen über den ungefähren Kurvenverlauf von $f(x)$ zu gewinnen, somit auch über die ungefähre Lage der Nullstellen, d. h. von Lösungen der Gleichung (4.26). Ist man an sehr genauen Lösungen interessiert, muss man in der Nähe derselben möglichst viele Werte berechnen.
Im Übrigen verfügen moderne Taschenrechner oftmals über ein Display, welches die grafische Darstellung von Funktionen gestattet, einschließlich der Möglichkeit, interessierende Ausschnitte zu vergrößern (Zoom).

4.7.2 Intervallhalbierung

Die hier zu beschreibende Methode der Intervallhalbierung wird mitunter auch scherzhaft „Löwenfangmethode" genannt. Der Grund dafür ist folgender. Weiß man etwa, dass eine stetige Funktion f für einen gewissen Wert x_1 einen negativen Funktionswert und für einen zweiten Wert x_2 ($x_1 < x_2$) einen positiven Funktionswert besitzt (s. unten stehende Abbildung), so gibt es (mindestens) einen Argumentwert $x^* \in (x_1, x_2)$ mit $f(x^*) = 0$. Der Punkt x^* ist der „Löwe", den wir fangen wollen; wir wissen bereits, dass er im Intervall (x_1, x_2) „sitzt".

Beispiel für die Nullstellenbestimmung mittels Intervallhalbierung:

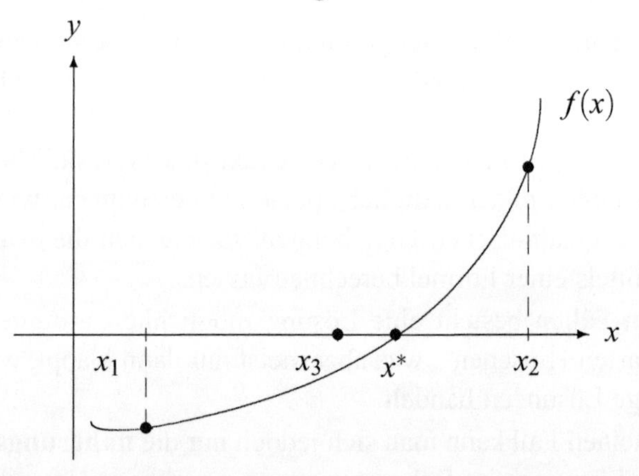

Man beachte, dass wir den in der obigen Abbildung dargestellten Kurvenverlauf ja nicht kennen und nur in der Lage sind, für vorgegebene x-Werte die zugehörigen Funktionswerte $f(x)$ zu bestimmen. Nun wählt man $x_3 = \frac{x_1+x_2}{2}$, den Mittelpunkt des Intervalls $[x_1, x_2]$, und berechnet $f(x_3)$. Gilt dann

$f(x_3) > 0$, so liegt x^* im Intervall (x_1,x_3), ist $f(x_3) < 0$ (so wie in der obigen Abbildung), liegt x^* in (x_3,x_2). Gilt $f(x_3) = 0$, ist unsere Suche nach der Nullstelle beendet, wir haben „den Löwen gefangen".

Das neue Intervall (x_1,x_3) bzw. (x_3,x_2) ist nur noch halb so lang wie das ursprüngliche Intervall (x_1,x_2), der „Löwe" wurde also schon „in die Enge getrieben". Anschließend wird der Suchprozess mit der Halbierung des Intervalls $[x_1,x_3]$ bzw. $[x_3,x_2]$ fortgesetzt, solange, bis die gewünschte Genauigkeit erreicht ist. Der Abbruch kann erfolgen, wenn entweder die Länge des aktuellen Intervalls oder aber der absolute Betrag des aktuellen Funktionswertes kleiner als eine vorgegebene Schranke sind.

Beispiel: Die im Punkt 4.6.2 betrachtete und in der Abbildung auf S. 176 dargestellte Funktion

$$f(x) = 20x^3 - 33x^2 - 108x + 121$$

besitzt offenbar eine im Intervall $(2,3)$ liegende Nullstelle. Um diese möglichst genau zu finden, berechnen wir unter Anwendung der Intervallhalbierungsmethode die folgenden Funktionswerte:

x	2	3	2,5	2,75	2,875	...
y	-67	40	$-42,75$	$-9,625$	13,008	...

Zur Erläuterung: Da z. B. $f(2,5) = -42,75 < 0$ und $f(3) = 40 > 0$ gilt, wird der Funktionswert in der Mitte von 2,5 und 3, d. h. $f(2,75)$, berechnet. Aufgrund dessen, dass $f(2,75) = -9,625 < 0$ ist, wird als nächstes im Intervall $(2,75;3)$ gesucht usw.

4.7.3 Lineare Interpolation

Diese Methode kann in gewissem Sinne als Verfeinerung der Intervallhalbierungsmethode betrachtet werden, indem nicht nur beachtet wird, ob Funktionswerte größer oder kleiner als null sind, sondern ihre absolute Größe in die Rechnung einbezogen wird. Ältere Leser, die in ihrer Schulzeit Wurzeln oder Logarithmen aus Zahlentafeln abgelesen und nicht mit dem Taschenrechner berechnet haben, werden sich an diese Methode noch gut erinnern. Sie erlaubt es, Funktionswerte um eine Kommastelle genauer abzulesen als sie tabelliert sind.

Die Ausgangssituation ist dieselbe wie bei der Intervallhalbierung: Bekannt seien zwei Werte x_1 und x_2, $x_1 < x_2$, für die gilt $f(x_1) < 0$, $f(x_2) > 0$. Das Wesen der linearen Interpolation besteht nun in Folgendem: Die – in ihrem grafischen Verlauf nicht bekannte – Funktion f wird durch die lineare

Funktion (Gerade) ersetzt, welche durch die beiden Punkte $(x_1, f(x_1))$ und $(x_2, f(x_2))$ verläuft. Dann wird der Schnittpunkt x_3 dieser Geraden mit der x-Achse berechnet. Dieser Schnittpunkt wird als Näherungswert für die exakte Nullstelle x^* angesehen (vgl. die nachfolgende Abbildung).

Beispiel für die Nullstellenbestimmung mittels linearer Interpolation:

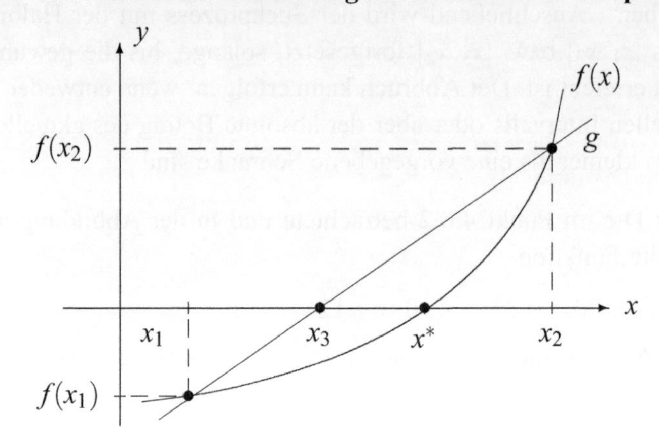

Ist der Näherungswert noch nicht genau genug, wird das Verfahren wiederholt mit x_1 und x_3 bzw. x_3 und x_2 als neuen Ausgangspunkten.
Dem Leser wird empfohlen, selbständig die Gleichung der Geraden g aufzustellen und daraus deren Nullstelle x_3 zu berechnen. Das Resultat lautet:

$$y = g(x) = \frac{f(x_2) - f(x_1)}{x_2 - x_1} \cdot (x - x_1) + f(x_1),$$

$$\boxed{x_3 = x_1 - \frac{x_2 - x_1}{f(x_2) - f(x_1)} \cdot f(x_1)} \qquad (4.27)$$

Beispiel: Wir kehren zu der oben betrachteten Funktion $f(x) = 20x^3 - 33x^2 - 108x + 121$ zurück und wählen als Anfangswerte $x_1 = 2,5$ mit $f(x_1) = -42,75$ und $x_2 = 3$ mit $f(x_2) = 40$. Aus (4.27) ergibt sich mit diesen Werten

$$x_3 = 2,5 - \frac{3 - 2,5}{40 - (-42,75)} \cdot (-42,75) = 2,76.$$

Der zugehörige Funktionswert lautet $f(x_3) = -7,97$. Obwohl dieser Wert noch deutlich von 0 abweicht, könnte man den Suchprozess jetzt abbrechen. Stellt man aber höhere Anforderungen an die Genauigkeit, muss die Nullstellensuche im Intervall $[2,76;3]$ fortgesetzt werden. Zum Vergleich: Die exakte Nullstelle liegt bei $x^* = 2,806$.

Aufgaben

Aufgaben zu Abschnitt 4.1

1. Für die Bearbeitung eines Teils auf einer Maschine gelte die Funktion $y = 0{,}25x + 3$ (y ist die gesamte Bearbeitungsdauer; x gibt die Fertigungsmenge an). Bestimmen Sie die Bearbeitungsdauern für eine Menge von 10, 40, 500 und 2 800 Stück.
2. Die Fläche eines Quadrates wird durch Multiplikation von Länge und Breite bestimmt. Da im Quadrat beide Seiten gleich groß sind, gilt für die Fläche A demnach die Funktion $A = a^2$, wenn $a \geq 0$ die Seitenlänge ist. Wie groß ist die Fläche bei einer Länge bzw. Breite von $4{,}5$; 18; 225 und 879 Metern?
3. Bilden Sie die Umkehrfunktion von

   a) $y = 3x + 12$, b) $y = 4x^2$ für $x \geq 0$,
   c) $y = 15x^3$, d) $\sqrt[3]{5x}$.

Aufgaben zu Abschnitt 4.2

Hinweis: Wählen Sie beim Anfertigen der grafischen Darstellungen für die Koordinatenachsen jeweils geeignete Maßstäbe.

1. Für die Funktion $y = 4x - 6$ ist eine Wertetabelle für alle ganzzahligen Werte der unabhängigen Variablen von -3 bis $+3$ zu bilden. Fertigen Sie aus der gebildeten Wertetabelle eine grafische Darstellung an. Welche Besonderheit tritt hierbei auf?
2. Beim Verkauf eines Produktes wird ein konstanter Verkaufspreis von $3{,}50$ € erzielt. Welcher Umsatz wird bei einer Absatzmenge von 10, 20, 50 und 100 Stück erreicht? Geben Sie einen allgemeinen Ausdruck für die Umsatzfunktion an und stellen Sie diese auch grafisch dar.
3. Ermitteln Sie für die Funktion $y = 7x^2 + 21x - 28$ die zu den folgenden x-Werten gehörigen y-Werte und fertigen Sie eine grafische Darstellung an:

x	-4	-3	$-1{,}5$	0	1	2
y						

4. Erstellen Sie eine Wertetabelle für die Funktion $y = x^3 - 27x + 3$ (für alle ganzzahligen x-Werte von -6 bis $+6$). Stellen Sie die Funktion grafisch dar.
5. Stellen Sie die Funktion $y = x^3 - 3x^2 - 9x + 2$ (für alle ganzzahligen x-Werte von -3 bis $+5$) mittels Wertetabelle und Grafik dar.
6. In einer Einproduktunternehmung gelte die Kostenfunktion $K = 0,1x^3 - 18x^2 + 1\,700x + 20\,000$. Bestimmen Sie die bei einer Fertigungsmenge von 20, 30, 40, 50, 60, 70, 80 und 90 Stück entstehenden Kosten. Fertigen Sie die zugehörige grafische Darstellung an.

Aufgaben zu Abschnitt 4.3

1. Untersuchen Sie die Funktion $y = x^2$ auf Monotonie.
2. Die S-förmige Kostenfunktion $K = \frac{1}{50}x^3 - 6x^2 + 1\,150x + 65\,000$ ist im Intervall $0 \leq x \leq 220$ definiert. Erstellen Sie eine Wertetabelle für $x = 0; 20; 40; \ldots; 220$ und analysieren Sie die Monotonie dieser Funktion.
3. In einem Unternehmen sei die Umsatzfunktion $U = -\frac{1}{8}x^2 + 725x$ ermittelt worden. Das Unternehmen weist eine Kapazitätsgrenze von 4000 Stück auf. Berechnen Sie für folgende Absatzmengen die zugehörigen Umsatzbeträge: $x = 0$; 500; 1000; 2000; 2500; 2900; 3500; 4000. Welche Feststellungen lassen sich im Hinblick auf die Beschränktheit der Umsatzfunktion aus der Wertetabelle ableiten?
4. Fertigen Sie für die Funktion $y = \frac{x+2}{x-2}$ eine Wertetabelle für alle ganzzahligen x-Werte im Intervall $-4 \leq x \leq +4$ an. Stellen Sie anhand der Wertetabelle die Funktion grafisch dar. Welche Erkenntnisse ergeben sich im Hinblick auf die Stetigkeit dieser Funktion?
5. Ein Produkt lässt sich zu einem Stückpreis von 4 € verkaufen. Welche Aussage lässt sich in Bezug auf die Stetigkeit der damit verbundenen Umsatzfunktion aufstellen, wenn das Produkt nicht in beliebigen Bruchteilen absetzbar ist?
6. Untersuchen Sie die Funktion $y = x^2 + 1$ auf Symmetrieeigenschaften.
7. Ist bei der Funktion $y = x^3 + 3$ Symmetrie gegeben?
8. Weshalb hat bei Funktionen, die ökonomische Sachverhalte widerspiegeln, die Symmetrie kaum eine praktische Bedeutung?

Aufgaben zu Abschnitt 4.4

1. Multiplizieren Sie die Funktionen

   a) $y = 7,5x$, b) $y = x^2 + 5$, c) $y = x^3 + 3x$

   jeweils mit den Faktoren $+4$; -1 und -4. Wie wirkt sich die Multiplikation auf die grafische Darstellung aus?

2. Führen Sie bei der Funktion $y = 18x^2 - 9x + 45$ eine Transformation der unabhängigen Variablen x in $t \cdot x$ mit $t = \frac{1}{9}$ durch.

3. Ein Unternehmen hat für das Nachfrageverhalten seiner Abnehmer die Preis-Absatz-Funktion $p = -\frac{1}{12}x + 650$ ermittelt (p kennzeichnet den Stückpreis; x kennzeichnet die Nachfragemenge). Bestimmen Sie mit deren Hilfe die Umsatzfunktion.

4. Für ein Unternehmen gelte die Umsatzfunktion $U = -\frac{1}{8}x^2 + 500x$. Aus kostenrechnerischen Analysen wurde die Kostenfunktion $K = 200x + 70\,000$ bestimmt. Wie lautet die Gewinnfunktion dieses Unternehmens?

5. Berechnen Sie den Durchschnittsertrag bzw. die Durchschnittsertragsfunktion für die ertragsgesetzliche Produktionsfunktion $x = -\frac{1}{20}r^3 + 5r^2 + 8r$ (x = Output; r = Gütereinsatz).

6. Bestimmen Sie für die Kostenfunktion $K = \frac{1}{10}x^3 - 15x^2 + 1\,200x + 30\,000$ die Funktion der

   a) Stückkosten, b) variablen Stückkosten.

7. Bilden Sie die mittelbare Funktion, wenn die äußere Funktion mit $y = f(z) = \sqrt[5]{z}$ gegeben ist und die inneren Funktionen wie folgt lauten: $z = g(w) = w^3$; $w = h(x) = 2x - 3$.

Aufgaben zu Abschnitt 4.5

1. Ein Unternehmen produziert und vertreibt zwei Produkte. Für Produkt 1 beträgt der Verkaufspreis 3 € und für Produkt 2 5 €. Bestimmen Sie die Umsatzfunktion für dieses Unternehmen. Stellen Sie eine Wertetabelle für Verkaufsmengen von jeweils 0, 1, 2 bzw. 3 Einheiten auf und fertigen Sie eine grafische Darstellung dieser Umsatzfunktion an.

2. Erstellen Sie eine Wertetabelle für die Cobb-Douglas-Funktion $P = \alpha A^{\beta} \cdot K^{\gamma}$ mit $\alpha = 2$, $\beta = \frac{2}{3}$ und $\gamma = \frac{1}{3}$ für folgende Wertepaare von (A,K): $(0,0)$, $(1,0)$, $(0,1)$, $(1,1)$, $(2,2)$, $(2,3)$, $(3,3)$.

Aufgaben zu Abschnitt 4.6

1. Geben Sie für die folgenden Beispiele an, um welche Art von Funktion es sich jeweils handelt:

   a) $y = 2x^n - 5$, b) $y = \ln x^2$, c) $y = 5x_1 + 4x_2 + 2$,
   d) $y = \sqrt[3]{x}$, e) $y = x^4$, f) $y = \frac{5x}{2-x^2}$,
   g) $y = 2x^3 - 14x^2 + 8x + 0,5$.

2. Welche Koeffizienten einer allgemeinen Polynomfunktion müssen den Wert null annehmen, damit sich eine kubische Funktion ergibt?

3. Geben Sie die Steigung folgender linearer Funktionen an:

   a) $y = 4,5x + 5$, b) $y = x + 15$, c) $3y - 5x + 21 = 0$.

4. Stellen Sie mit Hilfe der Angaben zur Steigung und zum Achsenabschnitt folgende Funktionen grafisch dar (wählen Sie auch hier wieder einen geeigneten Maßstab für die Achsen):

   a) $y = -3x + 1,5$, b) $y = -x - 3$, c) $y = 4x - 9$.

5. Stellen Sie folgende lineare Funktionen grafisch unter Bestimmung zweier beliebiger Punkte dar:

   a) $y = -\frac{1}{2}x + \frac{5}{2}$, b) $y = \frac{3}{4}x + 3$.

6. Bestimmen Sie die Funktion der Auftragszeit für folgenden Auftrag: Auftragsmenge x, Rüstzeit von 70 Minuten, Ausführungszeit von 12 Minuten je Stück. Stellen Sie diese Funktion grafisch dar.

7. Entwickeln Sie aus folgenden Angaben eine (Leontief-) Produktionsfunktion:

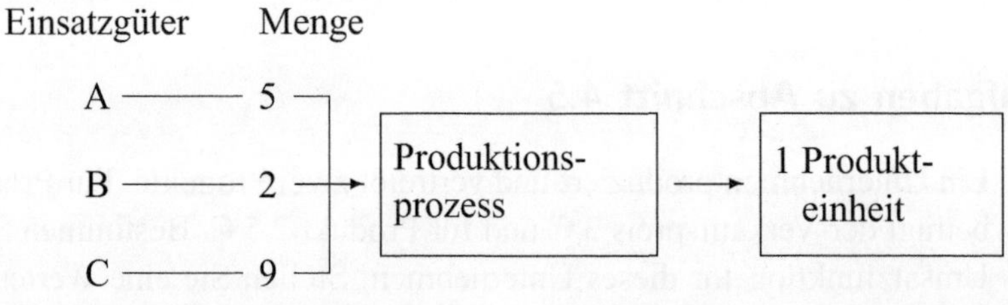

Einsatzgüter	Menge
A	5
B	2
C	9

   → Produktionsprozess → 1 Produkteinheit

8. Bestimmen Sie den Scheitelpunkt der nachstehenden quadratischen Funktionen:

   a) $y = -3x^2 + 15x + 56,25$, b) $y = 0,5x^2 - 10x + 12$.

9. In einer Unternehmung entstehen fixe Kosten in Höhe von 450 €. Für

die Produktion und den Absatz einer Produkteinheit x fallen Kosten in Höhe von $0,6x$ Euro an. Die Kapazitätsgrenze liegt bei 50 Einheiten. Erstellen Sie aus diesen Angaben die zugehörige Kostenfunktion. Fertigen Sie eine Wertetabelle an (für x-Werte von 0 bis 50 in Zehnerabständen) und zeichnen Sie das grafische Bild dieser Funktion. Um welche Art von Funktion handelt es sich hierbei?

10. Bestimmen Sie für die quadratischen Funktionen die Achsenabschnitte auf der x-Achse und auf der y-Achse:

    a) $y = -0,3x^2 + 4x + 7,5$, b) $y = 0,4x^2 - 8x - 22,5$.

11. Erstellen Sie für die kubische Funktion $y = 2x^3 - 8x^2 + 8x - 7$ eine Wertetabelle für $x = -1;\ 0;\ 0,5;\ 0,67;\ 1;\ 1,33;\ 2;\ 2,5;\ 3$ und bestimmen Sie das grafische Bild dieser Funktion.

12. Berechnen Sie für die Gesamtkostenfunktion $K = \frac{1}{20}x^3 - 9x^2 + 1\,680x + 42\,000$ die Stückkosten für eine Menge von $x = 10$ und $x = 80$.

13. Untersuchen Sie die Funktion $y = \frac{x+3}{2x^2-5x+3}$ auf Polstellen und bestimmen Sie diese.

14. Stellen Sie die Funktion $y = \frac{8x^2+6x+10}{x+4}$ als Wertetabelle für $x = -10;\ -5;\ -4;\ -3;\ -1;\ 0;\ 1;\ 5$ und grafisch dar.

15. Bestimmen Sie mit Hilfe der Partialdivision die Asymptote der Funktion $y = \frac{2x^2+6x+5}{x+3}$.

16. Prüfen Sie, ob $y = \frac{x^2-4}{5x^2-8x-4}$ eine hebbare Unstetigkeit besitzt.

17. Untersuchen Sie für die Funktionen a) $y = \sqrt{x-5}$ und b) $y = \sqrt{x+1}$ den Definitionsbereich jeder Funktion. Stellen Sie für die jeweils ersten sieben ganzzahligen Werte der unabhängigen Variablen x eine Wertetabelle auf und zeichnen Sie das grafische Bild beider Funktionen.

18. Fertigen Sie jeweils eine Wertetabelle für die Funktion $y = e^{x+1}$ und $y = e^{x^2-2}$ für alle ganzzahligen x-Werte von -3 bis $+3$ an.

19. Bilden Sie eine Wertetabelle für die Funktionen

    $y = \ln(x+3)$ für $x = -2;\ -1;\ 0;\ 1;\ 2;\ 3;\ 5;$

    $y = \log(2x)$ für $x = 0,1;\ 0,5;\ 1;\ 5;\ 10;\ 50;\ 100;$

    $y = \log(5x^2)$ für $x = 0,1;\ 0,5;\ 1;\ 2;\ 5;\ 10;\ 20.$

Aufgaben zu Abschnitt 4.7

1. Ermitteln Sie für die Funktion $y = x^3 - 27x + 3$ auf der Basis der bereits erstellten Wertetabelle (siehe Aufgabe 4 zu Abschnitt 4.2) die Nullstelle(n) mittels (dreimaliger) Intervallhalbierung.

2. Berechnen Sie mittels (einmaliger) linearer Interpolation die Nullstelle(n) für die Funktion $y = x^3 - 3x^2 - 9x + 2$ unter Zugrundelegung der bereits ermittelten Wertetabelle (siehe Aufgabe 5 zu Abschnitt 4.2).

5 Differentialrechnung

Untersuchungsobjekt dieses Kapitels sind Funktionen (einer bzw. mehrerer Variablen), die sowohl für den Wirtschaftspraktiker als auch für den Wirtschaftswissenschaftler von Bedeutung sind. Eine zentrale Stellung unter den mathematischen Hilfsmitteln zur Untersuchung der Eigenschaften von Funktionen nimmt der Begriff des Differentialquotienten bzw. der Ableitung einer Funktion ein, der ein Kernstück der Differentialrechnung bildet. Als Bestandteil der Infinitesimalrechnung, d. h. der Rechnung mit unendlich kleinen Größen, ist diese für die Mathematik und ihre Anwendungen unverzichtbar geworden.

Während es beim Begriff der Stetigkeit (s. o. Punkt 4.3.3) auf das qualitative Verhalten einer Funktion ankam, d. h. darauf, ob bei einer kleinen Änderung des Argumentwertes x eine ebenfalls nur kleine Veränderung des Funktionswertes y (Stetigkeit) oder ein sprunghaftes Verhalten des Funktionsverlaufs (Unstetigkeit) erfolgt, so interessieren jetzt die Größen der Funktionswertänderung, d. h. das quantitative Verhalten. In diesem Zusammenhang ist der Begriff der *Steigung* einer Funktion in einem Punkt ihres Definitionsbereiches von Wichtigkeit.

5.1 Steigung von Funktionen

Unter der *Steigung* (dem *Anstieg*) einer Funktion $f(x)$ *im Punkt* x_0 wird die Steigung der Tangente an die Kurve in diesem Punkt verstanden. Dabei wird natürlich vorausgesetzt, dass im Punkt x_0 eine Tangente existiert. Um also die Steigung einer Funktion in einem vorgegebenen Punkt zu bestimmen, muss man die Tangente untersuchen und deren Steigung berechnen, was zum so genannten *Tangentenproblem* führt. Dieses wird zunächst für einen festen Punkt x_0 gelöst, anschließend aber auf beliebige x-Werte verallgemeinert.

Betrachtet werde eine Kurve $y = f(x)$ im zweidimensionalen Raum, die in einem rechtwinkligen (x,y)-Koordinatensystem eingezeichnet sei (siehe die Abbildung auf S. 194). Zunächst betrachtet man die beiden Punkte $(x_0, f(x_0))$ und $(x_0 + \Delta x, f(x_0 + \Delta x))$, wobei davon ausgegangen wird, dass der Zuwachs Δx des Arguments eine kleine Größe sei. Durch diese beiden Punkte wird eine Gerade gelegt; sie schneidet die Kurve in den Punkten $(x_0, f(x_0))$ und $(x_0 + \Delta x, f(x_0 + \Delta x))$ und wird als *Sekante* der Kurve durch diese beiden Punkte bezeichnet.

Beispiel für Anstieg der Sekante bzw. Differenzenquotient:

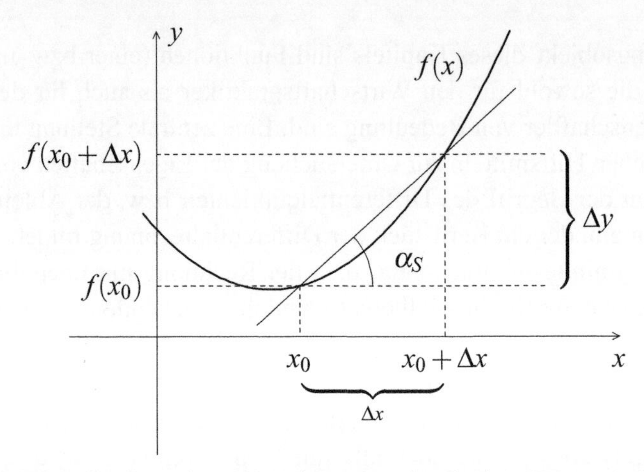

Diese Sekante besitzt einen Anstieg, der durch den Tangens des Winkels α_S definiert ist (vgl. Abschnitt 1.9); α_S ist dabei der Winkel zwischen der x-Achse des Koordinatensystems und der Sekante. Dieser Anstieg beträgt

$$\boxed{\tan \alpha_S = \frac{\Delta y}{\Delta x} = \frac{f(x_0 + \Delta x) - f(x_0)}{\Delta x}} \tag{5.1}$$

Der Wert $\Delta y = f(x_0 + \Delta x) - f(x_0)$ gibt die Änderung des Funktionswertes, d. h. der abhängigen Variablen y, bei Änderung des Argumentwertes, d. h. der unabhängigen Variablen x, um Δx an. Der Ausdruck (5.1) heißt entsprechend *Differenzenquotient* und gibt die durchschnittliche Steigung der Funktion $f(x)$ im Intervall $[x_0, x_0 + \Delta x]$, aber noch nicht die Steigung der Funktion $f(x)$ im Punkt x_0 an. Verkleinert man nun jedoch Δx immer mehr, so dass sich das Argument $x_0 + \Delta x$ dem Argument x_0 annähert, wird die Angabe über die durchschnittliche Steigung von $f(x)$ zunehmend genauer; die jeweiligen Sekanten nähern sich dabei immer mehr der *Tangente* an. Im Grenzfall, d. h. beim Grenzübergang $\Delta x \to 0$, gehen die Sekanten in die Tangente der Funktion $f(x)$ im Punkt x_0 über (siehe Abb. auf S. 195).

Folglich ergibt sich die Steigung der Tangente mit dem Steigungswinkel α_T als Grenzwert der Steigungen der Sekanten:

$$\tan \alpha_T = \lim_{\Delta x \to 0} \frac{\Delta y}{\Delta x} = \lim_{\Delta x \to 0} \frac{f(x_0 + \Delta x) - f(x_0)}{\Delta x} \tag{5.2}$$

Beispiel für Anstieg der Tangente bzw. Differentialquotient:

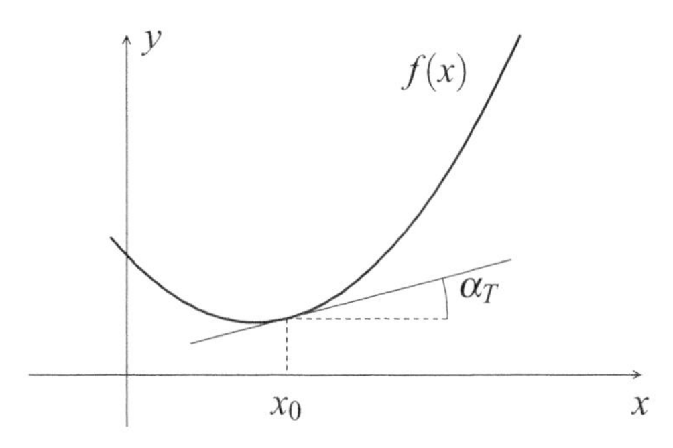

Der Ausdruck (5.2) ist der Grenzwert des Differenzenquotienten (5.1) und wird als *Differentialquotient* oder *(erste) Ableitung* der Funktion $f(x)$ im Punkt x_0 bezeichnet. Der Differentialquotient beschreibt die quantitative Änderung des Funktionswertes der Funktion $f(x)$ (in Abhängigkeit vom Wert der unabhängigen Variablen) bei Änderung der unabhängigen Variablen x. Besitzt die Funktion $f(x)$ im Punkt x_0 eine Tangente, so lässt sich der Differentialquotient in diesem Punkt berechnen; die Funktion heißt dann in diesem Punkt *differenzierbar*.

Beispiel: Es soll der Anstieg der Funktion $y = f(x) = x^2$ im Punkt $(x_0, f(x_0)) = (3, 9)$ berechnet werden. Entsprechend der Grenzwertbeziehung (5.2) ergibt sich:

$$\lim_{\Delta x \to 0} \frac{(3+\Delta x)^2 - 3^2}{\Delta x} = \lim_{\Delta x \to 0} \frac{9 + 6\Delta x + (\Delta x)^2 - 9}{\Delta x} = \lim_{\Delta x \to 0} (6 + \Delta x) = 6.$$

Die Steigung der Tangente an den Graphen der Funktion $f(x) = x^2$ (und somit die Steigung der Funktion) hat im betrachteten Punkt den Wert $\tan \alpha = 6$.

Für den Differentialquotienten als Grenzwert des Differenzenquotienten gibt es verschiedene gleichwertige Schreibweisen:

$$\lim_{\Delta x \to 0} \frac{\Delta y}{\Delta x} = \frac{\mathrm{d}y}{\mathrm{d}x} = \frac{\mathrm{d}f(x_0)}{\mathrm{d}x} = y' = f'(x)|_{x=x_0} \tag{5.3}$$

(Sprechweise: „dy nach dx“, „df nach dx an der Stelle x_0“, „y Strich“, „f Strich von x an der Stelle x_0“).

In der wirtschaftswissenschaftlichen Literatur wird anstelle von Differentialquotient oder erster Ableitung meist von einer *Grenzgröße* (Grenzkosten, Grenzumsatz, Grenzertrag, Grenzgewinn, ...) bzw. im gleichen Sinne von einer *marginalen* Größe (marginale Sparquote, marginale Konsumquote, ...) gesprochen.
Die Berechnung des Differentialquotienten über die Grenzwertbetrachtung (5.2) ist im Allgemeinen relativ aufwändig, wie nachstehend an einem Beispiel demonstriert werden soll.

Beispiel: $y = f(x) = x^2$

$$f'(x) = \lim_{\Delta x \to 0} \frac{f(x+\Delta x) - f(x)}{\Delta x} = \lim_{\Delta x \to 0} \frac{(x+\Delta x)^2 - x^2}{\Delta x}$$

$$= \lim_{\Delta x \to 0} \frac{x^2 + 2x\Delta x + (\Delta x)^2 - x^2}{\Delta x} = \lim_{\Delta x \to 0} (2x + \Delta x) = 2x$$

Für die Funktion $y = x^2$ ergibt sich also als erste Ableitung $y' = 2x$. Auch die erste Ableitung ist in diesem Falle von x abhängig und somit selbst eine Funktion von x.
Aus dem Ergebnis $y' = 2x$ lassen sich beispielsweise folgende Aussagen ableiten: Die Funktion besitzt im Punkt $x = -0,5$ den Anstieg -1, während sie im Punkt $x = 1$ den Anstieg 2 aufweist (vgl. die unten stehende Abbildung). Diese Anstiege erhält man durch Einsetzen der konkreten x-Werte in die Funktion $y' = f'(x)$.

Beispiel für die Ableitung als Anstieg der Tangente:

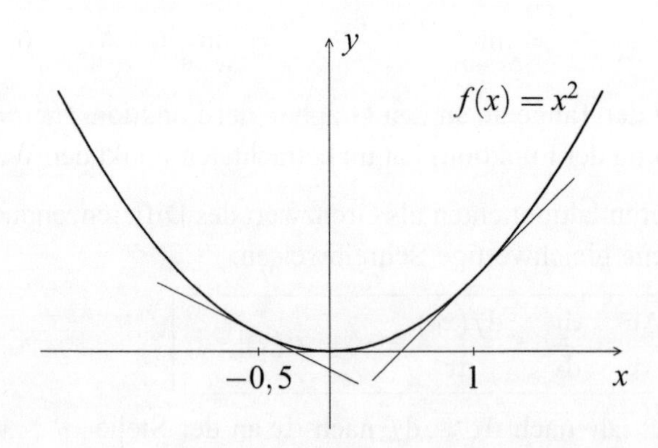

Der Differentialquotient $\frac{dy}{dx}$ besitzt zwar die Form eines Quotienten, ist aber kein Quotient, sondern der Grenzwert des Differenzenquotienten $\frac{\Delta x}{\Delta y}$, mithin ein unbestimmter Ausdruck der Form $\frac{0}{0}$. Trotzdem kann man unter bestimmten Voraussetzungen mit dem Differentialquotienten wie mit einem tatsächlichen Quotienten rechnen.
Neben dem Differentialquotienten $\frac{dy}{dx} = f'(x_0)$ ist auch der Ausdruck $dy = f'(x_0)\Delta x$ von Bedeutung, der als *Differential* der Funktion $f(x)$ im Punkt x_0 bezeichnet wird. Dieses stellt bei einer differenzierbaren Funktion den Hauptanteil der Funktionswertänderung dar, wenn x_0 um Δx geändert wird.

Beispiel für ein Differential:

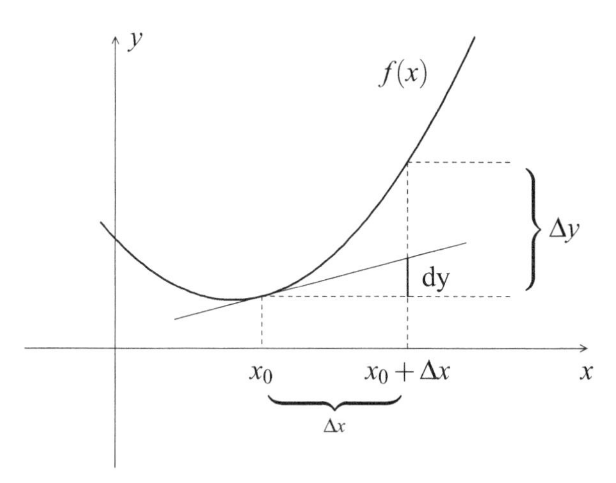

Das Differential dy stellt somit bei Veränderung der Größe x_0 um Δx die Veränderung (den Zuwachs) dar, der entsteht, wenn man den Graphen der Funktion f durch die Tangente im Punkt $(x_0, f(x_0))$ ersetzt. Damit beschreibt näherungsweise die exakte Funktionswertänderung Δy:

$$\boxed{\Delta y = f(x_0 + \Delta x) - f(x_0) \approx dy = f'(x_0) \cdot \Delta x} \qquad (5.4)$$

Beispiel: $y = f(x) = x^2$

Für $x_0 = 20$ und $x_0 + \Delta x = 21$, d. h., $\Delta x = 1$, ergeben sich die Funktionswerte $f(x_0) = 400$ und $f(x_0 + \Delta x) = 441$, die exakte Differenz beträgt somit $\Delta y = 41$. Aus der Beziehung (5.4) erhält man mit Hilfe der oben ermittelten Ableitung für die Funktion $y = x^2$ wegen $f'(x_0) = 2x_0 = 40$ den näherungsweisen Funktionswertzuwachs

$$\Delta y \approx f'(x_0) \cdot \Delta x = 40 \cdot 1 = 40.$$

Tatsächlich wurden für die wichtigsten Funktionen (Grundfunktionen) bereits vor etwa drei Jahrhunderten Ableitungen mit Hilfe derartiger Grenzwertbetrachtungen berechnet. Daher liegen sie heute in festen Differentiationsregeln für diese Grundfunktionen vor; ebenso existieren Regeln zur Berechnung der Ableitungen von zusammengesetzten Funktionen, die eine relativ einfache Ermittlung der jeweiligen Ableitungen gestatten. Darauf wird im nächsten Abschnitt eingegangen.

5.2 Differentiationsregeln

In den folgenden Punkten werden die ersten Ableitungen wichtiger Grundfunktionen, die Rechenregeln für das Ableiten zusammengesetzter Funktionen sowie die Frage so genannter höherer Ableitungen und die Differentiation von Funktionen mehrerer Veränderlicher behandelt.

5.2.1 Die Ableitung von Grundfunktionen

Einige Grundfunktionen sind gemeinsam mit ihren (ersten) Ableitungen in der nachstehenden Tabelle zusammengestellt. Wir beschränken uns dabei auf die für wirtschaftswissenschaftliche Anwendungen wichtigsten Funktionen, die bereits in Abschnitt 4.6 behandelt wurden.

Name	Funktion	Erste Ableitung	Bedingungen
Potenzfunktion	x^n	$n \cdot x^{n-1}$	x bel., $n \in \mathbf{N}$ (bzw. $n \in \mathbf{R}$)
speziell:	$\sqrt{x} = x^{1/2}$	$\frac{1}{2}x^{-1/2} = \frac{1}{2\sqrt{x}}$	$x > 0$
	$\frac{1}{x^n} = x^{-n}$	$-nx^{-n-1} = -\frac{n}{x^{n+1}}$	$x \neq 0$
Exponentialfunktion	a^x	$a^x \ln a$	$a > 0, a \neq 1$
speziell:	e^x	e^x	
Logarithmusfunktion	$\ln x$	$\frac{1}{x}$	$x > 0$
Winkelfunktionen	$\sin x$	$\cos x$	
	$\cos x$	$-\sin x$	
	$\tan x$	$1 + \tan^2 x$	$x \neq (2k+1)\frac{\pi}{2},\ k \in \mathbf{Z}$
	$\cot x$	$-\left(1 + \cot^2 x\right)$	$x \neq k\pi,\ k \in \mathbf{Z}$

5.2.2 Rechenregeln für das Ableiten zusammengesetzter Funktionen

In den folgenden Ausdrücken sollen $u(x)$ und $v(x)$ die einzelnen Bestandteile (Summanden, Faktoren usw.) zusammengesetzter Funktionen und a einen konstanten Faktor darstellen. Mit $u'(x)$ und $v'(x)$ (bzw. kurz u', v') werden die jeweiligen, für sich berechneten Ableitungen dieser Funktionsbestandteile bezeichnet.

Regel	Funktion	Ableitung
Konstanter Faktor	$a \cdot u(x)$	$a \cdot u'(x)$
Summenregel	$u(x) + v(x)$	$u'(x) + v'(x)$
	$u(x) - v(x)$	$u'(x) - v'(x)$
Produktregel	$u(x) \cdot v(x)$	$u' \cdot v + u \cdot v'$
Quotientenregel	$\frac{u(x)}{v(x)}$	$\frac{u'v - uv'}{v^2}$
Kettenregel	$y = u(z),\ z = v(x)$	$u'(z) \cdot v'(x)$

Im letzten Fall ist $f(x) = u(v(x))$ eine *mittelbar* von x abhängige Funktion, die mit Hilfe der (äußeren) Funktion $u(z)$ sowie der Substitution $z = v(x)$ (innere Funktion) erklärt ist; entsprechend heißen $u'(z) = \frac{du}{dz}$ die *äußere* und $v'(x) = \frac{dv}{dx}$ die *innere* Ableitung.

Beispiele:

1) (Konstanter Faktor)
$f(x) = 3x^2, \qquad f'(x) = 3 \cdot 2x = 6x$

2) (Summenregel)
$f(x) = 3x^2 + 4x^3 + 7, \qquad f'(x) = 6x + 12x^2$

3) (Produktregel)
$f(x) = x \cdot x^{\frac{1}{2}}, \qquad f'(x) = 1 \cdot x^{\frac{1}{2}} + x \cdot \frac{1}{2}x^{-\frac{1}{2}} = \frac{3}{2}x^{\frac{1}{2}}$

4) (Quotientenregel)
$f(x) = \frac{x-1}{x+1}, \qquad f'(x) = \frac{1 \cdot (x+1) - (x-1) \cdot 1}{(x+1)^2} = \frac{2}{(x+1)^2}$

5) (Kettenregel)
$f(x) = (2x+1)^2, \qquad f'(x) = 2 \cdot (2x+1) \cdot 2 = 8x + 4$

Im letzten Beispiel wurde $z = v(x) = 2x + 1$ und somit $u(z) = z^2$ gesetzt.

Damit ergibt sich $v'(x) = 2$, $u'(z) = 2z$ und folglich $f'(x) = 2z \cdot 2 = 4z = 4(2x+1) = 8x+4$.

Allgemeiner Hinweis: Bei zusammengesetzten Funktionen besteht teilweise die Möglichkeit, durch geeignete Umformung der Funktionen auch andere Regeln heranziehen zu können, z. B. in Beispiel 3) durch Zusammenfassung zu $f(x) = x^{3/2}$, in Beispiel 4) durch Umformung in $f(x) = (x-1)(x+1)^{-1}$ und Anwendung der Produktregel und in Beispiel 5) durch Ausmultiplizieren. Ferner hat die Wahl der anzuwendenden Regel Auswirkungen auf den Rechenaufwand. So ist es z. B. günstiger, für die Ableitung der Funktion $f(x) = \frac{1}{x}$ nicht die Quotientenregel zu benutzen, sondern die Funktion in die Potenzschreibweise $f(x) = x^{-1}$ umzuformen und danach die Regel zur Ableitung von Potenzfunktionen anzuwenden.

5.2.3 Höhere Ableitungen

Bereits bei der Grenzwertbetrachtung zur Ermittlung der Ableitung von $f(x) = x^2$ im Abschnitt 5.1 wurde darauf hingewiesen, dass die Ableitung $f'(x)$ einer Funktion $f(x)$ wiederum eine Funktion von x ist (auch eine Konstante kann man als Funktion auffassen). Nimmt man nun diese Funktion als Ausgangspunkt, d. h., setzt man

$$f'(x) = g(x)$$

und differenziert diese Funktion $g(x)$ wieder, sofern dies möglich ist, kommt man zur ersten Ableitung $g'(x)$ der Funktion $g(x)$. Diese Funktion $g'(x)$ wird *zweite Ableitung* von $f(x)$ genannt und mit $f''(x)$ bezeichnet. Andere Schreibweisen lauten

$$y'', \quad \frac{\mathrm{d}^2 y}{\mathrm{d}x^2} \quad \text{oder} \quad \frac{\mathrm{d}^2 f(x)}{\mathrm{d}x^2}$$

(lies: „y Zweistrich“, „d zwei y nach dx^2“). Soweit erforderlich und möglich, können daraus weitere höhere Ableitungen gebildet werden: dritte, vierte usw. Das Prinzip ist jeweils dasselbe: die nächsthöhere Ableitung wird stets aus der vorhergehenden gewonnen, indem man letztere als Ausgangsfunktion auffasst und diese unter Anwendung der Differentiationsregeln ableitet. Ab der 4. Ableitung ist es dabei üblich, zur Kennzeichnung der Ableitung anstelle der Striche in Klammern gesetzte Ziffern zu verwenden.

Höhere Ableitungen, vor allem zweite und dritte Ableitungen, spielen bei der Diskussion von Kurven eine wichtige Rolle, insbesondere bei der Ermittlung von Extremstellen und Wendepunkten. Darauf wird im Abschnitt 5.3 eingegangen.

Beispiel:

$$\begin{aligned} f(x) &= 4x^4+2x^2+6x+5 \\ f'(x) &= 16x^3+4x+6 \\ f''(x) &= 48x^2+4 \\ f'''(x) &= 96x \\ f^{(4)}(x) &= 96 \\ f^{(5)}(x) &= 0 \end{aligned}$$

Das Beispiel zeigt, dass bei einer Potenzfunktion n-ten Grades mit $n \in \mathbf{N}$ (hier: $n=4$) alle Ableitungen ab der $(n+1)$-ten gleich null sind. Anders ist es z. B. bei Potenzfunktionen mit negativem Exponenten.

Beispiel:

$$\begin{aligned} f(x) &= 4x^{-4} \\ f'(x) &= -16x^{-5} \\ f''(x) &= 80x^{-6} \\ f'''(x) &= -480x^{-7} \\ f^{(4)}(x) &= 3360x^{-8} \\ f^{(5)}(x) &= -26880x^{-9} \end{aligned}$$

5.2.4 Differentiation von Funktionen mehrerer Variablen

Bisher wurde der Fall betrachtet, dass die Funktion y von einer Veränderlichen x abhing. Im Folgenden werden Funktionen von n unabhängigen Variablen betrachtet. Ausgangspunkt sind also Funktionen der Form

$$y = f(x_1, x_2, \ldots, x_n),$$

die in Abschnitt 4.5 erläutert wurden.

Auch in diesem Fall liefert die Differentialrechnung Möglichkeiten zur Beschreibung des quantitativen Verhaltens einer Funktion. Wie im Falle einer Veränderlichen geht es darum, Aussagen über die Funktionswertänderung zu erhalten, wenn sich das Argument um einen unendlich kleinen Betrag verändert. Zu beachten ist dabei jedoch, dass das Argument in diesem Fall aus n unabhängigen Variablen $x_1, x_2, \ldots, x_n$ besteht, die bei ihrer Variation in unterschiedlichem Maße zur Funktionswertänderung beitragen.

Bei Funktionen von mehreren Veränderlichen $x_1, x_2, \ldots, x_n$ müssen daher die Begriffe Ableitung und Differential, soweit wir sie bisher kennengelernt haben, in geeigneter Weise modifiziert werden. Der entscheidende Punkt dabei ist, dass man zunächst nur die Veränderung einer Variablen betrachtet und die sich dabei ergebende Funktionswertveränderung ermittelt. Auf diese Weise kommt man zu den Begriffen „partielle Ableitung" und „totales Differential".

Betrachtet man die Funktion $y = f(x_1, x_2, \ldots, x_n)$, so gibt die *partielle Ableitung nach der Variablen* x_1, die mit

$$\frac{\partial f(x_1, x_2, \ldots, x_n)}{\partial x_1} \quad (\text{oder kurz } \frac{\partial f}{\partial x_1})$$

bezeichnet wird (lies „df nach dx_1"), an, wie sich der Funktionswert von $f(x_1, x_2, \ldots, x_n)$ ändert, wenn allein die Variable x_1 geändert wird, während alle übrigen unabhängigen Variablen als unverändert, d. h. als konstant, angesehen werden.

Analog definiert man die partiellen Ableitungen nach den übrigen Variablen. Für eine Funktion $f(x_1, x_2, \ldots, x_n)$ von n unabhängigen Variablen gibt es somit n verschiedene (erste) partielle Ableitungen $\frac{\partial f}{\partial x_i}, i = 1, \ldots, n$. Dabei wird natürlich vorausgesetzt, dass die partiellen Ableitungen auch tatsächlich existieren. Die Berechnung der partiellen Ableitungen erfolgt gemäß den Differentiationsregeln für Funktionen einer Variablen, wobei – wie bereits gesagt – nur die jeweilige Variable x_i als veränderlich, die anderen Variablen als konstante Größen angesehen werden, was bei der Anwendung der Differentiationsregeln entsprechend berücksichtigt werden muss (die übrigen Variablen werden dann zu konstanten Faktoren oder Absolutgliedern).

Beispiele für partielle Ableitungen erster Ordnung:

1) $f(x_1, x_2) = x_1^2 + 3x_1x_2 + 4x_1 + x_2;$

$$\frac{\partial f(x_1,x_2)}{\partial x_1} = 2x_1 + 3x_2 + 4, \qquad \frac{\partial f(x_1,x_2)}{\partial x_2} = 3x_1 + 1$$

2) Ertragsgesetzliche Produktionsfunktion mit zwei Einsatzgütern (x – Ertrag bzw. Ausbringungsmenge; r_1, r_2 – Einsatzmengen; man beachte, dass hier x als abhängige Variable auftritt):

$$x = x(r_1, r_2) = -\tfrac{1}{160000} r_1^3 r_2^3 + \tfrac{1}{80} r_1^2 r_2^2 + \tfrac{2}{5} r_1 r_2 + 2r_1 + r_2;$$

$$\frac{\partial x}{\partial r_1} = -\tfrac{3}{160000} r_1^2 r_2^3 + \tfrac{1}{40} r_1 r_2^2 + \tfrac{2}{5} r_2 + 2,$$

$$\frac{\partial x}{\partial r_2} = -\tfrac{3}{160000} r_1^3 r_2^2 + \tfrac{1}{40} r_1^2 r_2 + \tfrac{2}{5} r_1 + 1.$$

Oben hatten wir für Funktionen einer Veränderlichen das Differential als Ausdruck des näherungsweisen Zuwachses einer Funktion in der Umgebung eines festen Punktes definiert. Eine analoge Konstruktion ist auch für Funktionen mehrerer Variablen möglich. So ist das *totale* oder *vollständige Differential* einer Funktion $y = f(x_1, x_2, \ldots, x_n)$ erklärt als

$$\boxed{\mathrm{d}y = \sum_{i=1}^{n} \frac{\partial f}{\partial x_i} \cdot \mathrm{d}x_i}$$

und gibt die Änderung des Funktionswertes bei (infinitesimal kleiner) Änderung $\mathrm{d}x_i$ sämtlicher unabhängigen Variablen x_i an. Es ergibt sich als Summe der Produkte aus den partiellen Ableitungen multipliziert mit den Änderungsraten $\mathrm{d}x_i$ der unabhängigen Variablen. Geht man zu endlichen Zuwächsen Δx über, liefert das totale Differential eine Näherung für die Veränderung des Funktionswertes.

Schließlich sind für Funktionen mehrerer Variablen auch analoge Betrachtungen wie im Falle einer Veränderlichen im Hinblick auf höhere Ableitungen möglich. Man hat dabei zunächst die partiellen Ableitungen erster Ordnung bezüglich einer Variablen und danach deren partielle Ableitungen bezüglich einer weiteren, beliebigen Variablen zu bilden. Damit gibt es insgesamt n^2 *partielle Ableitungen zweiter Ordnung*. Beispielsweise lassen sich für die oben betrachtete ertragsgesetzliche Produktionsfunktion $x = x(r_1, r_2) = -\frac{1}{160000} r_1^3 r_2^3 + \frac{1}{80} r_1^2 r_2^2 + \frac{2}{5} r_1 r_2 + 2r_1 + r_2$ folgende partielle Ableitungen zweiter Ordnung bilden:

$$\frac{\partial^2 x}{\partial r_1^2} = \frac{\partial}{\partial r_1}\left(\frac{\partial x}{\partial r_1}\right) = -\frac{3}{80000} r_1 r_2^3 + \frac{1}{40} r_2^2,$$

$$\frac{\partial^2 x}{\partial r_1 \partial r_2} = \frac{\partial}{\partial r_2}\left(\frac{\partial x}{\partial r_1}\right) = -\frac{9}{160000} r_1^2 r_2^2 + \frac{1}{20} r_1 r_2 + \frac{2}{5},$$

$$\frac{\partial^2 x}{\partial r_2 \partial r_1} = \frac{\partial}{\partial r_1}\left(\frac{\partial x}{\partial r_2}\right) = -\frac{9}{160000} r_1^2 r_2^2 + \frac{1}{20} r_1 r_2 + \frac{2}{5},$$

$$\frac{\partial^2 x}{\partial r_2^2} = \frac{\partial}{\partial r_2}\left(\frac{\partial x}{\partial r_2}\right) = -\frac{3}{80000} r_1^3 r_2 + \frac{1}{40} r_1^2$$

(lies: „d zwei x nach $\mathrm{d}r_1$ Quadrat“, „d zwei x nach $\mathrm{d}r_1$, $\mathrm{d}r_2$“, ...).

Partielle Ableitungen höherer (insbesondere zweiter) Ordnung spielen eine wichtige Rolle in der Extremwertrechnung für Funktionen mehrerer Variablen, deren Behandlung allerdings den Rahmen des vorliegenden Buches übersteigt.

5.3 Kurvendiskussion

5.3.1 Elemente einer Kurvendiskussion

Unter einer Kurvendiskussion versteht man die umfassende Analyse von Funktionen (Kurven). Zu den Bestandteilen einer Kurvendiskussion gehören insbesondere

- die Bestimmung des Definitionsbereichs $D(f)$ und eventuell des Wertebereichs $W(f)$
- die Bestimmung der Schnittpunkte mit den Koordinatenachsen, d. h. der Nullstellen der Funktion sowie der Schnittstelle der Funktion mit der y-Achse
- die Untersuchung des Verhaltens der Kurve an Polstellen (soweit vorhanden; vgl. Punkt 4.6.3), und des Verhaltens der Kurve im Unendlichen
- die Angabe von Monotoniebereichen (siehe Punkt 4.3.1
- die Berechnung von Extrempunkten (siehe Punkt 5.3.2)
- die Ermittlung von Wendepunkten (siehe Punkt 5.3.2)
- die grafische Darstellung der Funktion.

Weitere Untersuchungen können Symmetrie- und Stetigkeitseigenschaften etc. gewidmet sein (vgl. Abschnitt 4.3 zu Eigenschaften von Funktionen).

Das Ziel einer derartigen Kurvendiskussion besteht vor allem in der Veranschaulichung wichtiger Eigenschaften und des Verhaltens der untersuchten Funktionen. In diesem sowie im folgenden Punkt werden diese Bestandteile nun im Einzelnen diskutiert, ehe in den Punkten 5.3.4 und 5.3.5 einige Beispiele zusammenfassend behandelt werden.

Definitions- und Wertebereich

Unter der Ermittlung des *Definitionsbereichs* $D(f)$ einer Funktion versteht man die Bestimmung derjenigen Werte, für die die Funktion definiert bzw. nicht definiert ist. Bei Wurzel- oder Logarithmenfunktionen muss das Argument z. B. positiv sein; bei gebrochen-rationalen Funktionen darf der Nenner nicht gleich null sein usw.

Der *Wertebereich* $W(f)$ einer Funktion ist im Allgemeinen schwer angebbar, von Sonderfällen, wie etwa quadratischen Funktionen, einmal abgesehen. Vor allem auch im Zusammenhang mit beschränkten Funktionen (siehe Punkt 4.3.2) ist die Ermittlung des Wertebereichs von großer Bedeutung.

Achsenschnittpunkte

Zur Ermittlung der *Achsenschnittpunkte* ist folgende Vorgehensweise vorzusehen:

Schnittpunkt mit der y-Achse:

Man setze $x = 0$ und berechne $f(0)$.

Schnittpunkte mit der x-Achse:

Man setze $y = 0$ und löse die Gleichung $f(x) = 0$.

Diese Aufgabe ist gleichbedeutend mit der Berechnung von Nullstellen der betrachteten Funktion, was ein sehr kompliziertes Problem sein kann, welches möglicherweise nicht exakt, sondern nur näherungsweise lösbar ist (vgl. hierzu die Ausführungen in Abschnitt 4.7). In einigen Sonderfällen jedoch bereitet die Nullstellenbestimmung keine große Mühe, etwa bei linearen oder quadratischen Gleichungen (siehe Abschnitt 3.1 sowie Punkt 4.6.2) oder bei Polynomgleichungen höherer Ordnung, sofern man durch „Erraten“ oder mit Hilfe von Fallunterscheidungen Nullstellen bestimmen und anschließend mittels Partialdivision den Grad des Polynoms reduzieren kann.

Beispiel: $y = f(x) = -\frac{1}{6}x^3 + 2x$

Schnittpunkt mit der y-Achse: $f(0) = 0$

Schnittpunkte mit der x-Achse: $f(x) \stackrel{!}{=} 0$

Hieraus folgt $-\frac{1}{6}x^3 + 2x = 0$ bzw. $x\left(-\frac{1}{6}x^2 + 2\right) = 0$. Als erste Nullstelle erhält man $x_1 = 0$, die weiteren Nullstellen ergeben sich durch Auflösung der quadratischen Gleichung $-\frac{1}{6}x^2 + 2 = 0$, was auf $x^2 = 12$ führt. Damit ergibt sich $x_{2,3} = \pm\sqrt{12}$.

Die vollständige Lösung für die Nullstellen von $f(x)$ lautet somit:

$$x_1 = 0, \quad x_2 = 3,4641, \quad x_3 = -3,4641.$$

Verhalten an Polstellen und im Unendlichen

Die Untersuchung des Verhaltens einer Funktion an *Polstellen* ist bei gebrochen-rationalen Funktionen von Interesse. Polstellen sind diejenigen x-Werte, für die der Nenner gleich null, der Zähler ungleich null ist. An solchen Stellen sind diese Funktionen bekanntlich nicht definiert, die Funktionswerte streben an Polstellen gegen $+\infty$ oder $-\infty$ (vgl. auch die Ausführungen im Punkt 4.6.3).

Beim Verhalten im Unendlichen interessieren die Funktionswerte einer Funktion $f(x)$, wenn das Argument x immer größer bzw. immer kleiner wird, d. h. $x \to +\infty$ bzw. $x \to -\infty$ strebt. Die Berechnung der jeweiligen Grenzwerte $\lim\limits_{x\to+\infty} f(x)$ bzw. $\lim\limits_{x\to-\infty} f(x)$ ist in der Regel eine komplizierte Aufgabe. Für Polynome allerdings gibt es eine leicht durchführbare Methode, die im Ausklammern der höchsten Potenz und anschließender Grenzwertbetrachtung besteht.

Beispiel: $y = f(x) = -\frac{1}{6}x^3 + 2x$

a) Grenzwert für $x \to +\infty$:

$$\lim_{x\to+\infty}\left(-\tfrac{1}{6}x^3 + 2x\right) = \lim_{x\to+\infty} x^3\left(-\tfrac{1}{6} + \tfrac{2}{x^2}\right) = -\infty,$$

$$\text{da } x^3 \to +\infty \text{ und } \left(-\tfrac{1}{6} + \tfrac{2}{x^2}\right) \to -\tfrac{1}{6} \text{ für } x \to +\infty.$$

b) Analog ergibt sich

$$\lim_{x\to-\infty}\left(-\tfrac{1}{6}x^3 + 2x^2\right) = \lim_{x\to-\infty} x^3\left(-\tfrac{1}{6} + \tfrac{2}{x^2}\right) = +\infty,$$

$$\text{da } x^3 \to -\infty \text{ und } \left(-\tfrac{1}{6} + \tfrac{2}{x^2}\right) \to -\tfrac{1}{6} \text{ für } x \to -\infty.$$

Monotoniebereiche

Innerhalb einer Kurvendiskussion sind außer den oben angegebenen Gesichtpunkten auch Untersuchungen über bestimmte *Monotoniebereiche* einer Funktion bezüglich eines Intervalls $[a,b]$ von Interesse. Der Monotoniebegriff wurde bereits oben im Punkt 4.3.1 erläutert. Unter Nutzung unserer Kenntnisse über die Differentialrechnung können mit Hilfe der 1. Ableitung einer Funktion nun folgende Aussagen getroffen werden:

- $f'(x) = 0\ \forall\, x \in [a,b] \implies f(x)$ ist auf $[a,b]$ konstant („Nullwachstum")
- $f'(x) \geq 0\ \forall\, x \in [a,b] \implies f(x)$ ist monoton wachsend auf $[a,b]$
- $f'(x) > 0\ \forall\, x \in [a,b] \implies f(x)$ ist streng monoton wachsend auf $[a,b]$.

Ist entsprechend $f'(x) \leq 0$ bzw. $f'(x) < 0$ für alle $x \in [a,b]$, dann ist $f(x)$ monoton fallend bzw. streng monoton fallend auf $[a,b]$.

Die Umkehrung obiger Aussagen gelten – in etwas abgeschwächter Form – ebenfalls: Ist $f(x)$ monoton wachsend oder streng monoton wachsend in $[a,b]$, so gilt in diesem Intervall $f'(x) \geq 0$; analog gilt $f'(x) \leq 0$ für (streng) monoton fallende Funktionen.

5.3.2 Ermittlung von Extrempunkten und Wendepunkten

Die Differentialrechnung spielt im Rahmen einer Kurvendiskussion vor allem bei der Ermittlung der Extrem- und Wendepunkte einer Funktion eine große Rolle. Diese Begriffe wurden in den Punkten 4.3.5 und 4.3.6 erläutert. Hier wird beschrieben, wie man diese Punkte mit Hilfe der Differentialrechnung ermittelt.

Bestimmung von Extrempunkten

Für den Sachverhalt „Vorliegen von Extremstellen“ müssen gewisse Bedingungen erfüllt sein. Dabei ist zwischen notwendigen und hinreichenden Bedingungen zu unterscheiden. Folgt aus dem Sachverhalt, dass eine bestimmte Bedingung erfüllt sein muss, liegt eine **notwendige** Bedingung vor. Ist allein **diese** Bedingung erfüllt, kann daraus jedoch noch nicht gefolgert werden, dass auch der interessierende Sachverhalt vorliegt. Hierzu sind so genannte **hinreichende** Bedingungen erforderlich; sind diese erfüllt, so kann mit Sicherheit das Vorliegen des betreffenden Sachverhalts angenommen werden. Sind sie nicht erfüllt, kann keine Aussage getroffen werden. Für die Bestimmung von Extremstellen einer Funktion lassen sich nun die folgenden Aussagen aufstellen, wobei die zugrunde gelegten Funktionen als genügend oft differenzierbar vorausgesetzt werden.

Notwendige Bedingung für Extrempunkte: In einem Extrempunkt muss die Tangente an den Graph der Funktion waagerecht verlaufen, d. h. ihr Anstieg ist null.

Beispiel für waagerechte Tangenten in Extrempunkten:

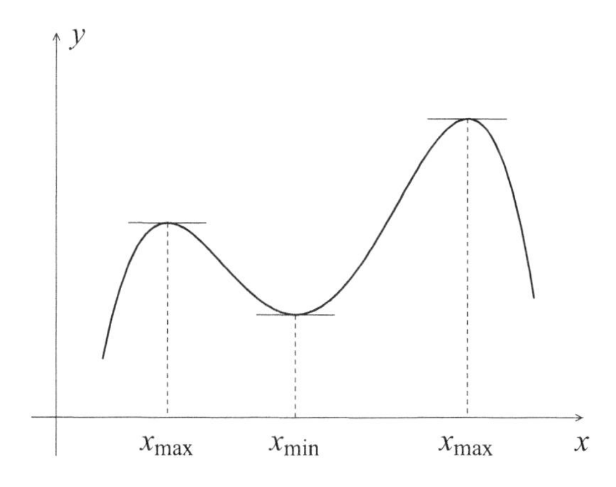

Da der Anstieg der Tangente durch die erste Ableitung der Funktion $f(x)$ beschrieben wird, muss in einem Extrempunkt somit die folgende notwendige Bedingung gelten:

Notwendige Bedingung für Extrempunkte:

Liegt an der Stelle x_E ein Extrempunkt vor, so gilt $f'(x_E) = 0$.

Bemerkungen:

1. Da die obige Bedingung nur notwendig ist und die Existenz eines Extremwertes bei Erfülltsein dieser Bedingung noch nicht gesichert ist, heißen die Punkte, die der Beziehung $f'(x_E) = 0$ genügen, *stationäre* (oder *extremwertverdächtige*) Punkte; im Einzelnen können Maximum- oder Minimumpunkte bzw. auch Wendepunkte vorliegen.

2. Gibt es Randpunkte des Definitionsbereichs $D(f)$, was dann auftritt, wenn der Definitionsbereich nicht die gesamte Zahlengerade ist, sondern nur einen Teil davon darstellt, so braucht die Beziehung $f'(x) = 0$ nicht erfüllt zu sein, obwohl diese Randpunkte (zumindest lokale) Extremstellen sind.

3. Rechnerische Umsetzung der notwendigen Bedingung für Extrempunkte:

- Man berechne die erste Ableitung $f'(x)$.
- Man setze die erste Ableitung gleich null, d. h. stelle eine Bestimmungsgleichung auf.
- Man löse die Gleichung nach x auf (sofern dies explizit möglich ist) bzw. bestimme die Lösungen der Gleichung näherungsweise.

Hinreichende Bedingung für Extrempunkte: An der Stelle x_E gelte die Beziehung $f'(x_E) = 0$, d. h. $E = (x_E, y_E)$ sei ein stationärer Punkt. Mit Hilfe der zweiten Ableitung von f können nun Aussagen über das Steigungsverhalten der ersten Ableitung von f getroffen werden. Ist $f''(x_E)$ negativ, so bedeutet dies, dass f' in der Umgebung von x_E einen streng monoton fallenden Verlauf aufweist, wegen $f'(x) = 0$ also von positiven in negative Werte übergeht. Daraus geht hervor, dass im Punkt x_E die Funktion f selbst von einem monoton wachsenden in einen monoton fallenden Verlauf übergehen muss (siehe Abb. auf S. 209). Analoges gilt für den Fall $f''(x_E) > 0$.

Hinreichende Bedingung für Extrempunkte:

Ist $E = (x_E, y_E)$ ein stationärer Punkt, d. h. ist $f'(x_E) = 0$ und gilt

$f''(x_E) < 0$, so liegt im Punkt E ein (lokales) Maximum vor,

$f''(x_E) > 0$, so liegt im Punkt E ein (lokales) Minimum vor.

Es ist nicht ausgeschlossen, dass $f''(x_E) = 0$ ist. In diesem Falle ist zunächst keine Aussage möglich; es kann ein Maximum-, Minimum- oder Wendepunkt vorliegen. Zur genaueren Charakterisierung dieses Punktes hat man dann höhere Ableitungen heranzuziehen (worauf wir später zurückkommen) oder Punkte in der Umgebung von x_E zu untersuchen.

Beispiel für das Verhalten der ersten Ableitung:

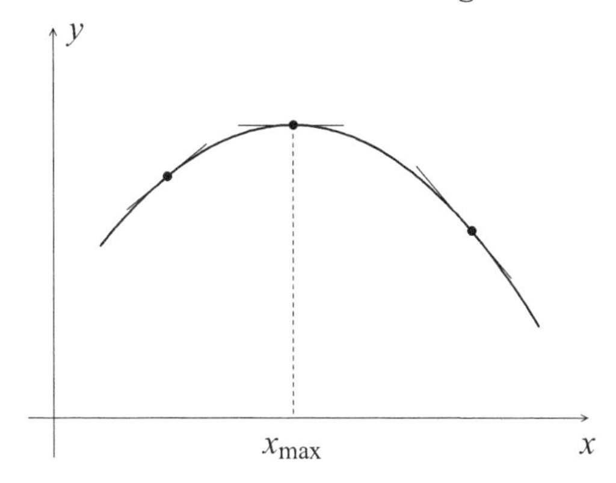

Bemerkung: Die beiden obigen Beziehungen sind die gesuchten hinreichenden Bedingungen für die Existenz (lokaler) Extremstellen. Ihre Überprüfung geschieht in folgender Weise:

- Man berechne die zweite Ableitung $f''(x)$.
- Man setze den mittels der notwendigen Bedingungen gefundenen Wert x_E des extremwertverdächtigen Punktes in die zweite Ableitung ein und berechne $f''(x_E)$.
- Man prüfe, ob der erhaltene Zahlenwert positiv ($\Longrightarrow$ Minimum) oder negativ ($\Longrightarrow$ Maximum) ist.

Diese Überprüfung muss für jeden extremwertverdächtigen Punkt durchgeführt werden.

Beispiel: $f(x) = -\frac{1}{6}x^3 + 2x \quad \Longrightarrow \quad f'(x) = -\frac{1}{2}x^2 + 2, \quad f''(x) = -x$

Die notwendige Bedingung $f'(x) = 0$ führt auf die Gleichung $-\frac{1}{2}x^2 + 2 = 0$, d. h. $x^2 = 4$. Es ergeben sich die beiden Werte $x_{E_1} = +2$ und $x_{E_2} = -2$; die zugehörigen Funktionswerte der stationären Punkte lauten $f(x_{E_1}) = \frac{8}{3}$ bzw. $f(x_{E_2}) = -\frac{8}{3}$. Setzt man die berechneten x-Werte in die 2. Ableitung ein, so erhält man $f''(x_{E_1}) = f''(2) = -2 < 0$, $f''(x_{E_2}) = f''(-2) = +2 > 0$, so dass in $x_{E_1} = 2$ ein lokales Maximum und in $x_{E_2} = -2$ ein lokales Minimum vorliegt.

Bestimmung von Wendepunkten

Die Darstellungen in Punkt 4.3.6 bezüglich des Krümmungsverhaltens einer Funktion und seiner Änderung in einem Wendepunkt lassen sich dahingehend ergänzen, dass dort, wo die Funktion nach oben gekrümmt (konvex) ist, die Tangente an den Graph der Funktion $f(x)$ stets unterhalb liegt, in einem konkaven Kurvenbereich dagegen oberhalb (vgl. hierzu Abb. 5.3.2: im Intervall I_1 ist $f(x)$ konvex, in I_2 konkav).

Beispiel für den Wechsel im Krümmungsverhalten:

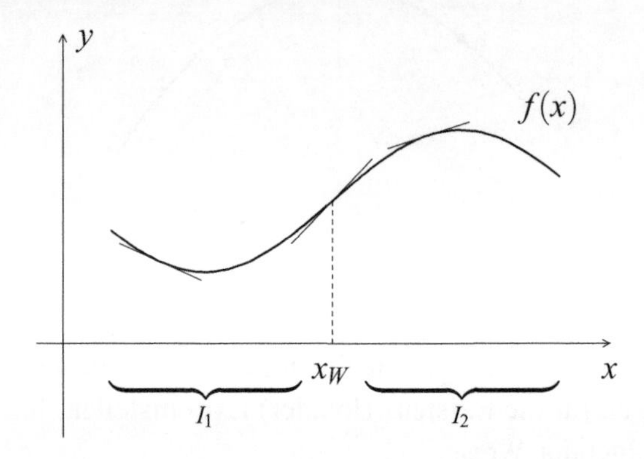

Anders ausgedrückt, kann man sagen, dass sich in einem Wendepunkt (x_W, y_W) das Steigungsverhalten der Funktion $f(x)$ ändert (bei der oben dargestellten Funktion z. B. wächst der Anstieg im Intervall I_1 und fällt in I_2). Daraus kann geschlussfolgert werden, dass die erste Ableitung $f'(x)$ an der Stelle x_W einen Extremwert aufweist, woraus sich die nachstehende notwendige Bedingung ableiten lässt:

Notwendige Bedingung für Wendepunkte:

Liegt an der Stelle x_W ein Wendepunkt vor, so gilt $f''(x_W) = 0$.

Nun muss noch überprüft werden, ob bei x_W auch tatsächlich ein Extrempunkt für $f'(x)$ vorliegt. Wie man nachweisen kann, muss für die Existenz eines Wendepunkts an der Stelle x_W die folgende Bedingung erfüllt sein (damit die erste Ableitung tatsächlich einen Extremwert aufweist, muss ihre zweite Ableitung, also die dritte Ableitung der Ausgangsfunktion, entweder größer oder kleiner als null sein):

Hinreichende Bedingung für Wendepunkte:

$$f''(x_W) = 0, \quad f'''(x_W) \neq 0 \quad (\text{also } f'''(x_W) > 0 \text{ oder } f'''(x_W) < 0)$$

Bemerkung: Die rechnerische Überprüfung der Bedingungen für Wendepunkte verläuft folgendermaßen:

- Man berechne die zweite Ableitung $f''(x)$.
- Man setze den erhaltenen Ausdruck gleich null und ermittle (explizit oder näherungsweise) die Lösung(en) der erhaltenen Bestimmungsgleichung; diese Punkte sind wendepunktverdächtig.
- Man berechne die dritte Ableitung $f'''(x)$ und überprüfe durch Einsetzen der gefundenen Werte, ob tatsächlich ein Wendepunkt vorliegt.

Nachfolgend soll das eben beschriebene Vorgehen an einem Beispiel demonstriert werden.

Beispiel: $f(x) = -\frac{1}{6}x^3 + 2, \quad f''(x) = -x, \quad f'''(x) = -1$

Aus $f''(x) = 0$ wird $x_W = 0$ erhalten. Wegen $f'''(x_W) = -1$ liegt tatsächlich ein Wendepunkt im Punkt $(0, 0)$ vor. Der zu $x_W = 0$ gehörige Funktionswert beträgt $f(0) = 0$.

Bemerkung: Oben wurde gesagt, dass bei der Ermittlung von Extremstellen auch der Fall $f''(x_E) = 0$ möglich ist und damit zunächst noch keine Aussage darüber getroffen werden kann, ob ein Maximum, ein Minimum oder ein Wendepunkt vorliegt. In diesem Fall kann man sich der Methode der höheren Ableitungen bedienen, vorausgesetzt, dass an der Stelle x_E derartige höhere Ableitungen existieren. Die generelle Vorgehensweise besteht in folgendem: Man setzt jede Lösung der Gleichung $f'(x) = 0$, d. h. jeden stationären Punkt, in die zweite Ableitung ein. Wie schon dargestellt, liegt bei $f''(x_E) < 0$ ein Maximum, bei $f''(x_E) > 0$ ein Minimum vor. Ist jedoch $f''(x_E) = 0$, so setzt man x_E in die dritte Ableitung $f'''(x)$ ein. Ist dann $f'''(x_E) \neq 0$, so liegt an der Stelle $x = x_E$ weder eine Maximum- noch eine Minimumstelle, sondern ein Wendepunkt vor. Falls aber $f'''(x_E) = 0$ ist, dann wird x_E in die vierte Ableitung eingesetzt usw. Es gilt die folgende

Allgemeine Regel:

Ist die Ordnung der Ableitung, die an der Stelle $x = x_E$ erstmalig nicht null ist (oder wie man sagt, nicht verschwindet), gerade, so hat $f(x)$ dort ein Maximum oder ein Minimum, je nachdem, ob diese Ableitung einen negativen oder positiven Wert besitzt. Ist jedoch die Ordnung dieser Ableitung ungerade, so besitzt die Funktion an dieser Stelle kein Extremum, sondern einen Wendepunkt.

Zur Illustration der eben beschriebenen allgemeinen Regel sollen zwei einfache Beispiele betrachtet werden, wobei der interessierende Punkt jeweils $x_E = 0$ ist.

Beispiele:

1) $f(x) = x^4$

Hier lauten die ersten vier Ableitungen:

$$f'(x) = 4x^3, \quad f''(x) = 12x^2, \quad f'''(x) = 24x, \quad f^{(4)}(x) = 24.$$

Aufgrund dessen, dass $f'(x_E) = f''(x_E) = f'''(x_E) = 0$ gilt, sowie der Beziehung $f^{(4)}(x_E) \neq 0$ ist die Ordnung der Ableitung an der Stelle $x_E = 0$, für die diese erstmalig verschwindet, gerade, und der zugehörige Wert der Ableitung ist positiv. Daraus folgt, dass die Funktion $y = f(x) = x^4$ an der Stelle $x_E = 0$ ein Minimum besitzt.

2) $f(x) = x^5$

Hier lauten die ersten fünf Ableitungen: $f'(x) = 5x^4$, $f''(x) = 20x^3$, $f'''(x) = 60x^2$, $f^{(4)}(x) = 120x$, $f^{(5)}(x) = 120$.

Aus $f'(x_E) = f''(x_E) = f'''(x_E) = f^{(4)}(x_E) = 0$ und $f^{(5)}(x_E) \neq 0$ ergibt sich, dass die interessierende Ordnung, wann sich erstmals eine Ableitung von null unterscheidet, ungerade ist. Folglich besitzt die Funktion $y = f(x) = x^5$ an der Stelle $x_E = 0$ einen Wendepunkt.

Konsequenterweise müsste man eigentlich solange eine neutrale Bezeichnung für den Punkt x_E wählen, bis man sich sicher ist, dass auch wirklich eine Extremstelle und nicht ein Wendepunkt (wie im zweiten Beispiel) vorliegt. Da man aber nach Extremwerten sucht, wird meist die Bezeichnung x_E verwendet, auch wenn es sich nachträglich herausstellt, dass es sich in Wahrheit um einen Wendepunkt handelt.
Die Funktion $f(x) = x^4$ wurde in Kapitel 4 auf S. 165 dargestellt, während die Funktion $f(x) = x^5$ ähnlich wie die Funktion $f(x) = x^3$ verläuft, die auf derselben Seite wiedergegeben ist.

5.3.3 Zusammenfassung zur Kurvendiskussion

In diesem Punkt sollen nochmals kurz die wesentlichsten Elemente einer Kurvendiskussion zusammengefasst werden. In Abhängigkeit von den konkret untersuchten Beispielen können dabei einzelne Punkte auch entfallen.

Definitionsbereich $D(f)$:

Wo ist f definiert und wo nicht?

Wertebereich $W(f)$:

Welche Werte kann $f(x)$ annehmen?

Schnittpunkt mit der y-Achse:

Man setze $x = 0$ und berechne $f(0)$.

Nullstellen (Schnittpunkte mit der x-Achse):

Man löse die Aufgabe $f(x) \stackrel{!}{=} 0$.

Extrempunkte:

Man löse die Aufgabe $f'(x) \stackrel{!}{=} 0$ zur Bestimmung stationärer Punkte x_E und berechne die zugehörigen Funktionswerte.

Gilt $f''(x_E) > 0$, liegt ein lokales Minimum vor. Gilt $f''(x_E) < 0$, liegt ein lokales Maximum vor.
Gilt $f''(x_E) = 0$, ist zunächst keine Aussage möglich.

Wendepunkte:

Man löse die Aufgabe $f''(x) \stackrel{!}{=} 0$ zur Bestimmung wendepunktverdächtiger Stellen x_W und bestimme die Funktionswerte in den erhaltenen Punkten.

Gilt $f'''(x_W) \neq 0$, liegt tatsächlich ein Wendepunkt vor, anderenfalls ist zunächst keine Aussage möglich.

Verhalten an Polstellen:

Man untersuche $f(x)$ für $x \to x_P$ (Polstelle).

Verhalten im Unendlichen:

Man untersuche $f(x)$ für $x \to +\infty$ und $x \to -\infty$.

Monotoniebereiche:

In welchen Bereichen verläuft die Funktion monoton?

Funktionswerte:

Man berechne für weitere ausgewählte Punkte die zugehörigen Funktionswerte.

Grafische Darstellung:

Man skizziere die Funktion unter Ausnutzung aller gewonnenen Informationen.

5.3.4 Beispiele zur Kurvendiskussion

Beispiel 1: $y = f(x) = -\frac{1}{6}x^3 + 2x$

(diese Funktion wurde bereits in den Punkten 5.3.1 und 5.3.2 betrachtet)

Definitionsbereich: $D(f) = \mathbf{R}$; Wertebereich: $W(f) = \mathbf{R}$

Schnittpunkt mit der y-Achse: $f(0) = 0$

Nullstellen: $x_1 = 0, x_2 = 3,4641, x_3 = -3,4641$

Extrempunkte: $x_{E_1} = 2, f''(x_{E_1}) = -2 < 0$ (Maximum)
$x_{E_2} = -2, f''(x_{E_2}) = 2 > 0$ (Minimum)

Wendepunkte: $x_W = 0$ mit $f(x_W) = 0$ ist Wendepunkt ($f'''(x_W) \neq 0$)

Verhalten im Unendlichen:

$$\lim_{x \to +\infty} f(x) = -\infty, \quad \lim_{x \to -\infty} f(x) = +\infty$$

Polstellen: keine

Monotonie: die Funktion ist in $(-\infty, -2]$ sowie in $[2, \infty)$ monoton fallend und in $[-2, 2]$ monoton wachsend

Funktionswerte (Wertetabelle):

x	0	0,5	1	2	3	3,46	4
y	0	0,98	1,83	2,67	1,5	0	−2,67

Für negative Werte von x ergeben sich entsprechende negative Funktionswerte, da die Funktion ungerade ist.

Grafische Darstellung:

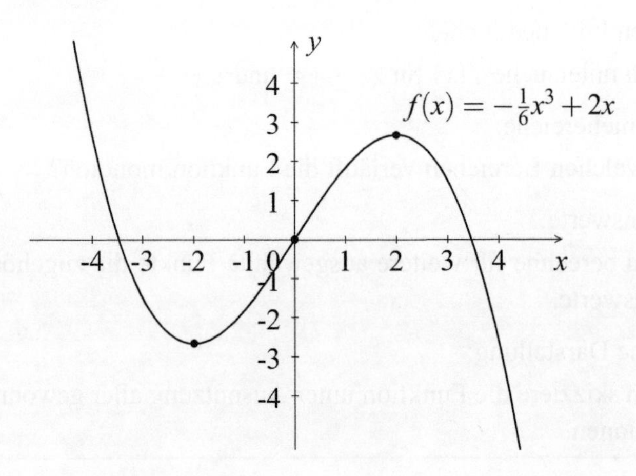

Beispiel 2: $f(x) = \frac{1}{2}x^4 - \frac{3}{2}x^3$

Ableitungen: $f'(x) = 2x^3 - \frac{9}{2}x^2,\ f''(x) = 6x^2 - 9x,\ f'''(x) = 12x - 9\,.$

Definitionsbereich: $D(f) = \mathbf{R}$

Schnittpunkt mit der y-Achse: $f(0) = 0$

Nullstellen: Aus $f(x) \stackrel{!}{=} 0$ erhält man nach Ausklammern $\frac{1}{2}x^3(x-3) = 0$, woraus sich durch Fallunterscheidung die (so genannte dreifache) Nullstelle $x_1 = 0$ sowie die (einfache) Nullstelle $x_2 = 3$ ergeben.

Extrempunkte: Die Forderung $f'(x) \stackrel{!}{=} 0$ liefert $2x^2\left(x - \frac{9}{4}\right) = 0$. Daraus ergibt sich als erster stationärer Punkt $x_{E_1} = 0$ mit $f(x_{E_1}) = 0$ und $f''(x_{E_1}) = 0$, weshalb zunächst keine Aussage über die Art des Extremums möglich ist, sowie $x_{E_2} = \frac{9}{4}$ mit $f(x_{E_2}) = -4{,}271$ und $f''(x_{E_2}) = 10{,}125 > 0$, so dass hier ein lokales Minimum vorliegt.

Wendepunkte: Die Bedingung $f''(x) \stackrel{!}{=} 0$ führt auf $6x\left(x - \frac{3}{2}\right) = 0$, woraus folgt

$$x_{w_1} = 0 \text{ mit } f(x_{w_1}) = 0 \text{ und } f'''(x_{w_1}) = -9 \neq 0,$$
$$x_{w_2} = \tfrac{3}{2} \text{ mit } f(x_{w_2}) = -2{,}531 \text{ und } f'''(x_{w_2}) = 9 \neq 0,$$

so dass in beiden Fällen tatsächlich Wendepunkte vorliegen; beim ersten spricht man wegen $f'(x_{w_1}) = 0$ von einem *Horizontalwendepunkt*.

Verhalten im Unendlichen: $\lim\limits_{x\to\infty} f(x) = +\infty,\ \lim\limits_{x\to-\infty} f(x) = +\infty$

Polstellen: keine

Wertetabelle:

x	-2	-1	0	1	2	3	4
y	20	2	0	-1	-4	0	32

Grafische Darstellung:

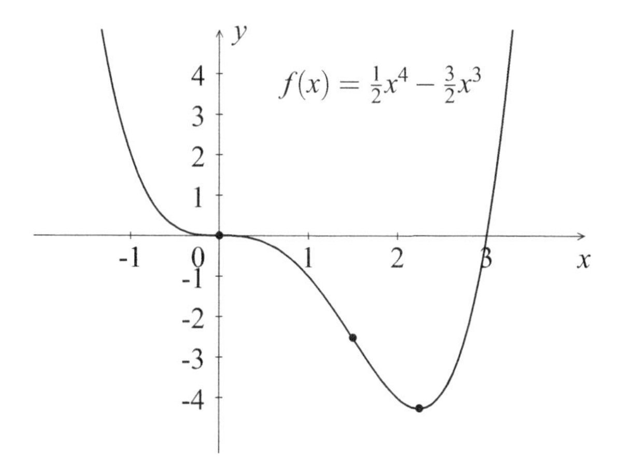

Beispiel 3: $f(x) = -x^4 + 4x^3 - 4x^2 + 1$

Die Ableitungen lauten:

$$f'(x) = -4x^3 + 12x^2 - 8x,\ f''(x) = -12x^2 + 24x - 8,\ f'''(x) = -24x + 24.$$

Definitionsbereich: $D(f) = \mathbf{R}$

Schnittpunkt mit y-Achse: $f(0) = 1$

Nullstellen: Die Gleichung $f(x) = -x^4 + 4x^3 - 4x^2 + 1 = 0$ lässt sich nicht explizit lösen, weshalb wir mit Hilfe einer Wertetabelle die ungefähre Lage der (maximal vier) Nullstellen bestimmen wollen:

x	-2	-1	0	1	2	3
y	-63	-8	1	0	1	-8

Aus der Tabelle ist ersichtlich, dass es zwischen -2 und 3 die Nullstelle $x_1 = 1$ sowie je eine weitere Nullstelle in den Intervallen $(-1,0)$ und $(2,3)$ gibt. Mittels der in Abschnitt 4.7 beschriebenen Näherungsmethoden ermittelt man $x_2 = -0,415$ und $x_3 = 2,414$.

Extrempunkte: Durch Umformung der Beziehung $-4x^3 + 12x^2 - 8x = 0$ in die Form $-4x(x^2 - 3x + 2) = 0$ liest man sofort die Extremstelle

$$x_{E_1} = 0 \text{ mit } f(x_{E_1}) = 1 \text{ und } f''(x_{E_1}) = -8 < 0 \text{ (Maximum)}$$

ab. Als Lösungen der quadratischen Gleichung $x^2 - 3x + 2 = 0$ ergeben sich ferner

$$x_{E_{2,3}} = \tfrac{3}{2} \pm \sqrt{\tfrac{9}{4} - 2} = \tfrac{3}{2} \pm \tfrac{1}{2}, \text{ also}$$

$$x_{E_2} = 2 \text{ mit } f(x_{E_2}) = 1 \text{ und } f''(x_{E_2}) = -8 < 0 \text{ (Maximum)}$$

$$x_{E_3} = 1 \text{ mit } f(x_{E_3}) = 0 \text{ und } f''(x_{E_3}) = 4 > 0 \text{ (Minimum)}.$$

Wendepunkte: Die Beziehung $-12x^2 + 24x - 8 = 0$ lässt sich nach Division durch -12 auf die Normalform $x^2 - 2x + \frac{2}{3} = 0$ einer quadratischen Gleichung bringen; diese besitzt die beiden Lösungen

$$x_{w_{1,2}} = 1 \pm \sqrt{1 - \tfrac{2}{3}} = 1 \pm \tfrac{1}{3}\sqrt{3},$$

woraus sich

$$x_{w_1} = 1,577 \text{ mit } f(x_{w_1}) = 0,555 \text{ und}$$

$$x_{w_2} = 0,423 \text{ mit } f(x_{w_2}) = 0,555$$

ergeben. Da außerdem die Beziehungen $f'''(x_{w_1}) = -13,856 \neq 0$ und $f'''(x_{w_2}) = 13,856 \neq 0$ gelten, liegen tatsächlich Wendepunkte vor.

Verhalten im Unendlichen:

$$\lim_{x\to\infty} f(x) = -\infty, \quad \lim_{x\to-\infty} f(x) = -\infty$$

Polstellen: keine

Wertetabelle:

x	-1	0	$0,423$	1	$1,577$	2	3
y	-8	1	$0,555$	0	$0,555$	1	-8

Grafische Darstellung:

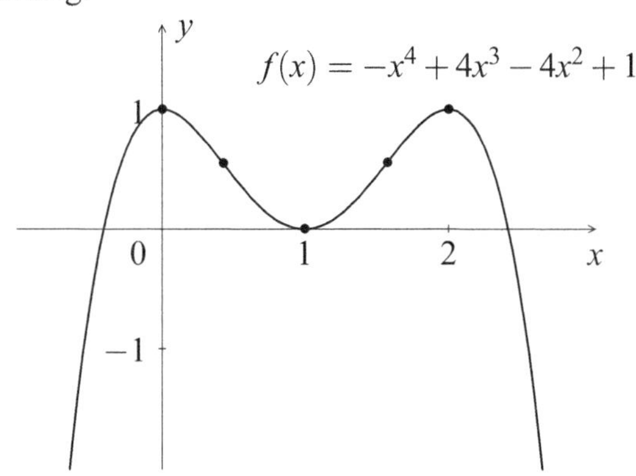

Beispiel 4: $f(x) = \frac{x}{2} + \frac{1}{x}$

Die Ableitungen lauten: $f'(x) = \frac{1}{2} - \frac{1}{x^2}$, $f''(x) = \frac{2}{x^3}$, $f'''(x) = -\frac{6}{x^4}$.

Definitionsbereich: $x \in \mathbf{R}$, $x \neq 0$ (Die Funktion soll jedoch nur für Werte $x > 0$ untersucht werden.)

Schnittpunkt mit y-Achse: Für $x = 0$ ist die Funktion nicht definiert.

Nullstellen: Aus $\frac{x}{2} + \frac{1}{x} = 0$ folgt nach Multiplikation mit $2x$ die Beziehung $x^2 + 2 = 0$, die gleichbedeutend mit $x^2 = -2$ ist. Letztere besitzt aber keine Lösung im Bereich der reellen Zahlen, so dass es keine Nullstellen gibt.

Extremwerte: Aus $\frac{1}{2} - \frac{1}{x^2} = 0$ ergibt sich $x^2 = 2$, so dass (wegen der Forderung $x > 0$) die einzige Extremstelle bei $x_E = \sqrt{2} = 1,414$ mit $f(x_E) = \sqrt{2} = 1,414$ und $f''(x_E) = \frac{2}{2\sqrt{2}} = 0,707 > 0$ (Minimum) liegt.

Wendepunkte: Die Gleichung $\frac{2}{x^3} = 0$ besitzt keine Lösung.

Verhalten im Unendlichen: $\lim_{x\to\infty} f(x) = +\infty$ (wegen $x > 0$; s. o.)

Verhalten an Polstellen: Es liegt eine Polstelle bei $x = 0$ vor. Bei Annäherung der x-Werte von rechts (wegen $x > 0$) streben die Funktionswerte gegen $+\infty$.

Wertetabelle:

x	0,1	0,5	1	1,5	2	3	4
y	10,05	2,25	1,5	1,417	1,5	1,833	2,25

Grafische Darstellung:

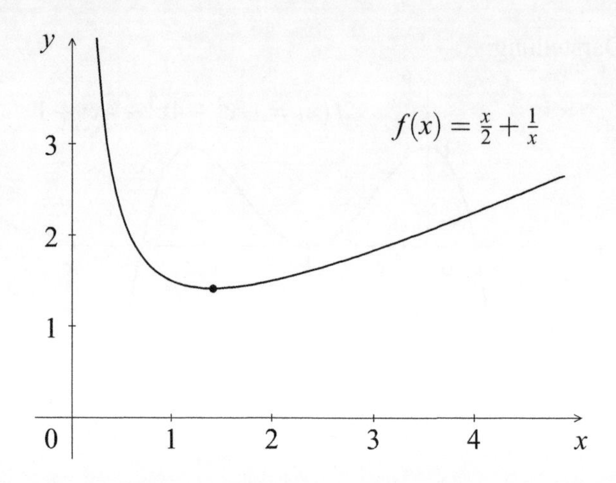

5.3.5 Diskussion ökonomisch relevanter Funktionen

An zwei weiteren Beispielen, speziellen Produktionsfunktionen, soll überblicksmäßig vertiefend der Ablauf einer Kurvendiskussion dargestellt werden. Produktionsfunktionen beschreiben die Abhängigkeit der Güterausbringung (Ertrag, Output, Ausstoß) vom Gütereinsatz (Input) innerhalb einer Produktionsperiode. Der allgemeine Ansatz lautet dabei:

$$\boxed{x = f(r_1, r_2, \ldots, r_n),}$$

wobei x die Ausbringungsmenge und r_i die Einsatzmenge des i-ten Einsatzgutes $i = 1, \ldots, n$, sind. Hierbei werden – im Unterschied zu sonst – die abhängige Variable mit x und die unabhängigen Variablen mit r_i bezeichnet. Wird nur ein Einsatzgut variiert, nimmt die Funktion die Gestalt

$$\boxed{x = f(r)}$$

an.

Ertragsgesetzliche Produktionsfunktion

Der Verlauf einer solchen Produktionsfunktion, die z. B. die Getreideerträge in Abhängigkeit von der eingesetzten Düngermenge zum Ausdruck bringt, kann analytisch wie folgt wiedergegeben werden (es kommt hierbei vor allem auf die Struktur der Funktion, weniger auf die konkreten Werte der Koeffizienten an):

$$\boxed{x = f(r) = -\frac{1}{160}r^3 + \frac{5}{4}r^2 + 4r}$$

Dabei ist zu beachten, dass der (ökonomische) Definitionsbereich nur nichtnegative Werte von r umfasst: $D(f) = \mathbf{R}_+ = \{r \mid r \geq 0\}$. Die für die Kurvendiskussion benötigte erste bis dritte Ableitung lautet:

$$f'(r) = -\tfrac{3}{160}r^2 + \tfrac{5}{2}r + 4, \quad f''(r) = -\tfrac{3}{80}r + \tfrac{5}{2}, \quad f'''(r) = -\tfrac{3}{80}.$$

Nullstellen: Zur Bestimmung der Nullstellen von f (von denen es entsprechend dem Hauptsatz der Algebra höchstens drei gibt) müssen wir die Funktion gleich null setzen, d. h. $f(r) = 0$. Dies liefert

$$\tfrac{1}{160}r^3 + \tfrac{5}{4}r^2 + 4r = r\left(-\tfrac{1}{160}r^2 + \tfrac{5}{4}r + 4\right) = 0.$$

Die erste Nullstelle $r_1 = 0$ kann hieraus sofort abgelesen werden (ein Produkt ist gleich null, wenn mindestens einer der Faktoren gleich null ist!). Nach Auflösen des quadratischen Ausdrucks in der Klammer (siehe Punkt 4.6.2, Formel (4.19)) erhält man $r_2 = 203,15$. Die weitere Nullstelle $r_3 = -3,15$ braucht nicht in Betracht gezogen zu werden, da die untersuchte ertragsgesetzliche Produktionsfunktion nur für Werte $r \geq 0$ ökonomisch sinnvoll ist.

Schnittpunkt mit der Ordinatenachse: $f(0) = 0$

Extrempunkte: Die notwendige Bedingung $f'(r) = 0$, führt auf die Bestimmungsgleichung $-\frac{3}{160}r^2 + \frac{5}{2}r + 4 = 0$. Da es sich hierbei um eine quadratische Gleichung handelt, können ihre Lösungen nach Umformung in die Normalform (4.18) ebenfalls aus der Lösungsformel (4.19) ermittelt werden. Sie lauten $\overline{r_1} = 134,91$ mit $f(\overline{r_1}) = 7943,92$ und $\overline{r_2} = -1,58$ (die zweite Lösung kann wieder aus der Betrachtung ausgeschlossen werden). Wegen $f''(\overline{r_1}) = -2,56 < 0$ ergibt sich, dass die Funktion $f(r)$ bei $\overline{r_1}$ ein lokales Maximum besitzt.

Wendepunkte: Aus $f''(r) = 0$, d. h. $-\frac{3}{80}r + \frac{5}{2} = 0$, folgt $r_w = 66,67$, und wegen $f'''(r_w) = -\frac{3}{80} \neq 0$ liegt tatsächlich ein Wendepunkt mit dem Funktionswert $f(r_w) = 3970,37$ vor.

Polstellen: keine

Verhalten im Unendlichen: Wegen $\frac{5}{4r} \to 0$ und $\frac{4}{r^2} \to 0$ für $r \to \infty$ gilt

$$\lim_{r\to\infty} f(r) = \lim_{r\to\infty} \left(-\tfrac{1}{160}r^3 + \tfrac{5}{4}r^2 + 4r\right) = \lim_{r\to\infty} r^3 \left(-\tfrac{1}{160} + \tfrac{5}{4r} + \tfrac{4}{r^2}\right) = -\infty.$$

Wertetabelle:

r	20	40	60	80	100	120	140	160
x	530	1760	3390	5120	6650	7680	7910	7040

Mit diesen Werten sowie den Erkenntnissen über Extremstelle und Wendepunkt ergibt sich für die untersuchte ertragsgesetzliche Produktionsfunktion die nachstehend dargestellte Kurve.

Grafische Darstellung:

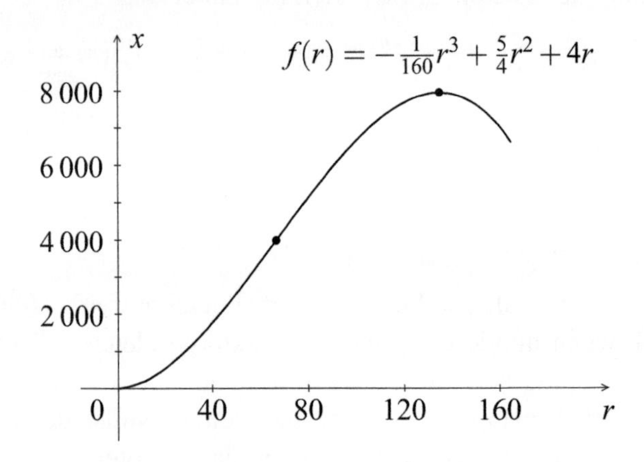

Durchschnittsertragsfunktion

Diese Produktionsfunktion, bezeichnet mit $e = d(r)$, spiegelt den Produktionsertrag x bezogen auf die jeweilige Einsatzmenge r wider und wird durch Division der obigen ertragsgesetzlichen Produktionsfunktion $f(r)$ durch r erhalten:

$$\boxed{e = d(r) = \frac{f(r)}{r} = \frac{x}{r} = -\frac{1}{160}r^2 + \frac{5}{4}r + 4}$$

Sie besitzt den Definitionsbereich $\mathbf{R}_+ = \{r \mid r \geq 0\}$ sowie die Ableitungen

$$d'(r) = -\tfrac{1}{80}r + \tfrac{5}{4}, \quad d''(r) = -\tfrac{1}{80}, \quad d'''(r) = 0.$$

Analog zu der oben untersuchten ertragsgesetzlichen Produktionsfunktion führen wir wiederum die bei einer Kurvendiskussion notwendigen Schritte durch.

Nullstellen: Aus $d(r) = 0$, d. h. $-\frac{1}{160}r^2 + \frac{5}{4}r + 4 = 0$ bzw. $r^2 - 200r - 640 = 0$ folgt $r_1 = 203,15$, da $r_2 = -3,15 < 0$ als negativer Wert ausscheidet.

Schnittpunkt mit der e-Achse: $d(0) = 4$

Extrempunkte: Aus $d'(r) = 0$, d. h. $-\frac{1}{80}r + \frac{5}{4} = 0$, folgt $\bar{r} = 100$ mit $d(\bar{r}) = 66,5$. Wegen $d''(r) = -\dfrac{1}{80}$ ergibt sich, dass im Punkt $\bar{r}$ die Funktion $d(r)$ ein Maximum besitzt. (Aufgrund dessen, dass $d(r)$ quadratisch ist, handelt es sich hierbei nicht nur um ein lokales, sondern sogar um ein globales Maximum.)

Wendepunkte: Wegen $d''(r) = -\frac{1}{80}$ wird die notwendige Bedingung $d''(r) = 0$ für keinen Wert von r erfüllt. Somit existiert kein Wendepunkt.

Polstellen: keine

Verhalten im Unendlichen: Da der bei der höchsten vorkommenden Potenz r^2 stehende Koeffizient negativ ist, streben die Funktionswerte für $x \to \infty$ gegen $-\infty$.

Wertetabelle:

r	0	20	40	60	80	100	120	140	160
e	4	26,5	44	56,5	64	66,5	64	56,5	44

Grafische Darstellung:

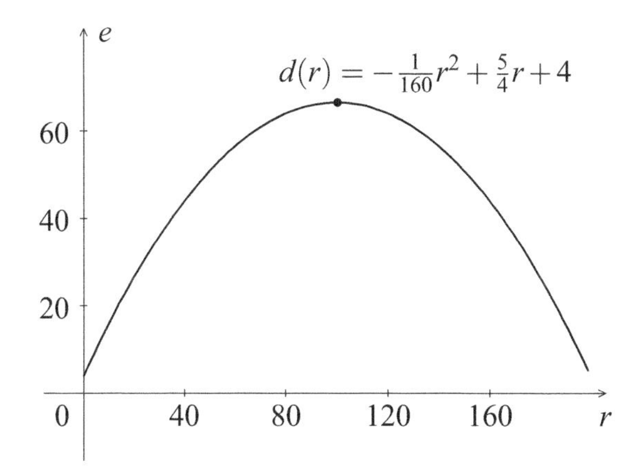

Grafisch lässt sich der Durchschnittsertrag e für jeden beliebigen Punkt P_0 der Produktionsfunktion bestimmen als Tangens des Winkels α, den eine Gerade durch den Nullpunkt und den Punkt P_0 sowie die x-Achse bilden:

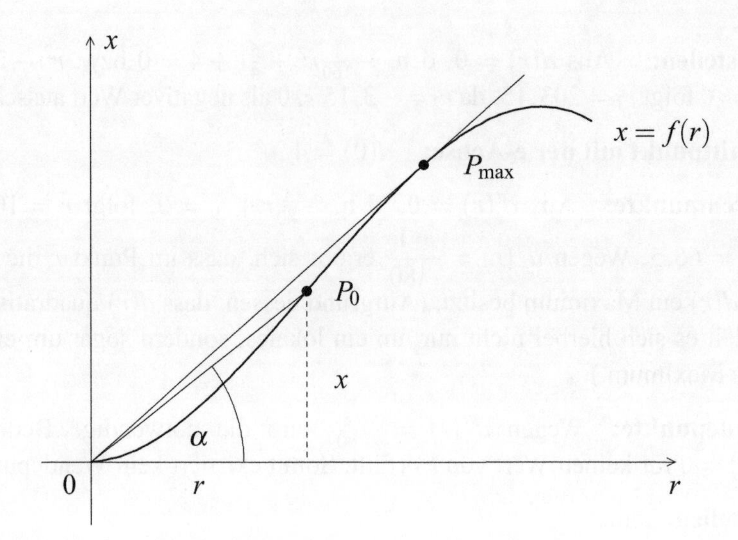

Der größte Wert der Durchschnittsertragsfunktion ergibt sich grafisch im Berührungspunkt P_{max} der Ursprungsgeraden mit dem Graphen der Produktionsfunktion.

Bemerkung: An dieser Stelle soll noch auf einen interessanten Zusammenhang hingewiesen werden. Betrachtet man die

Ertragsfunktion	$x = f(r)$,
Durchschnittsertragsfunktion	$e = d(r) = \frac{x}{r} = \frac{f(r)}{r}$,
Grenzertragsfunktion	$x' = f'(r)$,

wobei letztere gerade die erste Ableitung der Ertragsfunktion ist, so ergibt sich aus der notwendigen Bedingung $d'(r) = 0$ für ein Extremum (Maximum) der Durchschnittsertragsfunktion unter Anwendung der Quotientenregel für die Ableitung des Quotienten zweier Funktionen die Beziehung

$$d'(r) = \frac{r \cdot f'(r) - f(r)}{r^2} = 0. \tag{5.5}$$

Da ein Quotient gleich null ist, wenn der Zähler null ist (und der Nenner von null verschieden), ist (5.5) gleichbedeutend mit

$$r \cdot f'(r) - f(r) = 0. \tag{5.6}$$

Die Umformung von (5.6) liefert schließlich

$$f'(r) = \frac{f(r)}{r}. \tag{5.7}$$

Letztere Beziehung bedeutet, dass an der Extremstelle der Durchschnittsertragsfunktion sich diese mit der Grenzertragsfunktion schneidet, denn die Funktionswerte beider Funktionen stimmen an dieser Stelle überein: Das Extremum (Maximum) der Durchschnittsertragsfunktion besitzt für $\bar{r} = 100$ den Funktionswert $d(\bar{r}) = 66,5$, und $x' = f'(r) = -\frac{3}{160}r^2 + \frac{5}{2}r + 4$ hat an der Stelle $\bar{r} = 100$ ebenfalls den Funktionswert $x'(\bar{r}) = 66,5$.

Zusätzlich zu den bisher gewonnenen Informationen ermitteln wir noch einige Funktionswerte.

Wertetabelle:

r	0	20	40	60	80	100	120	140	160
x'	4	46,5	74	86,5	84	66,5	34	−13,5	−76

Grafische Darstellung der Durchschnitts- und Grenzertragsfunktion:

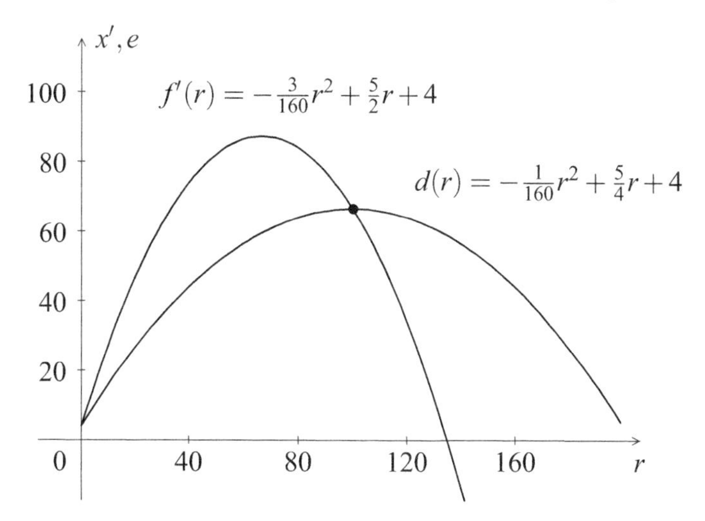

Der hier am konkreten Zahlenbeispiel beobachtete und nachgewiesene Fakt ist eine allgemeingültige Tatsache:

> Grenzertragsfunktion und Durchschnittsertragsfunktion schneiden sich an der Stelle, wo letztere ein Maximum besitzt.

Für die Voraussetzungen ihrer Gültigkeit interessieren wir uns an dieser Stelle nicht weiter.

5.4 Lösung wirtschaftlicher Optimierungsprobleme mittels Differentialrechnung

5.4.1 Analyse ökonomischer Fragestellungen mit Hilfe der Differentialrechnung

In den bisherigen Ausführungen zur Differentialrechnung ist bereits deutlich geworden, dass dieses wichtige mathematische Teilgebiet für die Analyse wirtschaftlicher Gegebenheiten und Sachverhalte ein bedeutsames Instrumentarium darstellt.

Ein erster Analysebereich lässt sich mit der Berechnung der Veränderung einer ökonomischen Größe bei Veränderung einer anderen ökonomischen Größe (gegebenenfalls auch mehrerer anderer Größen) abgrenzen. Es handelt sich hierbei um die Bestimmung der *Steigung ökonomischer Funktionen* als erste Ableitung oder Differentialquotient der betreffenden ökonomischen Funktion, wie die nachstehenden ausgewählten Beispiele zeigen (dabei stellt die Produktions- und Absatzmenge jeweils die unabhängige Variable oder Einflussgröße dar, die einer infinitesimal kleinen Veränderung unterliegt):

Ökonomische Funktion	Erste Ableitung	Interpretation der Steigung
Kostenfunktion $K = f(x)$	Grenzkosten $K' = \frac{\mathrm{d}K}{\mathrm{d}x}$	Veränderung der Kosten bei Veränderung der Produktions- und Absatzmenge
Umsatzfunktion $U = f(x)$	Grenzumsatz $U' = \frac{\mathrm{d}U}{\mathrm{d}x}$	Veränderung des Umsatzes bei Veränderung der Produktions- und Absatzmenge
Gewinnfunktion $G = f(x)$	Grenzgewinn $G' = \frac{\mathrm{d}G}{\mathrm{d}x}$	Veränderung des Gewinns bei Veränderung der Produktions- und Absatzmenge

Ein zweiter Analysebereich wird durch die Untersuchungen ökonomischer Funktionen gemäß den Elementen der Kurvendiskussion (siehe Punkt 5.3.1) gebildet. So können beispielsweise Produktions-, Kosten-, Umsatz- oder Gewinnfunktionen auf ihren Definitionsbereich, Wertebereich, auf ihr Verhalten im Unendlichen sowie ihre Stetigkeit und Monotonie untersucht, können eventuell vorhandene Extrem- und Wendepunkte bestimmt und kann ihr grafischer Verlauf dargestellt werden.

Diesem Untersuchungsbereich ist auch die Bestimmung von Elastizitäten zuzuordnen.

Unter dem Begriff der *Elastizität* versteht man allgemein das Verhältnis der relativen Änderung einer abhängigen Größe (Variablen) zur relativen Änderung einer unabhängigen Größe (Variablen). Die relative Änderung stellt dabei selbst einen Quotienten dar: Die Änderung der abhängigen bzw. unabhängigen Variablen wird jeweils auf den Wert bezogen, von dem aus die Änderung erfolgt, wodurch sie dimensionslos wird. Formelmäßig lässt sich die Elastizität $\varepsilon_{y,x}$ als

$$\boxed{\varepsilon_{y,x} = \frac{\mathrm{d}y}{y} : \frac{\mathrm{d}x}{x}} \tag{5.8}$$

oder, nach einer Umformung, mit Hilfe des Differentialquotienten als

$$\boxed{\varepsilon_{y,x} = \frac{\mathrm{d}y}{\mathrm{d}x} : \frac{y}{x} = \frac{\mathrm{d}y}{\mathrm{d}x} \cdot \frac{x}{y} = f'(x) \cdot \frac{x}{f(x)}} \tag{5.9}$$

darstellen. Da die Elastizität jeweils für einen bestimmten x- und den zugehörigen y-Wert zu ermitteln ist, handelt es sich um eine *Punktelastizität.* Nach den möglichen Wertausprägungen der Elastizität können verschiedene Bereiche bzw. Punkte abgegrenzt werden, was in Verbindung mit einem illustrierenden Beispiel weiter unten gezeigt wird.

Im wirtschaftlichen Bereich können Elastizitäten bestimmt werden, sobald sich die zwischen ökonomischen Größen bestehenden Abhängigkeiten durch differenzierbare Funktionen abbilden lassen. Demnach gibt es eine Vielzahl an Möglichkeiten zur Ermittlung von Elastizitäten wirtschaftlicher Zusammenhänge (Funktionen).

Beispiel: Durch die Funktion $x = -\frac{1}{5}p + 20$ werde die Abhängigkeit der nachgefragten Menge x vom jeweiligen Preis p abgebildet. Auf ihrer Basis lässt sich die Elastizität

$$\varepsilon_{x,p} = \frac{\mathrm{d}x}{x} : \frac{\mathrm{d}p}{p} = \frac{\mathrm{d}x}{\mathrm{d}p} \cdot \frac{p}{x}$$

bestimmen. Die relative Änderung der Nachfragemenge bei relativer Änderung des Preises heißt *direkte Preiselastizität.* Nachstehend sind für ausgewählte Werte von p und x die zugehörigen Werte von $\varepsilon_{x,p}$ angegeben:

p	0	20	40	50	60	80	100
x	20	16	12	10	8	4	0
$\varepsilon_{x,p}$	0	$-0,25$	$-0,67$	-1	$-1,5$	-4	nicht def.

Zur Erläuterung: Offenbar gilt $\frac{dx}{dp} = -\frac{1}{5}$. Somit ergibt sich beispielsweise für $p = 50$ und den zugehörigen Wert $x = 10$ eine Elastizität von $\varepsilon_{10,50} = -\frac{1}{5} \cdot \frac{50}{10} = -1$.

Charakteristische Werte bzw. Wertebereiche der direkten Preiselastizität werden in der nachstehenden Tabelle wiedergegeben, wobei die Veränderungen jeweils als absolute prozentuale Größe zu verstehen sind:

Wertebereich	Relation zwischen relativer Nachfrageänderung und relativer Preisänderung	Nachfrageverhalten
$\varepsilon_{x,p} = 0$	Keine Nachfrageänderung bei Preisänderung	Vollkommen unelastische Nachfrage
$-1 < \varepsilon_{x,p} < 0$	Nachfrageänderung < Preisänderung	Unelastische Nachfrage
$\varepsilon_{x,p} = -1$	Nachfrageänderung = Preisänderung	Wechsel von unelastischer Nachfrage auf elastische Nachfrage
$\varepsilon_{x,p} < -1$	Nachfrageänderung > Preisänderung	Elastische Nachfrage

Die Zusammenhänge zwischen der betrachteten Nachfragefunktion, der direkten Preiselastizität und den Wertebereichen wird in nachstehender Abbildung verdeutlicht.

Beispiel für eine Nachfragefunktion und direkte Preis-Elastizität:

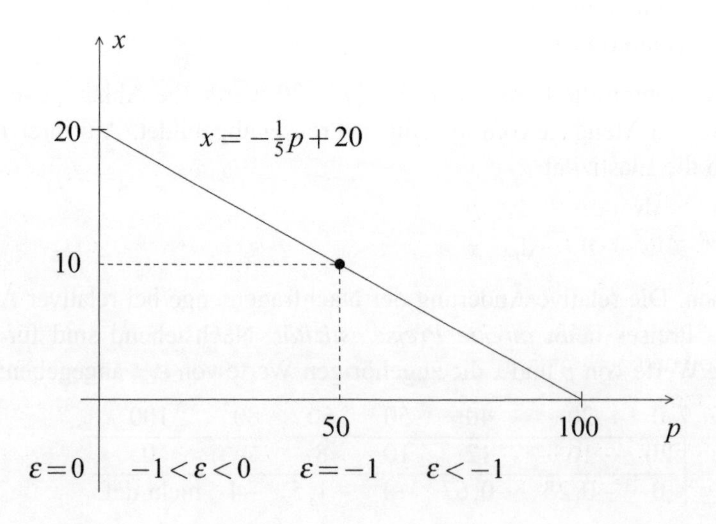

Der instrumentelle Charakter der Differentialrechnung geht mit der Lösung auftretender wirtschaftlicher Optimierungsprobleme über die aufgezeigte Analyse hinaus. Dieser theoretisch wie praktisch bedeutsame Einsatzbereich hat die Bestimmung derjenigen wirtschaftlichen Maßnahmen zum Gegenstand, durch welche eine angestrebte Zielgröße den gewünschten größten bzw. kleinsten Wert annimmt. In der Terminologie von Funktionen ausgedrückt, ist derjenige Wert der unabhängigen Variablen (Einflussgröße) gesucht, für den die abhängige Variable einen angestrebten größten bzw. kleinsten Wert erreicht. Man spricht hierbei von Optimierung oder Extremwertrechnung.

Um eine Extremwertaufgabe ökonomischer Natur mit Hilfe der Differentialrechnung lösen zu können, sind folgende Voraussetzungen zu erfüllen:

- Die zu extremierende Zielgröße hängt von einer anderen ökonomischen Größe bzw. von mehreren anderen ökonomischen Größen ab. Über die geeignete Festsetzung dieser Einflussgrößen als wirtschaftlicher Maßnahme erfolgt die Verwirklichung der angestrebten Zielsetzung.
- Die Beziehungen zwischen der betrachteten Zielgröße und ihren Bestimmungsgrößen müssen durch eine (differenzierbare) Funktion abbildbar sein, die auch entsprechende Extrempunkte besitzt.
- Beschränkungen, Nebenbedingungen oder Restriktionen wie begrenzte Fertigungskapazitäten, Absatzbeschränkungen, Finanzierungsrestriktionen bestehen nicht bzw. sind gegebenenfalls außerhalb der eigentlichen Optimierung bei der Planung und Entscheidungsfindung zu berücksichtigen.

Die Bestimmung wirtschaftlicher Maßnahmen mit Hilfe der Differentialrechnung zur Optimierung der zugrunde gelegten ökonomischen Größe vollzieht sich in drei Schritten:

1. Bestimmung der ökonomischen Funktion, welche die Gesetzmäßigkeit zwischen verfolgter Zielgröße (abhängiger Variabler) und der oder den wirtschaftlichen Einflussgröße(n) (unabhängigen Variablen) abbildet.
2. Berechnung des Wertes der wirtschaftlichen Maßnahme, die zur Optimierung der verfolgten Zielgröße führt, durch Überprüfung der notwendigen und hinreichenden Bedingungen für die Existenz von Extrempunkten.
3. Ermittlung des Betrages der Zielgröße durch Einsetzen des gefundenen Wertes in die ökonomische Funktion.

Diese Vorgehensweise unterscheidet sich insofern von der oben betrachteten Kurvendiskussion, als dass hier zunächst der zu untersuchende funktionale Zusammenhang aufzustellen ist (Modellierung).

Anhand von einigen ausgewählten Beispielen werden in den beiden folgenden Punkten 5.4.2 und 5.4.3 Maximierungs- und Minimierungsprobleme einschließlich ihrer Lösung dargelegt. Entsprechend der bisherigen Handhabung beschränken wir uns dabei auf Funktionen mit einer unabhängigen Variablen.

5.4.2 Ausgewählte Maximierungsprobleme

Maximierungsprobleme treten in der Form auf, dass der größte Wert einer ökonomischen Größe (bzw. abhängigen Variablen) zu bestimmen ist. Von den vielfältigen Erscheinungsformen werden mit der Umsatzmaximierung und Gewinnmaximierung zwei zentrale betriebswirtschaftliche Anwendungsfälle näher beschrieben.

Umsatzmaximierung

Bei der *Umsatzmaximierung* lautet die Fragestellung, mittels welcher wirtschaftlicher Aktivität (d. h. bei welchem Wert der unabhängigen Variablen) der größtmögliche Umsatz erwirtschaftet werden kann.

Für den Anbieter eines Produktes bedarf es der Festlegung, welche Menge am Markt abzusetzen ist (bzw. welcher Preis zu fordern ist), um diese Zielsetzung der Umsatzmaximierung zu realisieren. Bei dieser Problemstellung geht man davon aus, dass durch eine so genannte Preis-Absatz-Funktion die Abhängigkeit zwischen dem geforderten Preis des Anbieters und der absetzbaren Menge bei kaufbereiten Nachfragern angegeben werden kann.

Durch Multiplikation des mengenabhängigen Preises in Gestalt der Preis-Absatz-Funktion mit der Absatzmenge ist die zu optimierende Umsatzfunktion bestimmt. Ihre Struktur wird von der zugrunde liegenden Preis-Absatz-Funktion maßgeblich geprägt. Die Ermittlung der umsatzmaximalen Absatzmenge geschieht dann durch Anwenden notwendiger und hinreichender Bedingungen für Extremwerte.

Beispiel: Für ein Produkt gelte die Preis-Absatz-Funktion

$$p = -0,05x + 800,$$

die natürlich nur für Werte $x \geq 0$ und $p \geq 0$ eine sinnvolle Interpretation gestattet. Sie besagt: Bei einem Preis von 800 (Geldeinheiten) gibt es keine

Käufer, bei einem Preis von 300 (GE) beträgt die absetzbare Menge 10 000 Stück und bei einer kostenlosen Abgabe sind 16 000 Stück absetzbar. Die zugehörige Umsatzfunktion lautet dann:

$$U = p \cdot x = -0,05x^2 + 800x$$

Notwendige Maximumbedingung: $U' = 0$
Diese Gleichung bedeutet $-0,1x + 800 = 0$ und liefert $x_{\max} = 8\,000$.

Hinreichende Maximumbedingung: $U''(x_{\max}) < 0$
Wegen $U''(8000) = -0,1 < 0$ ist diese Bedingung erfüllt.

Mit einer Menge von 8 000 Stück lässt sich der größtmögliche Umsatz in Höhe von 3 200 000 (GE) erzielen. Der hierbei geltende Preis beträgt $p = 400$ (GE).

In der nachstehenden Abbildung sind für $x \geq 0$ die Umsatzfunktion U, die Grenzumsatzfunktion U' und die Preis-Absatz-Funktion p schematisch dargestellt:

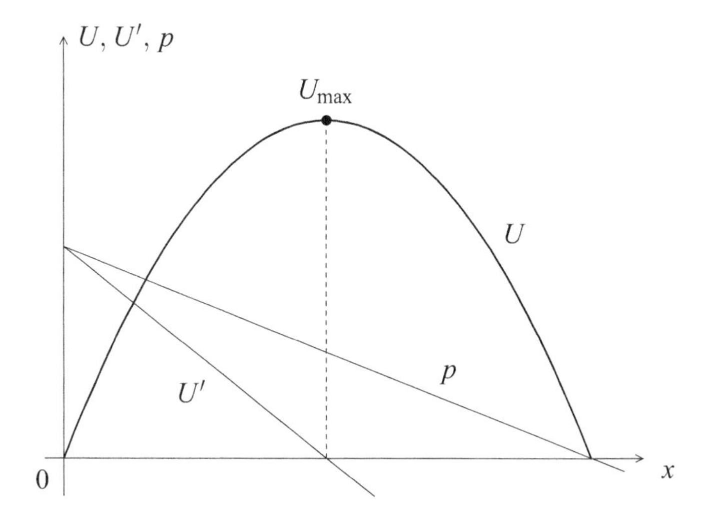

Es ist ersichtlich, dass der Grenzumsatz vor Erreichen des Schnittpunktes mit der x-Achse (bei einer Menge von 8 000) positiv ist, während nach dem Schnittpunkt eine negative Umsatzveränderung auftritt. Ferner sieht man, dass $p \geq 0$ nur für $x \leq 16\,000$ gilt. Weiterhin ist erkennbar, dass die Preis-Absatz-Funktion den gleichen Schnittpunkt mit der Ordinatenachse wie die Grenzumsatzfunktion besitzt, wobei die Steigung der Grenzumsatzfunktion betragsmäßig doppelt so groß wie die der Preis-Absatz-Funktion ist.

Gewinnmaximierung

Das Modell der *Gewinnmaximierung* kann als das älteste Extremwertmodell angesehen werden. Es geht auf den französischen Nationalökonomen Cournot (1801–1877) zurück. Fragestellung ist hier, durch welche wirtschaftliche Maßnahme der größtmögliche Gewinn zu erreichen ist. Der Gewinn ist die Differenz von Umsatz und Kosten. Somit können die Mittel der Extremwertrechnung angewendet werden, wenn die Umsatz- und Kostenabhängigkeiten bekannt sind. Die Art der Umsatz- und der Kostenfunktion legen die Struktur der Gewinnfunktion fest.

Beispiel: Es gelte – ausgehend vom Beispiel der Umsatzmaximierung – die (quadratische) Umsatzfunktion $U = -0,05x^2 + 800x$ und die (lineare) Kostenfunktion $K = 300x + 450\,000$. Die Gewinnfunktion lautet dann:

$$G = -0,05x^2 + 500x - 450\,000$$

Notwendige Maximumbedingung: $G' = 0$
Diese Bedingung ergibt $-0,1x + 500 = 0$, d. h. $x_{\max} = 5\,000$.

Hinreichende Maximumbedingung: $G''(x_{\max}) < 0$
Wegen $G''(5000) = -0,1 < 0$ liegt ein Maximum vor.

In diesem Beispiel wird mit einer Menge von 5 000 Stück der größtmögliche Gewinn in Höhe von 800 000 (GE) erzielt; der zugehörige Absatzpreis beträgt 550 (GE).

Nachfolgend sind die Umsatz-, Kosten- und Gewinnfunktion dargestellt, wobei aus ökonomischer Sicht für U nur nichtnegative Werte sinnvoll sind:

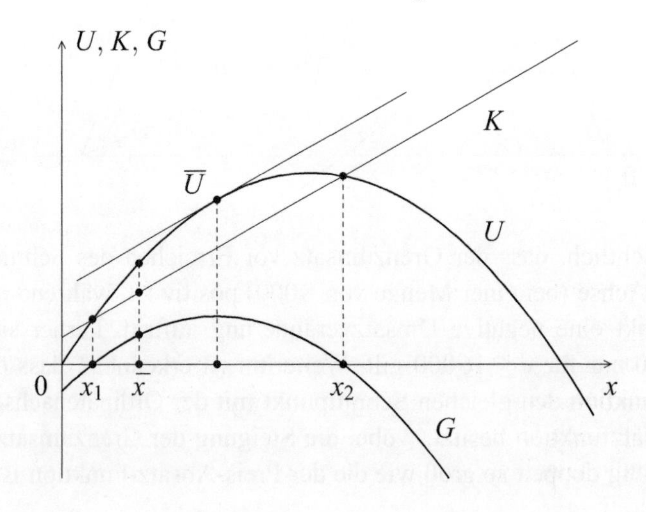

Die grafische Darstellung der Gewinnfunktion in obiger Abbildung kann sowohl rechnerisch unter Nutzung der Gewinnfunktion $G = -0,05x^2 + 500x - 450\,000$ als auch grafisch durch Bezugnahme auf die Umsatz- und Kostenfunktion vorgenommen werden. Im letzteren Fall ist lediglich die sich zu jedem gewählten x-Wert ergebende Differenz von Umsatz und Kosten darzustellen (vgl. $\bar{x}$ in der Abbildung auf S. 230). Die beiden Schnittpunkte von Umsatz und Kosten bedeuten einen Gewinn von null (so genannter *Break-Even-Punkt* oder *Gewinnschwelle*; siehe die zugehörigen Abszissenwerte x_1 und x_2 in der dortigen Abbildung).

Weiterhin kann das Gewinnmaximum mit Hilfe der Umsatz- und Kostenfunktion in diesem Beispiel grafisch dadurch bestimmt werden, dass eine Parallele zur Kostengeraden so lange nach oben verschoben wird, bis der äußerste Punkt der Umsatzfunktion erreicht ist, d. h. der Graph der Umsatzfunktion tangiert wird. Dieser Berührungspunkt $\overline{U}$ gibt grafisch das Gewinnmaximum wieder.

In der folgenden Abbildung sind für $x \geq 0$ die zugehörige Grenzumsatzfunktion U', Grenzkostenfunktion K', Grenzgewinnfunktion G' und die Preis-Absatz-Funktion p eingezeichnet.

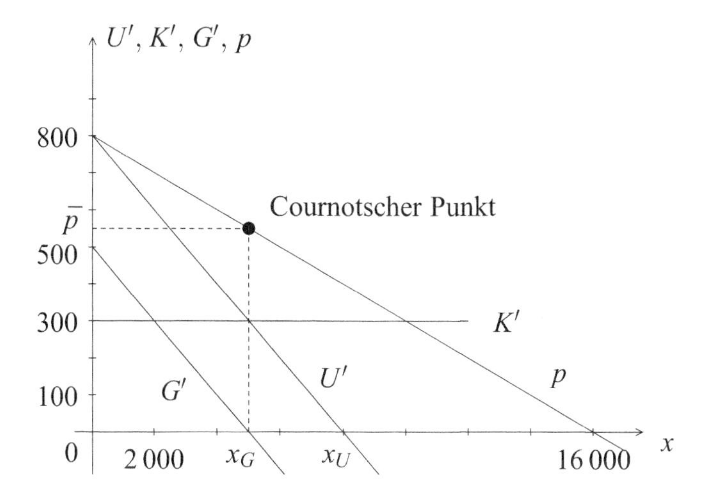

Alle vier Funktionen sind linearer Art. Aus dieser Abbildung geht ebenfalls hervor, dass das Gewinnmaximum (bei $x_G = 5\,000$) vor dem Umsatzmaximum (bei $x_U = 8\,000$) erreicht wird: Die Grenzgewinnfunktion schneidet die x-Achse vor der Grenzumsatzfunktion. Ab dem Schnittpunkt von Grenzumsatz- und Grenzkostenfunktion ist bei einer Vergrößerung der Absatzmenge die Gewinnveränderung negativ, während sich bis zum Schnittpunkt von Grenzumsatzfunktion und x-Achse noch ein positiver Umsatzzuwachs ergibt.

Ferner lässt sich – ausgehend vom Schnittpunkt der Grenzgewinnfunktion mit der x-Achse – der für die gewinnmaximale Absatzmenge relevante Preis mit Hilfe der Preis-Absatz-Funktion grafisch bestimmen. Dieser Punkt wird auch als *Cournotscher Punkt* bezeichnet.

Die allgemeine Vorgehensweise für die Bestimmung der gewinnmaximalen Produktions- und Absatzmenge lässt sich wie folgt beschreiben:

Gewinnfunktion:	$G(x) = U(x) - K(x)$
Steigung der Gewinnfunktion:	$G'(x) = U'(x) - K'(x)$
Notwendige Maximumbedingung:	$G'(x) = 0$
Daraus folgende Bedingung:	$U'(x) = K'(x)$
Hinreichende Maximumbedingung:	$G''(x) < 0$

Mit anderen Worten, die gewinnmaximale Menge wird erreicht, wenn Grenzumsatz und Grenzkosten übereinstimmen. Die Richtigkeit dieser Bedingung lässt sich für das konkrete Beispiel gut nachvollziehen.

5.4.3 Ausgewählte Minimierungsprobleme

Minimierungsprobleme treten in der Form auf, dass der kleinste Wert einer ökonomischen Größe (bzw. abhängigen Variablen) gesucht wird. Von den vielfältigen Fragestellungen dieser Art werden die Minimierung von Stückkosten und variablen Stückkosten sowie die Bestimmung optimaler Bestellmengen bzw. Fertigungslosgrößen näher beschrieben.

Kostenminimierung

Bei der Minimierung der Stückkosten, Einheits- oder Durchschnittskosten geht es um die Bestimmung der niedrigsten auf eine Mengeneinheit im Zusammenhang mit der Produktion und dem Verkauf eines Produktes entfallenden Kosten. Die Minimierungsbetrachtung kann ergänzend auch auf die variablen Stückkosten angewendet werden, also ohne Einbeziehung der durchschnittlichen Fixkosten. Auf die ebenfalls mögliche Erweiterung um die Minimierung der Grenzkosten wird in diesem Zusammenhang nicht weiter eingegangen.

Sind die Kostenabhängigkeiten zwischen der Höhe der Gesamtkosten K und der Produktions- und Absatzmenge x (als Einflussgröße, d. h. als unabhängige Variable) bekannt, kann durch Division der Gesamtkosten durch die Produktions- und Absatzmenge die Funktion der Stückkosten k bestimmt werden: $k = K/x$. Grafisch entsprechen die Stückkosten für jeden beliebigen Punkt K_0 des Graphen der Kostenfunktion dem Tangens des Winkels α, den die Gerade durch den Nullpunkt und den Punkt K_0 mit der x-Achse bildet (siehe Winkel α in der nachstehenden Abbildung).

Für die variablen Stückkosten werden lediglich die variablen Gesamtkosten K_v durch die Produktionsmenge dividiert: $k_v = K_v/x$. Die grafische Bestimmung erfolgt analog zur Stückkostenfunktion, jedoch ohne Berücksichtigung der fixen Kosten (siehe Winkel β in der folgenden Abbildung).

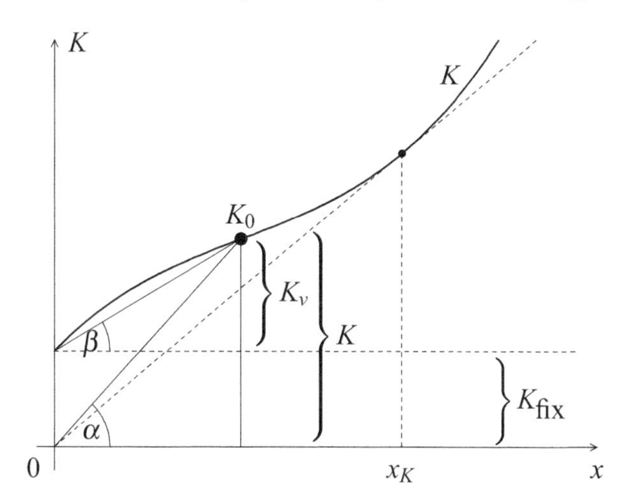

Durch die Bestimmung des Tiefpunktes nach den Regeln der Differentialrechnung lässt sich das gesuchte Minimum der Stückkosten bzw. der variablen Stückkosten ermitteln. Als rechenaufwändig kann sich – je nach der speziellen Art der Kostenfunktion – die Auflösung der aus der notwendigen Bedingung resultierenden Gleichung herausstellen.

Beispiel:

Gesamtkostenfunktion: $K = 0,1x^3 - 15x^2 + 1200x + 30\,000$

Stückkostenfunktion: $k = \frac{K}{x} = 0,1x^2 - 15x + 1\,200 + \frac{30000}{x}$

Variable Stückkosten: $k_v = 0,1x^2 - 15x + 1200$

Notwendige Bedingungen:

Die notwendigen Bedingungen für ein Minimum der Stückkostenfunktion bzw. der Funktion der variablen Stückkosten lauten $k'(x) = 0$ bzw. $k_v'(x) = 0$, wobei gilt

$$k'(x) = 0,2x - 15 - \frac{30000}{x^2}, \qquad k_v'(x) = 0,2x - 15.$$

Die Auflösung der Gleichung $0,2x - 15 - \frac{30000}{x^2} = 0$ ist nur näherungsweise möglich (da es sich um eine Gleichung 3. Grades handelt; vgl. Abschnitt 4.7) und ergibt einen x-Wert von rund $92,5$.

Die Auflösung der Gleichung $0,2x - 15 = 0$ liefert den Wert $x_{\min} = 75$. Grafisch ergibt sich das Minimum der Stückkostenfunktion, wenn die Gerade vom Ursprung zu einem Punkt der Kostenfunktion zur Tangente wird (in der Abbildung auf S. 233 ist dies für x_K der Fall).

Hinreichende Bedingungen:

Hinreichend dafür, dass die oben berechneten Werte Tiefpunkte der Stückkostenfunktion bzw. der Funktion der variablen Stückkosten sind, ist das Erfülltsein der Bedingung $k''(x_{\min}) > 0$ bzw. $k_v''(x_{\min}) > 0$. Aus $k''(x) = 0,2 + \frac{60000}{x^3}$ und $k_v''(x) = 0,2$ erhält man $k''(92,5) = 0,28 > 0$ sowie $k_v''(75) = 0,20 > 0$, so dass in beiden Fällen tatsächlich ein Minimum vorliegt.

In diesem Beispiel ergeben sich die niedrigsten Stückkosten bei einer Menge von $92,5$ mit einem Wert von $992,45$. Für die variablen Stückkosten ergibt sich der kleinste Wert bei einer Menge von 75 und Kosten von $637,50$.

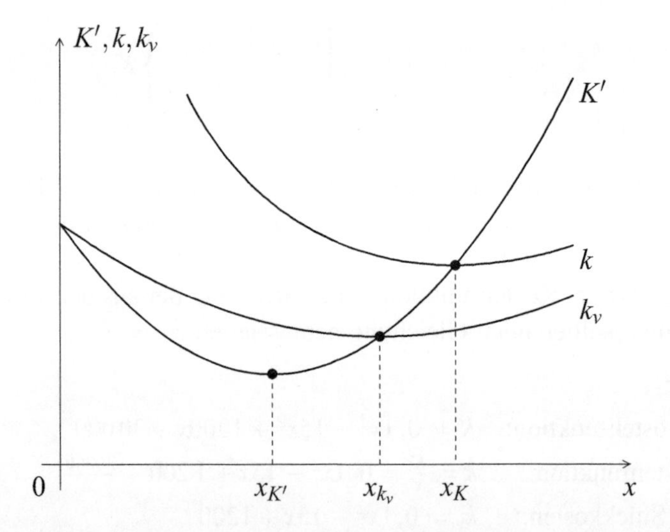

Während in der Abbildung auf S. 233 der Verlauf der Gesamtkostenfunktion dargestellt ist, sind in obiger Abbildung die zugehörige Stückkostenfunktion k, die Funktion der variablen Stückkosten k_v und zusätzlich die Grenzkostenfunktion $K'(x) = 0,3x^2 - 30x + 1200$ abgebildet. Aus dieser Abbildung geht hervor, dass bei der im betrachteten Beispiel unterstellten Struktur der Kostenfunktion

- das Grenzkostenminimum vor dem Minimum der variablen Stückkosten und vor dem Minimum der Stückkosten liegt,
- sich Grenzkostenfunktion und Stückkostenfunktion bzw. Funktion der variablen Stückkosten jeweils im Minimum der betreffenden Stückkostenfunktion schneiden,

was man natürlich auch rechnerisch überprüfen kann.

Optimale Bestellmenge

Im Problem der optimalen Bestellmenge ist diejenige zu bestellende Menge gesucht, bei welcher die auf eine Einheit der Bestellmenge entfallenden Kosten ein Minimum sind. Bei dieser Fragestellung wirken zwei Kostenbereiche in bezug auf die Höhe der Bestellmenge gegenläufig:

- die bestellmengenfixen Kosten (für Angebotseinholung, Bestellung, Lieferüberwachung, Mahnung, Buchung Wareneingang, Rechnungsprüfung und dergleichen) fallen pro Bestellung in konstanter Höhe an und nehmen deshalb pro Einheit mit zunehmender Bestellmenge ab
- die Zins- und Lagerkosten steigen mit zunehmender Bestellmenge, da eine zunehmende Bestellmenge zu einem höheren Lagerbestand(swert) führt und damit höhere Zins- und Lagerkosten anfallen.

Es seien:

M – Gesamtbedarf einer Periode
w – Einstandspreis je Produkteinheit
F – Bestellmengenfixe Kosten
p – Zinskostensatz (in % pro Jahr)
l – Lagerkostensatz (in % pro Jahr)
s – Kosten je Bestellmengeneinheit (abhängige Variable)
x – Bestellmenge (unabhängige Variable)

Dabei beziehen sich p und l jeweils auf den durchschnittlichen Lagerbestandswert.

Wenn eine kontinuierliche Lagerentnahme (im Durchschnitt ist dann der halbe Lagerbestand vorrätig) und konstante Einstandspreise sowie keine sonstigen Besonderheiten (wie Mindestbestand, beschränkte Lagerkapazitäten und dergleichen) bestehen, lässt sich folgende Kostenfunktion aufstellen:

Kosten je Bestellmengeneinheit = Einstandspreis + anteilige bestellmengenfixe Kosten + anteilige Zinskosten + anteilige Lagerkosten,

d. h.

$$s(x) = w + \frac{F}{x} + \frac{x \cdot (p \cdot w)}{2 \cdot 100 \cdot M} + \frac{x \cdot (l \cdot w)}{2 \cdot 100 \cdot M}.$$

Zur Veranschaulichung dient die nachfolgende Abbildung:

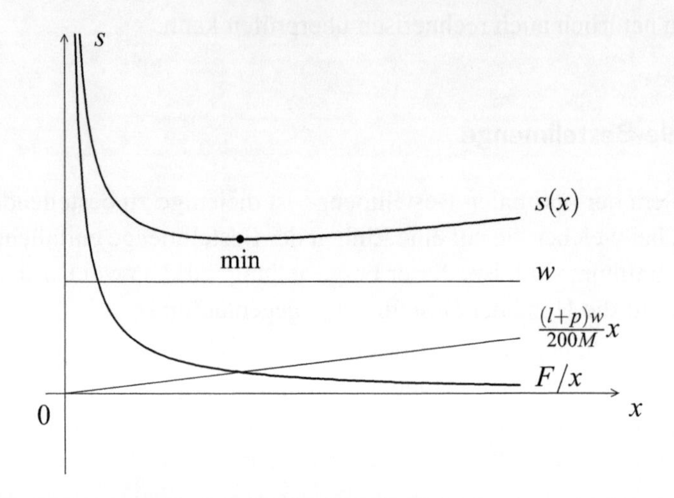

Notwendige Minimumbedingung: $s'(x) = 0$

Mit $s'(x) = -\frac{F}{x^2} + \frac{(p+l) \cdot w}{200M}$ ergibt sich nach Auflösung dieser Gleichung

$$\boxed{x = \sqrt{\frac{200 \cdot M \cdot F}{(l+p) \cdot w}}}$$

Beispiel für eine optimale Bestellmenge:

$M = 200$ Stück, $w = 2,00$ €, $F = 250,00$ €, $p = 9$, $l = 5,5$

Die gesuchte Bestellmenge ergibt sich zu

$$x_{\text{opt}} = \sqrt{\frac{200 \cdot 200 \cdot 250}{(9+5,5) \cdot 2}} = 587,22$$

wobei ein Kostenbetrag von 2,85 € entsteht. Der Nachweis, dass x_{opt} tatsächlich ein Kostenminimum liefert, kann wiederum mit Hilfe der zweiten Ableitung geführt werden. Er ist allerdings im vorliegenden Fall relativ aufwändig und soll deshalb unterbleiben.

Optimale Losgröße

Die im Beschaffungsbereich bezüglich der optimalen Bestellmenge vorzufindende Problemstellung ist im Fertigungsbereich gleichermaßen mit der Frage der optimalen Fertigungslosgröße anzutreffen. Das Problem der bestimmung einer optimalen Losgröße stellt eines der wichtigsten in der Produktionsplanung dar.

Führt man die Bezeichnungen

P – Produktionsplan einer Periode

h – Herstellkosten je Produkteinheit

R – Rüstkosten

p – Zinskostensatz (in Prozent pro Jahr)

l – Lagerkostensatz (in Prozent pro Jahr)

s – Kosten je Losgrößeneinheit

x – Fertigungslosgröße

ein, ergeben sich folgende Analogien zum Problem der Bestimmung der optimalen Bestellmenge:

Optimale Bestellmenge	M	w	F	p	l	s	x
Optimale Losgröße	P	h	R	p	l	s	x

Aus mathematischer Sicht sind also beide Probleme äquivalent. Die Kostenfunktion im Problem der optimalen Fertigungslosgröße lautet dann

$$s(x) = h + \frac{R}{x} + \frac{(p+l) \cdot h \cdot x}{200P},$$

woraus sich die optimale Fertigungslosgröße analog zum Bestellmengenproblem wie folgt bestimmen lässt:

$$\boxed{x = \sqrt{\frac{200 \cdot P \cdot R}{(l+p) \cdot h}}}$$

Aufgaben

Aufgaben zu Abschnitt 5.1

1. Ermitteln Sie für die Funktion $y = x^3$ den Wert der Steigung im Punkt (2, 8) mit Hilfe des Grenzwertes der Sekantensteigung.
2. Bestimmen Sie für die Funktion $y = x^2 + 5x$ den Differentialquotienten als Grenzwert des Differenzenquotienten.
3. a) Bestimmen Sie für die Funktion $y = 2x^3$ den Differentialquotienten unter Bezugnahme auf die Sekantensteigung.

   b) Ermitteln Sie die Tangentensteigungen für $x_1 = -2$ und $x_2 = 3$.

   c) Berechnen Sie näherungsweise die Funktionswertänderung, wenn sich der Wert $x = -4$ um $\Delta x = 1$ verändert bzw. sich der Wert $x = 10$ um $\Delta x = 1$ ändert. Nutzen Sie dazu das Differential der Funktion und vergleichen Sie das Ergebnis mit der tatsächlichen Funktionswertänderung.
4. Wie groß ist für die Umsatzfunktion $U = -0,2x^2 + 550x$ der Grenzumsatz bei einer Absatzmenge von $x = 600$ (bestimmen Sie das Ergebnis mit Hilfe der Sekantensteigung)?
5. Berechnen Sie den Grenzkostenbetrag für die Kostenfunktion $K = 0,01x^3 - 0,125x^2 + 0,75x + 2$ für $x = 4$ (als Grenzwert des Differenzenquotienten).

Aufgaben zu Abschnitt 5.2

1. Bestimmen Sie mittels der zugehörigen Differentiationsregel die erste Ableitung der Funktionen

   a) $y = 2,5x^2$ b) $y = 4x^3$

   c) $y = -2x^7$ d) $y = -1,5x^{18}$

   und geben Sie jeweils ihre Steigung für $x = -1$; 0 und +1 an.
2. Bilden Sie den Differentialquotienten von

   a) $y = 3x^7$ b) $y = x^{0,6}$ c) $y = 12x^{-4}$

   d) $y = 5x^{2a}$ e) $y = -22x^{-4,5}$

3. Wie lauten die ersten Ableitungen folgender Funktionen?

   a) $y = 7x^5 + 5x^3 + 3x$ b) $y = 4x^{-2,5} + 8x^{3,25} - 200$

   c) $y = a_3x^3 + a_2x^2 + a_1x + a_0$ d) $y = \frac{x+2}{x-3}$

   e) $y = x^{2n} \cdot x^3$ f) $y = \frac{2}{3}x^3 - \frac{1}{8}x^2 + \frac{1}{13}x$

   g) $y = (3x^2 + 5)(x^{3,5} + 2,4x^{1,5})$ h) $y = \frac{2}{a+3x}$

4. Bestimmen Sie die ersten Ableitungen von

   a) $y = \mathrm{e}^{-x+4}$ b) $y = \mathrm{e}^x \cdot x^8$ c) $y = \frac{\mathrm{e}^x}{x^3}$

   d) $y = a^{7x}$ e) $y = a^{4x} \cdot x^{5a}$ f) $y = \frac{x^{10}}{10^x}$

   g) $y = \ln 5x^2$ h) $y = \sqrt[3]{7x^2 + 5a}$ i) $y = (a^3 - x^3)^5$

   j) $y = (10 + 5x^n)^7$ k) $y = \sin(2x)$ l) $y = \tan(3x)$

5. Bestimmen Sie für die nachstehenden Funktionen die erste Ableitung mit Hilfe der jeweils zugehörigen Differentiationsregel. Nehmen Sie eine geeignete Umformung vor, um die erste Ableitung durch Anwendung einer anderen Regel zu bestätigen:

   a) $y = \frac{1}{x^4}$ b) $y = x^2 \cdot \sqrt[5]{x}$ c) $y = \frac{x}{2} + \frac{1}{x}$

   d) $y = (5x + 8)(5x + 8)$ e) $y = (3x - 7)^3$

6. Berechnen Sie die zweite und dritte Ableitung folgender Funktionen:

   a) $y = 12x^{-3} + 12x^3$ b) $y = \frac{2x+3}{x^2-1}$

   c) $y = 75x^4 - 55x^2 + 35$ d) $y = \sqrt[4]{x}$

   e) $y = a_3x^3 + a_2x^2 + a_1x + a_0$ f) $y = \mathrm{e}^{3x}$

   g) $y = \ln x^2$ h) $y = \sqrt[3]{x^2 + 3}$

7. Wie groß ist der Wert der zweiten Ableitung von

   a) $y = 5x^3$ b) $y = -7x^2 + 15x$

   c) $y = \frac{1+x^2}{x-1}$ d) $y = \mathrm{e}^{4x}$

   allgemein sowie speziell für $x = -2$, $x = 0$ und $x = 5$?

8. Welche Grenzkosten besitzt die Kostenfunktion
$$K = 0,02x^3 - 7x^2 + 1\,750x + 23\,000$$
bei einer Ausbringungsmenge von $x = 40$, 90, 115, 150 und 200?

9. Welche Grenzgewinne ergeben sich bei der Gewinnfunktion
$$G = -0,2x^2 + 200x - 40\,000$$
für eine Absatzmenge von $x = 250$, 500, 750 und 900?

10. Berechnen Sie für die ertragsgesetzliche Produktionsfunktion
$$x = -\frac{1}{120}r^3 + \frac{7}{5}r^2 + 3r$$
den Grenzertrag bei einer Einsatzmenge von $r = 40$, 50, 60, 80, 110 und 120.

11. Bestimmen Sie für die nachstehenden Funktionen mehrerer Variabler die zugehörigen ersten partiellen Ableitungen:

a) $y = 8x_1^2 + 3x_2 - 5$ b) $y = 15x_1^4 \cdot x_2^{0,5}$

c) $y = x_1^4 + x_1^3 - 2x_1^2x_2 + 3x_2^2$ d) $y = x_1^5x_2^3 + x_1^2x_2^4 + x_1x_2$

e) $y = \sqrt{x_1^3 + x_2^4 + x_3}$

12. Ein Unternehmen verkauft drei Produkte am Markt. Der pro Produkteinheit konstante Preis betrage 99,75 € für Produkt 1, 145,20 € für Produkt 2 und 783,00 € für Produkt 3. Bestimmen Sie die zugehörige Umsatzfunktion und bilden Sie die zugehörigen partiellen Ableitungen.

13. Eine Cobb-Douglas-Produktionsfunktion möge
$$P = 3 \cdot A^{0,4} \cdot K^{0,6}$$
lauten. Bestimmen Sie die partiellen Ableitungen bei einer Veränderung jeweils eines Einsatzgutes sowie das totale Differential.

14. Bestimmen Sie die ersten und zweiten partiellen Ableitungen:

a) $y = 5x_1^2 + 9x_1x_2 - 13x_2^2$ b) $y = 2x_1^3 + 4x_2^5 - 8x_1^2x_2$

Aufgaben zu Abschnitt 5.3

1. Nennen Sie mögliche Bestandteile einer Kurvendiskussion.
2. Nennen Sie die Bedingungen für die Schnittpunkte von Funktionen mit den Achsen im kartesischen Koordinatensystem.

3. Berechnen Sie die Schnittpunkte mit der x-Achse und der y-Achse für die Funktionen

   a) $y=2x^2+x-8$ b) $y=x^3-8x^2+4x$ c) $G=-\frac{1}{8}x^2+150x-35\,200$

4. Welches Verhalten im Unendlichen zeigen

   a) $y=x^3-12x+2$ b) $y=-\frac{1}{12}x^4+\frac{1}{2}x^2$?

5. Untersuchen Sie die Monotonie der Kostenfunktion

   $$K=0,01x^3-0,125x^2+0,75x+2$$

   mit Hilfe der ersten Ableitung. Führen Sie die Analyse auch für die zugehörige Grenzkostenfunktion durch.

6. Bestimmen Sie für die nachstehenden Funktionen – soweit jeweils bei der betreffenden Funktion existent – deren Extrem- und Wendepunkte:

   a) $y=7x^2-8$ b) $y=-3x^2+5$

   c) $y=2x^3+1$ d) $y=-4x^3+6$

   e) $y=x^3-15x-7$ f) $y=\frac{1}{15}x^3+4x^2+7,8x+10$

   g) $y=x^3-8x^2+4x+5$ h) $y=-\frac{1}{12}x^4+\frac{1}{2}x^2$

   i) $y=\frac{1}{2x}$ j) $y=\frac{4x^2+9}{12x}$

   k) $y=\mathrm{e}^{2x}$ l) $y=\ln(3x)$

   m) $y=3^x$ n) $y=\sqrt[3]{x+5}$

7. Ermitteln Sie die Extrem- und Wendepunkte für die Funktionen

   a) $y=3x^7$ b) $y=-0,5x^8$

8. Führen Sie für die Umsatzfunktion $U=-\frac{1}{20}x^2+450x$ eine Kurvendiskussion durch (U – Umsatz, x – Absatzmenge). Die Kapazitätsgrenze des Unternehmens möge bei 6 000 Einheiten liegen.

9. Gegeben sei die Gewinnfunktion $G=-\frac{1}{12}x^2+180x-50\,325$ (G – Gewinn, x – Produktions- und Absatzmenge). Nehmen Sie für diese Gewinnfunktion eine Kurvendiskussion vor.

10. Für die Kostenfunktion $K=\frac{1}{10}x^3-21x^2+1\,570x+25\,200$ ist eine Kurvendiskussion durchzuführen (K – Kosten, x – Produktionsmenge).

Aufgaben zum Abschnitt 5.4

1. Von einer linearen Nachfragefunktion $x = a_1 p + a_0$ sind die beiden Punkte (10, 50 000) und (20, 30 000) bekannt. Ermitteln Sie nach der Bestimmung der Preis-Absatz-Funktion die direkte Preiselastizität für $p = 5$, $p = 17,5$ und $p = 25$.
2. Bestimmen Sie die Nachfragemenge x sowie den Preis p, für den die direkte Preiselastizität den Wert -1 besitzt, wenn die Nachfragefunktion $x = -\frac{1}{8}p + 450$ zugrunde gelegt werden kann.
3. Es gelte die Umsatzfunktion $U = 1,5x$. Bestimmen Sie die Umsatzelastizität $\varepsilon_{U,x} = U' \cdot \frac{x}{U}$ für $x = 10$ und $x = 100$. Zu welcher Überlegung kommen Sie aufgrund der beiden ermittelten Ergebnisse?
4. Welchen Wert hat die Gewinnelastizität bei einer Produktions- und Absatzmenge von 100, 440 und 1 000 Stück und Gültigkeit der Gewinnfunktion $G = -0,08x^2 + 200x - 15\,000$?
5. Es gelte die Kostenfunktion $K = 0,4x^2 + 800x$. Bestimmen Sie die Kostenelastizität $\varepsilon_{K,x} = K' \cdot \frac{x}{K}$ für eine Ausbringungsmenge von $x = 500$. Interpretieren Sie anschließend den rechnerisch ermittelten Wert der Kostenelastizität.
6. Ermitteln Sie für die Kostenfunktion $K = 0,1x^3 - 15x^2 + 1\,200x + 30\,000$ die Kostenelastizität für eine Ausbringungsmenge von $x = 50$, $x = 92,5$ und $x = 100$.
7. Wie groß ist die Produktionselastizität $\varepsilon_{x,r} = x' \cdot \frac{r}{x}$ für die Produktionsfunktion $x = -\frac{1}{150}r^3 + \frac{3}{2}r^2 + \frac{31}{2}r$ bei einer Einsatzmenge von $r = 75$ bzw. 150?
8. Bestimmen Sie für die Umsatzfunktion $U = -0,01x^2 + 42x$ das Umsatzmaximum. Ermitteln Sie daraus die Funktion des Stückumsatzes (durchschnittlichen Umsatzes). Überprüfen Sie, ob diese Funktion einen Extremwert besitzt. Vergleichen Sie die Stückumsatz- mit der Grenzumsatzfunktion.
9. Die Abhängigkeit zwischen Gütérertrag x und -einsatz r lasse sich durch die Produktionsfunktion $x = -\frac{1}{150}r^3 + \frac{3}{2}r^2 + \frac{31}{2}r$ darstellen.
   a) Bei welcher Gütereinsatzmenge lässt sich der größtmögliche Güterertrag erreichen?
   b) Beschreiben Sie für die betrachtete Produktionsfunktion die zugehörige Durchschnittsertragsfunktion.

c) Ermitteln Sie das Maximum der Durchschnittsertragsfunktion.

10. Es gelte die Preis-Absatz-Funktion $p = -0,02x + 12$.
    a) Bestimmen Sie mit Hilfe dieser Preis-Absatz-Funktion die zugehörige Umsatzfunktion.
    b) Ermitteln Sie die umsatzmaximale Absatzmenge und den größtmöglichen Umsatzbetrag.

11. Für den Anbieter eines Produktes ist der am Markt erzielbare Preis 8,30 €. Wie kann er sein Umsatzmaximum bestimmen?

12. Welche Maßnahme hat ein Unternehmen für die Erzielung eines Gewinnmaximums zu ergreifen, wenn die Preis-Absatz-Funktion $p = -0,02x + 12$ und die Kostenfunktion $K = 3x + 500$ gelten?

13. Ermitteln Sie für die Gewinnfunktion $G = -\frac{1}{12}x^2 + 180x - 50\,325$ den Durchschnittsgewinn. Untersuchen Sie die gebildete Funktion des Durchschnittsgewinns auf mögliche Extrempunkte. Welche Besonderheit weisen die grafische Darstellung von Durchschnittsgewinnfunktion und Grenzgewinnfunktion auf?

14. Als Ergebnis von Kostenuntersuchungen wurde die Kostenfunktion $K = 75x + 90\,000$ ermittelt. Untersuchen Sie die zugehörige Funktion der Stückkosten auf mögliche Extrempunkte.

15. a) Eine quadratische Kostenfunktion mit $K = 1,15x^2 + 62\,100$ ist gegeben. Bestimmen Sie die Ausbringungsmenge, bei welcher die Stückkosten ein Minimum erreichen. Wie groß ist der zugehörige Stückkostenbetrag?
    b) Führen Sie diese Berechnung auch für die Kostenfunktion $K = 0,45x^2 + 21x + 18\,000$ durch.

16. Es gelte die Kostenfunktion $K = \frac{1}{10}x^3 - 21x^2 + 1\,570x + 25\,200$ (siehe auch Aufgabe 10 von Abschnitt 5.3).
    a) Bestimmen Sie die Funktion der Stückkosten, der variablen Stückkosten und der Grenzkosten.
    b) Berechnen Sie für jede dieser drei Funktionen deren Minimum.

17. Bestimmen Sie die optimale Bestellmenge bei Vorliegen folgender Ausgangsdaten: Jahresbedarf: 800 Stück, Einstandspreis 19,44 €, bestellmengenfixe Kosten 24,00 €, Zinskostensatz: 9 %, Lagerkostensatz: 7 %.

18. Ermitteln Sie die optimale Bestellmenge für einen Jahresbedarf von 48 000 Stück, einem Einstandspreis von 1,25 €, bestellmengenfixen

Kosten von 150,00 € und einem Zins- und Lagerkostensatz von insgesamt 18 %. Wie groß ist die Anzahl an Bestellungen pro Jahr? Wie groß ist die durchschnittliche Lagerdauer einer Bestellmenge?

19. Ermitteln Sie die optimale Fertigungslosgröße für ein Jahresprogramm von 60 000 Stück bei einem Herstellkostenbetrag von 3,50 €, Rüstkosten in Höhe von 226,80 € sowie einem Zins- und Lagerkostensatz von insgesamt 15 %. Wie viele Losgrößen pro Jahr gibt es?
20. Geplant ist die Produktion von Konservendosen in der Form eines Kreiszylinders mit dem festen Inhalt V. Wie sind die Abmessungen für die Dose zu wählen, damit der Materialverbrauch minimiert werden kann? (Benötigte Formeln: Fläche des Kreises: πr^2, Fläche des Dosenmantels: $2\pi rh$, Volumen des Zylinders: $\pi r^2 h$, r – Radius, h – Höhe, $\pi \approx 3,14159$.)

6 Lineare Optimierung

Im Abschnitt 5.4 des vorausgegangenen Kapitels 5 wurde die Lösung von bestimmten Extremwertproblemen im ökonomischen Bereich mit Hilfe der Differentialrechnung gezeigt. Bei der *linearen Optimierung* geht es ebenfalls um die Lösung von Maximierungs- bzw. Minimierungsproblemen. Während bei der Differentialrechnung Optimierungsprobleme mit einer oder auch mit mehreren unabhängigen Variablen gelöst werden, führen in der linearen Optimierung nur Probleme mit mindestens zwei unabhängigen Variablen zu inhaltsreichen Aufgabenstellungen. Im Gegensatz zur Differentialrechnung befasst sich die lineare Optimierung nur mit Zielstellungen, die durch lineare Funktionen beschrieben werden können. Darüber hinaus werden in Problemen der linearen Optimierung bestehende Nebenbedingungen (linearer Art) explizit bei der Bestimmung der zu extremierenden Zielfunktion berücksichtigt, was in den im Kapitel 5 betrachteten Extremwertaufgaben nicht der Fall war (obwohl es natürlich auch Extremwertaufgaben unter Nebenbedingungen gibt).
Sofern die Bedingung der Linearität der Zielfunktion bzw. der Restriktionen nicht erfüllt ist, liegen andere Planungsmodelle (z. B. der nichtlinearen Optimierung) vor. Auf solche Modelle wird im Rahmen dieser Abhandlung nicht weiter eingegangen.
Bei der linearen Optimierung handelt es sich um ein Teilgebiet des *Operations Research* (*Unternehmensforschung*). Diese Disziplin befasst sich allgemein mit der Analyse und Erarbeitung mathematischer Modelle für die Lösung bestimmter Problemstrukturen, vorrangig im betriebswirtschaftlichen Bereich.

6.1 Beschreibung linearer Optimierungsprobleme

Unter der linearen Optimierung versteht man ein Teilgebiet der Mathematik, das Modelle und Methoden zur Bestimmung des Extremwertes einer linearen Zielfunktion unter Einhaltung geltender linearer Nebenbedingungen in Gleichungs- oder Ungleichungsform zum Gegenstand hat. Nach der

Art des Optimierungsproblems wird zwischen Maximierungs- und Minimierungsproblem unterschieden. Anstelle von linearer Optimierung sind auch die Bezeichnungen *lineare Planungsrechnung* oder *lineare Programmierung* gebräuchlich.

Modelle der linearen Optimierung bestehen aus den folgenden drei, nachfolgend näher beschriebenen Bestandteilen:

- lineare Zielfunktion
- System linearer Nebenbedingungen
- Nichtnegativitätsbedingungen für die (in der Zielfunktion und den Nebenbedingungen auftretenden) Variablen.

Zielfunktion

Die *Zielfunktion* eines linearen Optimierungsmodells basiert auf der gewählten Zielgröße (z. B. Umsatz, Gewinn, Kosten, Deckungsbeitrag als Differenz von Umsatz und variablen Kosten, Auslastung, Nutzungsgrad usw.) und lautet auf Extremierung (Maximierung oder Minimierung) dieser Zielgröße (z. B. Umsatzmaximierung oder Kostenminimierung).

Der Wert der angestrebten Zielgröße ergibt sich aus

- den möglichen Aktivitäten, Alternativen oder Handlungsmöglichkeiten (z. B. Verkauf von Produkt 1, Produkt 2 und Produkt 3)
- dem Umfang bzw. dem Niveau der einzelnen Aktivitäten (z. B. Verkauf von 0,1,2,3,... Einheiten von Produkt 1, Produkt 2 bzw. Produkt 3)
- dem Zielbeitrag jeder einzelnen Aktivität bezogen auf ein Aktivitätsniveau von einer Einheit (z. B. Stückverkaufspreis von Produkt 1: 118,00 €; von Produkt 2: 95,30 €; und von Produkt 3 72,50 €).

In einem linearen Optimierungsmodell werden die möglichen Aktivitäten und ihr Niveau durch die Variablen $x_1, x_2, \ldots, x_n$ ausgedrückt. Die Anzahl an unabhängigen Variablen hängt vom jeweiligen Planungs- und Entscheidungsproblem ab und wird im Allgemeinen mit n angegeben. Die Variablen werden in diesem Zusammenhang auch *Planungs- oder Entscheidungsvariablen* genannt; die Ermittlung des optimalen (minimalen oder maximalen) Zielfunktionswertes besteht in der Berechnung von (optimalen) Werten für diese Variablen unter Beachtung der noch zu erläuternden Nebenbedingungen. Die Entscheidungsvariablen müssen ausschließlich in der ersten Potenz auftreten. Der Zielbeitrag der einzelnen Entscheidungsvariablen wird als *Zielfunktionskoeffizient* bezeichnet und durch die Größen $c_1, c_2, \ldots, c_n$ dargestellt; dabei ist c_j allgemein der Beitrag, den eine Einheit der Entscheidungsvariablen x_j zur Zielerreichung leistet ($j = 1, \ldots, n$).

Ist davon auszugehen, dass die Zielwirkungen der einzelnen Entscheidungsvariablen unabhängig von den Zielbeiträgen der anderen Entscheidungsvariablen sind, dann ergibt sich der Wert der zu extremierenden Zielgröße Z rechnerisch als Summe der mit ihren Zielfunktionskoeffizienten multiplizierten Entscheidungsvariablen:

$$Z = c_1 \cdot x_1 + c_2 \cdot x_2 + \ldots + c_n \cdot x_n \to \text{Extremum}$$

bzw. in Summenschreibweise

$$Z = \sum_{j=1}^{n} c_j \cdot x_j$$

oder in Vektorschreibweise

$$Z = c^\top \cdot x,$$

sofern man den Vektor der Zielfunktionskoeffizienten $c = (c_1, \ldots, c_n)^\top$ und den Variablenvektor $x = (x_1, \ldots, x_n)^\top$ einführt.

In der Regel ist davon auszugehen, dass jede wählbare Zielfunktion (z. B. Umsatzmaximierung, Gewinnmaximierung, Kostenminimierung oder Maximierung der Nutzungszeit) zu einer anderen optimalen Lösung (d. h. zu anderen Werten der Entscheidungsvariablen) führt. Im Weiteren betrachten wir vorwiegend Maximierungsprobleme, denn ein Minimierungsproblem kann durch Betrachtung der mit -1 multiplizierten Zielfunktion stets in ein Maximierungsproblem überführt werden.

Nebenbedingungen

Charakteristisch für Aufgaben der linearen Optimierung ist es, dass bei der Realisierung der Zielstellung, der Maximierung oder Minimierung einer linearen Zielfunktion, *Nebenbedingungen* (Restriktionen, Beschränkungen) einzuhalten sind. Im Rahmen der linearen Optimierung darf es sich dabei, wie erwähnt, ausschließlich um lineare Nebenbedingungen handeln.

Bei wirtschaftlichen Fragestellungen können derartige Nebenbedingungen durch begrenzte Fertigungskapazitäten oder Finanzierungsmöglichkeiten, Absatzhöchstgrenzen, Mindestanteile an Einsatzgütern, Mindestabnahmeverpflichtungen, Absatzmindestmengen, begrenzte Lagerkapazitäten und dergleichen begründet sein. Da bei einem Optimierungsproblem in der Regel mehrere Nebenbedingungen auftreten, wird auch von einem *System linearer Nebenbedingungen* gesprochen.

Die Nebenbedingungen können in folgenden Formen auftreten (zu Gleichungen und Ungleichungen siehe Abschnitt 3.1):

- als lineare Ungleichungen der Form $\leq$; z. B. dürfen mit der Produktion die verfügbaren Kapazitäten nicht überschritten werden
- als lineare Ungleichungen der Form $\geq$; z. B. dürfen die (Mindest-) Abnahmeverpflichtungen nicht unterschritten werden
- als lineare Gleichungen; z. B., wenn die für das Produkt eingegangene Lieferverpflichtung genau erfüllt werden muss.

Die Anzahl an Nebenbedingungen hängt vom jeweiligen Planungs- und Entscheidungsproblem ab und wird im Allgemeinen mit m angegeben. Die Ermittlung dieser für die Problemlösung entscheidenden Nebenbedingungen ist in der Regel eine sehr aufwändige Arbeit der (mathematischen) Modellierung der Problemstellung, insbesondere im Rahmen der Problem- und Systemanalyse, von der die Verwendbarkeit, die Praxisrelevanz der später ermittelten Lösung abhängt.

Zur weiteren Erläuterung der Nebenbedingungen gehen wir von Nebenbedingungen in $\leq$-Form aus. Vielfach ist auf der rechten Seite der Ungleichung die begrenzt verfügbare Ressource angegeben (z. B. bei einem Fertigungsengpass die maximal verfügbare Fertigungskapazität). Zu ihrer Darstellung wird der Buchstabe b und die Nummer der jeweiligen Nebenbedingung (Zeile im System der Nebenbedingungen), also $b_1, b_2, \ldots, b_m$, verwendet. Die m Größen $b_1, \ldots, b_m$ (bei m Nebenbedingungen) geben den bei jeder Nebenbedingung begrenzt verfügbaren Wert der betreffenden Ressource (z. B. vorhandene Kapazität) an.

Auf der linken Seite der Ungleichung wird angegeben, wie jede Einheit der vorkommenden Entscheidungsvariablen die begrenzt verfügbare Ressource beansprucht (z. B. die Fertigungszeit je Einheit der möglichen Produkte als Entscheidungsvariablen). Ihr Wert wird durch die Koeffizienten a_{ij} zum Ausdruck gebracht; der Index i gibt die Nummer der Nebenbedingung (Zeile) und j die Nummer der Entscheidungsvariablen (Spalte) an. Folglich ergibt die Summe aus den mit ihren Koeffizienten multiplizierten Entscheidungsvariablen die Inanspruchnahme der Engpassstelle mit der Maßgabe, dass die verfügbare Ressource nicht überschritten werden darf.

Das System der linearen Nebenbedingungen lässt sich dann – wie nachfol-

gend beschrieben – auf verschiedene Weise darstellen.
Ausführliche Schreibweise:

$$\begin{array}{ccccccc} a_{11}x_1 & + & a_{12}x_2 & +\ldots+ & a_{1n}x_n & \leq & b_1 \\ a_{21}x_1 & + & a_{22}x_2 & +\ldots+ & a_{2n}x_n & \leq & b_2 \\ \multicolumn{7}{c}{\dotfill} \\ a_{m1}x_1 & + & a_{m2}x_2 & +\ldots+ & a_{mn}x_n & \leq & b_m \end{array}$$

Summenschreibweise: $\sum\limits_{j=1}^{n} a_{ij}x_j \leq b_i, \quad i = 1,\ldots,m$

Matrizenschreibweise: $A \cdot x \leq b,$

wenn man die Aufwandsmatrix $A = (a_{ij}), i = 1,\ldots,m, j = 1,\ldots,n,$ sowie den Vektor der rechten Seiten $b = (b_1,\ldots,b_m)^\top$ einführt.
Bei dem System der Nebenbedingungen wurde die $\leq$-Form verwendet. Diese Darstellungsform stellt keine Einschränkung der Allgemeinheit dar. Bei Vorliegen anderer Formen von Restriktionen wie Gleichheits- oder $\geq$-Beziehungen kann durch einfache algebraische Transformationen eine Überführung in die $\leq$-Form vorgenommen werden, ohne dass sich an der Menge zulässiger oder optimaler Lösungen des Problems Änderungen ergeben. Beispielsweise wird eine $\geq$-Beziehung durch Multiplikation mit -1 in eine $\leq$-Beziehung gebracht.

Beispiel: $3x_1 + 4x_2 \geq 2$ ist äquivalent zu $-3x_1 - 4x_2 \leq -2.$

Eine Gleichung kann durch zwei Ungleichungen mit entgegengesetztem Richtungssinn ersetzt werden. Die dabei entstehende $\geq$-Beziehung wird wie eben beschrieben umgeformt.

Beispiel: Die Gleichung $3x_1 + 4x_2 = 2$ ist äquivalent zu den beiden Ungleichungen $3x_1 + 4x_2 \leq 2$, und $3x_1 + 4x_2 \geq 2$, die wiederum gleichbedeutend mit $3x_1 + 4x_2 \leq 2$ und $-3x_1 - 4x_2 \leq -2$ sind.

Nichtnegativitätsbedingungen

Zu den oben behandelten Nebenbedingungen tritt in der linearen Optimierung noch eine weitere Gruppe an Nebenbedingungen, die so genannten *Nichtnegativitätsbedingungen*, hinzu. Damit wird sichergestellt, dass keine der Variablen negative Werte annehmen darf. Diese Bedingungen stellen keine schwerwiegende Einschränkung für die Anwendbarkeit der linearen Optimierung dar, denn unterliegen gewisse Variablen keinen Nichtnegativitätsbedingungen, können letztere durch Transformationen bzw. durch das

Einführen neuer Variablen „erzwungen" werden (worauf hier nicht eingegangen werden soll); in ökonomischen Problemstellungen sind ohnehin meist nur nichtnegative Werte für die Variablen sinnvoll.

Ausführliche Schreibweise: $x_1, x_2, \dots, x_n \geq 0$

Zusammengefasste Schreibweise: $x_j \geq 0, \quad j = 1 \dots, n$

Vektorschreibweise: $x \geq 0$

Problem der linearen Optimierung

Unter Berücksichtigung aller drei Bestandteile lautet ein Maximierungsproblem in ausführlicher Form:

$$Z = c_1x_1 + c_2x_2 + \ldots + c_nx_n \to \text{Maximum} \tag{6.1}$$

$$\begin{array}{ccccccccc} a_{11}x_1 & + & a_{12}x_2 & + & \ldots & + & a_{1n}x_n & \leq & b_1 \\ a_{21}x_1 & + & a_{22}x_2 & + & \ldots & + & a_{2n}x_n & \leq & b_2 \\ \multicolumn{9}{c}{\dotfill} \\ a_{m1}x_1 & + & a_{m2}x_2 & + & \ldots & + & a_{mn}x_n & \leq & b_m \end{array} \tag{6.2}$$

$$x_j \geq 0, \; j = 1, \ldots, n \tag{6.3}$$

Unter Verwendung der oben eingeführten Bezeichnungen A, b, c, x ergibt sich die Matrizenschreibweise

$$\boxed{\begin{array}{rcl} c^\top \cdot x & \to & \text{Maximum} \\ A \cdot x & \leq & b \\ x & \geq & 0 \end{array}}$$

Alle Vektoren $x = (x_1, \ldots, x_n)^\top$, die (6.2) und (6.3) erfüllen, heißen *zulässige* Lösungen der betrachteten Optimierungsaufgabe, während ein Vektor $x^* = (x_1^*, \ldots, x_n^*)^\top$ *optimal* genannt wird, wenn er unter allen zulässigen Lösungen den größten Wert von Z in (6.1) liefert.

6.2 Modellierung ökonomischer Beispiele

Im ökonomischen Bereich führen unterschiedliche Aufgabenstellungen zu linearen Optimierungsproblemen. Von ihnen werden nachstehend drei Beispiele ausgewählt, die zu den klassischen Anwendungen gerechnet werden. Die Aufstellung der linearen Zielfunktion und des Systems an linearen Nebenbedingungen wird als *Modellierung* bezeichnet.

6.2.1 Bestimmung eines optimalen Produktionsprogramms

Bei diesem ersten Anwendungsfall geht es um die Aufstellung eines Modells der linearen Optimierung, welches die Festlegung des Produktionsprogramms (und Vertriebsprogramms) in der Weise ermöglicht, dass die zugrunde gelegte Zielfunktion ihren bestmöglichen Wert bei Einhaltung der bestehenden Restriktionen annimmt. Die Modellierung wird anhand eines konkreten Zahlenbeispiels demonstriert. Dieses Beispiel geht davon aus, dass in vorbereitenden Untersuchungen die für die Bestimmung des optimalen Produktionsprogramms relevanten Informationen ermittelt wurden.
Das betrachtete Unternehmen fertigt und vertreibt vier Produkte. Der jeweils erzielbare Stückgewinn (in Tsd. Euro) ist in der folgenden Aufstellung angegeben:

Produkt	1	2	3	4
Stückgewinn	1,5	3,5	3,0	4,0

Strebt man die Maximierung des Gewinns an, so ist die nachstehende Zielfunktion (Z) zugrunde zu legen; hierbei ergibt sich der erzielbare Gesamtgewinn als Summe der mit ihrem jeweiligen Stückgewinn multiplizierten (noch zu ermittelnden) Produktmengen x_j $(j = 1,\dots,4)$:

$$1{,}5x_1 + 3{,}5x_2 + 3x_3 + 4x_4 \to \text{Maximum} \qquad \text{(Z)}$$

Die Fertigung der vier Produkte erfolgt in einem dreistufigen Produktionsprozess. Die pro Fertigungsstufe (oder Fertigungsabteilung) verfügbaren Produktionskapazitäten (in Stunden) sowie die Fertigungszeiten je Produkteinheit (in Stunden) gibt die nachfolgende Aufstellung wieder:

Produkt	1	2	3	4	Kapazität
Stufe I	3,0	1,0	3,0	4,0	315
Stufe II	1,0	2,0	2,7	4,0	270
Stufe III	2,0	5,0	5,5	3,0	400

Wegen der begrenzt verfügbaren Fertigungskapazitäten in jeder Fertigungsstufe sind bei der Maximierung der Zielfunktion drei Nebenbedingungen (NB) einzuhalten, die zum Inhalt haben, dass die für die Fertigung der vier Produkte in jeder Fertigungsstufe aufgewendete Fertigungszeit höchstens so groß sein darf, wie die insgesamt verfügbare Produktionskapazität (z. B. 315 Fertigungsstunden in Stufe I):

$$\begin{array}{rcrcrcrcrl} 3x_1 & + & x_2 & + & 3x_3 & + & 4x_4 & \leq & 315 & \quad \text{(NB-1)} \\ x_1 & + & 2x_2 & + & 2{,}7x_3 & + & 4x_4 & \leq & 270 & \quad \text{(NB-2)} \\ 2x_1 & + & 5x_2 & + & 5{,}5x_3 & + & 3x_4 & \leq & 400 & \quad \text{(NB-3)} \end{array}$$

Von Produkt 1 wird erwartet, dass maximal 30 Mengeneinheiten absetzbar sind. Diese Absatzrestriktion führt zur vierten Nebenbedingung:

$$x_1 \leq 30 \qquad \text{(NB-4)}$$

Aus betriebspolitischen Gründen sollen bei Produkt 2 mindestens 12 Mengeneinheiten, bei Produkt 3 mindestens 20 Mengeneinheiten und bei Produkt 4 mindestens 10 Mengeneinheiten gefertigt und abgesetzt werden. Diese Forderung führt zu den Nebenbedingungen 5 bis 7:

$$x_2 \geq 12 \qquad \text{(NB-5)}$$

$$x_3 \geq 20 \qquad \text{(NB-6)}$$

$$x_4 \geq 10 \qquad \text{(NB-7)}$$

Weiterhin wird bezüglich des Produktes 2 – abgesehen von der geforderten Mindestmenge – verlangt, dass die von diesem Produkt herzustellende Menge 35 % der Gesamtmenge aller gefertigten Produkte nicht überschreiten soll. Die Gesamtmenge setzt sich aus den Mengen der vier Produkte $x_1 + x_2 + x_3 + x_4$ zusammen. Entsprechend der beschriebenen Forderung sollen 35 % dieser Gesamtmenge mindestens so groß wie die Fertigungsmenge von Produkt 2 sein:

$$\frac{35}{100} \cdot (x_1 + x_2 + x_3 + x_4) \geq x_2$$

Durch Umformung (Multiplikation mit -1 und Addition von x_2) dieser Ungleichung erhält man die achte Nebenbedingung:

$$-0,35x_1 + 0,65x_2 - 0,35x_3 - 0,35x_4 \leq 0 \qquad \text{(NB-8)}$$

Aus vertrieblichen Gründen soll der im letzten Geschäftsjahr erreichte Umsatz von 3 700 Tsd. Euro nicht unterschritten werden. Demnach umfasst das System von Nebenbedingungen im betrachteten Beispiel eine neunte Nebenbedingung, die sichert, dass die Summe aus den mit ihren Verkaufspreisen (in Tsd. Euro) multiplizierten Absatzmengen mindestens den letztjährigen Umsatzbetrag erreicht. Der Verkaufspreis je Mengeneinheit betrage:

Produkt	1	2	3	4
Verkaufspreis	18	39	36	44

Hieraus resultiert die Nebenbedingung

$$18x_1 + 39x_2 + 36x_3 + 44x_4 \geq 3700 \qquad \text{(NB-9)}$$

Unter Beachtung der Nichtnegativitätsbedingungen

$$x_1 \geq 0,\ x_2 \geq 0,\ x_3 \geq 0,\ x_4 \geq 0, \qquad \text{(NNB)}$$

für die vier Entscheidungsvariablen ergibt sich nunmehr das komplette Optimierungsmodell zur Bestimmung des optimalen Produktions- und Vertriebsprogramms wie folgt:

$$1,5x_1 + 3,5x_2 + 3x_3 + 4x_4 \rightarrow \text{Maximum}$$

$$\begin{array}{rcrcrcrcr}
3x_1 & + & x_2 & + & 3x_3 & + & 4x_4 & \leq & 315 \\
x_1 & + & 2x_2 & + & 2,7x_3 & + & 4x_4 & \leq & 270 \\
2x_1 & + & 5x_2 & + & 5,5x_3 & + & 3x_4 & \leq & 400 \\
x_1 & & & & & & & \leq & 30 \\
& & x_2 & & & & & \geq & 12 \\
& & & & x_3 & & & \geq & 20 \\
& & & & & & x_4 & \geq & 10 \\
-0,35x_1 & + & 0,65x_2 & - & 0,35x_3 & - & 0,35x_4 & \leq & 0 \\
18x_1 & + & 39x_2 & + & 36x_3 & + & 44x_4 & \geq & 3700
\end{array}$$

$$x_j \geq 0,\ j = 1,\ldots,4.$$

Es gibt Fälle, in denen im eben betrachteten Beispiel noch die Forderung erhoben werden müsste, dass die Entscheidungsvariablen nur ganzzahlige Werte annehmen dürfen. Die Berücksichtigung dieser Bedingung würde jedoch auf eine Aufgabenstellung der so genannten *ganzzahligen* Optimierung führen, auf die hier nicht weiter eingegangen werden soll. Die mit Hilfe der linearen Optimierung erzielten Lösungen werden in der Regel nicht ganzzahlig sein. Ist dies tatsächlich erforderlich, so ist durch nachträgliches Auf- bzw. Abrunden eine Lösung näherungsweise zu bestimmen. Dabei ist zu beachten, dass es sich hierbei nicht um ein rein numerisches Runden handelt, sondern stets dabei zu überprüfen ist, ob die Nebenbedingungen nicht verletzt werden. Z. B. kann dies bedeuten, dass durchaus ein Abrunden von 3,9 auf 3 oder ein Aufrunden von 2,1 auf 3 notwendig werden kann.

Die rechnerische Lösung dieses linearen Optimierungsmodells (siehe hierzu Abschnitt 6.3) führt zu folgendem optimalen Produktions- und Vertriebsprogramm. Die (nicht gerundeten) Zahlenwerte stellen dabei die (in Mengeneinheiten gemessenen) Mengen dar:

$$x_1 = 7,667;\ x_2 = 33,833;\ x_3 = 20,000;\ x_4 = 35,167.$$

Der maximal erreichbare Gewinn beträgt bei diesem Programm somit 330 584 €. Der mit diesem Programm realisierbare Umsatz beläuft sich auf 3 724 841 €; die entsprechende Nebenbedingung (NB-9) wurde eingehalten. Anstelle der Maximierung des Gewinns kann auch ein anderes Ziel verfolgt werden. Beispielsweise kann unter Bezugnahme auf die Verkaufspreise je Mengeneinheit eine Maximierung des Umsatzes vorgenommen werden:

$$18x_1 + 39x_2 + 36x_3 + 44x_4 \rightarrow \text{Maximum} \qquad (Z^*)$$

Als weitere Zielfunktion ist auch die Maximierung der Fertigungsauslastung in den drei Fertigungsstufen vorstellbar. Werden die von jedem Produkt in allen drei Fertigungsstufen benötigten Fertigungszeiten je Mengeneinheit addiert, ergibt sich als alternative Zielfunktion

$$6x_1 + 8x_2 + 11{,}2x_3 + 11x_4 \rightarrow \text{Maximum} \qquad (Z^{**})$$

In diesem Falle wird mit dem linearen Optimierungsmodell die Maximierung der Nutzungszeit angestrebt.

6.2.2 Ermittlung optimaler Zuschnittpläne

Während mit der Bestimmung des optimalen Produktionsprogramms ein Maximierungsproblem verbunden ist, handelt es sich beim Modell optimaler Zuschnittpläne um ein Minimierungsproblem. Bei diesem Problem geht es darum, ein bestimmtes Ausgangsmaterial, das in einer speziell vorgegebenen Form vorliegt (z. B. Stahlbleche, Papierrollen, Stoffballen usw.), in benötigte kleinere Bestandteile zu zerlegen. Dabei wird die Zielsetzung verfolgt, den bei der Zerlegung (dem Zuschnitt) zwangsläufig auftretenden Verschnitt (Abfall) so gering wie möglich zu halten. Im Folgenden wird wiederum ein konkretes Beispiel als Ausgangspunkt für die Modellierung gewählt.

Ausgangsmaterial sind Papierrollen fester Länge und einer vorgegebenen Breite von 210 cm. Dieses soll in Papierrollen kleinerer Breite von 62 cm, 55 cm und 40 cm zerschnitten werden. Die Länge der schmaleren Rollen soll mit derjenigen der Ausgangsrollen übereinstimmen. Da die Längen für die Ausgangsrollen und die zuzuschneidenden Rollen identisch sind, lässt sich dieses eigentlich zweidimensionale Verschnittproblem als eindimensionales Problem behandeln. Verschnittprobleme können je nach Fragestellung auch zwei- oder dreidimensionaler Natur sein. Im gewählten Beispiel liegt für die kleineren Rollen im betrachteten Zeitraum jeweils ein bestimmter Bedarf an Rollen vor (siehe Übersicht zu den Zuschnittvarianten).

Um aus einer vorgegebenen Ausgangsrolle die schmaleren Rollen zuzuschneiden, mögen insgesamt sechs sinnvolle Zuschnittvarianten oder Zuschnittmuster in Frage kommen. Diese sind zusammen mit dem sich jeweils ergebenden Verschnitt (in cm) sowie den Bedarfsmengen (in Rollen) in der folgenden Übersicht zusammengestellt:

	Zuschnittvarianten						
	1	2	3	4	5	6	Bedarf
62 cm Breite	3	2	1	0	0	0	300
55 cm Breite	0	0	1	3	2	0	600
40 cm Breite	0	2	2	1	2	5	600
Verschnitt	24	6	13	5	20	10	

Die Zuschnittvariante 3 („1, 1, 2") besagt beispielsweise, dass aus der 210 cm breiten Ausgangsrolle eine schmale Rolle mit der Breite von 62 cm, eine schmale Rolle mit der Breite von 55 cm und zwei schmale Rollen mit der Breite von 40 cm gefertigt werden können, wobei sich ein Verschnitt von $210 - 1 \cdot 62 - 1 \cdot 55 - 2 \cdot 40 = 13$ cm ergibt. Dieser Verschnitt scheidet als weiter einsetzbare Breite aus und stellt deshalb Materialverlust dar. Analog sind die übrigen fünf Zuschnittvarianten zu interpretieren.

Das lineare Optimierungsproblem besteht im betrachteten Beispiel darin, diejenigen Anzahlen von anzuwendenden Zuschnittvarianten zu bestimmen, die den zu erwartenden Materialverlust minimieren und zu den geforderten Mengen an schmalen Rollen führen. Bringen die Größen x_j, $j = 1, \ldots, 6$, zum Ausdruck, wie viele der Ausgangsrollen nach der Zuschnittvariante j zugeschnitten werden sollen, dann ergibt sich bei dieser Problemstellung die Zielfunktion (Z) der Minimierung des Materialverlustes mit

$$24x_1 + 6x_2 + 13x_3 + 5x_4 + 20x_5 + 10x_6 \rightarrow \text{Minimum.}$$

Das System der Nebenbedingungen besteht bei diesem Beispiel in der Mindesterreichung der von jeder Rollenbreite geforderten Zuschnittmenge. Beispielsweise wird die 62 cm breite Rolle mit einer der Zuschnittvarianten von 1 bis 3 erreicht. Unter Berücksichtigung der bei jeder möglichen Zuschnittvariante anfallenden Anzahl an Rollen lautet die entsprechende Nebenbedingung:

$$3x_1 + 2x_2 + x_3 \geq 300. \qquad \text{(NB-1)}$$

Sollen die Bedarfsmengen genau eingehalten werden, ist die Nebenbedingung (NB-1) entsprechend in Gleichungsform

$$3x_1 + 2x_2 + x_3 = 300. \qquad \text{(NB-1}'\text{)}$$

zugrunde zu legen. Dies führt jedoch in der Regel zu schlechteren optimalen Lösungen, da der Entscheidungsspielraum eingeengt wird.

Analog lauten für die 55 cm breite Rolle bzw. die 40 cm breite Rolle die zugehörigen Nebenbedingungen:

$$x_3 + 3x_4 + 2x_5 \geq 600 \quad \text{(NB-2)}$$

$$2x_2 + 2x_3 + x_4 + 2x_5 + 5x_6 \geq 600 \quad \text{(NB-3)}$$

Berücksichtigt man noch die Nichtnegativitätsbedingungen für die sechs Entscheidungsvariablen, ergibt sich das komplette Modell zur Bestimmung des optimalen Zuschnittprogramms wie folgt:

$$24x_1 + 6x_2 + 13x_3 + 5x_4 + 20x_5 + 10x_6 \rightarrow \text{Minimum}$$

$$\begin{array}{rcrcrcrcrcrcl} 3x_1 & + & 2x_2 & + & x_3 & & & & & & & \geq & 300 \\ & & & & x_3 & + & 3x_4 & + & 2x_5 & & & \geq & 600 \\ & & 2x_2 & + & 2x_3 & + & x_4 & + & 2x_5 & + & 5x_6 & \geq & 600 \end{array}$$

$$x_j \geq 0, \; j = 1, \ldots, 6.$$

Die rechnerische Lösung dieses linearen Optimierungsmodells (siehe hierzu Abschnitt 6.3) führt zu folgendem optimalen Zuschnittplan:

$$x_1 = 0, \; x_2 = 150, \; x_3 = 0, \; x_4 = 200, \; x_5 = 0, \; x_6 = 20.$$

Dies bedeutet, 150 Rollen Ausgangsmaterial sind nach Variante 2, 200 Rollen nach Variante 4 und 20 Rollen nach Variante 6 zuzuschneiden. Der minimal erreichbare Verschnitt beträgt bei diesem Programm 2100 cm.

Mit der dargestellten Zielfunktion wird ein minimaler Verschnitt (Materialverlust) angestrebt. Anstelle dieser Zielfunktion ist alternativ die Minimierung der Anzahl an zuzuschneidenden Ausgangsrollen denkbar. Die Zielfunktion (Z^*) lautet dann:

$$x_1 + x_2 + x_3 + x_4 + x_5 + x_6 \rightarrow \text{Minimum} \quad (Z^*)$$

6.2.3 Transportoptimierung

Beim Transportproblem handelt es sich ebenfalls um ein Minimierungsproblem. Bei diesem Optimierungsproblem fallen Transportvorgänge durch die Belieferung einer bestimmten Anzahl an Abnehmern von verschiedenen Lieferorten (Herstell- bzw. Lagerorten) aus an. Die Abnehmer wie auch die Lieferorte des Belieferers haben unterschiedliche vorgegebene Standorte. Die Nachfragemengen der einzelnen Abnehmer sind bekannt. Die Abnehmer sind gegenüber dem Lieferort indifferent; es ist ihnen also gleichgültig, von welchem Ort aus geliefert wird. Die Transportvorgänge verursachen Kosten, so dass gefragt wird, von welchen Lieferorten aus welche Abnehmer mit welchen Bedarfsmengen beliefert werden sollen, damit die anfallenden

Transportkosten möglichst gering gehalten werden. Auch die Modellierung für dieses lineare Optimierungsproblem wird mit Hilfe eines Beispiels gezeigt.

Aus vorbereitenden Untersuchungen verfüge das planende Unternehmen über folgende Daten:

(1) Produktions- bzw. Lagermengen (in Mengeneinheiten) in den drei Lieferorten O_1, O_2 und O_3:

Ort	O_1	O_2	O_3
Menge	10	6	7

(2) Nachfragemengen (in Mengeneinheiten) bei den vier Abnehmern A_1, A_2, A_3 und A_4:

Abnehmer	A_1	A_2	A_3	A_4
Menge	8	6	4	5

(3) Transportkostenmatrix, welche die Transportkosten je Mengeneinheit (in Tsd. Euro) vom Lieferort O_i, $i = 1, \ldots, 3$ (Zeilen), zum Abnehmer A_j, $j = 1, \ldots, 4$ (Spalten), angibt:

$$C = \begin{pmatrix} 3 & 4 & 2 & 5 \\ 6 & 7 & 1 & 2 \\ 5 & 4 & 3 & 2 \end{pmatrix}$$

Beispielsweise besagt das Element in der zweiten Zeile und vierten Spalte mit dem Wert 2, dass die Transportkosten vom Lagerort O_2 zum Abnehmer A_4 2 000 € je Mengeneinheit betragen.

Da drei Lieferorte und vier Abnehmer gegeben sind, sind 12 Lieferzuordnungen möglich, welche die Entscheidungsvariablen dieses Planungsproblems bilden. Dabei beschreibt die (hier doppelindizierte) Entscheidungsvariable x_{ij}, wie viele Mengeneinheiten von O_i zu A_j zu transportieren sind. Die Zielfunktion (Z) ergibt sich in diesem Falle aus der Summe der mit der jeweiligen Liefermenge multiplizierten Transportkosten und lautet auf Minimierung dieser Kosten.

$$\begin{array}{llll} 3x_{11} & +4x_{12} & +2x_{13} & +5x_{14} \\ +6x_{21} & +7x_{22} & +\ x_{23} & +2x_{24} \\ +5x_{31} & +4x_{32} & +3x_{33} & +2x_{34} \quad \rightarrow \quad \text{Minimum} \end{array} \qquad \text{(Z)}$$

Eine erste Gruppe von Nebenbedingungen ergibt sich aus der Forderung, dass die Summe der von jedem Lieferort aus an die vier Abnehmer getätigten Lieferungen insgesamt der jeweiligen Lieferkapazität (Herstell- bzw. Lagerkapazität) des betreffenden Lieferortes entsprechen muss:

$$x_{11} + x_{12} + x_{13} + x_{14} = 10 \qquad \text{(NB-1)}$$

$$x_{21} + x_{22} + x_{23} + x_{24} = 6 \qquad \text{(NB-2)}$$

$$x_{31}+x_{32}+x_{33}+x_{34}=7 \qquad \text{(NB-3)}$$

Die Sicherstellung, dass die vorhandenen Abnehmer die von ihnen insgesamt nachgefragten Mengen erhalten, führt zur zweiten Gruppe von Nebenbedingungen:

$$x_{11}+x_{21}+x_{31}=8 \qquad \text{(NB-4)}$$
$$x_{12}+x_{22}+x_{32}=6 \qquad \text{(NB-5)}$$
$$x_{13}+x_{23}+x_{33}=4 \qquad \text{(NB-6)}$$
$$x_{14}+x_{24}+x_{34}=5 \qquad \text{(NB-7)}$$

Unter Beachtung der Nichtnegativitätsbedingungen für die zwölf Entscheidungsvariablen ergibt sich die komplette lineare Optimierungsaufgabe zur Bestimmung des optimalen Transportprogramms wie folgt:

$$\begin{array}{llll} 3x_{11} & +4x_{12} & +2x_{13} & +5x_{14} \\ +6x_{21} & +7x_{22} & +\ x_{23} & +2x_{24} \\ +5x_{31} & +4x_{32} & +3x_{33} & +2x_{34} \quad \rightarrow \quad \text{Minimum} \end{array}$$

$$\begin{array}{llllllllllllr} x_{11} & +x_{12} & +x_{13} & +x_{14} & & & & & & & & & =10 \\ & & & & x_{21} & +x_{22} & +x_{23} & +x_{24} & & & & & =\ 6 \\ & & & & & & & & x_{31} & +x_{32} & +x_{33} & +x_{34} & =\ 7 \\ x_{11} & & & & +x_{21} & & & & +x_{31} & & & & =\ 8 \\ & x_{12} & & & & +x_{22} & & & & +x_{32} & & & =\ 6 \\ & & x_{13} & & & & +x_{23} & & & & +x_{33} & & =\ 4 \\ & & & x_{14} & & & & +x_{24} & & & & +x_{34} & =\ 5 \end{array}$$

$$x_{ij} \geq 0, \ i=1,2,3, \ j=1,\ldots,4.$$

Die rechnerische Lösung dieses linearen Optimierungsmodells (siehe hierzu Abschnitt 6.3) führt zu folgendem optimalen Transportprogramm (in Mengeneinheiten):

$$x_{11}=8, x_{12}=2, x_{23}=4, x_{24}=2, x_{32}=4, x_{34}=3,$$

alle anderen Variablen sind gleich null. Dies bedeutet beispielsweise, dass von O_2 zu A_3 vier Mengeneinheiten zu transportieren sind, während von O_2 zu A_2 nichts transportiert wird. Die anfallenden minimalen Transportkosten betragen bei diesem Programm 62 000 €.

Die diesem Beispiel zugrunde liegende Annahme, dass die Summe der Lieferkapazitäten mit der Summe der Bedarfsmengen übereinstimmt, kann durch eine entsprechende, hier allerdings nicht weiter verfolgte, Modellerweiterung aufgegeben werden.

6.3 Lösung linearer Optimierungsaufgaben

Für die Lösung linearer Optimierungsaufgaben ist das bekannteste Lösungsverfahren die so genannte *Simplexmethode*. Darauf gehen wir in den Punkten 6.3.2 und 6.3.3 ein. Für den Fall, dass ein lineares Optimierungsproblem lediglich zwei Entscheidungsvariable umfasst, kann die Ermittlung der optimalen Lösung auch auf grafischem Weg erfolgen und dabei der Lösungsvorgang selbst sehr anschaulich dargestellt werden.

6.3.1 Grafische Lösung einer linearen Optimierungsaufgabe mit zwei Variablen

Die grafische Lösung von linearen Optimierungsaufgaben ist nur im Falle von zwei Entscheidungsvariablen möglich. Zur Erläuterung gehen wir von folgendem linearen Optimierungsproblem der Produktionsplanung aus (ME = Mengeneinheit):

Produkt	1	2	Kapazität
Deckungsbeitrag (= Stückerlös – variable Stückkosten) je ME	10,00	12,50	–
Fertigungszeit je ME			
in Kostenstelle A	5,00	12,50	100
in Kostenstelle B	9,00	7,50	90
Absatzhöchstgrenze	7	–	–

Aus diesen Angaben ergibt sich das lineare Optimierungsmodell:

$$\begin{array}{rcrcrr} 10,0x_1 & + & 12,50x_2 & \to & \text{Maximum} & (Z) \\ 5,0x_1 & + & 12,50x_2 & \leq & 100 & (NB\text{-}1) \\ 9,0x_1 & + & 7,50x_2 & \leq & 90 & (NB\text{-}2) \\ x_1 & & & \leq & 7 & (NB\text{-}3) \\ & & x_1,x_2 & \geq & 0 & (NNB) \end{array}$$

Bei jeder der Nebenbedingungen (NB-1)–(NB-3) handelt es sich um eine Ungleichung. Grafisch entspricht eine Ungleichung (im Falle von zwei unabhängigen Variablen) einer Halbebene im kartesischen Koordinatensystem (siehe Punkt 3.3.4). Bei den im Beispiel vorzufindenden Nebenbedingungen (NB-1) und (NB-2) ist die jeweils links unten liegende Halbebene (einschließlich der Begrenzungsgeraden) diejenige, welche die Einhaltung der Fertigungsrestriktionen verkörpert (siehe Abbildung). Im Falle der Absatzrestriktion (NB-3) ist die linke Halbebene (einschließlich der Parallelen zur

Ordinatenachse im Abstand von 7) zutreffend. Die rechte Halbebene betrifft Werte der ersten Entscheidungsvariablen, die größer als 7 sind und damit eine Verletzung dieser Nebenbedingung implizieren.

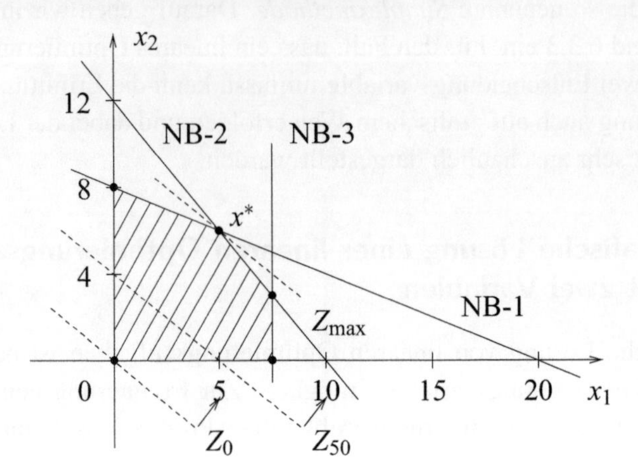

Die Nichtnegativitätsbedingungen bedeuten grafisch, dass die zulässigen Werte für die Variablen x_1 und x_2 im ersten Quadranten des Koordinatensystems liegen müssen (einschließlich Abszissen- und Ordinatenachse; siehe hierzu Abschnitt 1.2).

Die Nebenbedingungen und die Nichtnegativitätsbedingungen bilden somit einen Bereich an zulässigen Werten für die Entscheidungsvariablen des linearen Optimierungsproblems, der als *Menge zulässiger Lösungen* oder *zulässiger Bereich* bezeichnet wird. Er entspricht der Lösungsmenge eines linearen Ungleichungssystems (siehe Punkt 3.3.4).

Legt man zunächst einen Zielwert von 0 zugrunde, dann ist die Zielfunktion im rechtwinkligen Koordinatensystem eine Ursprungsgerade (Z_0) mit der Steigung $a_1 = -\frac{10}{12{,}5} = -0{,}8$. Durch eine Parallelverschiebung der Zielfunktion in Pfeilrichtung vergrößert sich der jeweilige Wert der Zielgröße (erzielbarer Gesamtdeckungsbeitrag). Beispielsweise ergibt sich für die Parallele Z_{50} ein Wert von 50. Der maximale Deckungsbeitrag wird erreicht, wenn mit der Parallelen zur Zielfunktion der äußerste Punkt (in manchen Fällen die äußerste Kante) des zulässigen Bereiches getroffen wird (Z_{max}). In dem hier betrachteten Beispiel ist es der Punkt $x^* = (5,6)$, d. h. $x_1^* = 5$ und $x_2^* = 6$, der in diesem Fall die eindeutige optimale Lösung darstellt. Verschiebt man die Zielfunktion über den äußersten Punkt des zulässigen Bereiches hinaus parallel, würde der Bereich der zulässigen Lösungen verlassen und die Restriktionen nicht mehr eingehalten werden. Der maximale Zielfunktionswert ergibt in diesem Beispiel einen Deckungsbeitrag von 125.

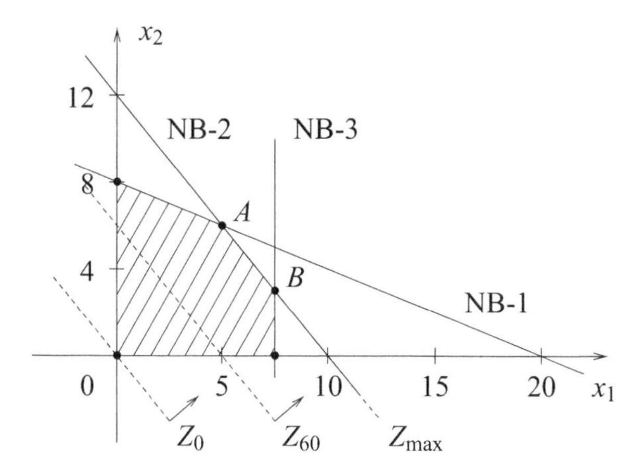

Aus der Abbildung auf S. 260 ist die allgemeingültige Aussage ersichtlich, dass sich im Fall von zwei unabhängigen Variablen die optimale Lösung in der Regel in einem der Eckpunkte des zulässigen Bereiches befindet. (Diese Aussage ist in geeigneter Weise auch auf höhere Dimensionen übertragbar.) Verläuft allerdings die die Zielfunktion verkörpernde Gerade parallel zu einem der Begrenzungsabschnitte des zulässigen Bereiches, dann wird die Lösungsmenge durch die gesamte Begrenzungsstrecke einschließlich der Eckpunkte gebildet. In diesem Falle stimmt die Steigung der Zielfunktion und der relevanten Nebenbedingung überein. Legen wir beispielsweise anstelle der zunächst gewählten Werte für die Deckungsbeiträge der beiden Produkte die Werte 12 für Produkt 1 und 10 für Produkt 2 zugrunde (in diesem Falle lautet die Zielfunktion $Z = 12x_1 + 10x_2 \rightarrow$ Maximum), dann ist – bei gleichem System von Nebenbedingungen – aus der Abbildung auf S. 261 erkennbar, dass der Begrenzungsabschnitt der Nebenbedingung (NB-2) zwischen den Punkten A und B die Lösungsmenge wiedergibt. In diesem Fall liegen also unendlich viele Lösungen vor. Der maximal erreichbare Deckungsbeitrag beträgt 120.

6.3.2 Überblick über die Simplexmethode

In diesem Punkt wird ein Überblick über die Simplexmethode gegeben. Dabei wird der Einfachheit halber vorausgesetzt, dass die Zielfunktion zu maximieren sei, alle Nebenbedingungen in Form von $\leq$-Beziehungen vorliegen und die Werte der rechten Seiten nichtnegativ sind. Ferner erinnern wir an die ebenfalls geforderten Nichtnegativitätsbedingungen. Diese angenommenen Einschränkungen spielen in den weiteren Ausführungen nur indirekt eine Rolle.

Die Simplexmethode basiert auf dem Gaußschen Lösungsverfahren für allgemeine lineare Gleichungssysteme (vgl. Punkt 3.3.3). Daher ist es zunächst erforderlich, die im System der Nebenbedingungen stehenden Ungleichungen durch Einführung zusätzlicher Variabler in Gleichungen zu überführen. Diese zusätzlichen Variablen, an die ebenfalls Nichtnegativitätsforderungen zu stellen sind, nennt man *Schlupfvariable*, weil sie dazu dienen, den Differenzbetrag (den „Schlupf") einer Ungleichung zur Gleichung aufzufüllen. Diese Schlupfvariablen nimmt man formal mit in die Zielfunktion auf, ihre Zielfunktionskoeffizienten erhalten dabei den Wert 0. Das durch diese Transformation entstehende Gleichungssystem wird zusammen mit der zu maximierenden Zielfunktion und den Nichtnegativitätsbedingungen an alle Variablen als *Normalform* eines linearen Optimierungsproblems bezeichnet. Umfasst eine lineare Optimierungsaufgabe m Ungleichungen (Nebenbedingungen) sowie n Variable, dann erfordert die Umformung zu einem Gleichungssystem die Einführung von m Schlupfvariablen. Es entsteht damit ein Gleichungssystem mit m Gleichungen und $n+m$ Variablen.

Die Bestimmung der optimalen Lösung und somit des maximal erreichbaren Zielfunktionswertes bei Einhaltung der geltenden Nebenbedingungen, wird rechnerisch über so genannte *(zulässige) Basislösungen* vorgenommen. Eine Basislösung ist dadurch gekennzeichnet, dass (im nichtentarteten Fall) m Variable von null verschieden und positiv sind; diese Variablen nennt man *Basisvariable*. Die anderen Variablen heißen entsprechend *Nichtbasisvariable*. Da die Normalform eines linearen Optimierungsproblems insgesamt $n+m$ Variablen aufweist, gibt es n Nichtbasisvariable. Basislösungen entsprechen grafisch Eckpunkten des Lösungsraumes (siehe auch die Abbildung auf S. 260). Es gilt, dass die Zielfunktion für mindestens eine zulässige Basislösung ihren Optimalwert annimmt, sofern eine Basislösung existiert (wie es für Aufgaben in Normalform mit nichtnegativen rechten Seiten garantiert ist) und der Zielfunktionswert über dem zulässigen Bereich nicht über alle Grenzen wachsen kann. Somit besteht die Vorgehensweise darin, Basisvariable durch Nichtbasisvariable so lange auszutauschen, bis die optimale Lösung bestimmt ist. Bei diesen Transformationen wird der Wert der Zielfunktion ständig verbessert (exakter: er verschlechtert sich nicht). Für den Simplexalgorithmus ist charakteristisch, dass er – ausgehend von einer zulässigen Basislösung – einen systematischen Austausch von Basisvariablen und Nichtbasisvariablen vornimmt und dabei auch anzeigt, welcher Austausch zwischen einer Nichtbasisvariablen und einer Basisvariablen zur weiteren Verbesserung der Lösung beiträgt. Dieses Vorgehen wird so lange durchgeführt, bis die optimale Lösung – falls eine solche existiert – gefunden ist.

Wie bereits angedeutet, kann trotz Vorhandenseins zulässiger Basislösungen der Fall auftreten, dass das Optimierungsproblem keine (endliche) Lösung besitzt. Der Simplexalgorithmus bricht dann mit der Aussage ab, dass im Endlichen keine Lösung existiert. Diese Situation tritt auf, wenn die Menge zulässiger Lösungen unbeschränkt ist und der Zielfunktionswert dabei über alle Grenzen wachsen kann. Die Ursache liegt bei dem hier angenommenen Fall (zu maximierende Zielfunktion, $\leq$-Nebenbedingungen, alle Variable sowie die rechten Seiten nichtnegativ) in der Regel darin, dass wesentliche Nebenbedingungen unberücksichtigt geblieben sind (z. B. das Nichtbeachten von Maschinenkapazitäten). Eine Überprüfung des zugrunde liegenden Modells ist dann unbedingt erforderlich.

Wird von den eben beschriebenen angenommenen Voraussetzungen Abstand genommen, kann darüber hinaus der Fall auftreten, dass überhaupt keine zulässige Lösung existiert. Auch dies wird durch den Simplexalgorithmus erkannt, denn für das Ermitteln einer ersten zulässigen Basislösung kann die Simplexmethode (angewendet auf eine leicht modifizierte Aufgabe) ebenfalls eingesetzt werden. Falls dabei keine zulässige Basislösung gefunden wird, bricht der Simplexalgorithmus ab. Das lineare Optimierungsproblem besitzt in diesem Fall keine Lösung; das System der Nebenbedingungen ist widersprüchlich. Die Ursachen können in Modellierungsfehlern, bei Computeranwendungen in einer falschen Dateneingabe oder schließlich in zu hohen ökonomischen Forderungen, die beispielsweise die Fertigungskapazität einer Unternehmung übersteigen, liegen. Auch in diesem Fall muss das Modell gründlich überprüft werden.

Der Simplexalgorithmus umfasst (von so genannten Entartungsfällen abgesehen) endlich viele Rechenschritte (Iterationen) bis zum Erreichen der optimalen Lösung. Die erste zulässige Basislösung bei einem Maximierungsproblem in Normalform (mit nichtnegativen Werten im Vektor b), mit welcher der Simplexalgorithmus startet, ist diejenige Lösung, in der die Variablen x_1 bis x_n Nichtbasisvariable sind und somit den Wert null besitzen und die Schlupfvariablen x_{n+1} bis x_{n+m} als Basisvariable dienen, deren Wert gleich dem jeweiligen Wert der entsprechenden rechten (nichtnegativen) Seite gesetzt wird. In der grafischen Darstellung entspricht dies dem Nullpunkt. Der zugehörige Zielfunktionswert ist zwangsläufig null.

Die Effektivität des Simplexalgorithmus besteht vor allem darin, dass er (von so genannten Entartungsfällen abgesehen) nach *endlich* vielen Schritten zur optimalen Lösung kommt oder die Unlösbarkeit der Aufgabe feststellt. Das liegt daran, dass dieser Algorithmus nicht die unendlich vielen Punkte des zulässigen Bereichs untersucht, sondern nur die Basislösungen, die den Eckpunkten des zulässigen Lösungsbereichs entsprechen.

Zusammenfassend können zum Simplexalgorithmus bei linearen Optimierungsproblemen folgende Aussagen getroffen werden:

- (mindestens) eine optimale Basislösung mit dem dazugehörigen (endlichen) optimalen Zielfunktionswert wurde gefunden
- es existiert keine zulässige Basislösung und damit keine Lösung des linearen Optimierungsproblems
- im Endlichen existiert kein Optimum.

6.3.3 Rechnerische Lösung linearer Optimierungsaufgaben

Das im Punkt 6.3.1 grafisch gelöste lineare Optimierungsproblem soll nun mit Hilfe des Simplexalgorithmus rechnerisch gelöst werden. Zunächst wird das Problem in seine Normalform gebracht:

$$\begin{array}{rcrcccccl}
10,0x_1 & + & 12,50x_2 & & & & & \rightarrow \text{Maximum} & \text{(Z)} \\
5,0x_1 & + & 12,50x_2 & + x_3 & & & = & 100 & \text{(NB-1)} \\
9,0x_1 & + & 7,50x_2 & & + x_4 & & = & 90 & \text{(NB-2)} \\
x_1 & & & & & + x_5 & = & 7 & \text{(NB-3)} \\
 & & & & & x_1,x_2,x_3,x_4,x_5 & \geq & 0 & \text{(NNB)}
\end{array}$$

Ausgehend von dieser Normalform wird für die Anwendung des Simplexalgorithmus eine erste Rechentabelle, die Ausgangstabelle, aufgestellt. Diese so genannte *Simplextabelle* enthält zunächst die Koeffizienten des Gleichungssystems (im Beispiel in den fünf Spalten für x_1 bis x_5). Über die jeweilige Variable x_j wird ihr Zielfunktionskoeffizient geschrieben. Dazu kommen einige weitere Spalten, die wichtige Informationen enthalten und die Durchführung der Rechnung ermöglichen.

Linksseitig werden drei Spalten angefügt: In der ersten stehen die Zielfunktionskoeffizienten der Basisvariablen, in der zweiten die Basisvariablen selbst und in der dritten, der so genannten Lösungsspalte, die Werte der Basisvariablen. Basisvariable sind bei der Ausgangslösung die Schlupfvariablen, also stehen in dieser Spalte die Variablen x_3, x_4 und x_5. Ihre Zielfunktionskoeffizienten haben den Wert null; daher enthält die erste Spalte nur Werte gleich null. In der Lösungsspalte stehen zunächst die Komponenten des Vektors b der rechten Seite (Kapazitäten bzw. Absatzhöchstgrenze), weil alle Entscheidungsvariablen in der Ausgangslösung den Wert null besitzen und die Schlupfvariablen deshalb die Werte b_i annehmen. Aus der Simplextabelle ist ferner ersichtlich, dass es sich bei den Spaltenvektoren der Basisvariablen stets um Einheitsvektoren handelt.

Nach dieser Erweiterung werden zwei Zeilen angefügt. Sie dienen der Bestimmung der auszutauschenden Variablen und der Überprüfung der Optimalität der jeweiligen Basislösung und sind nach vorgegebenen Rechenregeln zu bestimmen.

Bei der angegebenen Z_j-Zeile handelt es sich um eine Zwischenzeile. Sie dient der Berechnung der (Zwischen-) Werte Z_j, die sich aus der Multiplikation des Zeilenvektors der Zielfunktionskoeffizienten der Basisvariablen mit dem jeweiligen Spaltenvektor ergeben.

Nach Ermittlung dieser Zeile – sie liefert bei der gewählten Ausgangslösung jeweils den Wert 0 – wird die Endzeile $Z_j - c_j$ bestimmt. Damit ist die Differenz zwischen dem ermittelten Zwischenwert Z_j und dem Wert des Zielkoeffizienten der betreffenden Entscheidungsvariablen gemeint. Diese Zeile ermöglicht die Überprüfung der Optimalität der jeweiligen Basislösung nach folgendem Kriterium:

Ist die Differenz $Z_j - c_j \geq 0$ für alle $j = 1, \ldots, n+m$, dann ist die vorliegende Basislösung optimal.

Nach Durchführung der bisher beschriebenen Schritte erhalten wir die nachstehend wiedergegebene (Ausgangs-)Tabelle:

c_j	Basis-variablen	Lösung	10,0 x_1	12,5 x_2	0 x_3	0 x_4	0 x_5	
0	x_3	100	5	12,5	1	0	0	←
0	x_4	90	9	7,5	0	1	0	
0	x_5	7	1	0	0	0	1	
	Z_j	0	0	0	0	0	0	
	$Z_j - c_j$	–	$-10,0$	$-12,5$	0	0	0	
				↑				

Die letzte Zeile zeigt in diesem Beispiel, dass die Optimalitätsbedingung noch nicht erfüllt ist, denn zwei Werte sind negativ und verletzen damit das Optimalitätskriterium.

Liegt noch keine Optimalität vor, ist ein Austausch einer bisherigen Basisvariablen durch eine bisherige Nichtbasisvariable vorzunehmen. Der Bestimmung dieses Austausches dienen folgende Kriterien:

Kriterium 1 (Bestimmung der neuen Basisvariablen):

$$Z_s - c_s \stackrel{\text{def}}{=} \min_j (Z_j - c_j)$$

Dieses Kriterium besagt, dass diejenige Variable x_s als neue Basisvariable genommen wird, welche den kleinsten Wert in der Endzeile besitzt. Die zugehörige Spalte s in der Simplextabelle nennt man auch *Schlüssel-* oder *Pivotspalte*. Im Beispiel ergibt sich das Minimum in der Spalte für x_2, so dass die zweite Spalte zur Schlüsselspalte wird.

Kriterium 2 (Bestimmung der neuen Nichtbasisvariablen):

$$\frac{b_r}{a_{rs}} \stackrel{\text{def}}{=} \min_i \frac{b_i}{a_{is}} \quad \text{für alle } i \text{ mit } a_{is} > 0.$$

In einer Nebenrechnung wird jeder Wert b_i in der Lösungsspalte durch den Wert des jeweiligen Koeffizienten a_{is} in der Schlüsselspalte dividiert. Der kleinste (nichtnegative) Wert bestimmt die neue Nichtbasisvariable. Man nennt die entsprechende Zeile auch *Schlüssel-* oder *Pivotzeile* und kennzeichnet sie mit dem Buchstaben r. Somit wird der kleinste (nichtnegative) Quotient mit b_r/a_{rs} bezeichnet.

Bezogen auf das betrachtete Beispiel liefert die Berechnung der zu untersuchenden Quotienten b_i/a_{is} folgende Werte:

Zeile 1: $100 : 12{,}5 = 8$

Zeile 2: $90 : 7{,}5 = 12$

Zeile 3: $7 : 0$ nicht definiert.

Der kleinste (nichtnegative) Wert ergibt sich in Zeile 1, was bedeutet, dass die bisherige Basisvariable x_3 zur Nichtbasisvariablen und Zeile 1 zur Pivotzeile wird.

Im Anschluss an diese Festlegung erfolgt die erste Iteration. Sie bewirkt, dass die Ausgangstabelle nach bestimmten Rechenregeln des Simplexverfahrens (die gerade den Transformationen beim Gaußschen Algorithmus entsprechen) zu einer neuen Simplextabelle umgeformt wird. Die notwendigen Umformungsschritte sind im Einzelnen:

1. Umformung der Schlüsselzeile:

   $$a^*_{rj} = \frac{a_{rj}}{a_{rs}},\ j = 1, \ldots, n \quad \text{bzw.} \quad b^*_r = \frac{b_r}{a_{rs}}$$

   Die Elemente in der Schlüsselzeile a_{rj} werden jeweils durch das so genannte *Schlüssel-* oder *Pivotelement* a_{rs} dividiert. Das Schlüsselelement ist das gemeinsame Element von Schlüsselspalte und Schlüsselzeile. Die neuen Werte werden mit a^*_{rj} bezeichnet (analog für b^*_r).

Beispiele: $b^*_1 = 100 : 12,5 = 8$
$a^*_{13} = 1 : 12,5 = 0,08$

2. Umformung der Schlüsselspalte:

   Die obere Teil der Schlüsselspalte (erste drei Zeilen) wird zum Einheitsvektor. Die 1 erscheint in der Schlüsselzeile (im Beispiel in Zeile 1), also an der Stelle $a_{rs} = a_{12}$.

3. Umformung der restlichen Elemente

   $$a^*_{ij} = a_{ij} - \frac{a_{is} \cdot a_{rj}}{a_{rs}} \quad \text{bzw.} \quad b^*_i = b_i - \frac{a_{is} \cdot a_{rj}}{a_{rs}}$$

   Die bisherigen Elemente a_{ij} werden vermindert um den Quotienten, dessen Zähler aus dem Element in der Schlüsselzeile a_{rj} multipliziert mit dem Element in der Schlüsselspalte a_{is} besteht und dessen Nenner gleich dem Schlüsselelement a_{rs} ist; die neuen Werte erhalten die Bezeichnung a^*_{ij} (analog für b^*_i).

   Beispiele: $b^*_3 = 7 - (100 \cdot 0) : 12,5 = 7$
   $a^*_{21} = 9 - (5 \cdot 7,5) : 12,5 = 6$

Zusätzlich sind – wie bereits bei der Aufstellung der Ausgangstabelle – die Zwischenzeile Z_j und die Endzeile $Z_j - c_j$ zu berechnen. Diese Umformungsregeln führen zu dem nachstehend wiedergegebenen neuen Tableau (erste Iteration):

			10,0	12,5	0	0	0	
c_j	Basis-variablen	Lösung	x_1	x_2	x_3	x_4	x_5	
12,50	x_2	8	0,4	1	0,08	0	0	
0	x_4	30	6	0	–0,60	1	0	←
0	x_5	7	1	0	0	0	1	
	Z_j	100	5,0	12,50	1,00	0	0	
	$Z_j - c_j$	–	–5,0	0	1,00	0	0	
			↑					

In diesem Falle ergibt der Optimalitätstest, dass die optimale Lösung noch nicht erreicht ist, da in der Endzeile noch ein negativer Wert steht (in der Spalte von x_1). Folglich ist mindestens eine weitere Iteration nach den beschriebenen Rechenprozeduren des Simplexalgorithmus vorzunehmen.

Zur neuen Basisvariablen wird die Entscheidungsvariable x_1 (zu welcher der einzige negative Wert in der Zeile $Z_j - c_j$ gehört). Die zugehörige Spalte wird zur neuen Schlüsselspalte. Die Nebenrechnung $b_i : a_{is}$ (mit $s = 1$) liefert die Werte 20, 5 und 7. In diesem Falle wird die Zeile 2 zur neuen Schlüsselzeile und x_4 zur Nichtbasisvariablen. Unter Vornahme der beschriebenen Umformungsregeln führt die zweite Iteration zur nachstehenden Simplextabelle:

c_j	Basis-variablen	Lösung	10,0 x_1	12,5 x_2	0 x_3	0 x_4	0 x_5
12,50	x_2	6	0	1	0,12	$-0,07$	0
10,00	x_1	5	1	0	$-0,1$	0,17	0
0	x_5	2	0	0	0,1	$-0,17$	1
	Z_j	125	10,00	12,50	0,50	0,83	0
	$Z_j - c_j$	–	0	0	0,50	0,83	0

Die letzte Zeile enthält nunmehr keine negativen Werte mehr. Damit ist die optimale Lösung erreicht. Das optimale Produktionsprogramm besteht in der Produktion und im Verkauf von 5 Einheiten von Produkt 1 und von 6 Einheiten von Produkt 2 (siehe Zeile 1 und Zeile 2 in der Lösungsspalte). Der maximal erreichbare Deckungsbeitrag beträgt 125 € (siehe Z_j-Wert in der Lösungsspalte).

Setzt man die ermittelten Werte der beiden Entscheidungsvariablen in die drei Nebenbedingungen des linearen Optimierungsmodells ein, ergeben sich folgende Beziehungen:

(NB-1): $5 \cdot 5 + 12,5 \cdot 6 + x_3 = 100$, d. h. $x_3 = 0$

Die Fertigungskapazität in Kostenstelle A wird voll beansprucht. Die Schlupfvariable x_3 ist eine Nichtbasisvariable.

(NB-2): $9 \cdot 5 + 7,5 \cdot 6 + x_4 = 90$, d. h. $x_4 = 0$

Die Fertigungskapazität in Kostenstelle B wird voll beansprucht. Die Schlupfvariable x_4 ist eine Nichtbasisvariable.

(NB-3): $5 + x_5 = 7$, d. h. $x_5 = 2$

Die Absatzmenge liegt um zwei Mengeneinheiten unter dem maximal möglichen Wert. Die Schlupfvariable x_5 ist positiv; es handelt sich um eine Basisvariable.

Je nach Anzahl der Entscheidungsvariablen und Nebenbedingungen kann die Berechnung von linearen Optimierungsproblemen nach dem Simplexverfahren sehr aufwändig sein. Besonders zur Lösung praxisrelevanter Aufgabenstellungen mit Hunderten oder Tausenden von Entscheidungsvariablen und Nebenbedingungen ist deshalb der Einsatz der Computertechnik unabdingbar.

Aufgaben

Aufgaben zu Abschnitt 6.1

1. Nennen Sie grundlegende Unterschiede zwischen der Extremwertsuche in ökonomischen Problemstellungen mittels Differentialrechnung und der Linearen Optimierung.
2. Nennen Sie die Bestandteile einer linearen Optimierungsaufgabe.
3. Welche Voraussetzungen werden an die Zielfunktion in der Linearen Optimierung gestellt?
4. Nennen Sie Beispiele für mögliche Zielfunktionen in linearen Optimierungsmodellen ökonomischer Problemstellungen.
5. Geben Sie Beispiele für mögliche Nebenbedingungen wirtschaftlicher Optimierungsprobleme an.
6. Formen Sie die Nebenbedingung $12x_1 + 7x_2 \geq 5$ in eine $\leq$-Beziehung um.
7. Geben Sie die Nebenbedingung $8x_1 + 9x_2 + x_3 = 720$ als Ungleichungen in $\leq$-Form an.

Aufgaben zu Abschnitt 6.2

1. Stellen Sie aus den folgenden Angaben ein lineares Optimierungsmodell mit dem Ziel der Maximierung des Deckungsbeitrages bzw. des Umsatzes auf:

Produkt	1	2	Verfügbare Kapazität
Verkaufspreis je Stück	25	18	
Variable Stückkosten	15	13	
Stückdeckungsbeitrag	10	5	
Fertigungsstufe A	3	4	210 (Stunden)
Fertigungsstufe B	8	5	300 (Stunden)
Fertigungsstufe C	1	6	120 (Stunden)
Absatzhöchstgrenzen	40	28	

2. In einer Fertigungsabteilung werden aus Stahlblechen einer vorgegebenen Breite von 200 cm kleinere Bleche der Breite 85 cm, 60 cm und 45 cm gefertigt. Die Länge der ursprünglichen Bleche und der zu fertigenden schmaleren Bleche stimmen überein. Der Bedarf an den drei Blechteilen beträgt:

Breite (in cm)	85	60	45
Menge (in Stück)	450	800	700

Erstellen Sie ein lineares Optimierungsmodell für dieses Zuschnittproblem unter der Zielsetzung der Minimierung des Materialverlustes.

3. Stellen Sie ein Modell zur Transportkostenminimierung auf, wenn nachstehende Daten bekannt sind:

Lieferorte	O_1	O_2	O_3	O_4
Liefermengen	55	30	60	45

Abnehmer	A_1	A_2	A_3	A_4	A_5
Nachfragemengen	75	20	12	53	30

Die Transportkostenmatrix laute:

	A_1	A_2	A_3	A_4	A_5
O_1	8	3	1	7	2
O_2	4	6	5	3	9
O_3	5	1	2	6	3
O_4	2	4	7	3	1

4. Ein Fertigungsbetrieb benötigt zur Herstellung seiner Produkte drei Rohstoffe R_1, R_2 und R_3 in folgenden Mindestmengen:

Rohstoff	R_1	R_2	R_3
Mindestmengen	300	510	180

Die Rohstoffe können aus drei Ausgangsmaterialien M_1, M_2 und M_3 erzeugt werden. Die Kosten hierfür belaufen sich auf:

Ausgangsmaterial	M_1	M_2	M_3
Kosten (je Mengeneinheit)	54	81	36

Die folgende Tabelle gibt an, welche Anteile an Rohstoffen die einzelnen Ausgangsmaterialien enthalten:

	R_1	R_2	R_3
M_1	0,15	0,18	0,22
M_2	0,17	0,35	0,20
M_3	0,24	0	0,19

Stellen Sie das Modell einer linearen Optimierungsaufgabe auf, welches die vorliegende Problemstellung beschreibt und das Ziel verfolgt, die Gesamtkosten bei Einhaltung der Mindestmengen an Rohstoffen zu minimieren.

Aufgaben zu Abschnitt 6.3

1. Bestimmen Sie auf grafischem Wege das optimale Produktions- und Absatzprogramm des folgenden linearen Optimierungsmodells:

$$\begin{array}{rcrcr} 15x_1 & + & 12,5x_2 & \rightarrow & \text{Maximum} \\ 3x_1 & + & 4x_2 & \leq & 48 \\ 10x_1 & + & 5x_2 & \leq & 100 \\ x_1 & & & \leq & 8 \\ & & x_2 & \leq & 9 \\ x_1 & & & \geq & 0 \\ & & x_2 & \geq & 0 \end{array}$$

2. Bestimmen Sie unter Zugrundelegung der Daten aus Aufgabe 1 das optimale Produktions- und Absatzprogramm rechnerisch mit Hilfe der Simplexmethode.

3. Lösen Sie folgende Minimierungsaufgabe grafisch:

$$\begin{array}{rcrcr} 10,5x_1 & + & 8x_2 & \rightarrow & \text{Min} \\ 4x_1 & + & 8x_2 & \geq & 56 \\ 12x_1 & + & 4x_2 & \geq & 72 \\ & & x_2 & \geq & 3 \\ x_1 & & & \geq & 0 \\ & & x_2 & \geq & 0 \end{array}$$

4. In Punkt 6.2.1 wurde das nachstehende Optimierungsmodell zur Bestimmung eines optimalen Produktionsprogramms entwickelt:

$$\begin{array}{rcrcrcrcl}
1,5x_1 & + & 3,5x_2 & + & 3x_3 & + & 4x_4 & \to & \text{Max} \\
3x_1 & + & x_2 & + & 3x_3 & + & 4x_4 & \leq & 315 \\
x_1 & + & 2x_2 & + & 2,7x_3 & + & 4x_4 & \leq & 270 \\
2x_1 & + & 5x_2 & + & 5,5x_3 & + & 3x_4 & \leq & 400 \\
x_1 & & & & & & & \leq & 30 \\
 & & x_2 & & & & & \geq & 12 \\
 & & & & x_3 & & & \geq & 20 \\
 & & & & & & x_4 & \geq & 10 \\
-0,35x_1 & + & 0,65x_2 & - & 0,35x_3 & - & 0,35x_4 & \leq & 0 \\
18x_1 & + & 39x_2 & + & 36x_3 & + & 44x_4 & \geq & 3\,700 \\
x_1 & & & & & & & \geq & 0 \\
 & & x_2 & & & & & \geq & 0 \\
 & & & & x_3 & & & \geq & 0 \\
 & & & & & & x_4 & \geq & 0
\end{array}$$

Die rechnerische Lösung dieses Modells führt zu folgenden Werten der Entscheidungsvariablen und der Zielgröße: $x_1 = 7,667$; $x_2 = 33,833$; $x_3 = 20,000$; $x_4 = 35,167$; $Z = 330,584$.

a) Bringen Sie das Optimierungsmodell in seine Normalform.

b) Berechnen Sie unter Bezugnahme auf die gewonnenen Lösungswerte die Werte aller eingeführten Schlupfvariablen und interpretieren Sie die ermittelten Werte.

Lösungen zu den Aufgaben

Lösungen zu Kapitel 1

Lösungen zu Abschnitt 1.1

1. $\{a \mid a = 2k + 1;\ k \in \mathbf{N}\}$
2. a) $\{b \mid b = 3m;\ m \in \mathbf{N}, m \neq 0\}$, b) $\{z \mid z = 10^n,\ n \in \mathbf{N}\}$
   c) $\{q \mid q = \frac{1}{n},\ n \in \mathbf{N},\ n \neq 0\}$
3. a) natürliche Zahlen, b) rationale Zahlen, c) ganze Zahlen

Lösungen zu Abschnitt 1.2

1.

A(1 ; 5)	B(5; 0,5)	C(3 ;−2)
D(0,5;−5)	E(−2;−4)	F(−5 ;−1,5)
G(−3 ; 0)	H(−2; 3)	I(−3,5; 5)

2.

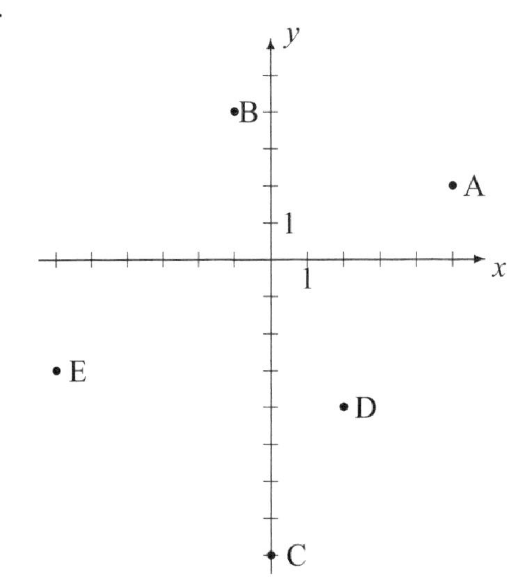

Lösungen zu Abschnitt 1.3

1. a) 67, b) $-18,63$, c) 10, d) -26, e) 14, f) 0
2. 483 836 €
3. 71 809 €

Lösungen zu Abschnitt 1.4

1. a) $7a+b+17$, b) $28a+20b$, c) $240x+380$,
   d) $-2x+23y$, e) $5x+24$, f) $-8a^2+22a+21$,
   g) $34y-21$, h) $4s+16$
2. a) $6(2x+3-y)$, b) $8(2a-1)+5(3b-7)$,
   c) $K_1 = K_0\left(1+\frac{p}{100}\right)$, d) $9a(5x-b+2bx+8)$
3. a) 36, b) 225, c) 21, d) 135
4. $\sum_{i=1}^{12} 225\,000 = 2\,700\,000$ Hinweis: $\sum_{i=1}^{n} c = n \cdot c$

Lösungen zu Abschnitt 1.5

1. $\frac{3}{2-t}$
2. $\frac{1}{7} \cdot (n+n+1+n+2+n+3+n+4+n+5+n+6) = n+3$
3. a) $\frac{a-3}{2(a^2-9)}$, b) $\frac{a^2+3a}{0{,}3(a^2-9)}$
4. a) $\frac{250t}{5} = \frac{100t}{2} = 50t$, b) $\frac{42a}{7x} \cdot \frac{15bx}{3y} = \frac{30ab}{y}$
5. a) $\frac{31a-1}{3a^2}$, b) $\frac{3t}{3-t}$, c) $\frac{-11x-31}{18}$,
   d) $\frac{x^m+7}{x^m-7}$, e) $\frac{4}{s(s+1)}$, f) $\frac{-1}{2a}$

Lösungen zu Abschnitt 1.6

1. a) 1024, b) 625, c) 262 144, d) 19 487 171
2. a) $3^3 \cdot 5^3 = 15^3 = 3\,375$, b) $4^4 \cdot 7^4 = 28^4 = 614\,656$,
   c) $9^1 \cdot 8^3 = 9 \cdot 512 = 4\,608$, d) $13^5 \cdot 17^2 = 107\,303\,677$
3. a) $3^9 = 19\,683$, b) $\frac{1}{243} = 0,0041152$,
   c) $15^6 = 11\,390\,625$, d) $10^2 = 100$

Lösungen zu Abschnitt 1.7

1. a) 5, b) 12,569805, c) 4, d) 49, e) 1,071773
2. a) $3\sqrt[5]{3}$, b) $\sqrt[8]{10^7}$, c) $\sqrt[4]{\frac{1}{n^3}}$, d) $4 \cdot \sqrt[5]{4^2}$
3. a) $\sqrt{56} = 7{,}4833$, b) $\sqrt{648} = 18\sqrt{2} = 25{,}4558$, c) a^2b^3

Lösungen zu Abschnitt 1.8

1. a) 2,00000, b) 2,90309, c) 3,00000, d) 3,90309
2.

Jahr:	Absatzmenge:	Umsatz:
2000	2,87506	3,80448
2001	3,61490	4,56914
2002	4,02776	5,00319
2003	4,43838	5,43621

3. a) 1,60944, b) 4,60517, c) 6,68461, d) 6,90776, e) 8,98720,
4. a) $4 \cdot \ln e = 4$, b) $\lg 10^5 = 5$, c) $5 \cdot \ln x$
5. a) $\ln 1 - \ln 2 = -0{,}69315$ (oder $\ln 0{,}5$)
   b) $\ln 7 + \ln 3 = 3{,}04452$ (oder $\ln 21$)
   c) $\lg 70 - \lg 4 = 1{,}24304$ (oder $\lg 17{,}5$)
   d) $\lg 8 + \lg 5 = 1{,}60206$ (oder $\lg 40$)

Lösungen zu Abschnitt 1.9

1. a) $\tan\alpha = \frac{5}{8} = 0{,}625$, b) $\cot\alpha = \frac{8}{5} = 1{,}600$
2. a) $\sin\alpha = \frac{6}{10} = 0{,}600$, b) $\cos\alpha = \frac{8}{10} = 0{,}800$,
   c) $\tan\alpha = \frac{6}{8} = 0{,}750$, d) $\cot\alpha = \frac{8}{6} = 1{,}333$

Lösungen zu Kapitel 2

Lösungen zu Abschnitt 2.1

1. a) Endliche arithmetische Folge: Differenz $d = -3$, $a_1 = 22$, $n = 18$
   b) Unendliche geometrische Folge: Quotient $q = 0{,}5$, $a_1 = 680$, $n = \infty$

2. a) $a_1 = 110;\quad d = 4;\quad n = 15;\quad a_{15} = 166;\quad s_{15} = 2\,070$

   b) $a_1 = 783;\quad d = -21;\quad n = 15;\quad a_{15} = 489;\quad s_{15} = 9\,540$

3. $a_1 = 1;\quad d = 1;\quad n = 300;\quad a_{300} = 300;\quad s_{300} = 45\,150$

4. $a_1 = 7;\quad q = 2;\quad n = 11;\quad a_{11} = 7\,168;\quad s_{11} = 14\,329$

5. $a_1 = 170;\quad q = 3;\quad n = 9;\quad a_9 = 1\,115\,370;\quad s_9 = 1\,672\,970$

6. $a_1 = 1;\quad d = 2;\quad n$ beliebig; $\quad a_n = 2n - 1;\quad s_n = n^2$

7. Geometrische Reihe: $(a_1 = a_1,\ q = 1,\ n$ bel.); $a_n = a_1;\quad s_n = n \cdot a_1$

   Arithmetische Reihe: $(a_1 = a_1,\ d = 0,\ n$ bel.); $a_n = a_1;\quad s_n = n \cdot a_1$

8. $a_1 = 102;\ a_n = 996;\ d = 6;\ n = 150$ (aus Formel für a_n)

9. $a_1 = 230;\ d = 15;\ s_n = 27\,960;\ a_n = 230 + (n-1) \cdot 15$

   Aus $s_n = 27\,960 = \frac{n}{2} \cdot (230 + 230 + (n-1) \cdot 15)$ folgt $n = 48$.

10. $a_1 = 70;\ q = 0{,}25$

    $s_1 = 70 + 17{,}5 + 4{,}375 + 1{,}09375 + \ldots = 70 \cdot \left(\frac{1}{0{,}75}\right) = 93\frac{1}{3}$

11. $\frac{K_1}{K_0} = \frac{K_2}{K_1} = \frac{K_3}{K_2} = \frac{K_4}{K_3} = 1{,}055$ (K_i – Wert am Ende des i-ten Jahres); geometrische Folge mit $a_1 = 7\,000;\ q = \left(1 + \frac{5{,}5}{100}\right);\ n = 5$

Lösungen zu Abschnitt 2.2

1. Zinsbetrag: $\frac{8\,450 \cdot 5{,}75 \cdot 165}{100 \cdot 360} = 222{,}69$ €

2. a) Arithmetische Folge: $a_1 = K_0 = 17\,670;\quad d = \frac{6{,}25 \cdot 17\,670}{100};\quad n = 5;$ $K_4 = 17\,670 + (5-1) \cdot 1\,104{,}375 = 22\,087{,}50$ €

   b) Geometrische Folge: $a_1 = K_0 = 17\,670;\quad q = \left(1 + \frac{6{,}25}{100}\right);\quad n = 5;$ $K_4 = 17\,670 \cdot 1{,}0625^4 = 22\,519{,}17$ €

3. 9 Jahre: $K_0 = 8\,200;\ q = 1{,}06;\ n = 9;\ K_9 = 13\,853{,}74$ €

   12 Jahre: $K_0 = 8\,200;\ q = 1{,}06;\ n = 12;\ K_{12} = 16\,500{,}04$ €

4. $K_0 = 1\,500;\quad q = 1{,}065;\quad n = 18;\quad K_{18} = 4\,659{,}98$ €

5. $K_0 = 3\,800;\quad q_1 = 1{,}05;\quad q_2 = 1{,}06;\quad q_3 = 1{,}07;\quad n_1 = 4;\quad n_2 = 5;$ $n_3 = 6;\quad K_{15} = K_0 \cdot q_1^{n_1} \cdot q_2^{n_2} \cdot q_3^{n_3} = 9\,276{,}31$ €

6. $K_0 = 4\,500;\ q = 1{,}07;\ n = 8$

   jährlich: $K_8 = 4\,500 \cdot 1{,}07^8 = 4\,500 \cdot 1{,}71819 = 7\,731{,}84$ €

   vierteljährlich: $K_8 = 4\,500 \cdot \left(1 + \frac{7}{4 \cdot 100}\right)^{4 \cdot 8} = 4\,500 \cdot 1{,}74221 = 7\,839{,}96$ €

monatlich: $K_8 = 4\,500 \cdot \left(1 + \frac{7}{12 \cdot 100}\right)^{12 \cdot 8} = 4\,500 \cdot 1{,}74783 = 7\,865{,}22$ €

7. $K_0 = 6\,500$; $q = 1{,}065$; $K_n = 13\,000$; $1{,}065^n = 2$

   Für $n = 11$ ist $1{,}065^{11} = 1{,}99915$; für $n = 12$ ist $1{,}065^{12} = 2{,}12910$. Die gesuchte Zeitdauer liegt bei etwas mehr als 11 und weniger als 12 Jahren (exakter Wert: $n = \frac{\ln 13\,000 - \ln 6\,500}{\ln 1{,}065} = 11{,}007$ Jahre).

8. $K_0 = 38\,000$; $n = 12$; $K_{12} = 114\,000$; $q^{12} = 3$

   Für $p = 9{,}5$ ist $q^{12} = 2{,}97146$; für $p = 10{,}0$ ist $q^{12} = 3{,}13843$.

   Der gesuchte Zinssatz liegt zwischen 9,5 % und 10 %, wobei der exakte Wert $p = 100 \cdot \left(\sqrt[12]{\frac{114\,000}{38\,000}} - 1\right) = 9{,}587\,\%$ beträgt.

9. $K_0 = 7\,500$; $q = 1{,}0625$; $T_1 = 190$ (Tage); $N = 4$ (Jahre); $T_2 = 130$ (Tage); $K_E = 10\,096{,}40$ €

10. $K_0 = \frac{40\,000}{1{,}07^{12}} = 17\,760{,}48$ €

11. $K_{14} = 50\,000$; $q = 1{,}08$; $n = 14$; $K_0 = 17\,023{,}00$ €

12. $K_4 = 16\,000$; $n = 4$

    Verzinsung 5,75 %: $q_1 = 1{,}0575$; $K_0 = 12\,793{,}76$ €

    Verzinsung 7,50 % $q_1 = 1{,}0750$; $K_0 = 11\,980{,}80$ €

    Verzinsung 9,25 % $q_1 = 1{,}0925$; $K_0 = 11\,231{,}36$ €

13. $\Delta K_{10} = K_0 \cdot \left(1 + \frac{6{,}5}{12 \cdot 100}\right)^{12 \cdot 10} - K_0 \cdot \left(1 + \frac{6{,}5}{100}\right)^{10} = K_0 \cdot (1{,}912182 - 1{,}877137) = 0{,}035045 \cdot K_0$. Bei K_0 von beispielsweise 30 000 € beläuft sich die Differenz auf 1 051,35 €. Die monatliche Verzinsung entspricht einer jährlichen Verzinsung von effektiv 6,70 %.

14. $p_{\text{eff}} = 100 \cdot \left[\left(1 + \frac{8}{4 \cdot 100}\right)^4 - 1\right] = 8{,}243\,\%$

15. $K_{12} = 35\,000 \cdot \mathrm{e}^{0{,}09 \cdot 12} = 103\,063{,}78$ €

Lösungen zu Abschnitt 2.3

1. $B_n^{vor} = r \cdot \frac{1}{q^{n-1}} \cdot \frac{q^n - 1}{q - 1}$; $B_n^{nach} = r \cdot \frac{1}{q^n} \cdot \frac{q^n - 1}{q - 1}$; $B_n^{nach} = B_n^{vor} \cdot \frac{1}{q}$

   Der Unterschied besteht in der Größe $\frac{1}{q}$ und erklärt sich daraus, dass jede Rentenzahlung bei der nachschüssigen Rente um eine Periode später erfolgt und damit eine Abzinsung mehr auftritt.

2. $r = 2\,500$; $q = 1{,}07$; $n = 14$

   a) $E_{14}^{\text{vor}} = 2\,500 \cdot 24{,}12902 = 60\,322{,}55$ €

b) $E_{14}^{\text{nach}} = 2500 \cdot 22,55049 = 56376,23$ €

3. $r = 4800$; $q = 1,065$; $n = 25$; $B_{25}^{\text{nach}} = 4800 \cdot 12,19788 = 58549,82$ €

4. $r = 2400$; $q = 1,055$; $n = (63 - 30) = 33$

   $E_{33}^{\text{nach}} = 2400 \cdot 88,22476 = 211739,42$ €;

   $B_{33}^{\text{nach}} = 2400 \cdot 15,07507 = 36180,17$ €

5. $K_4 = 18000$; $q = 1,06$; $n = 4$

   a) $r_{\text{vor}} = \frac{18000}{4,63709} = 3881,74$ €; b) $r_{\text{nach}} = \frac{18000}{4,37462} = 4114,64$ €,

6. $K_0 = 28000$; $q = 1,075$; $n = 5$; $r = \frac{28000}{4,34933} = 6437,77$ €

7. $B_{12}^{\text{nach}} = r \cdot \text{RBF}_{12}^{nach} = 8000 \cdot 7,16073 = 57285,84$

   $K_5^{\text{nach}} = 57285,84 \cdot 1,09^5 - 8000 \cdot \frac{1,09^5 - 1}{0,09} = 40263,81$

   $B_{12}^{\text{vor}} = 62441,52$, $K_5^{\text{vor}} = 43887,34$

8. $q_1 = 1,06$; $n_1 = 30$; $\bar{r} = 25000$; $q_2 = 1,055$; $n_2 = 20$

   $B_{20}^{\text{vor}} = 25000 \cdot 12,60765 = 315191,25$ €

   $B_{20}^{\text{vor}} = E_{30}^{vor}$; $r = 315191,25 : 83,80168 = 3761,16$ €

9. $r = 2400$; $q = 1,0055$; $n = 25$; $m = 12$

   $B_{300}^{\text{nach}} = 2400 \cdot \frac{1}{5,18349} \cdot \frac{5,18349 - 1}{0,0055} = 352180,27$ €

10. $B_n^{\text{vor}} = 2000000$; $r = 200000$; $q = 1,065$

    a) $\text{RBF}^{\text{vor}} = \frac{2000000}{200000} = 10,00000$; RBF^{vor} beträgt 9,59974 für $n = 14$ und ist gleich 10,01384 für $n = 15$; also gilt $14 < n < 15$ (Jahre).

    $\text{RBF}^{\text{nach}} = \frac{2000000}{200000} = 10,00000$; RBF^{nach} beträgt 9,76776 für $n = 16$ und 10,11058 für $n = 17$; also gilt $16 < n < 17$ (Jahre).

    b) $K_7^{\text{vor}} = 2000000 \cdot 1,55399 - 200000 \cdot 9,07686 = 1292608$ €

    $K_7^{\text{nach}} = 2000000 \cdot 1,55399 - 200000 \cdot 8,52287 = 1403406$ €

11. $B_{10} = 350000$; $q = 1,08$; $n = 10$

    vorsch.: $r = \frac{350000}{7,24689} = 48296,58$ €; nachsch.: $r = \frac{350000}{6,71008} = 52160,33$ €

12. $B = 120000$; $r = 15000$; $q = 1,07$; $m = 8$

    a) $K_8^{\text{vor}} = 120000 \cdot 1,71819 - 15000 \cdot 10,97799 = 41512,95$ €

    b) $K_8^{\text{nach}} = 120000 \cdot 1,71819 - 15000 \cdot 10,25980 = 52285,80$ €

13. $E_{10}^{\text{vor}} = 40000$; $q = 1,03$; $n = 10$; $r = \frac{40000}{11,80780} = 3387,59$ €

14. $B_{15} = 150000; \quad q = 1,07; \quad n = 15$

   a) $r_{\text{vor}} = \frac{150000}{9,74547} = 15391,77\,€;$

   $K_5^{\text{vor}} = 150000 \cdot 1,40255 - 15391,77 \cdot 6,15329 = 115672,48\,€$

   oder: $15391,77 \cdot 7,51523 = 115672,69\,€$

   Hinweis: Es treten geringe Rundungsdifferenzen auf.

   b) $r_{\text{nach}} = \frac{150000}{9,10791} = 16469,20\,€;$

   $K_5^{\text{nach}} = 150000 \cdot 1,40255 - 16469,20 \cdot 5,75074 = 115672,74\,€$

   oder: $16469,20 \cdot 5,75074 = 115672,41\,€$

   Hinweis: Es treten geringe Rundungsdifferenzen auf.

   c) $r_{\text{vor}} = 150000 \cdot 1,005833^{179} \cdot \frac{1,005833-1}{1,005833^{180}-1} = 1340,39\,€$

   (7 % Zinsen p. a. entsprechen 0,5833 % pro Monat: $q = 1,005833$)

   $K_5 = 150000 \cdot 1,41763 - 1340,39 \cdot 1,005833 \cdot \frac{1,005833^{60}-1}{0,005833}$

   $= 116126,15\,€$

   d) $r_{\text{nach}} = 150000 \cdot 1,005833^{180} \cdot \frac{1,005833-1}{1,005833^{180}-1} = 1348,21\,€$

   $K_5 = 150000 \cdot 1,41763 - 1348,21 \cdot \frac{1,005833^{60}-1}{0,005833} = 116126,15\,€$

15. $r = 2700; \quad n = 18; \quad p = 3,5; \quad m = 2; \quad B_{18}^{\text{nach}} = 54784,33\,€$

16. $R = 1500 \cdot \left(12 + \frac{11}{2} \cdot 0,07\right) = 18577,50; \quad E_{20}^{\text{nach}} = 761593,64,\,€$

   $B_{20}^{\text{nach}} = 196810,29\,€$

17. $B_{\infty}^{\text{nach}} = 20000; \quad q = 1,0525; \quad r = \frac{20000 \cdot 5,25}{100} = 1050,00\,€$

18. $B_{\infty} = 150000; \quad r = 9375;$

   $p_{\text{nach}} = \frac{9375 \cdot 100}{150000} = 6,25\,\%, \quad p_{\text{vor}} = \frac{9375 \cdot 100}{150000-9375} = 6,67\,\%$

Lösungen zu Abschnitt 2.4

1. $K = 72000;\ n = 12;\ T = \frac{72000}{12} = 6000\,€$

2. $K = 84000;\ n = 8;\ m = 6;\ T = \frac{84000}{8} = 10500\,€$

   $K_6 = 84000 - (6 \cdot 10500) = 21000\,€$

3. $K = 40000;\ T = 4000;\ q = 1,075;\ m = 7;\ n = \frac{40000}{4000} = 10$ Jahre

   7. Jahr: $Z_7 = 0,075 \cdot (40000 - 6 \cdot 4000) = 1200\,€;$ insgesamt: arithmetische Reihe mit $a_1 = 40000 \cdot 0,075;\ d = -0,075 \cdot 4000$ und $n = 10;\ a_{10} = 300;\ Z = \frac{10}{2} \cdot (3000 + 300) = 16500\,€$

4. $K = 120000$; $q = 1,075$; $n = 6$; $A = \frac{120000}{4,69385} = 25565,37$ €

Jahr	Restschuld zu Jahresbeginn	Zinsbetrag	Tilgungsbetrag	Restschuld zu Jahresende
1	120 000,00	9 000,00	16 565,37	103 434,63
2	103 434,63	7 757,60	17 807,77	85 626,86
3	85 626,86	6 422,01	19 143,35	66 483,51
4	66 483,51	4 986,26	20 579,10	45 904,41
5	45 904,41	3 442,83	22 122,54	23 781,87
6	23 781,87	1 783,64	23 781,87	0,00

5.

Zinsperiode k	Restschuld zu Periodenbeginn S_{k-1}	Zinsen Z_k	Tilgung T_k	Annuität A_k	Restschuld am Periodenende S_k
1	180 000	4 050,00	3 000	7 050,00	177 000
2	177 000	3 982,50	3 000	6 982,50	174 000
3	174 000	3 915,00	3 000	6 915,00	171 000
4	171 000	3 847,50	3 000	6 847,50	168 000
...	...	...	...	...	...
Gesamtzahlungen		123 525	180 000	303 525	

$Z_{60,\text{ges}} = 180000 \cdot 0,0225 \cdot \frac{61}{2} = 123525$

6. $S_0 = 35000$; $q = 1,07$; $n = 12$; $A = \frac{35000}{7,94269} = 4406,57$ €

7. $A = 90000$; $S_0 = 750000$; $q = 1,09$; $\text{RBF}=\frac{750000}{90000} = 8,33333$

   Für $n = 16$ Jahre gilt RBF=8,31256, für $n = 17$ Jahre ist RBF=8,54363, also gilt $16 < n < 17$ Jahre (genauer Wert: 16,086 Jahre).

8. $S_0 = 1800000$; $q = 1,085$; $n = 15$; $A = \frac{1800000}{8,30424} = 216756,74$ €

   $S_6 = 1800000 - (63756,74 \cdot 7,42903) = 1326349,27$ €

9. $S_0 = 380000$; $q = 1,085$; $n = 18$; $A = \frac{380000}{9,055470} = 41963,59$ €

Jahr	Restschuld zu Jahresbeginn	Zinsbetrag	Tilgungsbetrag	Restschuld zu Jahresende
1	380 000,00	32 300,00	9 663,59	370 336,41
2	370 336,41	31 478,60	10 484,99	359 851,42
3	359 851,42	30 587,37	11 376,22	348 475,21
4	348 475,21	29 620,39	12 343,19	336 132,01
5	336 132,01	28 571,22	13 392,37	322 739,65

10. $A = \frac{120000}{10{,}05909} = 11929{,}51, \quad T_1 = 11929{,}51 - 8400 = 3529{,}51$
$Z_8 = 120000 \cdot 0{,}07 - 3529{,}51 \cdot \left(1{,}07^7 - 1\right) = 6261{,}89$
$T_{10} = 3529{,}51 \cdot 1{,}07^9 = 6488{,}86$
$S_{12} = 120000 - 3529{,}51 \cdot \frac{1{,}07^{12}-1}{0{,}07} = 56862{,}51$

Jahr k	Restschuld zu Periodenbeginn S_{k-1}	Zinsen Z_k	Tilgung T_k	Annuität A_k	Restschuld zu Periodenende S_k
1	120 000,00	8 400,00	3 529,51	11 929,51	116 470,49
2	116 470,49	8 152,93	3 776,58	11 929,51	112 693,92
3	112 693,92	7 888,57	4 040,94	11 929,51	108 652,98
...	...	...	...	...	...

11. a) S_0 beliebig; $A = \frac{9{,}5}{100}S_0$ (z. B. $S_0 = 100$; $A = 9{,}5$); $q = 1{,}08$;
RBF=$\frac{S_0}{A} = \frac{100}{9{,}5} = 10{,}52632$
Wegen RBF=10,37106 bei 23 Jahren und RBF=10,52876 bei 24 Jahren gilt $23 < n < 24$ Jahre (genauer Wert: 23,984 Jahre).

b) S_0 beliebig; $A = \frac{11}{100}$; $q = 1{,}09$; RBF= $\frac{100}{11} = 9{,}09091$
Wegen RBF=8,95011 bei 19 Jahren und RBF=9,12855 bei 20 Jahren gilt $19 < n < 20$ Jahre (genauer Wert: 19,782 Jahre).

12. $S_0 = 60000$; $A = 7200$; $q = 1{,}05$; RBF= $\frac{60000}{7200} = 8{,}33333$
Wegen RBF=8,30641 bei 11 Jahren und RBF=8,86325 bei 12 Jahren gilt $11 < n < 12$ Jahre (genauer Wert: 11,047 Jahre).

Hinweis: Da Tab. 4 der Rentenbarwertfaktoren die Größe $p = 5$ nicht enthält, kann man Tab. 5 der Annuitätenfaktoren nutzen: RBF=1/AF.

13. $S_0 = 70000$; $p_m = \frac{8}{12}$; $n = 10$; $A = 849{,}72$ €; $p_{\text{eff}} = 8{,}30\,\%$

14. $A = 6000$; $q = 1{,}08$; $n = 14$; $S_0 = 6000 \cdot 8{,}24424 = 49465{,}44$ €

15. $m = 4$: $p = 100 \cdot \left(\sqrt[4]{1{,}08} - 1\right) = 1{,}9427$;
$m = 2$: $p = 100 \cdot \left(\sqrt{1{,}08} - 1\right) = 3{,}923$

16. $A = 800 \cdot \left(6 + \frac{5}{2} \cdot 0{,}05\right) = 4900$ €

17. $p_{\text{eff}} = 7{,}7633$; $A = 130000 \cdot \frac{1{,}077633^{15} \cdot 0{,}077633}{1{,}077633^{15}-1} = 14969{,}04$ €

Lösungen zu Abschnitt 2.5

1. Bei einem Kalkulationszinsfuß von 9 % ergibt sich nachstehender Kapitelwert

Zeitpunkt	Einnahme-überschusse	Abzinsungs-faktor	Barwert der Einnahmeüberschusse
0	−850 000	1,00000	€ −850 000,00
1	+200 000	0,91743	€ 183 486,00
2	+240 000	0,84168	€ 202 003,20
3	+250 000	0,77218	€ 193 045,00
4	+230 000	0,70843	€ 162 938,90
5	+190 000	0,64993	€ 123 486,70
Kapitalwert der Investition:			€ 14 959,80

Da der Kapitalwert positiv ist, sollte das Unternehmen die Erweiterungsinvestition vornehmen.

2.

Zeit-punkt	Abzinsungs-faktor	Barwert der Einnahmeüberschüsse Alternative 1	Alternative 2	Alternative 3
0	1,00000	−450 000,00	−320 000,00	−230 000,00
1	0,91324	+118 721,20	+ 86 757,80	+ 73 059,20
2	0,83401	+120 931,45	+ 91 741,10	+ 58 380,70
3	0,76165	+129 480,50	+102 822,75	+ 68 548,50
4	0,69557	+100 857,65	+ 76 512,70	+ 41 734,20
Kapitalwerte:		+ 19 990,80	+ 37 834,35	+ 11 722,60

Alternative 2 besitzt den höchsten Kapitalwert (Maßeinheit: Euro).

3. a) Bei einem Kalkulationszinsfuß von 8,5 % ($p = 8,5$) ergibt sich (alle Zahlungen in Euro):

Zeitpunkt k	Einnahmen E_k	Ausgaben A_k	Einnahme-überschüsse D_k	Barwerte der Einnahme-überschüsse
0	0	30 000	−30 000	−30 000,00
1	14 000	5 000	9 000	8 294,93
2	8 000	3 000	5 000	4 247,28
3	17 000	7 000	10 000	7 829,08
4	21 000	4 000	17 000	12 266,76
Kapitalwert der Investition:				2 638,05

Die Investition ist vorteilhaft, da sie eine Rendite von mehr als 8,5 % verspricht.

b) Für die Kalkulationszinsfüße von 11 % bzw. 12 % erhält man:

Zeitpunkt k	Einnahmeüberschüsse D_k	Barwerte bei $p = 11$	Barwerte bei $p = 12$
0	-30000	$-30000,00$	$-30000,00$
1	9000	8108,11	8035,71
2	5000	4058,11	3985,97
3	10000	7311,91	7117,80
4	17000	11198,43	10803,81
Kapitalwert der Investition:		676,56	$-56,71$

Der interne Zinssatz liegt zwischen 11 % und 12 %. Zu seiner genauen Bestimmung ist die Polynomgleichung

$$30000q^4 - 9000q^3 - 5000q^2 - 10000q - 17000 = 0$$

(näherungsweise) zu lösen. Die (eindeutige) Lösung lautet $p = 11,92$.

c) Aus dem in a) berechneten Kapitalwert 2638,05 ergibt sich nach Multiplikation mit $AF = \frac{1,085^4 \cdot 0,085}{1,085^4 - 1} = 0,30529$ eine (durchschnittliche) Annuität der Einnahmeüberschüsse von 805,37 (€), so dass also die Einnahmen überwiegen. Getrennte Berechnung der Summe der Barwerte aller Einnahmen bzw. aller Ausgaben und Umrechnung auf Annuitäten liefert eine Einnahmeannuität von 14 703,18 € und eine Ausgabenannuität von 13 897,81 € (deren Differenz wiederum 805,37 € ergibt).

Lösungen zu Abschnitt 2.6

Maßeinheit aller Abschreibungsbeträge / Buchwerte etc.: Euro.

1. Lineare Abschreibung: $\frac{48000-1400}{8} = 5825$

   Folge der Buchwerte: $a_1 = 48000$; $a_2 = 42175$; $a_3 = 36350$; $a_4 = 30525$; $a_5 = 24700$; $a_6 = 18875$; $a_7 = 13050$; $a_8 = 7225$; $a_9 = 1400$

   Konstante Differenz: $d = -5825$ (Höhe der linearen Abschreibung)

2. Folge/Reihe der Abschreibungen: $a_1 = 4350$; $d = 0$; $n = 12$

   $a_{12} = 4350 + (12-1) \cdot 0 = 4350$; $s_{12} = 12 \cdot \frac{4350+4350}{2} = 52200$ (Summe der Abschreibungen)

   Anschaffungswert: Summe der Abschreibungen + Liquidationserlös $= 52200 + 800 = 53000$

3. $A = 275\,000$, $n = 8$, $R_8 = 5\,000$; $w = \frac{275\,000 - 5\,000}{8} = 33\,750$,

   $R_6 = 275\,000 - 6 \cdot 33\,750 = 72\,500$

4. $A = 20\,000$, $n = 4$, $R_4 = 1\,200$,

   $w_1 = 8\,000$;

   $d = 2 \cdot \frac{4 \cdot 8\,000 - (20\,000 - 1\,200)}{4 \cdot 3} = 2\,200$

Jahr k	Abschreibung w_k	Buchwert R_k
1	8 000	12 000
2	5 800	6 200
3	3 600	2 600
4	1 400	1 200

5. $A = 20\,000$, $n = 4$, $R_4 = 1\,200$,

   $d = \frac{2 \cdot (20\,000 - 1\,200)}{4 \cdot 5} = 1\,880$

Jahr k	Abschreibung w_k	Buchwert R_k
1	7 520	12 480
2	5 640	6 840
3	3 760	3 080
4	1 880	1 200

6. $A = 26\,500$; $R_6 = 1\,300$; $n = 6$

   a) Lineare Abschreibung

   Jährliche Abschreibung: $w = \frac{26\,500 - 1\,300}{6} = 4\,200$;

   Abschreibung im 5. Jahr: $w_5 = w = 4\,200$

   Buchwert nach 5 Jahren: $R_5 = 26\,500 - 5 \cdot 4\,200 = 5\,500$

   (entspricht Abschreibung im 6. Jahr von 4 200 und Restwert von 1 300)

   b) Arithmetisch-degressive Abschreibung

   $d = 2 \cdot \frac{6 \cdot 8\,200 - (26\,500 - 1\,300)}{6 \cdot 5} = 1\,600$

   Abschreibung im 5. Jahr: $w_5 = 8\,200 - 1\,600 \cdot (5 - 1) = 1\,800$

   Buchwert nach 5 Jahren: $R_5 = 26\,500 - \frac{5}{2} \cdot (8\,200 + 1\,800) = 1\,500$

   (entspricht Abschreibung im 6. Jahr von 200 und Restwert von 1 300)

   c) Digitale Abschreibung

   Reduktionsbetrag der Abschreibungen: $d = 2 \cdot \frac{26\,500 - 1\,300}{6 \cdot 7} = 1\,200$

   Abschreibung im 5. Jahr: $w_5 = 6 \cdot 1\,200 - (5 - 1) \cdot 1\,200 = 2\,400$

   Buchwert nach 5 Jahren: $R_5 = 26\,500 - \frac{5}{2} \cdot (7\,200 + 2\,400) = 2\,500$

   (entspricht Abschreibung im 6. Jahr von 1 200 und Restwert von 1 300)

   d) Geometrisch-degressive Abschreibung:

   Der Abschreibungsprozentsatz vom jeweiligen Buchwert beträgt $p =$

$100 \cdot \left(1 - \sqrt[6]{\frac{1300}{26500}}\right) = 39,4962\,\% \approx 39,5\,\%.$

Abschreibung im 5. Jahr: $w_5 = 26\,500 \cdot 0,395 \cdot 0,605^{5-1} = 1\,402,38$

Buchwert nach 5 Jahren: $R_5 = 26\,500 \cdot 0,605^5 = 2\,147,94$

(entspricht Abschreibung im 6. Jahr von 848,44 und Restwert von 1 300 sowie geringfügigen Rundungsdifferenzen)

7. $A = 450\,000$, $n = 8$, $R_8 = 18\,000$,

   $p = 100 \cdot \left(1 - \sqrt[8]{\frac{18\,000}{450\,000}}\right)$
   $= 33,126$ (%),

   $w_6 = 450\,000 \cdot 0,33126 \cdot 0,66874^5$
   $= 19937,38$,

   $R_6 = 450\,000 \cdot 0,66874^6$
   $= 40249,11$

   (Werte gerundet)

Jahr k	Abschreibung w_k	Buchwert R_k
1	149 067	300 933
2	99 687	201 246
3	66 665	134 581
4	44 581	90 000
5	29 813	60 186
6	19 937	40 249
7	13 333	26 916
8	8 916	18 000

Lösungen zu Kapitel 3

Lösungen zu Abschnitt 3.1

1. a) $8a = 8a$, b) $-9,5b = -9,5b$, c) $-19a = -19a$, d) $4 = 4$
2. a) $2,3 > 1,9$; b) $0,2a < 1,7a$; c) $104 \geq -16$;
   d) $23,7 > 12,75$; e) $8 > 2$; f) $29 \geq -28$

Lösungen zu Abschnitt 3.2

1. $x = 3$
2. $x = -\frac{4}{3}$
3. $x = 6,5$
4. $$\begin{aligned} 8x + 2 - 3x + 5 &= -7x - 9 + 6x + 1 \\ 5x + 7 &= -x - 8 \\ x &= -2,5 \end{aligned}$$
5. $$\begin{aligned} 9x + 3x + 14 - 16x + 2 &= 31 - 28x + 10 + 5x + 3,5 \\ -4x + 16 &= -23x + 44,5 \\ x &= 1,5 \end{aligned}$$

6. $$\begin{aligned} 24x-30-18x-36 &= 91x+65-78+21x \\ 6x-66 &= 112x-13 \\ x &= -0{,}5 \end{aligned}$$

7. $$\begin{aligned} 8x+2a-6+55x-242a+99-13a & \\ &= 40x-35a+20-45x+54a-108-23 \\ 63x-253a+93 &= -5x+19a-111 \\ x &= 4a-3 \end{aligned}$$

8. $$\begin{aligned} 4(7x-26x-16+54x-6+15) &= 5x+20-2(12x+33x-110)-8 \\ 140x-28 &= -85x-208 \\ x &= -\tfrac{4}{5} = -0{,}8 \end{aligned}$$

9. $$\begin{aligned} 19x-(170x+101) &= 3(13-85+202x-99x) \\ -151x-101 &= 309x-216 \\ x &= \tfrac{1}{4} = 0{,}25 \end{aligned}$$

10. $$\begin{aligned} 24x-18x^2+88-66x &= -18x^2-90x+8x+40 \\ -42x+88 &= -82x+40 \\ x &= -\tfrac{6}{5} = -1{,}2 \end{aligned}$$

11. $$\begin{aligned} 13x-8x^2+40x-50+9 &= 17+128-8x^2-9x \\ 53x-41 &= -9x+145 \\ x &= 3 \end{aligned}$$

12. Multiplikation mit Hauptnenner $(11-x)$:
$7x+23 = 198-18x \implies x=7$

13. Multiplikation mit Hauptnenner $30ax$:
$570+50a+54x = 240a+35x \implies x = 10a-30$

14. Multiplikation mit Hauptnenner $(x^2-4) = (x-2)(x+2)$:
$5x^2+10x-3x+6 = 5x^2+8x+7 \implies x=-1$

15. Ausgangsbruch: $\frac{x}{5x}$ Gleichung: $\frac{x-2}{5x+4} = \frac{6}{37}$

Auflösung: $x = 14$ Ursprünglicher Bruch: $\frac{14}{70}$

16. Für die Fläche A eines Rechteckes gilt $A = l \cdot b$, wobei l die Länge und b die Breite ist. Folglich ist $l = \frac{A}{b} = \frac{74{,}1}{7{,}8} = 9{,}5$. Der Umfang u des Rechteckes berechnet sich aus $u = 2\cdot(l+b)$, also $u = 2\cdot(9{,}5+7{,}8) = 34{,}6\,\text{m}$.

17. Ist x die gesuchte Menge, so muss gelten: $\frac{76x}{100} + \frac{41\cdot 265}{100} = \frac{51(x+265)}{100}$.
Auflösung: $x = 106$ Liter

18. Aufstellung der Gleichung (x sei der ursprünglich eingesetzte Betrag;

der Endbetrag ist dann $x + 1\,935$):
$x - 0,15x + (0,85x \cdot 0,30) - (0,85x + 0,255x) \cdot 0,06 = x + 1\,935$
Auflösung: $x = 50\,000$; Endbetrag: 51 935

19. Aufstellung der Gleichung (K sei der gesuchte Kapitalbetrag):
$K \cdot \frac{6}{100} = 3\,000 - \left(24\,000 \cdot \frac{7}{100}\right) \quad \Longrightarrow \quad K = 22\,000$

20. Aufstellung der Gleichung (x sei die gesuchte Produktmenge):
$21,5x + 39\,800 = 100\,000 \quad \Longrightarrow \quad x = 2\,800$

21. $x > 2$

22. $15x - 6 + 15x - 35 \geq 8x - 16 - 3 \quad \Longrightarrow \quad x \geq 1$

23. $8x - 12a - 2x - a \leq 11a - 3x + 21a \quad \Longrightarrow \quad x \leq 5a$

24. $10x + 12 - 4x - 6 \leq 38 - 14 + 3x - 6 \quad \Longrightarrow \quad x \leq 4$

25. $x^2 - 9x - 6x + 54 > x^2 - 12x - 5x + 60 \quad \Longrightarrow \quad x > 3$

26. Es muss gelten: Gebührenbetrag < Zinsvorteil (K sei der gesuchte Betrag). Das bedeutet $35 < \frac{K \cdot 1 \cdot 9}{100 \cdot 360}$, woraus $K > 140\,000$ folgt.

27. a) Es muss gelten: Gebührenbetrag < Zinsvorteil. Bei Zugrundelegung eines Zahlbetrages von genau 5 000 € ergibt sich (T sei die gesuchte Laufzeit): $3,65 < \frac{5000 \cdot 8,75 \cdot T}{100 \cdot 360}$, d.h. $T > 3$ Tage. Bei Zahlbeträgen < 5 000 € wird der Zinsvorteil geringer sein, so dass dann die geforderte Laufzeit noch größer als bei einem Betrag von 5 000 € ist.

    b) Es muss gelten: Zinsvorteil < Gebührenbetrag (K sei der gesuchte Betrag), d. h. $\frac{K \cdot 8,5 \cdot 7}{100 \cdot 360} < 3,65$, also $K < 2\,208,40$ €.

28. Fall 1: Nenner $x - 2$ ist positiv, also $x > 2$. Aus $x + 5 < 3(x - 2)$ folgt $x > 5,5$; diese Bedingung ist „schärfer“ als $x > 2$.

    Fall 2: Nenner $x - 2$ ist negativ, also $x < 2$. Aus $x + 5 > 3(x - 2)$ folgt $x < 5,5$; da die Bedingung $x < 2$ „schärfer“ ist, gilt $x < 2$.

    Gesamtlösungsmenge: $L = (-\infty, 2) \cup (5,5\,, \infty)$

29. Fall 1: Nenner $13x - 11$ ist positiv, also $x > \frac{11}{13}$. Aus $21x + 36,5 > 8(13x - 11)$ folgt $x < 1,5$; eine erste Lösungsmenge ist durch das Intervall $\left(\frac{11}{13};\ 1,5\right)$ gegeben.

    Fall 2: Nenner $13x - 11$ ist negativ, also $x < \frac{11}{13}$. Aus $21x + 36,5 < 8(13x - 11)$ folgt $x > 1,5$. Da die Bedingungen $x > 1,5$ und $x < \frac{11}{13}$ unverträglich sind, ist die Lösungsmenge leer.

    Gesamtlösungsmenge: $L = \left(\frac{11}{13};\ 1,5\right)$

30. a) $y = 5x - 8$
$x = 0 \implies y = -8$
$y = 0 \implies x = 1{,}6$

b) $2y + 7x = 3{,}5$
$x = 0 \implies y = 1{,}75$
$y = 0 \implies x = 0{,}50$

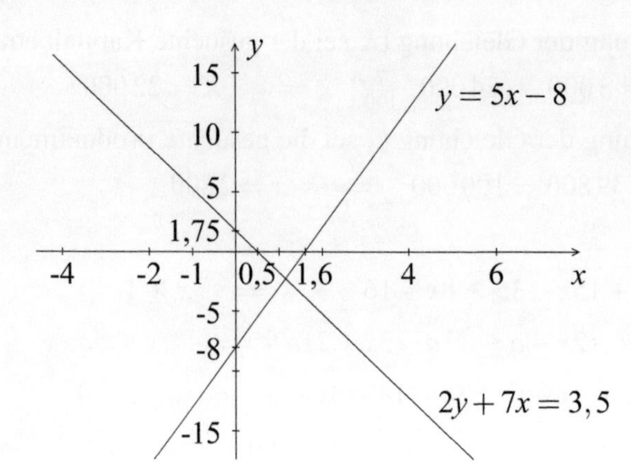

31. Zunächst sei $e = 0$. Ist dann $c = 0$, $d \neq 0$, so besitzt die Gerade keinen Schnittpunkt mit der x-Achse. Für $c \neq 0$, $d = 0$ besitzt die Gerade keinen Schnittpunkt mit der y-Achse. Gilt $e = 0$, $c \neq 0$, $d \neq 0$, so erhält man nur einen Schnittpunkt mit den Achsen, den Koordinatenursprung. Alle weiteren möglichen Fälle sind entweder trivial oder liefern keine Gerade.

Lösungen zu Abschnitt 3.3

1. a) $x_1 = 15; \quad x_2 = 7$

b) $x_1 = 70; \quad x_2 = 30\,000$

c) $x_1 = 2; \quad x_2 = 9$

d) $x_1 = -2; \quad x_2 = 2{,}5$

e) $x_1 = 3; \quad x_2 = 7$

f) $x = 7; \quad y = 1$

g) Klammerauflösung und Umformung jeder Gleichung:

$$\begin{array}{rcrcl} 2x_1 & + & x_2 & = & 3 \\ -2x_1 & + & x_2 & = & 23 \end{array}$$

Lösung: $x_1 = -5; \quad x_2 = 13$

h) Phase 1:

Auflösung der 1. Gleichung nach $x_2 : x_2 = \frac{1}{2} \cdot (48 - 4x_1 - 5x_3)$

Einsetzen von x_2 in 2. und 3. Gleichung:

$$\begin{aligned} 31x_1 &+ 28x_3 &= 289 \\ 47x_1 &+ 42x_3 &= 435 \end{aligned}$$

Phase 2:

Auflösung der 1. Gleichung nach x_3: $x_3 = \frac{1}{28} \cdot (289 - 31x_1)$

Einsetzen von x_3 in 2. Gleichung: $47x_1 + 42 \cdot \frac{1}{28}(289 - 31x_1) = 435$

Auflösung nach x_1: $x_1 = 3$; Berechnung von x_3 : $x_3 = 7$

Phase 3: Bestimmung von x_2: $x_2 = \frac{1}{2} = 0,5$

2. x_1 seien die variablen Stückkosten; x_2 seien die Fixkosten. Dann ergibt sich das folgende lineare Gleichungssystem:

$$\begin{aligned} 450x_1 &+ x_2 &= 24\,200 \\ 520x_1 &+ x_2 &= 26\,440 \end{aligned}$$

Lösung: $x_1 = 32; x_2 = 9\,800$

3. x sei die Produktionsmenge; K_1 (bzw. K_2) seien die bei Anwendung von Verfahren 1 (bzw. 2) anfallenden Kosten:

Lineares Gleichungssystem:
$$\begin{aligned} K_1 &= 3,10x + 25\,540 \\ K_2 &= 0,80x + 43\,020 \\ K_1 &= K_2 \end{aligned}$$

Auflösung des linearen Gleichungssystems:

$x = 7\,600$ (kritische Menge); $K_1 = 49\,100$; $K_2 = 49\,100$

4. k_1 (bzw. k_2) sei der Kostenverrechnungssatz für die Kostenstelle 1 (bzw. 2). Für die Verrechnung der innerbetrieblichen Leistungen gilt grundsätzlich:

Primärkosten + Sekundärkosten (erhaltene und mit dem entsprechenden Verrechnungssatz bewertete Leistungen) = Gesamtkosten der jeweiligen Kostenstelle (mit dem zugehörigen Verrechnungssatz bewertete Gesamtleistung)

Kostenstelle 1: $2\,787\,900 + 2\,140k_2 = 41\,000k_1$
Kostenstelle 2: $1\,377\,000 + 7\,500k_1 = 16\,800k_2$

Auflösung: $k_1 = 74$; $k_2 = 115$

	Kostenstellen	1	2
	Primärkosten	2 787 900	1 377 000
+	Sekundärkosten	246 100	555 000
=	Gesamtkosten	3 034 000	1 932 000
−	Kostenentlastung	555 000	246 100
=	Kostenträgerbetrag	2 479 000	1 685 900

5. 1. Schritt: Elimination von x_1:

$$\begin{array}{rcrcrcl} 3x_1 & + & 2x_2 & - & x_3 & = & 29 \\ & & -\frac{1}{3}x_2 & + & \frac{23}{3}x_3 & = & \frac{14}{3} \\ & & -\frac{14}{3}x_2 & + & \frac{28}{3}x_3 & = & -\frac{98}{3} \end{array}$$

2. Schritt: Elimination von x_2:

$$\begin{array}{rcrcrcl} 3x_1 & + & 2x_2 & - & x_3 & = & 29 \\ & & -\frac{1}{3}x_2 & + & \frac{23}{3}x_3 & = & \frac{14}{3} \\ & & & & -\frac{294}{3}x_3 & = & -\frac{294}{3} \end{array}$$

Lösung: $x_3 = 1; x_2 = 9; x_1 = 4$

6. 1. Schritt: Elimination von x_1:

$$\begin{array}{rcrcrcl} 4x_1 & + & 2x_2 & + & 7x_3 & = & 34 \\ & & \frac{21}{2}x_2 & + & \frac{27}{4}x_3 & = & \frac{63}{2} \end{array}$$

2. Schritt: Elimination von x_2 und Umformung:

$$\begin{array}{rcrcrcl} x_1 & + & & + & \frac{10}{7}x_3 & = & 7 \\ & & x_2 & + & \frac{9}{14}x_3 & = & 3 \end{array}$$

Parametrische Dartellung der Lösung (mit $x_3 = t$):

$$x_1 = 7 - \frac{10}{7}t; \quad x_2 = 3 - \frac{9}{14}t$$

Beispiele für spezielle Lösungen:

Werte von t	Werte der Unbekannten		
	x_1	x_2	x_3
0	7	3	0
14	−13	−6	14
−28	47	21	−28

7. Es seien x_1 Absatzmenge von Produkt 1 und x_2 Absatzmenge von Produkt 2. Dann ergibt sich das folgende Ungleichungssystem:

Produktionsbedingungen (Stufe 1):	$2x_1 + 1{,}5x_2 \leq 60$
Produktionsbedingungen (Stufe 2):	$6x_1 + 2x_2 \leq 120$
Absatzrestriktion (Produkt 1):	$x_1 \leq 15$
Absatzrestriktion (Produkt 2):	$x_2 \leq 30$
Nichtnegativitätsbedingung (Produkt 1):	$x_1 \geq 0$
Nichtnegativitätsbedingung (Produkt 2):	$x_2 \geq 0$

Grafische Darstellung der Lösungsmenge des aufgestellten linearen Ungleichungssystems:

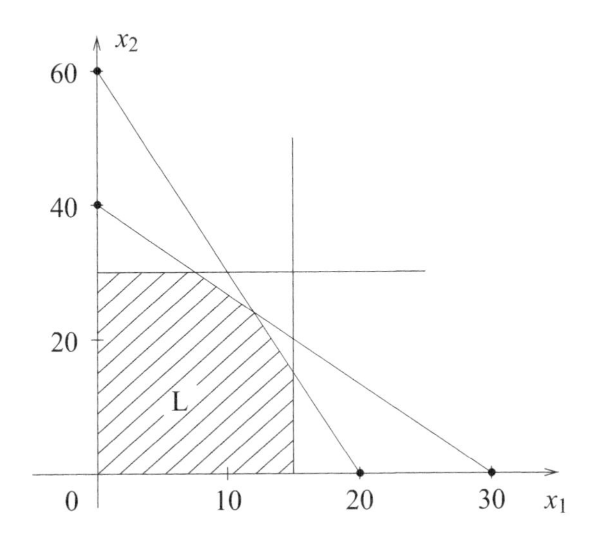

Lösungen zu Abschnitt 3.4

1. Gleichheit besteht genau dann, wenn gilt: $a = 9$ und $b = -5$.
2. $A \leq B$
3. a) $A^\top = \begin{pmatrix} 19 & -4 \\ 22 & 8 \\ 17 & 0 \end{pmatrix}$, b) $b^\top = \begin{pmatrix} 15 \\ -2 \\ 3 \\ 4 \end{pmatrix}$
4. a) A ist Einheitsmatrix der Ordnung (2,2)
   b) B ist untere Dreiecksmatrix der Ordnung (3,3)
   c) C ist Nullmatrix der Ordnung (2,3)
   d) D ist Diagonalmatrix der Ordnung (3,3)
   e) e_1 und e_2 sind Einheits(spalten)vektoren der Ordnung (2,1)
   f) f ist Null(zeilen)vektor der Ordnung (1,5)
5. a) $\begin{pmatrix} 850 & 1 \\ 910 & 1 \end{pmatrix} \begin{pmatrix} x_1 \\ x_2 \end{pmatrix} = \begin{pmatrix} 89\,500 \\ 93\,700 \end{pmatrix}$

   b) $\begin{pmatrix} 4 & 2 & 5 \\ 7 & -12 & -2 \\ -11 & 18 & 3 \end{pmatrix} \begin{pmatrix} x_1 \\ x_2 \\ x_3 \end{pmatrix} = \begin{pmatrix} 48 \\ 1 \\ -3 \end{pmatrix}$

6. a) $a^\top + b^\top = \begin{pmatrix} 38 \\ 16 \\ 9 \end{pmatrix}$, b) $a^\top - b^\top = \begin{pmatrix} 12 \\ 16 \\ 5 \end{pmatrix}$,

   c) $\left(a^\top\right)^\top \cdot b^\top = 325 + 0 + 14 = 339$, d) $b \cdot A = (196,\ 25,\ -20)$,

   e) $\left(a^\top\right)^\top \cdot B = (681,\ 245,\ 99,\ 89)$, f) $A \cdot B = \begin{pmatrix} 294 & 68 & 14 & -41 \\ 121 & 66 & 38 & 51 \\ 247 & 91 & 35 & 46 \end{pmatrix}$

   g) $B \cdot A$ ist nicht definiert, da die Zahl der Spalten von Matrix B nicht mit der Zahl der Zeilen von Matrix A übereinstimmt.

7. a) $A \cdot A = A^2 = \begin{pmatrix} 13 & 12 \\ -9 & -8 \end{pmatrix}$, $A^2 \cdot A = A^3 = \begin{pmatrix} 29 & 28 \\ -21 & -20 \end{pmatrix}$

   b) $B \cdot B = B^2 = \begin{pmatrix} 0 & 0 & 0 \\ 3 & 3 & 9 \\ -1 & -1 & -3 \end{pmatrix}$, $B^2 \cdot B = B^3 = \begin{pmatrix} 0 & 0 & 0 \\ 0 & 0 & 0 \\ 0 & 0 & 0 \end{pmatrix}$

8. $A \cdot B = \begin{pmatrix} 1 & 0 \\ 0 & 1 \end{pmatrix}$.

   Das Produkt der beiden Matrizen ist die Einheitsmatrix der Ordnung (2,2); demnach ist die Matrix B die Inverse zur Matrix A.

9. A^{-1} ist die inverse Matrix zu A, da $A \cdot A^{-1} = E$.

10. Der Vektor d als Ergebnis der Vektorsubtraktion $u - k$ gibt den Deckungsbeitrag des vergangenen Geschäftsjahres für jedes der vier abgesetzten Produkte an: $d = (13\,800,\ 55\,900,\ 23\,400,\ -8\,100)^\top$

11. Der Spaltenvektor $g = a + b + c + d$ gibt die gesamten Absatzmengen für die fünf abgesetzten Produkte wieder:

$$g = \begin{pmatrix} 311 \\ 929 \\ 443 \\ 115 \\ 494 \end{pmatrix}.$$

12. Berechnung der Minutensätze (Vektor c) mittels Division des Vektors b durch 60 liefert $c = (1{,}25;\ 2{,}20;\ 4{,}74)^\top$. Berechnung der für jede Baugruppe anfallenden Fertigungskosten (Vektor k) durch Multiplikation von Matrix A mit dem Vektor c ergibt $k = 33{,}35;\ 38{,}25;\ 43{,}95;\ 24{,}45)^\top$.

13. a) $A \cdot x = b$, d. h. $\begin{pmatrix} 7 & 5 \\ 4 & 3 \end{pmatrix} \cdot \begin{pmatrix} x_1 \\ x_2 \end{pmatrix} = \begin{pmatrix} 30 \\ 20 \end{pmatrix}$

b) $x = A^{-1} \cdot b = \begin{pmatrix} 3 & -5 \\ -4 & 7 \end{pmatrix} \cdot \begin{pmatrix} 30 \\ 20 \end{pmatrix} = \begin{pmatrix} -10 \\ 20 \end{pmatrix}$

c) $x_1 = \begin{pmatrix} 3 & -5 \\ -4 & 7 \end{pmatrix} \cdot \begin{pmatrix} 18 \\ 4 \end{pmatrix} = \begin{pmatrix} 34 \\ -44 \end{pmatrix}$

$x_2 = \begin{pmatrix} 3 & -5 \\ -4 & 7 \end{pmatrix} \cdot \begin{pmatrix} 81 \\ 145 \end{pmatrix} = \begin{pmatrix} -482 \\ 691 \end{pmatrix}$

14. $\begin{pmatrix} 4 & -1 & \vdots & 1 & 0 \\ 2 & 7 & \vdots & 0 & 1 \end{pmatrix} \Longrightarrow \begin{pmatrix} 1 & -\frac{1}{4} & \vdots & \frac{1}{4} & 0 \\ 0 & \frac{15}{2} & \vdots & -\frac{1}{2} & 1 \end{pmatrix} \Longrightarrow \begin{pmatrix} 1 & 0 & \vdots & \frac{7}{30} & \frac{1}{30} \\ 0 & 1 & \vdots & -\frac{1}{15} & \frac{2}{15} \end{pmatrix}$

Die gesuchte Inverse A^{-1} lautet: $\begin{pmatrix} \frac{7}{30} & \frac{1}{30} \\ -\frac{1}{15} & \frac{2}{15} \end{pmatrix}$.

15. Die Matrix RZ gebe die für die Fertigung je Einheit der drei Zwischenprodukte (Spalten) benötigten Mengen an Rohstoffen (Zeilen) an; entsprechend geben die Matrizen RE (ZE) die für die Fertigung je Einheit der drei Endprodukte benötigten Mengen an Rohstoffen (Zwischenprodukten) an:

$$RZ = \begin{pmatrix} 2 & 4 & 0 \\ 3 & 1 & 2 \\ 0 & 5 & 7 \\ 8 & 0 & 4 \end{pmatrix}, \quad RE = \begin{pmatrix} 2 & 1 & 0 \\ 0 & 5 & 0 \\ 0 & 0 & 4 \\ 0 & 0 & 6 \end{pmatrix}, \quad ZE = \begin{pmatrix} 2 & 1 & 4 \\ 0 & 3 & 7 \\ 0 & 0 & 4 \end{pmatrix}.$$

Der Zeilenvektor p gebe die geplanten Produktionsmengen der drei Endprodukte an: $p = (1\,800,\ 2\,100,\ 15\,000)$.

Indirekter Bedarf an Rohstoffen für die Fertigung je Einheit der Endprodukte über die Fertigung an Zwischenprodukten:

$$RZE = RZ \cdot ZE = \begin{pmatrix} 4 & 14 & 36 \\ 6 & 6 & 27 \\ 0 & 15 & 63 \\ 16 & 8 & 48 \end{pmatrix}$$

Gesamtbedarf an Rohstoffen für die Fertigung je Einheit der Endprodukte:

$$R = RZE + ZE = \begin{pmatrix} 6 & 15 & 36 \\ 6 & 11 & 27 \\ 0 & 15 & 67 \\ 16 & 8 & 54 \end{pmatrix}$$

Gesamtbedarf an Rohstoffen für die Fertigung der geplanten Mengen an Endprodukten:

$$r = R \cdot p^{\top} = \begin{pmatrix} 582\,300 \\ 438\,900 \\ 1\,036\,500 \\ 855\,600 \end{pmatrix}$$

Lösungen zu Kapitel 4

Lösungen zu Abschnitt 4.1

1. $y = 0,25x + 3$ (x in Stück; y in Stunden)

   Wertetabelle:

x	10	40	500	2 800
y	5,5	13	128	703

2. $y = x^2$ (x in Meter; y in Quadratmeter)

   Wertetabelle:

x	4,5	18	225	879
y	20,25	324	50 625	772 641

3. a) $x = \frac{1}{3}y - 4$, b) $x = \frac{1}{2}\sqrt{y}$, c) $x = \sqrt[3]{\frac{y}{15}}$, d) $x = \frac{y^3}{5}$

Lösungen zu Abschnitt 4.2

1. $y = 4x - 6$;

x	-3	-2	-1	0	1	2	3
y	-18	-14	-10	-6	-2	2	6

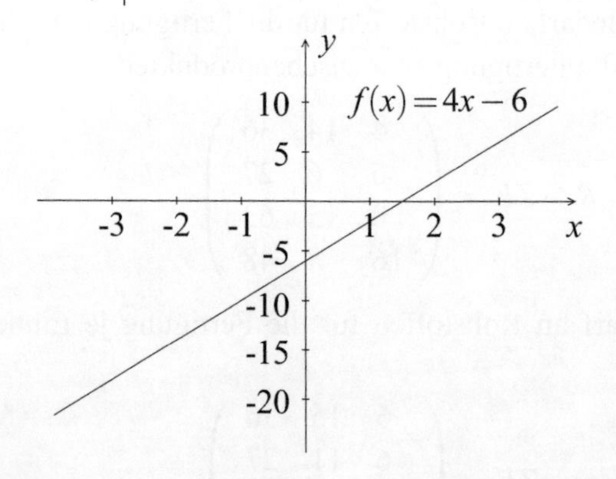

Grafisch ergibt sich eine Gerade; weshalb für die grafische Darstellung die Berechnung von zwei Punkten genügt hätte.

2. $y = 3,5x; \quad x \geq 0 \quad$ (x in Stück; y in €)

Wertetabelle:

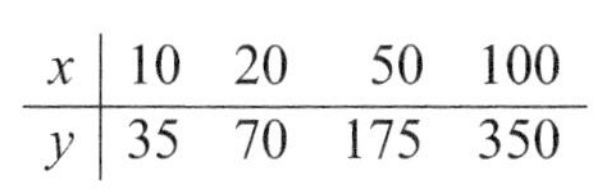

x	10	20	50	100
y	35	70	175	350

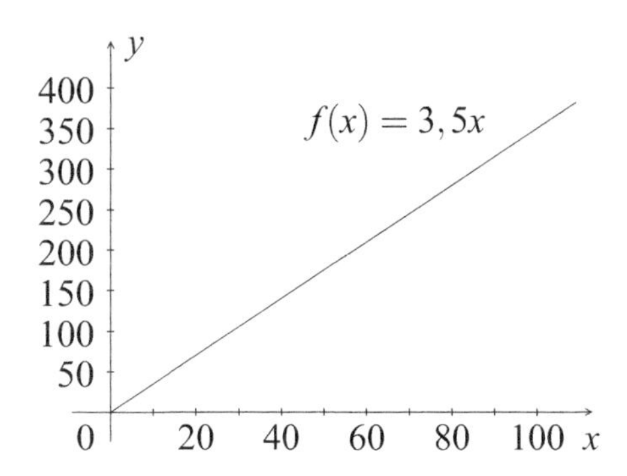

3. $y = 7x^2 + 21x - 28$

Wertetabelle:

x	-5	-4	-3	-2	$-1,5$
y	42	0	-28	-42	$-43,75$

x	-1	0	1	2
y	-42	-28	0	42

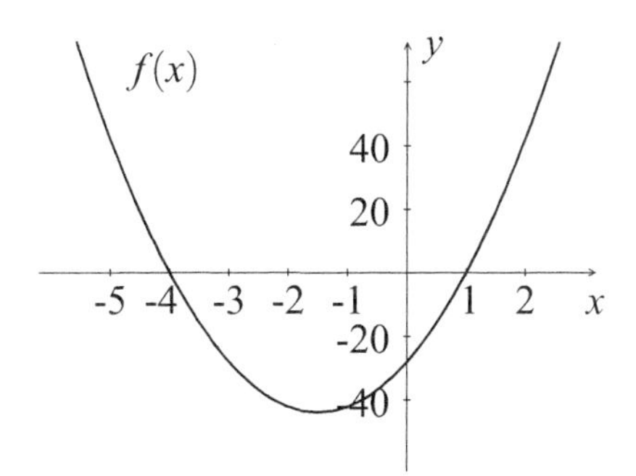

4. $y = x^3 - 27x + 3$

x	-6	-5	-4	-3	-2	-1	0	1	2	3	4	5	6
y	-51	13	47	57	49	29	3	-23	-43	-51	-41	-7	57

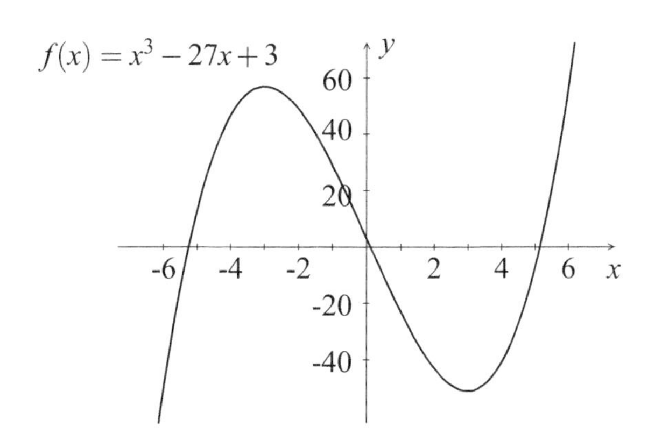

5. $y = x^3 - 3x^2 - 9x + 2$

Wertetabelle:

x	-3	-2	-1	0	1	2	3	4	5
y	-25	0	7	2	-9	-20	-25	-18	7

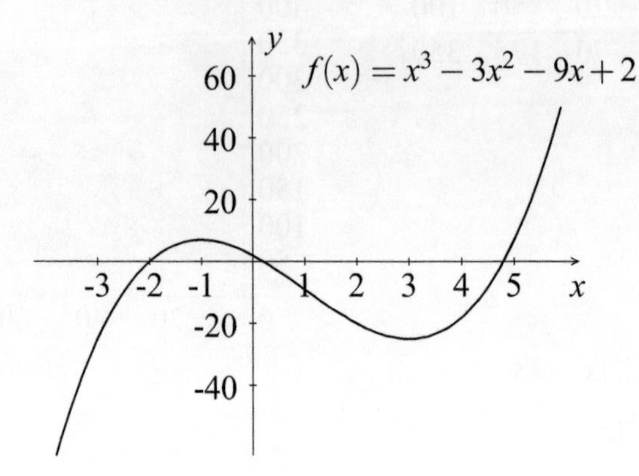

6. $K = 0,1x^3 - 18x^2 + 1\,700x + 20\,000$

x	20	30	40	50	60	70	80	90
y	47 600	57 500	65 600	72 500	78 800	85 100	92 000	100 100

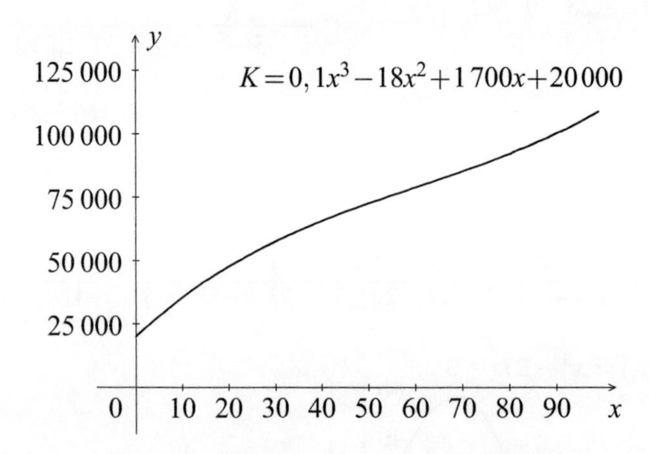

Lösungen zu Abschnitt 4.3

1. $y = x^2$ ist im Intervall $I_1 = (-\infty, 0]$ streng monoton fallend, da für $x_1 < x_2$ die Beziehung $f(x_1) > f(x_2)$ gilt, und im Intervall $I_2 = [0, \infty)$ streng monoton wachsend, da für $x_1 < x_2$ die Beziehung $f(x_1) < f(x_2)$ gilt.
2. $K = \frac{1}{50}x^3 - 6x^2 + 1\,150x + 65\,000$ ist im Intervall $0 \leq x \leq 220$ eine streng monoton wachsende Funktion, da für $x_1 < x_2$ gilt $f(x_1) < f(x_2)$.

Wertetabelle:

x	0	20	40	60	80	100
K	65 000	85 760	102 680	116 720	128 840	140 000

x	120	140	160	180	200	220
K	151 160	163 280	177 320	194 240	215 000	240 560

3. $U = -\frac{1}{8}x^2 + 725x$; Wertetabelle:

x	0	500	1 000	2 500	2 900	3 500	4 000
U	0	331 250	600 000	1 031 250	1 051 250	1 006 250	900 000

Aus dem Werteverlauf in der Tabelle lässt sich erkennen, dass der Umsatz nach oben beschränkt ist. Eine genauere Analyse (Berechnung des Scheitelpunktes der Parabel) zeigt, dass er nicht über den Betrag von 1 051 250 € hinauswächst. Nach unten beträgt die Beschränkung 0 €, da negative Umsätze nicht sinnvoll ökonomisch interpretierbar sind.

4. $y = \frac{x+2}{x-2}$; Wertetabelle:

x	-4	-3	-2	-1	0	1	2	3	4
y	0,33	0,20	0	$-0,33$	-1	-3	nicht def.	5	3

An der Polstelle, das heißt für $x = 2$, ist die Funktion unstetig, wobei bei Annäherung von rechts die Funktionswerte gegen $+\infty$ streben, bei Annäherung von links gegen $-\infty$.

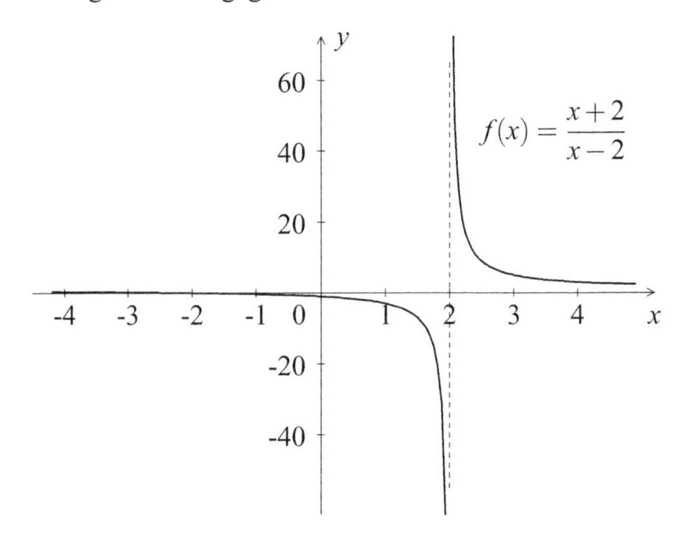

5. Die Umsatzfunktion lautet $y = 4x$; wenn das Produkt nicht in beliebigen Bruchteilen absetzbar ist, dann ist die Funktion nur punktweise definiert und damit unstetig.
6. $y = x^2 + 3$ ist eine gerade Funktion und damit symmetrisch zur y-Achse.
7. $y = x^3 + 3$ ist zentralsymmetrisch bezüglich des Punktes $(0,3)$.
8. Bei ökonomischen Funktionen ist die unabhängige Variable (z. B. Produktionsmenge, Absatzmenge, Gütereinsatz etc.) meist eine Größe, die nichtnegative (positive) Werte besitzt. Der negative Bereich ist in der Regel nicht sinnvoll interpretierbar, so dass Symmetrie ohne Belang ist.

Lösungen zu Abschnitt 4.4

1. a) a1) $y = 30x$, a2) $y = -7{,}5x$, a3) $y = -30x$
   b) b1) $y = 4x^2 + 20$, b2) $y = -x^2 - 5$, b3) $y = -4x^2 - 20$
   c) c1) $y = 4x^3 + 12x$, c2) $y = -x^3 - 3x$, c3) $y = -4x^3 - 12x$

   Die Multiplikation mit einem Faktor größer als eins bewirkt eine Streckung, mit einem Faktor kleiner als null eine Spiegelung an der x-Achse (verbunden mit einer Streckung im Falle -4).
2. $y^* = \frac{2}{9}x^2 - x + 45.$
3. $p = -\frac{1}{12}x + 650, \quad U = p \cdot x = -\frac{1}{12}x^2 + 650x$
4. $U = -\frac{1}{8}x^2 + 500x; \quad K = 200x + 70\,000$
   $G = U - K = -\frac{1}{8}x^2 + 300x - 70\,000$
5. $x = -\frac{1}{20}r^3 + 5r^2 + 8r$; Durchschnittsertrag: $\frac{x}{r} = -\frac{1}{20}r^2 + 5r + 8$
6. $K = \frac{1}{10}x^3 - 15x^2 + 1\,200x + 30\,000$
   a) Funktion der Stückkosten: $k = \frac{K}{x} = \frac{1}{10}x^2 - 15x + 1\,200 + \frac{30\,000}{x}$
   b) Funktion der variablen Kosten: $K_v = \frac{1}{10}x^3 - 15x^2 + 1\,200x$,
   Funktion der variablen Stückkosten: $k_v = \frac{K_v}{x} = \frac{1}{10}x^2 - 15x + 1\,200$
7. $y = \sqrt[5]{(2x-3)^3}$

Lösungen zu Abschnitt 4.5

1. $U = 3x_1 + 5x_2$

x_1	0	1	0	1	2	2	0	1	2	3	3	3	0	1	2	3
x_2	0	0	1	1	0	1	2	2	2	0	1	2	3	3	3	3
U	0	3	5	8	6	11	10	13	16	9	14	19	15	18	21	24

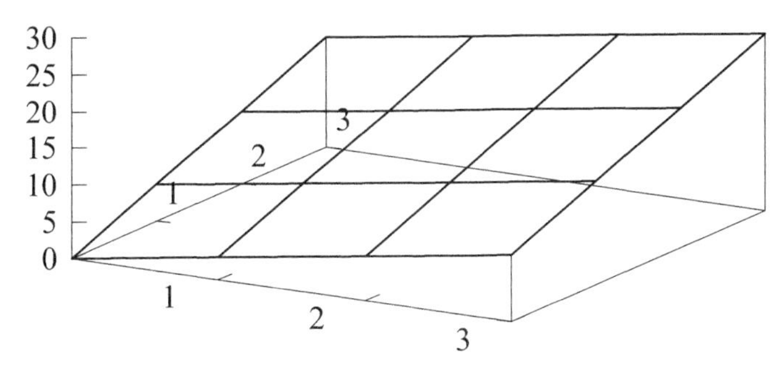

2. $P = 2A^{2/3} \cdot K^{1/3}$

   Wertetabelle:

A	0	1	0	1	2	2	3
K	0	0	1	1	2	3	3
P	0	0	0	2	4	4,579	6

Lösungen zu Abschnitt 4.6

1. a) Funktion n-ten Grades b) Logarithmusfunktion
   c) lineare Funktion d) Wurzelfunktion
   e) Potenzfunktion f) gebrochen rationale Funktion
   g) Funktion dritten Grades

2. Kubische Funktion: $y = a_3x^3 + a_2x^2 + a_1x + a_0$

   Da die allgemeine Polynomfunktion n-ten Grades $y = a_nx^n + \ldots + a_1x + a_0$ lautet, müssen, um zu einer kubischen Funktion zu gelangen, alle Koeffizienten a_i mit $i \geq 4$ den Wert null besitzen.

3. a) $a_1 = 4,5$; b) $a_1 = 1$; c) $a_1 = \frac{5}{3}$

4. a) $y = -3x + 1,5$; b) $y = -x - 3$; c) $y = 4x - 9$

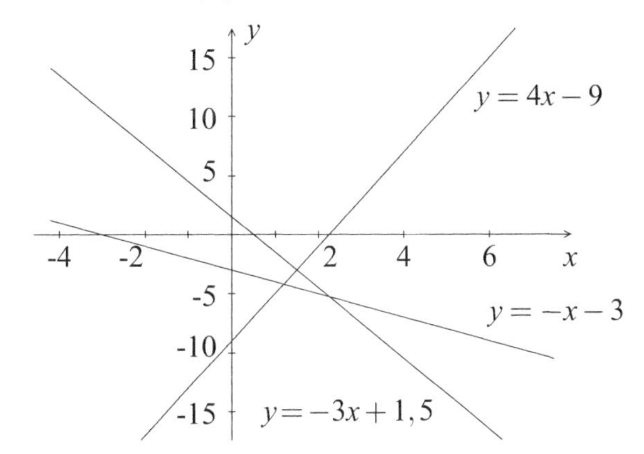

5. a) $y = -\frac{1}{2}x + \frac{5}{2}$

x	0	4
y	2,5	0,5

b) $y = \frac{3}{4}x + 3$

x	0	4
y	3	6

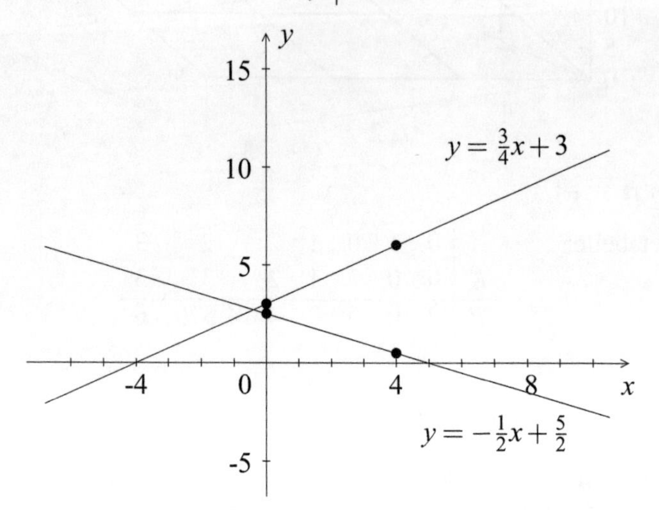

6. $y = 12x + 70$ (ökonomisch sinnvoll: $x \geq 0$)

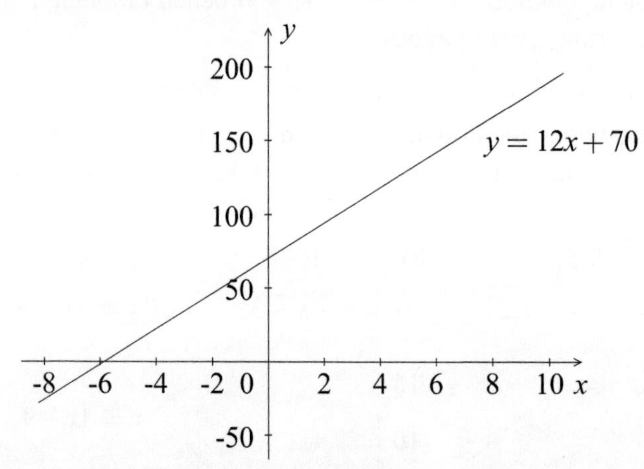

7. Die Leontief-Produktionsfunktion lautet: $r_1 = 5x$, $r_2 = 2x$, $r_3 = 9x$ (r_1, r_2, r_3: Einsatzmengen der drei Einsatzgüter; x: Ausbringungsmenge).

8. Scheitelpunkt der quadratischen Funktionen:

a) $x = \frac{-15}{2} \cdot (-3) = 2,5,\ y = \frac{56{,}25-225}{-12} = 75$

b) $x = \frac{-(-10)}{1} = 10,\ y = 12 - \frac{100}{2} = -38$

9. Kostenfunktion: $K = 0,6x \cdot x + 450 = 0,6x^2 + 450$. Es handelt sich um eine quadratische Funktion.

Wertetabelle:

x	0	10	20	30	40	50
K	450	510	690	990	1 410	1 950

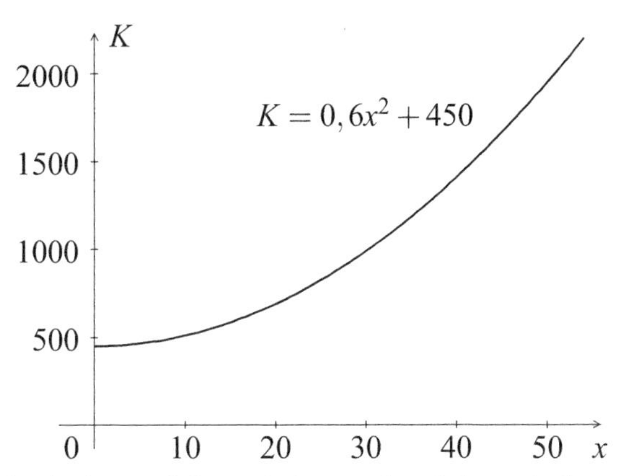

10. Achsenabschnitte auf der x-Achse und auf der y-Achse:

   a) y-Achse ($x = 0$): $y = 7,5$
      x-Achse ($y = 0$): $x_1 = -1,67$; $x_2 = 15$

   b) y-Achse ($x = 0$): $y = -22,5$
      x-Achse ($y = 0$): $x_1 = 22,5$; $x_2 = -2,5$

11. $y = 2x^3 - 8x^2 + 8x - 7$

x	-1	0	0,5	0,67	1	1,33	2	2,5	3
y	-25	-7	$-4,8$	$-4,6$	-5	$-5,8$	-7	$-5,8$	-1

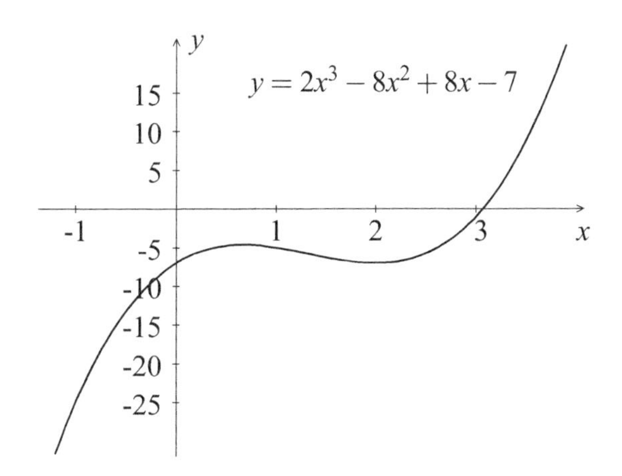

12. Stückkostenfunktion $k = \frac{K}{x} = \frac{1}{20}x^2 - 9x + 1\,680 + \frac{42\,000}{x}$
Für die Werte $x = 10$ bzw. $x = 80$ betragen die zugehörigen Funktionswerte $k(10) = 5\,795$ und $k(80) = 1\,805$.

13. Polstellen besitzt die Funktion $y = \frac{x+3}{2x^2-5x+3}$ für einen Wert des Nenners von 0 (und des Zählers ungleich 0). Die Auflösung der im Nenner stehenden quadratischen Gleichung liefert die Werte $x_1 = 1,5$ und $x_2 = 1$ (die entsprechenden Werte des Zählers sind 4,5 bzw. 4,0).

14. $y = \frac{8x^2+6x+10}{x+4}$

x	-10	-5	-4	-3	-1	0	1	5
y	-125	-180	nicht def.	64	4	$2,5$	$4,8$	$26,7$

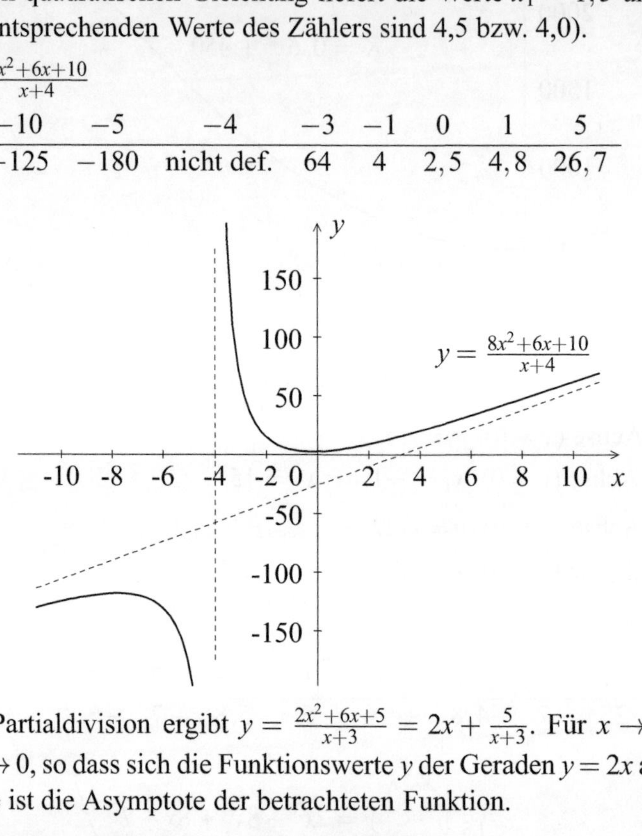

15. Die Partialdivision ergibt $y = \frac{2x^2+6x+5}{x+3} = 2x + \frac{5}{x+3}$. Für $x \to \infty$ strebt $\frac{5}{x+3} \to 0$, so dass sich die Funktionswerte y der Geraden $y = 2x$ annähern. Diese ist die Asymptote der betrachteten Funktion.

16. Die Funktion lässt sich wie folgt darstellen:

$$y = \frac{x^2-4}{5x^2-8x-4} = \frac{(x-2)(x+2)}{5(x-2)(x+0,4)}.$$

Für $x = 2$ gilt: Zähler und Nenner werden null. Somit ist für $x = 2$ eine hebbare Unstetigkeit gegeben; y wird durch Kürzen zu $\frac{x+2}{5x+2}$; für den Funktionswert gilt $y(2) = \frac{1}{3}$.
Für $x = -0,4$ gilt: Der Zähler hat den Wert $-3,84$ und der Nenner wird null; es liegt eine Polstelle vor.

17. a) $y = \sqrt{x-5}$; wegen $R = x - 5 \geq 0$ ist die Funktion für $x \geq 5$ definiert.

x	5	6	7	8	9	10	11
y	0	1	1,41	1,73	2	2,24	2,45

b) $y = \sqrt{x+1}$; wegen $R = x + 1 \geq 0$ ist die Funktion für $x \geq -1$ definiert.

x	-1	0	1	2	3	4	5
y	0	1	1,41	1,73	2	2,24	2,45

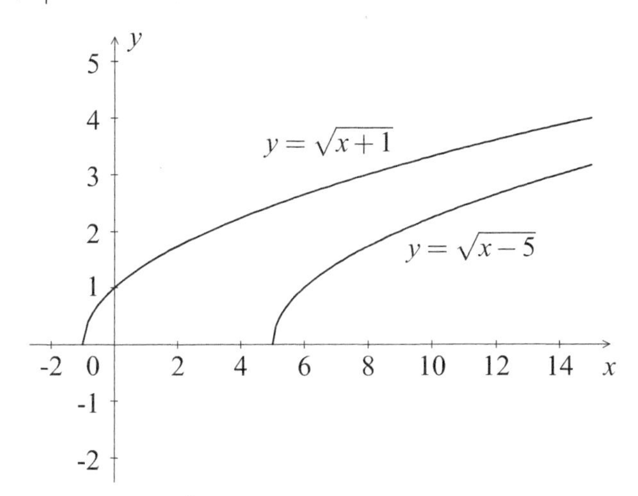

18. a) $y = e^{x+1}$:

x	-3	-2	-1	0	1	2	3
y	0,14	0,36	1	2,72	7,4	20,1	54,6

b) $y = e^{x^2-2}$:

x	-3	-2	-1	0	1	2	3
y	1096,6	7,39	0,36	0,14	0,36	7,39	1096,6

19. Wertetabellen:

a) $y = \ln(x+3)$

x	-2	-1	0	1	2	3	5
y	0	0,7	1,1	1,4	1,6	1,8	2,1

b) $y = \log(2x)$

x	0,1	0,5	1	5	10	50	100
y	$-0,7$	0	0,3	1,0	1,3	2,0	2,3

c) $y = \log(5x^2)$

x	0,1	0,5	1	2	5	10	20
y	$-1,3$	0,1	0,7	1,3	2,1	2,7	3,3

Lösungen zu Abschnitt 4.7

1. Aus der Wertetabelle für $y = x^3 - 27x + 3$ (siehe Seite 295) ist bekannt, dass sich Nullstellen der Funktion in den Intervallen $(-6, -5)$, $(0, 1)$ und $(5, 6)$ befinden müssen. Für die Intervallhalbierung erhält man nunmehr:
   a) $y(-5,5) = -14,875$, $y(-5,25) = 0,047$, $y(-5,375) = -7,162$
   b) $y(0,5) = -10,375$, $y(0,25) = -3,734$, $y(0,125) = -0,373$
   c) $y(5,5) = 20,875$, $y(5,25) = 5,950$, $y(5,125) = -0,764$
2. Aus der Wertetabelle für $y = x^3 - 3x^2 - 9x + 2$ (siehe Seite 295) ist bekannt, dass die Funktion Nullstellen in den Intervallen $(0, 1)$ und $(4, 5)$ besitzen muss. (Für $x = 2$ folgt unmittelbar $y = 0$.) Für die Interpolation ergibt sich damit:
   a) $x_a = 0 - \frac{1-0}{-9-2} \cdot 2 = 0,18$, $y(x_a) = 0,18$
   b) $x_b = 4 - \frac{5-4}{7+18} \cdot (-18) = 4,72$, $y(x_b) = -2,16$

Lösungen zu Kapitel 5

Lösungen zu Abschnitt 5.1

1. Differenzenquotient im Punkt $P(2; 8)$:
   $$\frac{\Delta y}{\Delta x} = \frac{(2+\Delta x)^3 - 2^3}{\Delta x} = \frac{8 + 12\Delta x + 6(\Delta x)^2 + (\Delta x)^3 - 8}{\Delta x} = 12 + 6\Delta x + (\Delta x)^2$$
   Differentialquotient = Steigung im Punkt $P(2; 8)$: $\frac{dy}{dx} = 12$
2. Differenzenquotient:
   $$\frac{\Delta y}{\Delta x} = \frac{(x+\Delta x)^2 + 5(x+\Delta x) - (x^2+5x)}{\Delta x} = \frac{2(\Delta x)x + 5\Delta x + (\Delta x)^2}{\Delta x} = 2x + 5 + \Delta x$$
   Differentialquotient: $\frac{dy}{dx} = 2x + 5$
3. a) Differenzenquotient:
   $$\frac{\Delta y}{\Delta x} = \frac{2(x+\Delta x)^3 - 2x^3}{\Delta x} = \frac{2x^3 + 6(\Delta x)x^2 + 6(\Delta x)^2 x + 2(\Delta x)^3 - 2x^3}{\Delta x}$$
   $$= 6x^2 + 6(\Delta x)x + 2(\Delta x)^2$$
   Differentialquotient: $\lim\limits_{\Delta x \to 0} \frac{\Delta y}{\Delta x} = 6x^2$
   b) $\frac{dy}{dx}(-2) = 24$; $\frac{dy}{dx}(3) = 54$
   c) $\frac{dy}{dx}(-4) = 96$; $\Delta y = y(-3) - y(-4) = -54 + 128 = +74$
   $\frac{dy}{dx}(10) = 600$; $\Delta y = y(11) - y(10) = 2662 - 2000 = 662$

4. Differenzenquotient für $x = 600$:

$$\frac{\Delta U}{\Delta x} = \frac{-0{,}2(600+\Delta x)^2+550(600+\Delta x)-(-0{,}2\cdot 600^2+550\cdot 600)}{\Delta x}$$

$$= \frac{310\Delta x-0{,}2(\Delta x)^2}{\Delta x} = 310-0{,}2\Delta x$$

Grenzumsatz für $x = 600$: $\lim\limits_{\Delta x\to 0}\frac{\Delta U}{\Delta x} = U' = 310$

5. Differenzenquotient für $x = 4$:

$$\frac{\Delta K}{\Delta x} = \frac{0{,}01(4+\Delta x)^3-0{,}125(4+\Delta x)^2+0{,}75(4+\Delta x)+2}{\Delta x} - \frac{0{,}01\cdot 4^3-0{,}125\cdot 4^2+0{,}75\cdot 4+2}{\Delta x}$$

$$= \frac{0{,}23\Delta x-0{,}005(\Delta x)^2+0{,}01(\Delta x)^3}{\Delta x} = 0{,}23-0{,}005\Delta x+0{,}01(\Delta x)^2$$

Grenzkostenbetrag für $x = 4$: $\lim\limits_{\Delta x\to 0}\frac{\Delta K}{\Delta x} = K' = 0{,}23$

Lösungen zu Abschnitt 5.2

1. a) $y' = 5x$
   b) $y' = 12x^2$
   c) $y' = -14x^6$
   d) $y' = -27x^{17}$

Anstiege der Funktionen:

x	-1	0	1
a)	-5	0	5
b)	12	0	12
c)	-14	0	-14
d)	$+27$	0	-27

2. a) $y' = 21x^6$, b) $y' = 0{,}6x^{-0{,}4} = \frac{3}{5\cdot\sqrt[5]{x^2}}$, c) $y' = -48x^{-5}$
   d) $y' = 10a\cdot x^{2a-1}$, e) $y' = +99x^{-5{,}5}$

3. a) $y' = 35x^4+15x^2+3$
   b) $y' = -10x^{-3{,}5}+26x^{2{,}25}$
   c) $y' = 3a_3x^2+2a_2x+a_1$
   d) $y' = \frac{(x-3)\cdot 1-(x+2)\cdot 1}{(x-3)^2} = \frac{-5}{(x-3)^2}$
   e) $y' = x^{2n}\cdot 3x^2+x^3\cdot 2nx^{2n-1} = (2n+3)\cdot x^{2n+2}$
   f) $y' = 2x^2-\frac{1}{4}x+\frac{1}{13}$
   g) $y' = (3x^2+5)\cdot(3{,}5x^{2{,}5}+3{,}6x^{0{,}5})+(x^{3{,}5}+2{,}4x^{1{,}5})\cdot 6x$
   $= 16{,}5x^{4{,}5}+42{,}7x^{2{,}5}+18x^{0{,}5}$
   h) $y' = \frac{(a+3x)\cdot 0-2\cdot 3}{(a+3x)^2} = \frac{-6}{(a+3x)^2}$

4. a) $y' = \mathrm{e}^{-x+4}\cdot(-1) = -\mathrm{e}^{-x+4}$
   b) $y' = \mathrm{e}^x\cdot 8x^7+x^8\cdot\mathrm{e}^x = \mathrm{e}^x x^7(8+x)$

c) $y' = \frac{x^3 \cdot e^x - e^x \cdot 3x^2}{x^6} = \frac{(x-3)\cdot e^x}{x^4}$

d) $y' = a^{7x} \cdot \ln a \cdot 7 = 7a^{7x} \ln a$

e) $y' = a^{4x} \cdot 5ax^{5a-1} + x^{5a} \cdot a^{4x} \cdot \ln a \cdot 4 = a^{4x} \cdot ax^{5a-1}(5 + 4x \ln a)$

f) $y' = \frac{10^x \cdot 10x^9 - x^{10} \cdot 10^x \cdot \ln 10}{10^{2x}} = \frac{10x^9(1 - x\ln 10)}{10^x}$

g) $y' = \frac{1}{5x^2} \cdot 10x = \frac{2}{x}$

h) $y' = \frac{1}{3}(7x^2 + 5a)^{-\frac{2}{3}} \cdot 14x = \frac{14x}{3\sqrt[3]{(7x^2+5a)^2}}$

i) $y' = 5(a^3 - x^3)^4 \cdot (-3x^2) = -15x^2(a^3 - x^3)^4$

j) $y' = 7(10 + 5x^n)^6 \cdot 5nx^{n-1} = 35n(10 + 5x^n)^6 \cdot x^{n-1}$

k) $y' = 2\cos(2x)$

l) $y' = (1 + \tan^2(3x)) \cdot 3 = 3 + 3\tan^2(3x)$

5. a) $y' = \frac{x^4 \cdot 0 - 4x^3 \cdot 1}{x^8} = \frac{-4}{x^5}$ oder: $y = x^{-4}$, $y' = -4x^{-5} = \frac{-4}{x^5}$

b) $y' = x^2 \cdot \frac{1}{5}x^{-\frac{4}{5}} + x^{\frac{1}{5}} \cdot 2x = \frac{x^2}{5\sqrt[5]{x^4}} + \frac{2x \cdot \sqrt[5]{x} \cdot 5 \cdot \sqrt[5]{x^4}}{5\sqrt[5]{x^4}} = \frac{11x^2}{5 \cdot \sqrt[5]{x^4}} = \frac{11}{5} \cdot x \cdot \sqrt[5]{x}$

oder: $y = x^2 \cdot x^{\frac{1}{5}} = x^{\frac{11}{5}}$, $y' = \frac{11}{5}x^{\frac{6}{5}} = \frac{11x\sqrt[5]{x}}{5}$

c) $y' = \frac{1}{2} + \frac{x \cdot 0 - 1 \cdot 1}{x^2} = \frac{1}{2} - \frac{1}{x^2} = \frac{x^2-2}{2x^2}$

oder: $y = \frac{x^2+2}{2x}$, $y' = \frac{2x \cdot 2x - (x^2+2) \cdot 2}{4x^2} = \frac{x^2-2}{2x^2}$

d) $y' = (5x+8) \cdot 5 + (5x+8) \cdot 5 = 50x + 80$

oder: $y = 25x^2 + 80x + 64$, $y' = 50x + 80$

e) $y' = 3(3x-7)^2 \cdot 3 = 81x^2 - 378x + 441$

oder: $y = 27x^3 - 189x^2 + 441x - 343$, $y' = 81x^2 - 378x + 441$

6. a)
$$\begin{aligned} y' &= -36x^{-4} + 36x^2 \\ y'' &= +144x^{-5} + 72x \\ y''' &= -720x^{-6} + 72 \end{aligned}$$

b)
$$\begin{aligned} y' &= \frac{-2x^2-6x-2}{(x^2-1)^2} \\ y'' &= \frac{4x^3+18x^2+12x+6}{(x^2-1)^3} \\ y''' &= \frac{-12(x^4+6x^3+6x^2+6x+1)}{(x^2-1)^4} \end{aligned}$$

c)
$$\begin{aligned} y' &= 300x^3 - 110x \\ y'' &= 900x^2 - 110 \\ y''' &= 1800x \end{aligned}$$

d) $y' = \frac{1}{4}x^{-\frac{3}{4}} = \frac{1}{4\cdot\sqrt[4]{x^3}}$

$y'' = -\frac{3}{16}x^{-\frac{7}{4}} = \frac{-3}{16\sqrt[4]{x^7}} = \frac{-3}{16x\sqrt[4]{x^3}}$

$y''' = \frac{21}{64}x^{-\frac{11}{4}} = \frac{21}{64\sqrt[4]{x^{11}}} = \frac{21}{64x^2\sqrt[4]{x^3}}$

e) $y' = 3a_3x^2 + 2a_2x + a_1, \quad y'' = 6a_3x + 2a_2, \quad y''' = 6a_3$

f) $y' = 3e^{3x}, \quad y'' = 9e^{3x}, \quad y''' = 27e^{3x}$

g) $y' = \frac{1}{x^2}\cdot 2x = \frac{2}{x}$

$y'' = -2x^{-2} = \frac{-2}{x^2}$

$y''' = +4x^{-3} = \frac{4}{x^3}$

h) $y' = \frac{1}{3}(x^2+3)^{-\frac{2}{3}}\cdot 2x = \frac{2x}{3\cdot\sqrt[3]{(x^2+3)^2}}$

$y'' = \frac{2x}{3}\cdot\left(-\frac{2}{3}\right)(x^2+3)^{-\frac{5}{3}}\cdot 2x + (x^2+3)^{-\frac{2}{3}}\cdot\frac{2}{3}$

$= \frac{18-2x^2}{9\cdot\sqrt[3]{(x^2+3)^5}} = \frac{18-2x^2}{9(x^2+3)\cdot\sqrt[3]{(x^2+3)^2}}$

$y''' = \frac{18-2x^2}{9}\left(-\frac{5}{3}\right)(x^2+3)^{-\frac{8}{3}}\cdot 2x + (x^2+3)^{-\frac{5}{3}}\left(-\frac{4x}{9}\right)$

$= \frac{8x^3-216x}{27(x^2+3)^{\frac{8}{3}}} = \frac{8x^3-216x}{27(x^2+3)^2\cdot\sqrt[3]{(x^2+3)^2}}$

7. a) $y' = 15x^2, \quad y'' = 30x$

$y''(-2) = -60, \quad y''(0) = 0, \quad y''(5) = 150$

b) $y' = -14x + 15, \quad y'' = -14$

$y''(-2) = y''(0) = y''(5) = -14$

c) $y' = \frac{(x-1)\cdot 2x - (1+x^2)\cdot 1}{(x-1)^2} = \frac{x^2-2x-1}{(x-1)^2}$

$y'' = \frac{(x^2-2x+1)(2x-2)-(x^2-2x-1)(2x-2)}{(x-1)^4} = \frac{4}{(x-1)^3}$

$y''(-2) = -\frac{4}{27}, \quad y''(0) = -4, \quad y''(5) = \frac{1}{16}$

d) $y' = 4e^{4x}, \quad y'' = 16e^{4x}$

$y''(-2) = 0,005, \quad y''(0) = 16, \quad y''(5) \approx 7,76\cdot 10^9$

8. Grenzkostenfunktion: $K' = 0,06x^2 - 14x + 1750$

Ausbringungsmenge x	40	90	115	150	200
Grenzkosten K'	1286	976	933,5	1000	1 350

9. Grenzgewinnfunktion: $G' = -0,4x + 200$

Absatzmenge x	250	500	750	900
Grenzgewinn G'	100	0	-100	-160

10. Grenzertragsfunktion: $x' = -\frac{1}{40}r^2 + \frac{14}{5}r + 3$

Einsatzmenge r	40	50	60	80	110	120
Grenzertrag x'	75	80,5	81	67	8,5	-21

11. a) $\frac{\partial y}{\partial x_1} = 16x_1, \quad \frac{\partial y}{\partial x_2} = 3$

    b) $\frac{\partial y}{\partial x_1} = 60x_1^3 \cdot x_2^{0,5}, \quad \frac{\partial y}{\partial x_2} = 7,5x_1^4 \cdot x_2^{-0,5} = \frac{7,5x_1^4}{\sqrt{x_2}}$

    c) $\frac{\partial y}{\partial x_1} = 4x_1^3 + 3x_1^2 - 4x_1x_2, \quad \frac{\partial y}{\partial x_2} = -2x_1^2 + 6x_2$

    d) $\frac{\partial y}{\partial x_1} = 5x_1^4x_2^3 + 2x_1x_2^4 + x_2, \quad \frac{\partial y}{\partial x_2} = 3x_1^5x_2^2 + 4x_1^2x_2^3 + x_1$

    e) $\frac{\partial y}{\partial x_1} = \frac{3x_1^2}{2\sqrt{x_1^3+x_2^4+x_3}}, \quad \frac{\partial y}{\partial x_2} = \frac{2x_2^3}{\sqrt{x_1^3+x_2^4+x_3}}, \quad \frac{\partial y}{\partial x_3} = \frac{1}{2\sqrt{x_1^3+x_2^4+x_3}}$

12. x_1, x_2, x_3 seien die Absatzmengen der drei Produkte 1, 2 und 3; U sei der Umsatz. Dann gilt: $U = 99,75x_1 + 145,20x_2 + 783,00x_3$,

    $\frac{\partial U}{\partial x_1} = 99,75; \quad \frac{\partial U}{\partial x_2} = 145,20; \quad \frac{\partial U}{\partial x_3} = 783,00.$

13. $P = 3 \cdot A^{0,4}K^{0,6}; \quad \frac{\partial P}{\partial A} = 1,2 \cdot A^{-0,6}K^{0,6}, \quad \frac{\partial P}{\partial K} = 1,8 \cdot A^{0,4}K^{-0,4}$

    Totales Differential: $\mathrm{d}P = 1,2 \cdot A^{-0,6}K^{0,6} \cdot \mathrm{d}A + 1,8 \cdot A^{0,4}K^{-0,4} \cdot \mathrm{d}K$

14. a) $\frac{\partial y}{\partial x_1} = 10x_1 + 9x_2, \quad \frac{\partial y}{\partial x_2} = 9x_1 - 26x_2$

    $\frac{\partial^2 y}{\partial x_1^2} = 10, \quad \frac{\partial^2 y}{\partial x_1 \partial x_2} = 9, \quad \frac{\partial^2 y}{\partial x_2 x_1} = 9, \quad \frac{\partial^2 y}{\partial x_2^2} = -26$

    b) $\frac{\partial y}{\partial x_1} = 6x_1^2 - 16x_1x_2, \quad \frac{\partial y}{\partial x_2} = 20x_2^4 - 8x_1^2$

    $\frac{\partial^2 y}{\partial x_1^2} = 12x_1 - 16x_2, \quad \frac{\partial^2 y}{\partial x_1 x_2} = -16x_1, \quad \frac{\partial^2 y}{\partial x_2 \partial x_1} = -16x_1, \quad \frac{\partial^2 y}{\partial x_2^2} = 80x_2^3$

Lösungen zu Abschnitt 5.3

1. Mögliche Bestandteile können sein:

   Definitionsbereich, Wertebereich, Schnittpunkte mit x- und y-Achse, Verhalten an Polstellen, Verhalten im Unendlichen, Monotonie, Symmetrie, Beschränktheit, Stetigkeit, Differenzierbarkeit, Extrempunkte, Wendepunkte, grafische Darstellung (mit zugehöriger Wertetabelle)

2. Bedingungen für die Schnittpunkte mit den Achsen:

   a) Schnittpunkt mit der y-Achse: $x = 0$ (Einsetzen in $f(x)$)

b) Schnittpunkt mit der x-Achse: $y = 0$ (Auflösung der Gleichung, Nullstellenbestimmung)

3. a) y-Achse ($x = 0$): $y(0) = -8$
   x-Achse ($y = 0$): $2x^2 + x - 8 = 0 \implies$
   $x_1 = 1,7656 \quad x_2 = -2,2656$

   b) y-Achse ($x = 0$): $y(0) = 0$
   x-Achse ($y = 0$): $x^3 - 8x^2 + 4x = x(x^2 - 8x + 4) = 0 \implies$
   $x_1 = 0; \quad x_2 = 7,4641; \quad x_3 = 0,5359$

   c) G-Achse ($x = 0$): $G(0) = -35\,200$
   x-Achse ($G = 0$): $-\frac{1}{8}x^2 + 150x - 35\,200 = 0 \implies$
   $x_1 = 320 \quad x_2 = 880$

4. a) $y = x^3 - 12x + 2 = x^3\left(1 - \frac{12}{x^2} + \frac{2}{x^3}\right)$
   $\lim\limits_{x \to +\infty} x^3\left(1 - \frac{12}{x^2} + \frac{2}{x^3}\right) = +\infty, \qquad \lim\limits_{x \to -\infty} x^3\left(1 - \frac{12}{x^2} + \frac{2}{x^3}\right) = -\infty$

   b) $y = -\frac{1}{12}x^4 + \frac{1}{2}x^2 = x^4\left(-\frac{1}{12} + \frac{1}{2x^2}\right)$
   $\lim\limits_{x \to +\infty} x^4\left(-\frac{1}{12} + \frac{1}{2x^2}\right) = -\infty, \qquad \lim\limits_{x \to -\infty} x^4\left(-\frac{1}{12} + \frac{1}{2x^2}\right) = -\infty$

5. Monotonie der Kostenfunktion:
   $K' = 0,03x^2 - 0,25x + 0,75 = 0$ ist nicht lösbar (Radikand ist negativ). Wegen $K'(x) > 0$ für beliebiges x ist K streng monoton wachsend.

   Monotonie der Grenzkostenfunktion:

   $K'' = 0,06x - 0,25 = 0 \implies x = \frac{25}{6}$

   Für $x = \frac{25}{6}$ hat die Grenzkostenfunktion K' ein Nullwachstum. Für $x > \frac{25}{6}$ gilt $K''(x) > 0$; somit ist K' in diesem Bereich streng monoton wachsend. Für $x < \frac{25}{6}$ gilt $K''(x) < 0$; somit ist K' in diesem Bereich streng monoton fallend.

6. a) $y' = 0$: $\quad 14x = 0 \implies x = 0$
   $y'' = 14 \quad y''(0) = 14 > 0 \implies$ Minimum$(0; -8)$
   kein Wendepunkt ($y'' = 14 \neq 0$)

   b) $y' = 0$: $\quad -6x = 0 \implies x = 0$
   $y'' = -6, \quad y''(0) = -6 < 0 \implies$ Maximum $(0; 5)$
   kein Wendepunkt ($y'' = -6 \neq 0$)

c) $y' = 0$: $6x^2 = 0 \implies x = 0$
$y'' = 12x$, $y''(0) = 0$; es kann nicht entschieden werden, ob ein Extremwert vorliegt; zur Entscheidung über das Vorliegen eines Wendepunktes muss die dritte Ableitung herangezogen werden:
$y''' = 12$, $y'''(0) = 12 \neq 0 \implies$ Wendepunkt $(0;1)$

d) $y' = 0$: $-12x^2 = 0 \implies x = 0$
$y'' = -24x$, $y''(0) = 0$; zur Klassifikation dieses Punktes muss die dritte Ableitung betrachtet werden: $y''' = -24$, $y'''(0) = -24 \neq 0 \implies$ Wendepunkt $(0;6)$

e) $y' = 0$: $3x^2 - 15 = 0 \implies x_1 = \sqrt{5} = 2,24$; $x_2 = -\sqrt{5} = -2,24$
$y'' = 6x$
$y''(\sqrt{5}) = 13,42 > 0 \implies$ Minimum $(2,24;-29,36)$
$y''(-\sqrt{5}) = -13,42 < 0 \implies$ Maximum $(-2,24;15,36)$
$y'' = 0$: $6x = 0 \implies x = 0$
$y''' = 6$, $y'''(0) = 6 \neq 0 \implies$ Wendepunkt $(0;-7)$

f) $y' = 0$: $\frac{1}{5}x^2 + 8x + 7,8 = 0 \implies x_1 = -1$; $x_2 = -39$
$y'' = \frac{2}{5}x + 8$
$y''(-1) = 7,60 > 0 \implies$ Minimum $(-1;6,13)$
$y''(-39) = -7,60 < 0 \implies$ Maximum $(-39;1\,835,20)$
$y'' = 0$: $\frac{2}{5}x + 8 = 0 \implies x = -20$
$y''' = \frac{2}{5}$, $y'''(-20) = 0,4 \neq 0 \implies$ Wendepunkt $(-20;920,67)$

g) $y' = 0$: $3x^2 - 16x + 4 = 0 \implies x_1 = 5,07$; $x_2 = 0,26$
$y'' = 6x - 16$
$y''(5,07) = 14,42 > 0 \implies$ Minimum $(5,07;-50,04)$
$y''(0,26) = -14,44 < 0 \implies$ Maximum $(0,26;5,52)$
$y'' = 0$: $6x - 16 = 0 \implies x = \frac{16}{6} = 2,67$
$y''' = 6$, $y'''(2,67) = 6 \neq 0 \implies$ Wendepunkt $(2,67;-22,32)$

h) $y' = 0$: $-\frac{1}{3}x^3 + x = x\left(-\frac{1}{3}x^2 + 1\right) = 0$
$\implies x_1 = 0$; $x_2 = \sqrt{3} = 1,73$; $x_3 = -\sqrt{3} = -1,73$
$y'' = -x^2 + 1$
$y''(0) = 1 > 0 \implies$ Minimum $(0;0)$
$y''(1,73) = -2 < 0 \implies$ Maximum $(1,73;0,75)$
$y''(-1,73) = -2 < 0 \implies$ Maximum $(-1,73;0,75)$

$y'' = 0$: $\quad -x^2 + 1 = 0 \quad \Longrightarrow \quad x_1 = 1;\ x_2 = -1$
$y''' = -2x$
$y'''(1) = -2 \neq 0 \quad \Longrightarrow \quad$ Wendepunkt $(1; 0,42)$
$y'''(-1) = 2 \neq 0 \quad \Longrightarrow \quad$ Wendepunkt $(-1; 0,42)$

i) $y' = 0$: $\quad -\frac{2}{x^2} = 0$ hat keine Lösung; daher kein Extrempunkt
$y'' = 0$: $\quad \frac{4}{x^3} = 0$ hat keine Lösung; daher kein Wendepunkt

j) $y' = 0$: $\quad \frac{4x^2-9}{12x^2} = 0 \quad \Longrightarrow \quad x_1 = 1,5;\ x_2 = -1,5$
$y'' = \frac{3}{2x^3}$
$y''(1,5) = 0,44 > 0 \quad \Longrightarrow \quad$ Minimum $(1,5; 1)$
$y''(-1,5) = -0,44 < 0 \quad \Longrightarrow \quad$ Maximum $(-1,5; -1)$
$y'' = 0$: $\quad \frac{3}{2x^3} = 0$ hat keine Lösung; daher kein Wendepunkt

k) $y' = 0$: $\quad 2e^{2x} = 0$ hat keine Lösung; daher kein Extrempunkt
$y'' = 0$: $\quad 4e^{2x} = 0$ hat keine Lösung; daher kein Wendepunkt

l) $y' = 0$: $\quad \frac{1}{x} = 0$ hat keine Lösung; daher kein Extrempunkt
$y'' = 0$: $\quad -\frac{1}{x^2} = 0$ hat keine Lösung; daher kein Wendepunkt

m) $y' = 0$: $\quad 3^x \cdot \ln 3 = 0$ hat keine Lösung; daher kein Extrempunkt
$y'' = 0$: $\quad 3^x \cdot (\ln 3)^2 = 0$ hat keine Lösung; daher kein Wendepunkt

n) $y' = 0$: $\quad \frac{1}{3}(x+5)^{-\frac{2}{3}} = 0$ hat keine Lösung; daher kein Extrempunkt
$y'' = 0$: $\quad -\frac{2}{9}(x+5)^{-\frac{5}{3}} = 0$ hat keine Lösung; daher kein Wendepunkt

7. a) $y' = 21x^6$, $y'' = 126x^5$, $y''' = 630x^4$, $y^{(4)} = 2\,520x^3$, $y^{(5)} = 7\,560x^2$, $y^{(6)} = 15\,120x$, $y^{(7)} = 15\,120$
   Wegen $y'(0) = y''(0) = \ldots = y^{(6)}(0) = 0$ und $y^{(7)}(0) \neq 0$ liegt ein Wendepunkt für $x = 0$ und $y = 0$ vor.

   b) $y' = -4x^7$, $y'' = -28x^6$, $y''' = -168x^5$, $y^{(4)} = -840x^4$, $y^{(5)} = -3\,360x^3$, $y^{(6)} = -10\,080x^2$, $y^{(7)} = -20\,160x$, $y^{(8)} = -20\,160$
   Wegen $y'(0) = y''(0) = \ldots = y^{(7)}(0) = 0$ und $y^{(8)}(0) < 0$ liegt ein Maximum für $x = 0$ und $y = 0$ vor.

8. Umsatzfunktion $U = -\frac{1}{20}x^2 + 450x$

   Definitionsbereich: $0 \leq x \leq 6\,000$

   Wertebereich: $U \geq 0$

   Polstellen: keine

   Verhalten im Unendlichen: (wegen Kapazitätsgrenze von $x = 6\,000$ nur theoretische Betrachtung)

$\lim_{x\to\infty} U(x) = \lim_{x\to\infty} x^2\left(-\frac{1}{20}+\frac{450}{x}\right) = -\infty$

Achsenschnittpunkte:

U-Achse ($x=0$): $U(0)=0$

x-Achse ($U=0$): $-\frac{1}{20}x^2+450x = x\left(-\frac{1}{20}x+450\right)=0$

$x_1 = 0;\, x_2 = 9\,000$

Extrempunkte:

$U' = 0$: $-\frac{1}{10}x+450 = 0 \implies x_E = 4\,500$

$U''(4\,500) = -\frac{1}{10} < 0$, also Maximum $(4500;1\,012\,500)$

Wendepunkte: $U''=0$: $-\frac{1}{10}\neq 0$, also kein Wendepunkt

Monotonie:

$x = 4\,500 \implies U'(x) = 0$; Nullwachstum

$x < 4\,500 \implies U'(x) > 0$; streng monoton steigend

$x > 4\,500 \implies U'(x) < 0$; streng monoton fallend

Wertetabelle:

x	0	1 000	2 000	3 000	4 000	4 500	5 000	6 000
U (in T€)	0	400	700	900	1 000	1 012,5	1 000	900

Grafische Darstellung: nach unten geöffnete Parabel

9. Gewinnfunktion $G = -\frac{1}{12}x^2+180x-50\,325$

Definitionsbereich: $x \geq 0$

Wertebereich: $W(G) = \mathbf{R}$

Polstellen: keine

Verhalten im Unendlichen:

$\lim_{x\to\infty} G(x) = \lim_{x\to\infty} x^2\left(-\frac{1}{12}+\frac{180}{x}-\frac{50\,325}{x^2}\right) = -\infty$

Achsenschnittpunkte:

G-Achse ($x=0$): $G(0) = -50\,325$

x-Achse ($G=0$): $-\frac{1}{12}x^2+180x-50\,325=0$

$x_1 = 330;\, x_2 = 1\,830$

Extrempunkte:

$G' = 0$: $-\frac{1}{6}x+180=0 \implies x_E = 1\,080$

$G'' = -\frac{1}{6}$; $G''(1\,080) = -\frac{1}{6} < 0$, also Maximum bei $(1\,080;46\,875)$

Wendepunkte: $G''=0$: $-\frac{1}{6}\neq 0$, also kein Wendepunkt

Monotonie:

$x = 1\,080 \implies G' = 0$; Nullwachstum

$x < 1\,080 \implies G' > 0$; streng monoton steigend

$x > 1\,080 \implies G' < 0$; streng monoton fallend

Wertetabelle:

x	0	200	330	400	1 000	1 080	1 800	1 830
G	−50 325	−17 658	0	8 342	46 342	46 875	3 675	0

Grafische Darstellung: nach unten geöffnete Parabel

10. Kostenfunktion $K = \frac{1}{10}x^3 - 21x^2 + 1\,570x + 25\,200$

Definitionsbereich: $x \geq 0$

Wertebereich: $W(K) = \mathbf{R}$

Polstellen: keine

Verhalten im Unendlichen:

$$\lim_{x\to\infty} K(x) = \lim_{x\to\infty} x^3 \left(\frac{1}{10} - \frac{21}{x} + \frac{1\,570}{x^2} + \frac{25\,200}{x^3}\right) = \infty$$

Achsenschnittpunkte:

K-Achse ($x = 0$): $K(0) = 25\,200$

x-Achse ($K = 0$): im Definitionsbereich von $x \geq 0$ gibt es keinen Schnittpunkt mit der x-Achse

Extrempunkte:

$K' = 0$: $\frac{3}{10}x^2 - 42x + 1\,570 = 0$

Diese quadratische Gleichung ist nicht lösbar, das heißt, diese Kostenfunktion besitzt keine Extrempunkte.

Wendepunkte: $K'' = 0$: $\frac{3}{5}x - 42 = 0 \implies x_W = 70$

$K''' = \frac{3}{5}$; $K'''(70) = \frac{3}{5} \neq 0$, also Wendepunkt $(70; 66\,500)$

Monotonie:

$x > 0 \implies K'(x) > 0$; streng monoton steigend

Wertetabelle:

x	0	10	30	50	70	90	110	130
K	25 200	38 900	56 100	63 700	66 500	69 300	76 900	94 100

Grafische Darstellung: S-förmig verlaufende Kurve

Lösungen zu Abschnitt 5.4

1. Die lineare Nachfragefunktion lautet: $x = -2\,000p + 70\,000$; $x' = -2000$. Die gesuchten direkten Preiselastizitäten sind:

p	5	17,5	25
x	60 000	35 000	20 000
$\varepsilon_{x,p}$	$\frac{-2000\cdot 5}{60000}=-0,17$	$\frac{-2000\cdot 17,5}{35000}=-1$	$\frac{-2000\cdot 25}{20000}=-2,5$

2. Gegeben sind $\varepsilon_{x,p}=-1$; $x=-\frac{1}{8}p+450$ bzw. $p=-8x+3600$. Damit gilt $x'=-\frac{1}{8}$. Eingesetzt in die Berechnungsformel für die direkte Preiselastizität $\varepsilon_{x,p}$ erhält man somit $-\frac{1}{8}\cdot\frac{-8x+3600}{x}=-1$, d.h. $1-\frac{450}{x}=-1$, woraus sich $x=225$ und $p=1800$ ergibt.
3. Grenzumsatz: $U'=1,5$; $U(10)=15$; $U(100)=150$

   Umsatzelastizität: $\varepsilon_{U,x}(10)=1,5\cdot\frac{10}{15}=1$, $\varepsilon_{U,x}(100)=1,5\cdot\frac{100}{150}=1$

   Die beiden Werte stimmen überein. Es ist anzunehmen, dass für lineare Umsatzfunktionen die Umsatzelastizität konstant ist und den Wert 1 besitzt. Diese Annahme ist leicht nachweisbar. Es sei $U=a_1\cdot x$ und $U(x_0)=a_1\cdot x_0$. Dann ergibt sich $\varepsilon_{U,x}(x_0)=a_1\cdot\frac{x_0}{a_1\cdot x_0}=1$.
4. Grenzgewinnfunktion: $G'=-0,16x+200$

x	100	440	1 000
G	4 200	57 512	105 000
G'	184	129,6	40
$\varepsilon_{G,x}$	$\frac{170\cdot 100}{4200}=4,38$	$\frac{129,6\cdot 440}{57512}=0,99$	$\frac{40\cdot 1000}{105000}=0,38$

5. Grenzkostenfunktion: $K'=0,8x+800$; $K(500)=500000$; $K'(500)=1200$

   Kostenelastizität: $\varepsilon_{K,x}=1200\cdot\frac{500}{500000}=1,2$

   Der Wert von 1,2 drückt aus, dass die relative Kostenänderung größer ist als die relative Änderung der Ausbringungsmenge; die Kosten zeigen ein „elastisches“ Verhalten.
6. Grenzkostenfunktion $K'=0,3x^2-30x+1200$

x	50	92,5	100
K	65 000	91 801,56	100 000
K'	450	991,88	1 200
$\varepsilon_{K,x}$	$\frac{400\cdot 50}{65000}=0,35$	$\frac{991,88\cdot 92,5}{91801,56}=1,00$	$\frac{1200\cdot 100}{100000}=1,20$

7. Grenzertragsfunktion: $x'=-\frac{1}{50}r^2+3r+\frac{31}{2}$

r	75	150
x	$6\,787,5$	$13\,575$
x'	128	$15,5$
$\varepsilon_{x,r}$	$\frac{128\cdot 75}{6\,787,5} = 1,41$	$\frac{15,5\cdot 150}{13\,575} = 0,17$

8. Notwendige Bedingung für Maximum: $U' = 0$

   Aus $-0,02x + 42 = 0$ folgt $x = 2\,100$.

   Hinreichende Bedingung für Maximum: $U'' < 0$

   Diese ist wegen $-0,02 < 0$ erfüllt.

   Umsatzmaximum: $x = 2\,100$; $U = 44\,100$

   Stückumsatzfunktion: $u = \frac{U}{x} = -0,01x + 42$

   Die vorliegende Stückumsatzfunktion besitzt keinen Extremwert, da es sich um eine lineare Funktion handelt ($u' = -0,01 \neq 0$). Die Grenzumsatzfunktion $U' = -0,02x + 42$ ist ebenfalls eine lineare Funktion. Grenzumsatz- und Stückumsatzfunktion schneiden beide die Ordinatenachse beim Wert 42; die Steigung der Grenzumsatzfunktion ist betragsmäßig doppelt so groß wie die der Stückumsatzfunktion.

9. a) Notwendige Bedingung für Maximum: $x' = 0$

   Aus $-\frac{1}{50}r^2 + \frac{3}{2}r + \frac{31}{2} = 0$ folgt $r = 155$.

   Hinreichende Bedingung für Maximum: $x'' < 0$

   Mit $x'' = -\frac{1}{25}r + \frac{3}{2}$ ergibt sich $x''(155) = -3,2 < 0$.

   Maximum der Produktionsfunktion: $r = 155$; $x = 13\,614,17$

   b) Durchschnittsertragsfunktion $e = \frac{x}{r} = -\frac{1}{150}r^2 + \frac{3}{2}r + \frac{31}{2}$

   c) Notwendige Bedingung für Maximum: $e' = 0$

   Aus $-\frac{1}{75}r + \frac{3}{2} = 0$ folgt $r = 112,5$

   Hinreichende Bedingung für Maximum: $e'' < 0$

   Diese ist wegen $-\frac{1}{75} < 0$ erfüllt.

   Maximum der Durchschnittsertragsfunktion: $r = 112,5$; $e = 99,88$

10. a) Umsatzfunktion: $U = px = (-0,02x + 12)x = -0,02x^2 + 12x$

    b) Notwendige Bedingung für Maximum: $U' = 0$

    Aus $-0,04x + 12 = 0$ folgt $x = 300$.

    Hinreichende Bedingung für Maximum: $U'' < 0$

    Diese ist wegen $-0,04 < 0$ erfüllt.

    Umsatzmaximum: $x = 300$; $U = 1\,800$

11. Für den Anbieter gilt die Umsatzfunktion $U = 8,3x$. Diese lineare Umsatzfunktion hat keinen Extrempunkt. Ohne Existenz wirksamer Nebenbedingungen liegt das Umsatzmaximum im Unendlichen, da jede Absatzausweitung zu einer Vergrößerung des Umsatzes führt. Praktisch bestehen jedoch Beschränkungen, zum Beispiel in Form von begrenzten Absatzmöglichkeiten oder Fertigungskapazitäten. Dann lässt sich das Umsatzmaximum durch „Ausschöpfen" der Restriktionen (zum Beispiel Absatz der höchstens absetzbaren Menge oder Produktion und Verkauf der höchstens produzierbaren Menge) bestimmen.

12. Bestimmung der Umsatzfunktion: $U = px = -0,02x^2 + 12x$

    Bestimmung der Gewinnfunktion: $G = U - K = -0,02x^2 + 9x - 500$

    Notwendige Bedingung für Maximum: $G' = 0$

    Aus $-0,04x + 9 = 0$ folgt $x = 225$.

    Hinreichende Bedingung für Maximum: $G'' < 0$

    Wegen $-0,04 < 0$ ist diese erfüllt.

    Gewinnmaximum: $x = 225$; $G = 512,50$; $p = 7,50$

13. Durchschnittsgewinnfunktion: $g = \frac{G}{x} = -\frac{1}{12}x + 180 - \frac{50\,325}{x}$

    Notwendige Bedingung für Maximum: $g' = 0$

    Aus $-\frac{1}{12} + \frac{50\,325}{x^2} = 0$ folgt $x_{\max} = 777,11$.

    Hinreichende Bedingung für Maximum: $g'' < 0$

    Wegen $g'' = -\frac{50\,325}{x^3}$ gilt $g''(777,11) = -0,0001 < 0$.

    Maximum des Durchschnittsgewinns: $x = 777,11$; $g = 50,48$

    Wertetabelle:

x	0	200	400	600	777,11	800	1 000	1 200
g	n.d.	–88,29	20,86	46,13	50,48	50,43	46,34	38,06
G'	180	146,67	113,33	80	50,48	46,67	13,33	–20,00

    Die grafische Darstellung auf S. 317 zeigt, dass sich die Grenzgewinnfunktion und die Funktion des Durchschnittsgewinns im Maximum der Durchschnittsgewinnfunktion schneiden.

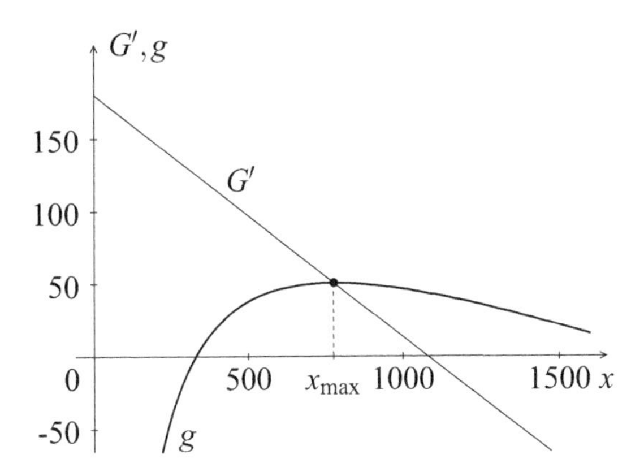

14. Stückkostenfunktion: $k = \frac{K}{x} = 75 + \frac{90\,000}{x}$
    Notwendige Bedingung für Extrempunkt: $k' = 0$
    Die Gleichung $-\frac{90\,000}{x^2} = 0$ hat keine Lösung, damit besitzt die Stückkostenfunktion keinen Extrempunkt.
15. a) Stückkostenfunktion: $k = \frac{K}{x} = 1,15x + \frac{62\,100}{x}$
    Notwendige Bedingung für Minimum: $k' = 0$
    Aus $1,15 - \frac{62\,100}{x^2} = 0$ folgt $x = 232,38$.
    Hinreichende Bedingung für Minimum: $k'' > 0$
    Mit $k'' = \frac{62\,100}{x^3}$ ergibt sich $k''(232,38) = 0,005 > 0$
    Stückkostenminimum: $x = 232,38$; $k = 534,47$

    b) Stückkostenfunktion: $k = \frac{K}{x} = 0,45x + 21 + \frac{18\,000}{x}$
    Notwendige Bedingung für Minimum: $k' = 0$
    Aus $0,45 - \frac{18\,000}{x^2} = 0$ folgt $x = 200$.
    Hinreichende Bedingung für Minimum: $k'' > 0$
    Mit $k'' = \frac{18\,000}{x^3}$ ergibt sich $k''(200) = 0,002 > 0$
    Stückkostenminimum: $x = 200$; $k = 200$
16. a) Funktion der Stückkosten: $k = \frac{K}{x} = \frac{1}{10}x^2 - 21x + 1\,570 + \frac{25\,200}{x}$
    Funktion der variablen Stückkosten: $k_v = \frac{K_v}{x} = \frac{1}{10}x^2 - 21x + 1\,570$
    Funktion der Grenzkosten: $K' = \frac{3}{10}x^2 - 42x + 1\,570$

    b) Notwendige Bedingung für Minimum: $k' = 0$
    Aus $\frac{1}{5}x - 21 - \frac{25\,200}{x^2} = 0$ folgt nach Multiplikation mit x^2 die Gleichung $\frac{1}{5}x^3 - 21x^2 - 25\,200 = 0$ und daraus $x = 114,6$.
    Hinreichende Bedingung für Minimum: $k'' > 0$
    Aus $k'' = \frac{1}{5} + \frac{50\,400}{x^3}$ ergibt sich $k''(114,6) = 0,13 > 0$

Stückkostenminimum: $x = 114,6;\; k = 696,16$

Notwendige Bedingung für Minimum: $k_v' = 0$

Aus $\frac{1}{5}x - 21 = 0$ folgt $x = 105$

Hinreichende Bedingung für Minimum: $k_v'' > 0$

Wegen $k_v'' = \frac{1}{5}$ gilt $k_v''(105) = \frac{1}{5} > 0$

Minimum der variablen Stückkosten: $x = 105;\; k_v = 200$

Notwendige Bedingung für Minimum: $K'' = 0$

Aus $\frac{3}{5}x - 42 = 0$ erhält man $x = 70$

Hinreichende Bedingung für Minimum: $K''' > 0$

Wegen $K''' = \frac{3}{5}$ ist $K'''(200) = \frac{3}{5} > 0$

Grenzkostenminimum: $x = 70;\; K' = 100$

17. Optimale Bestellmenge: $x = \sqrt{\frac{200 \cdot 800 \cdot 19{,}44}{(9+7) \cdot 24}} = 90$

18. Optimale Bestellmenge: $x = \sqrt{\frac{200 \cdot 4800 \cdot 150}{18 \cdot 1{,}25}} = 8\,000$

Anzahl an Bestellungen pro Jahr: $n = \frac{M}{x} = \frac{48\,000}{8\,000} = 6$

Durchschnittliche Lagerdauer einer Bestellmenge:

$t = 365 \cdot \frac{x}{M} = \frac{365}{n} = \frac{365}{6} \approx 61$

19. Optimale Fertigungslosgröße: $x = \sqrt{\frac{200 \cdot 60\,000 \cdot 226{,}80}{15 \cdot 3{,}50}} = 7\,200$

Anzahl an Losgrößen pro Jahr: $n = \frac{P}{x} = \frac{60\,000}{7200} = 8,33$

Der nichtganzzahlige Wert von n bedeutet, dass die Auflegung des 9. Fertigungsloses im laufenden Planungsjahr bereits das kommende Planungsjahr betrifft: $9 \cdot 7\,200 - 60\,000 = 4\,800$.

20. Da sich das feste Volumen V aus Radius r und Höhe h des Zylinders berechnet, kann der Radius als (zu ermittelnde unabhängige) Variable r verwendet werden:

Aus $V = r^2\pi h$ folgt für die Höhe $h = \frac{V}{\pi r^2}$. Der gesamte Materialbedarf M setzt sich aus dem Boden (Kreis), dem Deckel (Kreis) und dem Mantel zusammen:

$M = 2 \cdot r^2\pi + 2r\pi \cdot h = 2 \cdot r^2\pi + \frac{2r\pi V}{\pi r^2} = 2r^2\pi + \frac{2V}{r}$

Notwendige Bedingung für Minimum: $M' = 0$

Die Beziehung $M' = 4r\pi - \frac{2V}{r^2}$ liefert $4r\pi - \frac{2V}{r^2} = 0$ und somit $r^3 = \frac{2V}{4\pi}$, woraus sich $r = \sqrt[3]{\frac{V}{2\pi}}$ ergibt.

Hinreichende Bedingung für Minimum: $M'' > 0$

Diese ist wegen $M'' = 4\pi + \frac{4V}{r^3} > 0$ erfüllt.

Beträgt beispielsweise das Volumen $V = 800\,\text{cm}^3$, dann lautet der gesuchte Radius $r = \sqrt[3]{\frac{800}{2\pi}} = 5,03\,\text{cm}$. Gemäß der Beziehung $h = \frac{V}{\pi r^2}$ ergibt sich hieraus $h = \frac{800}{25,3009\pi} = 10,06\,\text{cm}$.

Lösungen zu Kapitel 6

Lösungen zu Abschnitt 6.1

1.

Unterscheidungsmerkmale	Differentialrechnung	Lineare Optimierung
Art der Zielfunktion	differenzierbare, in der Regel nichtlineare Funktion	ausschließlich lineare Funktion
Art der Nebenbedingungen	keine Nebenbedingungen oder differenzierbare Nebenbedingungen in Gleichungsform	lineare Nebenbedingungen in Gleichungs- oder Ungleichungsform

2. Bestandteile eines linearen Optimierungsmodells sind:

   lineare Zielfunktion; System linearer Nebenbedingungen in Form von Gleichungen und/oder Ungleichungen; Nichtnegativitätsbedingungen

3. Voraussetzungen an die Zielfunktion:

   Linearität (Variablen treten ausschließlich in der ersten Potenz auf); die Entscheidungsvariablen sind in ihrer Einzelwirkung unabhängig voneinander, so dass die Einzelwirkungen zu einer Gesamtwirkung addiert werden können

4. Beispiele für mögliche Zielfunktionen:

   Maximierung des Umsatzes, des Deckungsbeitrages, des Gewinns, der Auslastung usw.
   Minimierung der Kosten, der Transportkosten, des Materialverlustes usw.

5. Beispiele für mögliche Nebenbedingungen:

Absatz: Absatzhöchstgrenzen, Mindestlieferverpflichtungen, Mindestumsätze
Beschaffung: Mindestabnahmeverpflichtungen, Mindestanteile an benötigten Materialien
Produktion: begrenzte Fertigungskapazitäten, Höchstanteilsmengen, Mindestproduktionsmengen
Lager: begrenzte Lagerflächen
Finanzierung: begrenzte Kapitalbeträge

6. Die Nebenbedingung $12x_1 + 7x_2 \geq 5$ wird mit -1 multipliziert, so dass man $-12x_1 - 7x_2 \leq -5$ erhält.
7. Die Nebenbedingung $8x_1 + 9x_2 + x_3 = 720$ wird in zwei Ungleichungen umgeformt:

$$8x_1 + 9x_2 + x_3 \leq 720$$
$$8x_1 + 9x_2 + x_3 \geq 720.$$

Die zweite Nebenbedingung ist gleichbedeutend mit der Ungleichung $-8x_1 - 9x_2 - x_3 \leq -720$.

Aufgaben zu Abschnitt 6.2

1. Lineares Optimierungsmodell zum optimalen Produktions- und Vertriebsprogramm:

Entscheidungsvariablen:

x_1 – zu produzierende Menge von Produkt 1
x_2 – zu produzierende Menge von Produkt 2

Als mögliche Zielfunktionen kommen in Betracht:

Maximierung des Umsatzes: $25x_1 + 18x_2 \to \text{Max}$
Maximierung des Deckungsbeitrages: $10x_1 + 5x_2 \to \text{Max}$

System der Nebenbedingungen:

Begrenzte Fertigungskapazitäten in

Fertigungsstufe A:	$3x_1$	$+$	$4x_2$	$\leq$	210
Fertigungsstufe B:	$8x_1$	$+$	$5x_2$	$\leq$	300
Fertigungsstufe C:	x_1	$+$	$6x_2$	$\leq$	120
Absatzhöchstgrenzen Produkt 1:	x_1			$\leq$	40
Absatzhöchstgrenzen Produkt 2:			x_2	$\leq$	28
Nichtnegativitätsbedingungen:	x_1			$\geq$	0
			x_2	$\geq$	0

2. Lineares Optimierungsmodell zum Verschnittproblem:

   Entscheidungsvariablen: x_j – Anzahl, wie oft nach Variante j zugeschnitten wird, $j = 1, \ldots, n$

   Bestimmung der möglichen Zuschnittvarianten (Zuschnittmuster) und des jeweils anfallenden Materialverlustes:

Variante	1	2	3	4	5	6	7
85 cm Breite	2	1	1	0	0	0	0
60 cm Breite	0	1	0	3	2	1	0
45 cm Breite	0	1	2	0	1	3	4
Verschnitt	30	10	25	20	35	5	20

   Zielfunktion (Minimierung des Materialverlustes):

$$30x_1 + 10x_2 + 25x_3 + 20x_4 + 35x_5 + 5x_6 + 20x_7 \to \text{Min}$$

   System der Nebenbedingungen:

   Mindesterreichung der Bedarfsmengen:

$$\begin{array}{rcrcrcrcrcrcrcl} 2x_1 & + & x_2 & + & x_3 & & & & & & & & & \geq & 450 \\ & & x_2 & & & + & 3x_4 & + & 2x_5 & + & x_6 & & & \geq & 800 \\ & & x_2 & + & 2x_3 & & & + & x_5 & + & 3x_6 & + & 4x_7 & \geq & 700 \end{array}$$

   oder Einhaltung der Bedarfsmengen:

$$\begin{array}{rcrcrcrcrcrcrcl} 2x_1 & + & x_2 & + & x_3 & & & & & & & & & = & 450 \\ & & x_2 & & & + & 3x_4 & + & 2x_5 & + & x_6 & & & = & 800 \\ & & x_2 & + & 2x_3 & & & + & x_5 & + & 3x_6 & + & 4x_7 & = & 700 \end{array}$$

   Nichtnegativitätsbedingungen:

$$x_1, x_2, x_3, x_4, x_5, x_6, x_7 \geq 0$$

3. Lineares Optimierungsmodell des Transportproblems:

   Entscheidungsvariablen: x_{ij} – Liefermengen von Lieferort O_i, $i = 1, \ldots, 4$, zum Abnehmer A_j, $j = 1, \ldots, 5$

   Zielfunktion (Minimierung der Transportkosten):

$$\begin{array}{rrcrcrcrcrcl} & 8x_{11} & + & 3x_{12} & + & x_{13} & + & 7x_{14} & + & 2x_{15} & & \\ + & 4x_{21} & + & 6x_{22} & + & 5x_{23} & + & 3x_{24} & + & 9x_{25} & & \\ + & 5x_{31} & + & x_{32} & + & 2x_{33} & + & 6x_{34} & + & 3x_{35} & & \\ + & 2x_{41} & + & 4x_{42} & + & 7x_{43} & + & 3x_{44} & + & x_{45} & \to & \text{Min} \end{array}$$

   System der Nebenbedingungen:

   Summe der von jedem Lieferort O_i ($i = 1, \ldots, 4$) getätigten Lieferungen entspricht der gesamten Lieferkapazität des jeweiligen Lieferortes:

$$\begin{array}{ccccccccccc} x_{11} & + & x_{12} & + & x_{13} & + & x_{14} & + & x_{15} & = & 55 \\ x_{21} & + & x_{22} & + & x_{23} & + & x_{24} & + & x_{25} & = & 30 \\ x_{31} & + & x_{32} & + & x_{33} & + & x_{34} & + & x_{35} & = & 60 \\ x_{41} & + & x_{42} & + & x_{43} & + & x_{44} & + & x_{45} & = & 45 \end{array}$$

Summe der an jeden Abnehmer A_j ($j = 1, \ldots, 5$) getätigten Lieferungen entspricht der gesamten Nachfragemenge des jeweiligen Abnehmers:

$$\begin{array}{ccccccccc} x_{11} & + & x_{21} & + & x_{31} & + & x_{41} & = & 75 \\ x_{12} & + & x_{22} & + & x_{32} & + & x_{42} & = & 20 \\ x_{13} & + & x_{23} & + & x_{33} & + & x_{43} & = & 12 \\ x_{14} & + & x_{24} & + & x_{34} & + & x_{44} & = & 53 \\ x_{15} & + & x_{25} & + & x_{35} & + & x_{45} & = & 30 \end{array}$$

Nichtnegativitätsbedingungen für die Transportmengen:

$$x_{ij} \geq 0, i = 1, \ldots, 4, j = 1, \ldots, 5$$

4. Lineares Optimierungsmodell des Beschaffungsproblems:

   Entscheidungsvariablen: x_j – Beschaffungsmengen der Ausgangsmaterialien M_j, $j = 1, 2, 3$

   Zielfunktion (Minimierung der Beschaffungskosten):

   $$54x_1 + 81x_2 + 36x_3 \to \min$$

   System der Nebenbedingungen: Die Ausgangsmaterialien sind mindestens in einer solchen Menge zu beschaffen, dass die benötigten Mengen an den daraus zu gewinnenden Rohstoffen erreicht werden:

   $$\begin{array}{ccccccc} 0,15x_1 & + & 0,17x_2 & + & 0,24x_3 & \geq & 300 \\ 0,18x_1 & + & 0,35x_2 & & & \geq & 510 \\ 0,22x_1 & + & 0,20x_2 & + & 0,19x_3 & \geq & 180 \end{array}$$

   Nichtnegativitätsbedingungen für die Beschaffungsmengen:

   $$x_1, x_2, x_3 \geq 0$$

Lösungen zu Abschnitt 6.3

1. Die Zielfunktion hat den Anstieg $-\frac{15}{12,5} = -1,2$. Die vier Nebenbedingungen und die Nichtnegativitätsbedingungen stellen grafisch im Koordinatensystem Halbebenen dar, die den Bereich zulässiger Lösungen abgrenzen. Der größtmögliche Wert der Zielfunktion $Z_{\max}$ ergibt sich dort, wo eine Höhenlinie der Zielfunktion den äußersten Eckpunkt des Lösungsraumes schneidet: Punkt P mit den Koordinaten $x_1 = 6,4$ und $x_2 = 7,2$. Aus der grafischen Darstellung kann man nur die ungefähren

Werte ablesen; die exakten Werte erhält man als Lösung des Gleichungssystems

$$\begin{aligned} 3x_1 + 4x_2 &= 48 \\ 10x_1 + 5x_2 &= 100. \end{aligned}$$

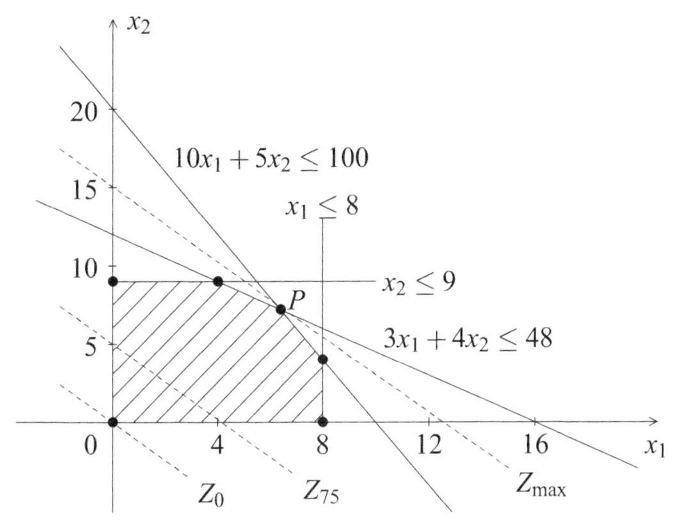

2. Für die rechnerische Lösung ist zunächst das lineare Optimierungsmodell in seine Normalform zu bringen:

$$\begin{array}{rcrcrcrcrcrcr} 15x_1 & + & 12,5x_2 & & & & & & & & & \rightarrow & \text{Max} \\ 3x_1 & + & 4x_2 & + & x_3 & & & & & & & = & 48 \\ 10x_1 & + & 5x_2 & & & + & x_4 & & & & & = & 100 \\ x_1 & & & & & & & + & x_5 & & & = & 8 \\ & & x_2 & & & & & & & + & x_6 & = & 9 \\ x_1 & , & x_2 & , & x_3 & , & x_4 & , & x_5 & , & x_6 & \geq & 0 \end{array}$$

Als nächstes folgt die Aufstellung der Ausgangstabelle einschließlich der Berechnung der Zwischenzeile Z_j und der Endzeile $Z_j - c_j$:

			15,0	12,5	0	0	0	0
c_j	Basisvariablen	Lösung	x_1	x_2	x_3	x_4	x_5	x_6
0	x_3	48	3	4	1	0	0	0
0	x_4	100	10	5	0	1	0	0
0	x_5	8	1	0	0	0	1	0
0	x_6	9	0	1	0	0	0	1
	Z_j	0	0	0	0	0	0	0
	$Z_j - c_j$	–	−15,0	−12,5	0	0	0	0

Gemäß der Optimalitätsbedingung ist die optimale Lösung noch nicht erreicht, da die Endzeile zwei negative Werte aufweist. In diesem Beispiel wird x_1 zur Basisvariablen (kleinster Wert). Die neue Nichtbasisvariable wird x_5 (kleinster Quotient von 16, 10 und 8; 9 : 0 in Zeile 4 ist nicht definiert).

Nach Anwendung der Umformungsregeln für Schlüsselzeile und -spalte sowie für die Normalzeilen lautet die nächste Simplextabelle:

c_j	Basis-variablen	Lösung	15,0 x_1	12,5 x_2	0 x_3	0 x_4	0 x_5	0 x_6
0	x_3	24	0	4	1	0	−3	0
0	x_4	20	0	5	0	1	−10	0
15,0	x_1	8	1	0	0	0	1	0
0	x_6	9	0	1	0	0	0	1
	Z_j	120	0	0	0	0	15	0
	$Z_j - c_j$	–	0	−12,5	0	0	15	0

Die optimale Lösung ist noch nicht erreicht, da die Endzeile einen negativen Wert aufweist. In diesem Falle wird x_2 zur Basisvariablen. Die neue Nichtbasisvariable wird x_4 (kleinster Quotient von 6, 4 und 9; 8 : 0 in Zeile 3 ist nicht definiert). Als nächste Simplextabelle ergibt sich:

c_j	Basis-variablen	Lösung	15,0 x_1	12,5 x_2	0 x_3	0 x_4	0 x_5	0 x_6
0	x_3	8	0	0	1	−0,8	5	0
12,5	x_2	4	0	1	0	0,2	−2	0
15,0	x_1	8	1	0	0	0	1	0
0	x_6	5	0	0	0	−0,2	2	1
	Z_j	170	15	12,5	0	2,5	−10	0
	$Z_j - c_j$	–	0	0	0	2,5	−10	0

Die optimale Lösung ist noch nicht erreicht; x_5 wird zur Basisvariablen. Die neue Nichtbasisvariable wird x_3 (kleinster Quotient von 1,6; 8 und 2,5; −2 in Zeile 2 ist negativ und entfällt deshalb).

Nunmehr erhält man:

c_j	Basis-variablen	Lösung	15,0 x_1	12,5 x_2	0 x_3	0 x_4	0 x_5	0 x_6
0	x_5	1,6	0	0	0,2	$-0,16$	1	0
12,5	x_2	7,2	0	1	0,4	$-0,12$	0	0
15,0	x_1	6,4	1	0	$-0,2$	0,16	0	0
0	x_6	1,8	0	0	$-0,4$	0,12	0	1
	Z_j	186,0	15	12,5	2	0,9	0	0
	$Z_j - c_j$	–	0	0	2	0,9	0	0

Gemäß der Optimalitätsbedingung ist die optimale Lösung erreicht, da die Endzeile keinen negativen Wert mehr aufweist. Aus der Endtabelle ist ersichtlich, dass das optimale Produktions- und Vertriebsprogramm wie folgt lautet: $x_1 = 6,4$; $x_2 = 7,2$ (entspricht den Koordinaten von Punkt P in der grafischen Lösung). Der maximale Zielfunktionswert beträgt: $Z = 186$.

3. Der Bereich zulässiger Lösungen ist im vorliegenden Fall unbeschränkt. Zur Bestimmung des kleinsten Zielfunktionswertes wird eine Höhenlinie der Zielfunktion (z. B. Z_{168} mit dem Zielfunktionswert 168) als Gerade eingezeichnet. Durch Parallelverschiebung dieser Geraden (z. B. Z_{126} mit dem Zielfunktionswert 126) in Richtung Nullpunkt bis zum äußersten Punkt (oder gegebenenfalls der äußersten Kante) des zulässigen Bereiches wird der kleinste Zielfunktionswert grafisch bestimmt. Der minimale Wert der Zielfunktion $Z_{\min}$ ergibt sich im Punkt P.

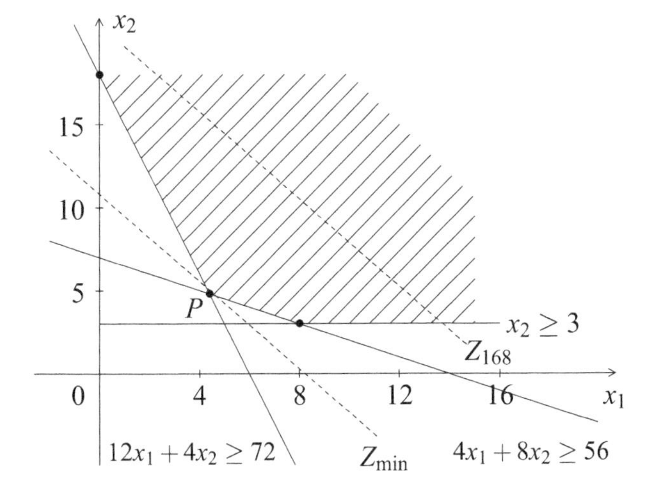

Aus der grafischen Darstellung ist ersichtlich, dass der Punkt P durch den Schnittpunkt der ersten beiden Nebenbedingungen gebildet wird. Die Auflösung des zugehörigen linearen Gleichungssystems

$$\begin{aligned} 4x_1 &+ 8x_2 &= 56 \\ 12x_1 &+ 4x_2 &= 72 \end{aligned}$$

ergibt als Werte für die Entscheidungsvariablen $x_1 = 4,4$ und $x_2 = 4,8$. Setzen wir diese Werte in die Zielfunktion ein, ergibt sich $Z_{\min} = 86,4$.

4. a) Um Gleichungsnebenbedingungen zu erhalten, sind Schlupfvariablen einzuführen, mit positivem Vorzeichen in den $\leq$-Nebenbedingungen mit negativem Vorzeichen in den $\geq$-Nebenbedingungen.

   b) Die Werte der Schlupfvariablen x_j, $j = 5,\ldots,13$, lassen sich durch Einsetzen der errechneten Werte der Entscheidungsvariablen x_j, $j = 1,\ldots,4$, in die Normalform des linearen Optimierungsmodells bestimmen:

   $x_5 = 57,5$: Die verfügbare Fertigungskapazität in Stufe I wird nicht voll ausgeschöpft; es bleibt eine ungenutzte Kapazität von 57,5. Die Schlupfvariable x_5 ist eine Basisvariable.

   $x_6 = 0$, $x_7 = 0$: Die verfügbare Fertigungskapazität in Stufe II (bzw. Stufe III) wird voll beansprucht. Die Schlupfvariable x_6 (bzw. x_7) ist eine Nichtbasisvariable.

   $x_8 = 22,333$: Die Absatzrestriktion für Produkt 1 wird unterschritten und damit nicht wirksam. Die Schlupfvariable x_8 ist eine Basisvariable.

   $x_9 = -21,833$: Die geforderte Mindestmenge für Produkt 2 wird überschritten. Die Schlupfvariable x_9 ist eine Basisvariable.

   $x_{10} = 0$: Die geforderte Mindestmenge für Produkt 3 wird genau erreicht. Die Schlupfvariable x_{10} ist eine Nichtbasisvariable.

   $x_{11} = -25,167$: Die geforderte Mindestmenge für Produkt 4 wird überschritten. Die Schlupfvariable x_{11} ist eine Basisvariable.

   $x_{12} = 0$: Der geforderte Anteil für Produkt 2 mit 35 % der Gesamtproduktion wird genau erreicht; die Gesamtproduktionsmenge beträgt $7,667 + 33,833 + 20 + 35,167 = 96,667$; 35 % davon sind 33,833, also die Menge von Produkt 2. Die Schlupfvariable x_{12} ist eine Nichtbasisvariable.

   $x_{13} = 24,83$: Der geforderte Mindestumsatz wird überschritten. Die Schlupfvariable x_{13} ist eine Basisvariable.

Finanzmathematische Tabellen

Beispiele für Aufzinsungsfaktoren:

n	6%	6,5%	7%	8%	9%	10%
1	1,06000	1,06500	1,07000	1,08000	1,09000	1,10000
2	1,12360	1,13423	1,14490	1,16640	1,18810	1,21000
3	1,19102	1,20795	1,22504	1,25971	1,29503	1,33100
4	1,26248	1,28647	1,31080	1,36049	1,41158	1,46410
5	1,33823	1,37009	1,40255	1,46933	1,53862	1,61051
6	1,41852	1,45914	1,50073	1,58687	1,67710	1,77156
7	1,50363	1,55399	1,60578	1,71382	1,82804	1,94872
8	1,59385	1,65500	1,71819	1,85093	1,99256	2,14359
9	1,68948	1,76257	1,83846	1,99900	2,17189	2,35795
10	1,79085	1,87714	1,96715	2,15893	2,36736	2,59374
11	1,89830	1,99915	2,10485	2,33164	2,58043	2,85312
12	2,01220	2,12910	2,25219	2,51817	2,81266	3,13843
13	2,13293	2,26749	2,40985	2,71962	3,06580	3,45227
14	2,26090	2,41487	2,57853	2,93719	3,34173	3,79750
15	2,39656	2,57184	2,75903	3,17217	3,64248	4,17725
16	2,54035	2,73901	2,95216	3,42594	3,97031	4,59497
17	2,69277	2,91705	3,15882	3,70002	4,32763	5,05447
18	2,85434	3,10665	3,37993	3,99602	4,71712	5,55992
19	3,02560	3,30859	3,61653	4,31570	5,14166	6,11591
20	3,20714	3,52365	3,86968	4,66096	5,60441	6,72750
21	3,39956	3,75268	4,14056	5,03383	6,10881	7,40025
22	3,60354	3,99661	4,43040	5,43654	6,65860	8,14027
23	3,81975	4,25639	4,74053	5,87146	7,25787	8,95430
24	4,04893	4,53305	5,07237	6,34118	7,91108	9,84973
25	4,29187	4,82770	5,42743	6,84848	8,62308	10,83471
26	4,54938	5,14150	5,80735	7,39635	9,39916	11,91818
27	4,82235	5,47570	6,21387	7,98806	10,24508	13,10999
28	5,11169	5,83162	6,64884	8,62711	11,16714	14,42099
29	5,41839	6,21067	7,11426	9,31727	12,17218	15,86309
30	5,74349	6,61437	7,61226	10,06266	13,26768	17,44940
31	6,08810	7,04430	8,14511	10,86767	14,46177	19,19434
32	6,45339	7,50218	8,71527	11,73708	15,76333	21,11378
33	6,84059	7,98982	9,32534	12,67605	17,18203	23,22515
34	7,25103	8,50916	9,97811	13,69013	18,72841	25,54767
35	7,68609	9,06225	10,67658	14,78534	20,41397	28,10244
36	8,14725	9,65130	11,42394	15,96817	22,25123	30,91268
37	8,63609	10,27864	12,22362	17,24563	24,25384	34,00395
38	9,15425	10,94675	13,07927	18,62528	26,43668	37,40434
39	9,70351	11,65829	13,99482	20,11530	28,81598	41,14478
40	10,28572	12,41607	14,97446	21,72452	31,40942	45,25926

Beispiele für Abzinsungsfaktoren:

n	6%	6,5%	7%	7,5%	8%	9%
1	0,94340	0,93897	0,93458	0,93023	0,92593	0,91743
2	0,89000	0,88166	0,87344	0,86533	0,85734	0,84168
3	0,83962	0,82785	0,81630	0,80496	0,79383	0,77218
4	0,79209	0,77732	0,76290	0,74880	0,73503	0,70843
5	0,74726	0,72988	0,71299	0,69656	0,68058	0,64993
6	0,70496	0,68533	0,66634	0,64796	0,63017	0,59627
7	0,66506	0,64351	0,62275	0,60275	0,58349	0,54703
8	0,62741	0,60423	0,58201	0,56070	0,54027	0,50187
9	0,59190	0,56735	0,54393	0,52158	0,50025	0,46043
10	0,55839	0,53273	0,50835	0,48519	0,46319	0,42241
11	0,52679	0,50021	0,47509	0,45134	0,42888	0,38753
12	0,49697	0,46968	0,44401	0,41985	0,39711	0,35553
13	0,46884	0,44102	0,41496	0,39056	0,36770	0,32618
14	0,44230	0,41410	0,38782	0,36331	0,34046	0,29925
15	0,41727	0,38883	0,36245	0,33797	0,31524	0,27454
16	0,39365	0,36510	0,33873	0,31439	0,29189	0,25187
17	0,37136	0,34281	0,31657	0,29245	0,27027	0,23107
18	0,35034	0,32189	0,29586	0,27205	0,25025	0,21109
19	0,33051	0,30224	0,27651	0,25307	0,23171	0,19449
20	0,31180	0,28380	0,25842	0,23541	0,21455	0,17843
21	0,29416	0,26648	0,24151	0,21899	0,19866	0,16370
22	0,27751	0,25021	0,22571	0,20371	0,18394	0,15018
23	0,26180	0,23494	0,21095	0,18950	0,17032	0,13778
24	0,24698	0,22060	0,19715	0,17628	0,15770	0,12640
25	0,23300	0,20714	0,18425	0,16398	0,14602	0,11597
26	0,21981	0,19450	0,17220	0,15254	0,13520	0,10639
27	0,20737	0,18263	0,16093	0,14190	0,12519	0,09761
28	0,19563	0,17148	0,15040	0,13200	0,11591	0,08955
29	0,18456	0,16101	0,14056	0,12279	0,10733	0,08215
30	0,17411	0,15119	0,13137	0,11422	0,09938	0,07537
31	0,16425	0,14196	0,12277	0,10625	0,09202	0,06915
32	0,15496	0,13329	0,11474	0,09884	0,08520	0,06344
33	0,14619	0,12516	0,10723	0,09194	0,07889	0,05820
34	0,13791	0,11752	0,10022	0,08553	0,07305	0,05339
35	0,13011	0,11035	0,09366	0,07956	0,06763	0,04899
36	0,12274	0,10361	0,08754	0,07401	0,06262	0,04494
37	0,11579	0,09729	0,08181	0,06885	0,05799	0,04123
38	0,10924	0,09135	0,07646	0,06404	0,05369	0,03783
39	0,10306	0,08578	0,07146	0,05958	0,04971	0,03470
40	0,09722	0,08054	0,06678	0,05542	0,04603	0,03184

Beispiele für Rentenendwertfaktoren (vorschüssig):

n	6%	6,5%	7%	7,5%	8%	9%
1	1,06000	1,06500	1,07000	1,07500	1,08000	1,09000
2	2,18360	2,19923	2,21490	2,23063	2,24640	2,27810
3	3,37462	3,40717	3,43994	3,47292	3,50611	3,57313
4	4,63709	4,69364	4,75074	4,80839	4,86660	4,98471
5	5,97532	6,06373	6,15329	6,24402	6,33593	6,52333
6	7,39384	7,52287	7,65402	7,78732	7,92280	8,20043
7	8,89747	9,07686	9,25980	9,44637	9,63663	10,02847
8	10,49132	10,73185	10,97799	11,22985	11,48756	12,02104
9	12,18079	12,49442	12,81645	13,14709	13,48656	14,19293
10	13,97164	14,37156	14,78360	15,20812	15,64549	16,56029
11	15,86994	16,37071	16,88845	17,42373	17,97713	19,14072
12	17,88214	18,49981	19,14064	19,80551	20,49530	21,95338
13	20,01507	20,76730	21,55049	22,36592	23,21492	25,01919
14	22,27597	23,18217	24,12902	25,11836	26,15211	28,36092
15	24,67253	25,75401	26,88805	28,07724	29,32428	32,00340
16	27,21288	28,49302	29,84022	31,25804	32,75023	35,97370
17	29,90565	31,41007	32,99903	34,67739	36,45024	40,30134
18	32,75999	34,51672	36,37896	38,35319	40,44626	45,01846
19	35,78559	37,82531	39,99549	42,30468	44,76196	50,16012
20	38,99273	41,34895	43,86518	46,55253	49,42292	55,76453
21	42,39229	45,10164	48,00574	51,11897	54,45676	61,87334
22	45,99583	49,09824	52,43614	56,02790	59,89330	68,53194
23	49,81558	53,35463	57,17667	61,30499	65,76476	75,78981
24	53,86451	57,88768	62,24904	66,97786	72,10594	83,70090
25	58,15638	62,71538	67,67647	73,07620	78,95442	92,32398
26	62,70577	67,85688	73,48382	79,63192	86,35077	101,72313
27	67,52811	73,33257	79,69769	86,67931	94,33883	111,96822
28	72,63980	79,16419	86,34653	94,25526	102,96594	123,13536
29	78,05819	85,37486	93,46079	102,39940	112,28321	135,30754
30	83,80168	91,98923	101,07304	111,15436	122,34587	148,57522
31	89,88978	99,03353	109,21815	120,56593	133,21354	163,03699
32	96,34316	106,53571	117,93343	130,68338	144,95062	178,80032
33	103,18375	114,52553	127,25876	141,55963	157,62667	195,98234
34	110,43478	123,03469	137,23688	153,25161	171,31680	214,71075
35	118,12087	132,09695	147,91346	165,82048	186,10215	235,12472
36	126,26812	141,74825	159,33740	179,33201	202,07032	257,37595
37	134,90421	152,02688	171,56102	193,85691	219,31595	281,62978
38	144,05846	162,97363	184,64029	209,47118	237,94122	308,06646
39	153,76197	174,63192	198,63511	226,25652	258,05652	336,88245
40	164,04768	187,04799	213,60957	244,30076	279,78104	368,29187

Beispiele für Rentenbarwertfaktoren (nachschüssig):

n	6%	6,5%	7%	7,5%	8%	9%
1	0,94340	0,93897	0,93458	0,93023	0,92593	0,91743
2	1,83339	1,82063	1,80802	1,79557	1,78326	1,75911
3	2,67301	2,64848	2,62432	2,60053	2,57710	2,53129
4	3,46511	3,42580	3,38721	3,34933	3,31213	3,23972
5	4,21236	4,15568	4,10020	4,04588	3,99271	3,88965
6	4,91732	4,84101	4,76654	4,69385	4,62288	4,48592
7	5,58238	5,48452	5,38929	5,29660	5,20637	5,03295
8	6,20979	6,08875	5,97130	5,85730	5,74664	5,53482
9	6,80169	6,65610	6,51523	6,37889	6,24689	5,99525
10	7,36009	7,18883	7,02358	6,86408	6,71008	6,41766
11	7,88687	7,68904	7,49867	7,31542	7,13896	6,80519
12	8,38384	8,15873	7,94269	7,73528	7,53608	7,16073
13	8,85268	8,59974	8,35765	8,12584	7,90378	7,48690
14	9,29498	9,01384	8,74547	8,48915	8,24424	7,78615
15	9,71225	9,40267	9,10791	8,82712	8,55948	8,06069
16	10,10590	9,76776	9,44665	9,14151	8,85137	8,31256
17	10,47726	10,11058	9,76322	9,43396	9,12164	8,54363
18	10,82760	10,43247	10,05909	9,70601	9,37189	8,75563
19	11,15812	10,73471	10,33560	9,95908	9,60360	8,95011
20	11,46992	11,01851	10,59401	10,19449	9,81815	9,12855
21	11,76408	11,28498	10,83553	10,41348	10,01680	9,29224
22	12,04158	11,53520	11,06124	10,61719	10,20074	9,44243
23	12,30338	11,77014	11,27219	10,80669	10,37106	9,58021
24	12,55036	11,99074	11,46933	10,98297	10,52876	9,70661
25	12,78336	12,19788	11,65358	11,14695	10,67478	9,82258
26	13,00317	12,39237	11,82578	11,29948	10,80998	9,92897
27	13,21053	12,57500	11,98671	11,44138	10,93516	10,02658
28	13,40616	12,74648	12,13711	11,57338	11,05108	10,11613
29	13,59072	12,90749	12,27767	11,69617	11,15841	10,19828
30	13,76483	13,05868	12,40904	11,81039	11,25778	10,27365
31	13,92909	13,20063	12,53181	11,91664	11,34980	10,34280
32	14,08404	13,33393	12,64656	12,01548	11,43500	10,40624
33	14,23023	13,45909	12,75379	12,10742	11,51389	10,46444
34	14,36814	13,57661	12,85401	12,19295	11,58693	10,51784
35	14,49825	13,68696	12,94767	12,27251	11,65457	10,56682
36	14,62099	13,79057	13,03521	12,34652	11,71719	10,61176
37	14,73678	13,88786	13,11702	12,41537	11,77518	10,65299
38	14,84602	13,97921	13,19147	12,47941	11,82887	10,69082
39	14,94907	14,06499	13,26493	12,53899	11,87858	10,72552
40	15,04630	14,14553	13,33171	12,59441	11,92461	10,75736

Beispiele für Annuitätenfaktoren:

n	1%	2%	2,5%	3%	4%	4,5%	5%
1	1,01000	1,02000	1,02500	1,03000	1,04000	1,04500	1,05000
2	0,50751	0,51505	0,51883	0,52261	0,53020	0,53400	0,53781
3	0,34002	0,34676	0,35014	0,35353	0,36035	0,36377	0,36721
4	0,25628	0,26262	0,26582	0,26903	0,27549	0,27874	0,28201
5	0,20604	0,21216	0,21525	0,21836	0,22463	0,22779	0,23098
6	0,17255	0,17853	0,18155	0,18460	0,19076	0,19388	0,19702
7	0,14863	0,15451	0,15750	0,16051	0,16661	0,16970	0,17282
8	0,13069	0,13651	0,13947	0,14246	0,14853	0,15161	0,15472
9	0,11674	0,12252	0,12546	0,12843	0,13449	0,13757	0,14069
10	0,10558	0,11133	0,11426	0,11723	0,12329	0,12638	0,12951
11	0,09645	0,10218	0,10511	0,10808	0,11415	0,11725	0,12039
12	0,08885	0,09456	0,09749	0,10046	0,10655	0,10967	0,11283
13	0,08242	0,08812	0,09105	0,09403	0,10014	0,10328	0,10646
14	0,07690	0,08260	0,08554	0,08853	0,09467	0,09782	0,10102
15	0,07212	0,07783	0,08077	0,08377	0,08994	0,09311	0,09634
16	0,06795	0,07365	0,07660	0,07961	0,08582	0,08902	0,09227
17	0,06426	0,06997	0,07293	0,07595	0,08220	0,08542	0,08870
18	0,06098	0,06670	0,06967	0,07271	0,07899	0,08224	0,08555
19	0,05805	0,06378	0,06676	0,06981	0,07614	0,07941	0,08275
20	0,05542	0,06116	0,06415	0,06722	0,07358	0,07688	0,08024
21	0,05303	0,05879	0,06179	0,06487	0,07128	0,07460	0,07800
22	0,05086	0,05663	0,05965	0,06275	0,06920	0,07255	0,07597
23	0,04889	0,05467	0,05770	0,06081	0,06731	0,07068	0,07414
24	0,04707	0,05287	0,05591	0,05905	0,06559	0,06899	0,07247
25	0,04541	0,05122	0,05428	0,05743	0,06401	0,06744	0,07095
26	0,04387	0,04970	0,05277	0,05594	0,06257	0,06602	0,06956
27	0,04245	0,04829	0,05138	0,05456	0,06124	0,06472	0,06829
28	0,04112	0,04699	0,05009	0,05329	0,06001	0,06352	0,06712
29	0,03990	0,04578	0,04889	0,05212	0,05888	0,06242	0,06605
30	0,03875	0,04465	0,04778	0,05102	0,05783	0,06139	0,06505
31	0,03768	0,04360	0,04674	0,05000	0,05686	0,06044	0,06413
32	0,03667	0,04261	0,04577	0,04905	0,05595	0,05956	0,06328
33	0,03573	0,04169	0,04486	0,04816	0,05510	0,05875	0,06249
34	0,03484	0,04082	0,04401	0,04732	0,05432	0,05798	0,06176
35	0,03400	0,04000	0,04321	0,04654	0,05358	0,05727	0,06107
36	0,03321	0,03923	0,04245	0,04580	0,05289	0,05661	0,06043
37	0,03247	0,03851	0,04174	0,04511	0,05224	0,05598	0,05984
38	0,03176	0,03782	0,04107	0,04446	0,05163	0,05540	0,05928
39	0,03109	0,03717	0,04044	0,04384	0,05106	0,05486	0,05877
40	0,03046	0,03656	0,03984	0,0436	0,05052	0,05434	0,05828

Literaturverzeichnis

[1] Bader, H., und Fröhlich, F.: *Einführung in die Mathematik für Volks- und Betriebswirte* (9. Auflage), Oldenbourg Verlag, München 1988.

[2] Bea, F.X., Dichtl, E., und Schweitzer, M.: *Allgemeine Betriebswirtschaftslehre, Bd. 1: Grundfragen* (8. Auflage), *Bd. 2: Führung* (8. Auflage), *Bd. 3: Leistungsprozeß* (8. Auflage), Lucius & Lucius, Stuttgart 2000, 2005, 2002.

[3] Blum, U.: *Volkswirtschaftslehre. Studienhandbuch* (4. Auflage), Oldenbourg Verlag, München 2004.

[4] Bosch, K.: *Finanzmathematik* (6. Auflage), Oldenbourg Verlag, München 2002.

[5] Bosch, K.: *Mathematik für Wirtschaftswissenschaftler* (14. Auflage), Oldenbourg Verlag, München 2003.

[6] Bosch, K.: *Brückenkurs Mathematik* (14. Auflage), Oldenbourg Verlag, München 2003.

[7] Bosch, K.: *Übungs- und Arbeitsbuch* (7. Auflage), Oldenbourg Verlag, München 2002.

[8] Bücker, R.: Mathematik für Wirtschaftswissenschaftler (6. Auflage), Oldenbourg Verlag, München 2003.

[9] Clermont, S., Cramer, E., Jochems, B., und Kamps, U.: *Wirtschaftsmathematik. Aufgaben und Lösungen* (3. Auflage), Oldenbourg Verlag, München 2001.

[10] Eisele, W.: *Technik des betrieblichen Rechnungswesens. Buchführung, Kostenrechnung, Sonderbilanzen* (7. Auflage), Verlag Vahlen, München 2002.

[11] Grundmann, W., und Luderer, B.: *Formelsammlung Finanzmathematik, Versicherungsmathematik, Wertpapieranalyse* (2. Auflage), Teubner, Stuttgart 2003.

[12] Heinen, E. (Hrsg.): *Industriebetriebslehre. Entscheidungen im Industriebetrieb* (9. Auflage), Betriebswirtschaftlicher Verlag, Wiesbaden 1991.

[13] Hoffmann, S.: *Mathematische Grundlagen für Betriebswirte* (6. Auflage), Verlag Neue Wirtschafts-Briefe, Herne · Berlin 2002.

[14] Jaeger, A., und Wäscher, G.: *Mathematische Propädeutik für Wirtschaftswissenschaftler*, Oldenbourg Verlag, München 1998.

[15] Jung, H.: Allgemeine Betriebswirtschaftslehre (10. Auflage), Oldenbourg Verlag, München 2006.

[16] Karmann, A.: Mathematik für Wirtschaftswissenschaftler. Problemorientierte Einführung (5. Auflage), Oldenbourg Verlag, München 2003.

[17] Köhler, H.: *Finanzmathematik* (4. Auflage), Hanser Verlag, München 1997.

[18] Korndörfer, W.: Allgemeine Betriebswirtschaftslehre. Aufbau, Ablauf, Führung, Leitung (13. Auflage), Gabler, Wiesbaden 2003.

[19] Luderer, B.: *Klausurtraining Mathematik und Statistik für Wirtschaftswissenschaftler* (2. Auflage), Teubner, Stuttgart 2003.

[20] Luderer, B., Nollau, V., Vetters, K.: *Mathematische Formeln für Wirtschaftswissenschaftler* (5. Auflage), Teubner, Stuttgart 2005.

[21] Luderer, B., Paape, C., Würker, U.: *Arbeits- und Übungsbuch Wirtschaftsmathematik* (4. Auflage), Teubner, Stuttgart 2005.

[22] Luh, W., Stadtmüller, K.: Mathematik für Wirtschaftswissenschaftler (7. Auflage), Oldenbourg Verlag, München 2004.

[23] Nollau, V.: Mathematik für Wirtschaftswissenschaftler (4. Auflage), Teubner, Stuttgart 2003.

[24] Ohse, D.: *Elementare Algebra und Funktionen* (2. Auflage), Verlag Vahlen, München 2000.

[25] Opitz, O.: *Mathematik. Lehrbuch für Ökonomen* (9. Auflage), Oldenbourg Verlag, München 2004.

[26] Opitz, O.: *Mathematik. Übungsbuch für Ökonomen* (7. Auflage), Oldenbourg Verlag, München 2005.

[27] Pohmer, D., und Bea, F.X.: *Produktion und Absatz* (3. Auflage), Verlag Vandenhoeck & Ruprecht, Göttingen 1994.

[28] Schäfer, W., Georgi, K., und Trippler, G.: *Mathematik-Vorkurs* (5. Auflage), Teubner, Stuttgart 2002.

[29] Schweitzer, M.: *Industriebetriebslehre* (2. Auflage), Verlag Vahlen, München 1994.

[30] Schweitzer, M., und Küpper, H.-U.: *Systeme der Kosten- und Erlösrechnung* (8. Auflage), Verlag Vahlen, München 2003.

[31] Senger, J.: Mathematik. Grundlagen für Ökonomen, Oldenbourg Verlag, München 2004.

[32] Thommen, J.-P., Achleitner, A.-K.: Allgemeine Betriebswirtschaftslehre. Umfassende Einführung aus managementorientierter Sicht (4. Auflage), Gabler, Wiesbaden 2004.

[33] Tiedtke, J.: Allgemeine BWL für Schule, Ausbildung und Beruf. Eine handlungsorientierte Darstellung, Gabler, Wiesbaden 1998.

[34] Tietze, J.: Einführung in die angewandte Wirtschaftsmathematik (12. Auflage), Vieweg, Wiesbaden 2005.

[35] Unsin, E.: *Wirtschaftsmathematik* (5. Auflage), expert Verlag, Ehningen bei Böblingen 1993.

[36] Wöhe, G.: *Einführung in die Allgemeine Betriebswirtschaftslehre* (21. Auflage), Verlag Vahlen, München 2002.

Sachwortverzeichnis